建筑空间的模块化建构

住宅套内空间模块分解与组合优化

曾凡博　著

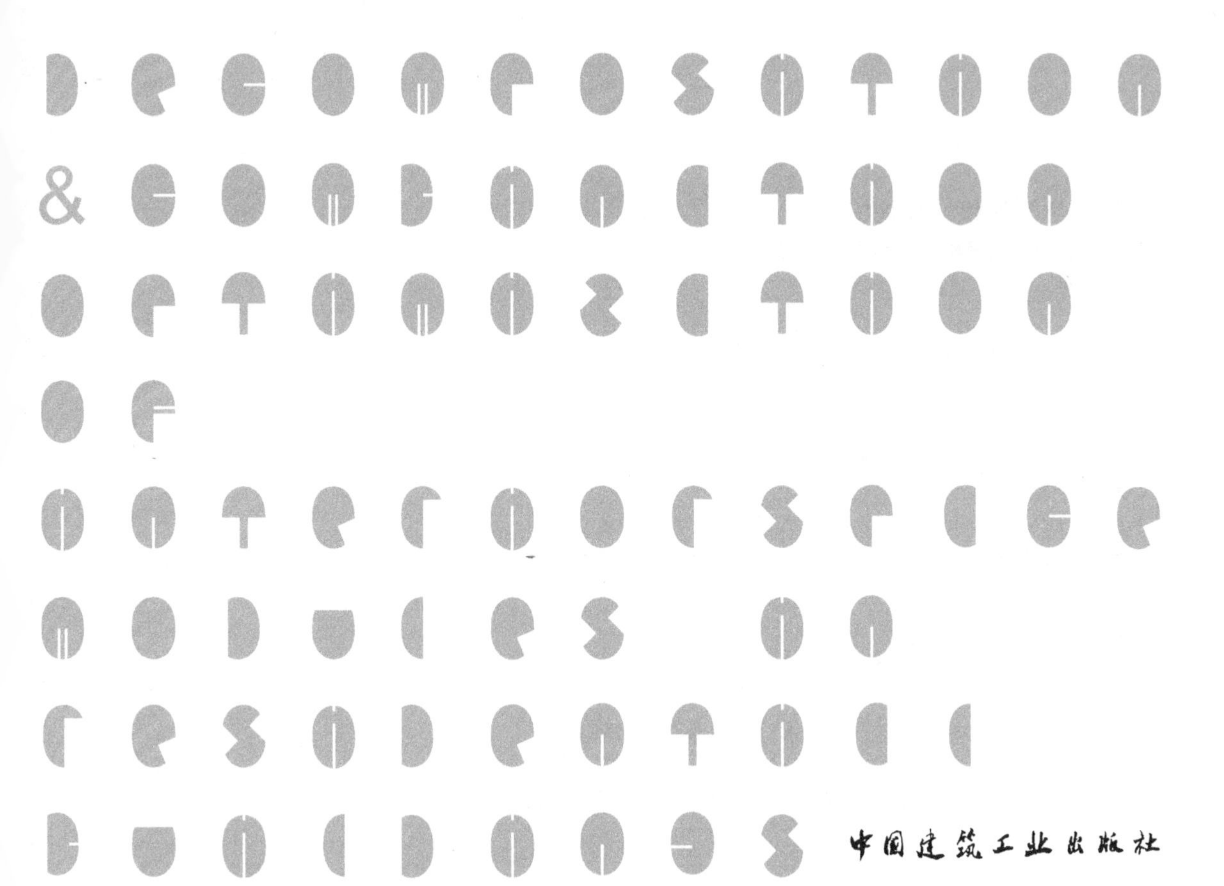

中国建筑工业出版社

图书在版编目（CIP）数据

建筑空间的模块化建构：住宅套内空间模块分解与组合优化 / 曾凡博著. -- 北京：中国建筑工业出版社，2024. 12. -- ISBN 978-7-112-30690-9

Ⅰ. TU241

中国国家版本馆CIP数据核字第2025SB9075号

责任编辑：费海玲　张幼平
文字编辑：张文超
责任校对：张惠雯

建筑空间的模块化建构
住宅套内空间模块分解与组合优化
曾凡博　著

*

中国建筑工业出版社出版、发行（北京海淀三里河路9号）
各地新华书店、建筑书店经销
北京点击世代文化传媒有限公司制版
北京中科印刷有限公司印刷

*

开本：787毫米×1092毫米　1/16　印张：14　字数：290千字
2025年1月第一版　2025年1月第一次印刷
定价：**68.00**元
ISBN 978-7-112-30690-9
（44427）

如有内容及印装质量问题，请与本社读者服务中心联系
电话：（010）58337283　QQ：2885381756
（地址：北京海淀三里河路9号中国建筑工业出版社604室　邮政编码：100037）

序　一

在当代建筑领域，模块化设计已成为推动建筑创新与发展的重要力量。值此曾凡博博士的专著《建筑空间的模块化建构：住宅套内空间模块分解与组合优化》付梓之际，我深感欣慰为之作序。

曾凡博于美国 SOM 建筑事务所积累了多年实践经验后归国，加入我在深圳大学的团队，并成为我的博士研究生。我给他确定了模块化的研究方向，这一方向契合国家装配式建筑发展战略，极具学术与实践价值。

我在早年便对极小居住模块展开过探索，此后，又针对保障性住房模块化设计进行了系统性研究。这些经历让我积累了经验，也为曾凡博的研究提供了独特的视野。为了更好地推动研究，我让他承担深圳大学本原设计研究中心模块化建筑研究所的主持工作。他发挥自己的专业优势，组织团队开展了一系列富有成效的研究活动，包括国家自然科学基金等重要项目，他在研究中展现出较为扎实的专业基础与研究能力。

本书的核心内容源自曾凡博这些年的研究与博士论文，其深入剖析建筑模块化现象，构建模块化系统理论模型，提供科学的设计方法，都是重要的学术贡献。他的研究在设计思维上突破传统，以居住行为为模块界定设计模式；技术应用上借鉴制造业的先进方法，确立模块划分准则；算法构建以多元目标为导向，推动设计模式转变。尽管研究尚有拓展空间，但已为建筑模块化设计奠定了一定基础，探索了新方向。

相信本书将激发更多学术交流与创新思维，促进学界与业界融合，为建筑设计与创新注入新活力。祝愿曾凡博在学术道路上不断进取，收获更多成果。

孟建民

序　二

在曾凡博博士的专著《建筑空间的模块化建构：住宅套内空间模块分解与组合优化》即将出版之际，我深感荣幸能为其撰写序言。本书是曾凡博在其博士论文基础上经过精心打磨而成，我有幸在其攻读学位期间作为导师与他深入探讨研究问题，并提供了指导和建议，也参与了他的论文答辩。

曾博士曾在美国SOM建筑设计事务所工作，积累了丰富的实践经验。回国后，他加入了深圳大学，成为孟建民院士设计团队的成员。孟院士以其卓越的洞察力，根据曾博士的专业特长，指导他投身于建筑模块化设计领域的研究。这一研究方向的选择，恰逢国家大力推进装配式建筑发展战略的关键时期，这体现了孟院士的远见卓识，也使得曾博士的研究工作具有了较高的学术价值和实践意义。

本书以居住行为为切入点，将居住空间细化至行为空间的尺度，通过定量化探讨居住空间的组织问题，为建筑空间的精细化设计提供了新的视角。书中阐释了计算机生成式技术在现代建筑设计中的关键作用，并建立了建筑模块化设计的基础算法框架，以适应人工智能时代的新要求。研究填补了建筑模块化理论领域的空白，提供了从空间理论视角构建建筑模块化方法论的新思路。本书的出版，无疑将对建筑空间的精细化设计和创新起到积极的推动作用，同时也能够为读者带来知识上的启发和阅读上的愉悦。

我期待本书能够激发更多的学术交流与创新思维，促进学术界与实践界的深入融合。在此，我对曾凡博博士的学术成就表示祝贺，并期待他未来在学术道路上取得更多的成果。

前言

随着建筑工业信息化的发展，以建筑空间为对象的模块化研究成为建筑设计与理论研究领域的一个新议题。本书以住宅套内空间为切入点，针对当前我国居住空间适应性不足及新型工业化趋势，以模块化设计方法为科学规划基础，通过跨学科及量化研究的方式对住宅套内空间的“模块分解与组合优化”展开基础性研究，为建筑模块化设计开辟新的理论体系与实践方法路径，以期实现人机交互的建筑模块化设计模式，提升设计的精度与效率。

本书从认识论、理论建构、设计方法3方面展开论述:（1）从历史与理论发展的视角，阐明模块化是住宅技术史中的逻辑主线，形成模块化在建筑学科内部的基本认知。（2）针对空间“适应性”设计问题，跨学科地引入复杂适应系统理论，建构住宅套内空间复杂适应模块化系统理论模型及其应用原理，并建立“刺激响应”规则主导的模块分解与组合优化的设计理论框架。（3）针对现成套内部品、居住行为模式，采取信息统计、设计结构矩阵、模糊聚类算法明晰模块分解方法，建立住宅套内空间模块信息库；针对居住需求调研，运用统计分析、遗传算法确立模块组合指标，建立住宅套内空间模块组合优化算法及评价方法。

本书具有如下4个创新成果:（1）在建筑学科内部引入复杂适应系统理论，建构了住宅套内空间模块化系统理论模型及框架，拓展出计算性设计在建筑模块化领域新的理论方向。（2）把传统的“功能房”推进到从居住行为模式出发的基础模块设计，改变了住宅套内空间设计的思维模式，提高了设计精度。（3）将制造业模块化领域的设计结构矩阵以及模糊聚类算法等技术进行转化应用，提出了针对空间模块分解与重组的科学方法，提高了设计的准确度。（4）构建住宅套内空间模块组合多目标优化算法，提供了计算性设计的基本运行逻辑框架，为实现未来计算器软件发展和人工智能设计提供技术支撑。

目 录

第 5 章
住宅套内空间模块分解层级建构

第1章

导言

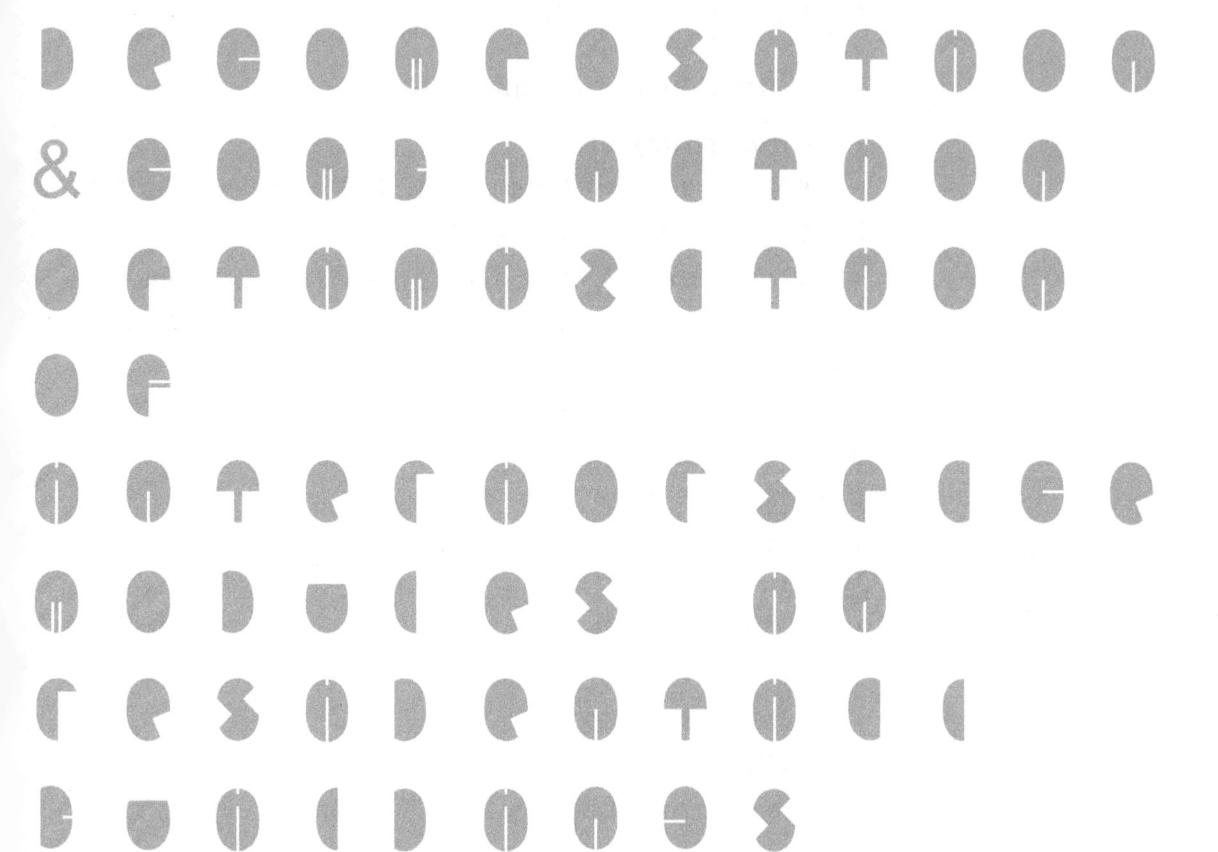

1.1 住宅套内空间规划的未来趋势

“为何不像买福特汽车那样给自己买一个住宅？”

这是勒·柯布西耶（Le Corbusier）曾在40岁时问自己的一个问题[1]。这一自问在建筑界引发关于建筑传统操作模式转变的思考，提出建筑业需向制造业学习的必要性。基于我国当今社会的3个重要契机，居住空间需以一种崭新的姿态呈现。

[1] CORBUSIER L. Toward an architecture [M]. Los Angeles: Getty Research Institute, 2007.

首先，我国近年来逐渐放开的生育政策打破自1980年来形成的“三口之家”居住模式，随着“三孩”生育政策的开放和社会的发展，家庭结构和居住方式都发生了重大变化，家庭的居住需求正朝着多元化方向发展，住宅套内空间的适应性问题成为重要的议题[2]。

[2] 冯昱．中小套型住宅平面适应性研究 [D]．杭州：浙江大学, 2008.

其次，随着在2016年出台的《国务院办公厅关于大力发展装配式建筑的指导意见》（国办发〔2016〕71号）要求加快住宅建筑工业化的发展，近年来我国大力推进住宅标准化、集成化与模块化，加快建筑工业化、产业化发展，提升住宅质量，延长建筑寿命。结合勒·柯布西耶的提问，探讨住宅空间标准化问题，为当代住宅套内空间设计与建造提供一个新的方向。

最后，当今信息产业与大数据、人工智能等技术的蓬勃发展，为当下住宅套内空间设计提供了科学的设计技术和工具，有利于打破以空间粗放式规划与经验式估算为主导的传统空间规划方法。在信息化技术的驱动下，现行的套内空间规划方法与模式亟需调整。

1.1.1 住宅套内空间适应性面临的困境

1. 住宅套型结构的失调

随着我国住宅商品化步伐加快，大户型因其利润空间大而占据住宅供给的比例越来越高，中小户型的比例则不断减小。我国40个重点城市住宅平均套型面积为113m^2，其中16个城市超过120m^2[3]。这种套型供给结构的不合理不但造成了中低价位商品房短缺，而且也与购房主体（青年人）住房支付能力之间的冲突愈发严重。

[3] 梁树英．基于居住需求分析的中小套型住宅设计研究 [D]．重庆：重庆大学, 2010.

另外，住宅套内结构在商品房这种“奢侈”之风下失调，造成套型面积浪费与失衡。主要表现在以下几个方面：一是套型面积冗余。如大空间利用率低，存在大量交通空间、死角、公摊面积等；二是套内空间尺度失衡。如过大的起居室和过小的卧室、主卧室长宽比例失衡、家具家电尺度与空间不协调、对空间大小及空间关系考虑不足等问题；三是个别空间面积不足。如储物空间缺失、厨房功能不足、卫生间空间狭小、阳台空间过小等[4][5]。以上问题都直接导致套型结构与居住生活的匹配度降低。

[4] 龚梦雅．我国集合住宅套型适应性设计研究 [D]．北京：清华大学，2014.

[5] 陈珊，陈潇楠，刘嘉，等．深圳公共租赁住房入户调研及居住需求对比 [J]．南方建筑，2021（5）：77-85.

2. 居住空间灵活性缺失

随着我国城市化的发展进程，住宅出现“千城一面”的情形，住宅多采用剪力墙承重，住宅结构及管线设计依托钢筋混凝土墙体，开间小而且套型模式僵化，空间改造困难，套内空间灵活性十分有限[1]。固有住宅套内空间设计方法不能适应现代家庭居住模式的发展，体现在以下几方面。

第一，家庭结构的多元。随着经济发展和城市化进程加快，现代家庭结构的小型化比例上升，年轻人中“丁克家庭”“单亲家庭”“独身家庭”比例随之升高，呈现出多样化、小家庭形式的特征[2]。同时，全面放开的“三孩”生育政策将打破“三口之家”的核心家庭模式，多孩主干家庭以及多代共同居住的现象增加，家庭结构出现多元并存现象[3]。

第二，家庭生命周期的演变。面临不同的家庭结构变化人口会有所增减，例如子女的出生、成年子女的离家、老人的赡养等，因此不同的家庭阶段需要不同的家庭的套内空间结构去适应。

第三，居住生活方式的变化。信息化时代住户生活方式与以往大为不同，如居家办公的出现、Loft 模式的兴起、社会交往方式的转变、健康与运动生活的剧增等，这些变化都迫切需要新的居住空间模式与之相匹配。

根据以上论述，人们对于住宅套内空间的需求多样且富有变化，可以总结为两个内涵：一是空间上的包容性，一般表现为伸缩使用面积和可变空间布局；二是时间上的可改性，即居住空间随时间而变化。正如住房和城乡建设部所明确要求的：小康型住宅具备灵活性、适应性和可改性。

3. 住户设计参与性不足

随着居住个性化需求的提升，住宅的价值取向也逐渐从“人适应房”到“房适应人”。“以人为本”成为住宅套内空间设计的核心宗旨，提倡以居住对象的特殊需求为出发点[4]。

为提高居住需求的适应性，住户在住宅前期空间规划阶段的介入显得十分必要。乔纳森·拉班（Jonathan Raban）认为住户的参与是构建理想家园的重要因素[5]。通过住户参与设计及决策，可避免住宅套型的单一化，增强对设计个性化层面的重视。然而，我国住宅目前存在购房者难以介入空间规划的问题，这导致住户入住后面临牺牲个性化或搬离的选择[1]。因此，住宅的批量复制让居住空间功能的长效性和适应性丧失了。

综上，结合社会发展带来的生活水平的改善，我国现代住宅套内空间对于动态的居住需求适应性不足，存在明显的套型结构失调、空间灵活性缺失、住户参与度不足等问题。

1.1.2 住宅建筑新型工业产业化新趋势

1. 面向低碳可持续的住宅建筑工业化

2020 年 9 月，我国明确提出 2030 年“碳达峰”与 2060 年“碳中和”的远大目标。2021 年 10 月，《中共中央 国务院关于完整准确全面贯彻新发展理念做好碳达峰碳中和工作的意见》发布，可见建筑低碳可持续问题成为我国工业化发展的重点。建筑能耗在总体社会生产能耗中的比例不断增加，住宅作为总量最大的建筑类型，其能耗不容小觑。目前，我国住宅建设还未摆

[1] 兰显荣 . 适应居住者需求的工业化住宅设计初探 [D]. 重庆：重庆大学，2016.

[2] 冯昱 . 中小套型住宅平面适应性研究 [D]. 杭州：浙江大学，2008.

[3] 龚梦雅 . 我国集合住宅套型适应性设计研究 [D]. 北京：清华大学，2014.

[4] 周燕珉 . 住宅精细化设计 [M]. 北京：中国建筑工业出版社，2008.

[5] RABAN J.Soft city[M]. London：Hamilton，1974.

脱粗放型发展模式，存在生产能耗高、劳动力集中、生产效率低下等问题。我国住房的生产效率仅为先进国家的20%，其能源消耗总量却是先进国家的3倍以上[1]。我国工业化住宅仍存在人工化工厂为主、机械化水平低下、预制构件粗制滥造等现象，距离“集约高效、节能减排”的建设目标还相去甚远[2]。

有别于高污染、高能耗、低效率的传统建造及上述“伪工业化”模式，真正的住宅建筑工业化旨在建筑全生命周期内减少对自然环境的污染和资源的浪费。相较传统建造方式，工业化建造的水耗降低60%，能耗降低40%，垃圾总量减少50%，污水排放减少60%。其中，装配式建筑能耗可降低60%，建材节省40%，垃圾总量减少75%，运输成本降低5%[3]（图1-1）。据此，住宅建筑工业化在低碳可持续方面存在巨大优势。

当前我国住宅建设正处于粗放型向可持续建设转型时期[4]。2015年，我国住房和城乡建设部发布《工业化建筑评价标准》T/ASC 15—2020，提倡建筑工业化发展，促进传统建造向现代工业化转变，提高建筑质量与效率。该标准的提出标志着我国建筑业正式向工业产业化道路迈进。

科技部曾发布“绿色建筑及建筑工业化”重点专项项目申报指南，要求加快建筑工业化、产业化发展，提升住宅质量，延长建筑寿命。以住宅套内空间建设发展的适应性和长远性为着眼点，努力延长套内居住的使用寿命。相关学者大力倡导工业化建造，以提升空间灵活性和可拆改程度，增强套内空间改造对居住需求动态特性的适应力，有效降低资源消耗，实现节能、节地、节材的多重目标[5]。因此，住宅套内空间设计目标与建筑工业化中减少全生命周期中的能耗目标一致，这是开展住宅套内空间模块化设计研究的重要前提。

2. 面向工信一体化的数字化智能建造

随着我国工业化和信息化技术的高速发展，建筑业正在经历一场工业与信息一体化的全新革命。2020年，《住房和城乡建设部等部门发文关于推动智能建造与建筑工业化协同发展的指导意见》（建市〔2020〕60号）提出，

[1] 薛莎莎．模块化思想在现代住宅设计中的运用[D]．北京：北京建筑大学，2013.

[2] 丁颖．高层新型工业化住宅设计与建造模式研究[D]．南京：东南大学，2018.

[3] SMITH R E. Prefab architecture：A guide to modular design and construction[M]. New Jersey：John Wiley & Sons，Inc，2010.

[4] 王蔚．模块化策略在建筑优化设计中的应用研究[D]．长沙：湖南大学，2012.

[5] 雍忠渝，李欣，付晓东．既有住宅空间适应性拓展策略研究[J]．四川建筑，2020(5)：77-80.

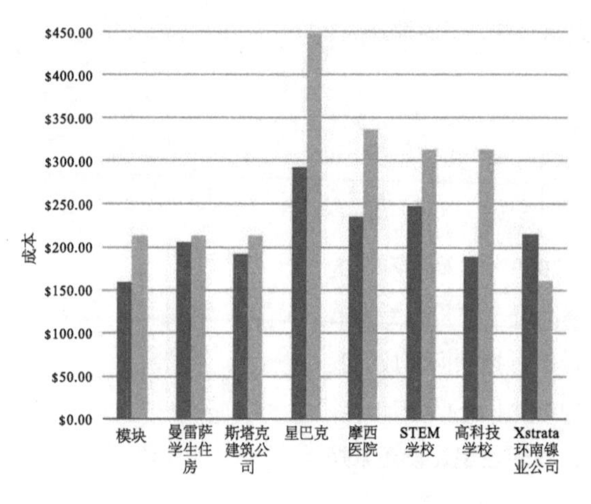

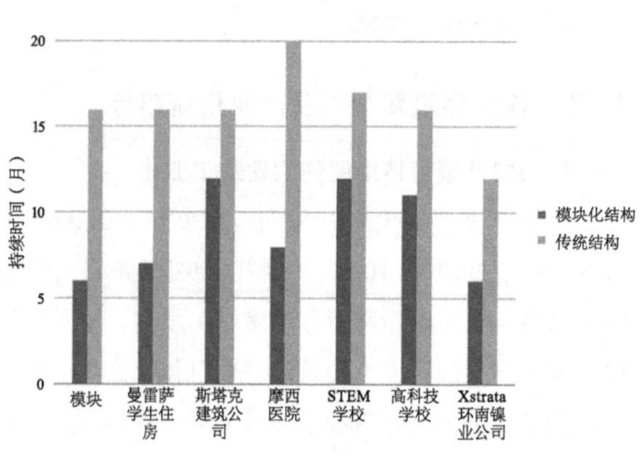

图1-1　模块化建造与传统建造在成本与周期方面的比较
图片来源：
SMITH R，Rice T. Permanent modular construction[DB/OL]，2015.https：//growthzonesitesprod.azureedge.net/wpcontent/uploads/sites/2452/2021/ 06/2015_Off-Site_PMC_Report.pdf.

要推动建筑工业化、数字化、智能化升级；到 2025 年，我国将基本建立建筑工业化与智能建造协同发展的政策和产业体系。与此同时，发达国家相继发布了建筑业发展战略，均强调建筑业应通过工业化、数字化、智能化推动产业发展。

2016 年，《国务院办公厅关于大力发展装配式建筑的指导意见》（国办发〔2016〕71 号）明确了装配式建筑有利于促进建筑业与信息工业化深度融合。2017 年，《国务院办公厅关于促进建筑业持续健康发展的意见》（国办发〔2017〕19 号）明确提出推广装配式建筑和智能建筑。装配式建筑和智能建筑的协同发展是建筑工业信息一体化发展的必经之路，数字化智能建造已经成为建筑产业化以及建筑社会化生产的全新发展方向[1]。

马里奥·卡尔波（Mario Carpo）在《字母表与算法》（*The Alphabet and the Algorithm*）一书中提到建筑的数字化不仅改变了我们的建造方式，更要求我们改变思维方式[2]。工业化建筑中的数字化设计、数字与建造协同、预制装配式智能建造等问题都亟需探索新的工业化建筑设计理论与方法。

3. 面向大规模定制的模块化设计策略

发达国家的住宅产业发展历程可划分为 6 个阶段：零散化的小规模定制生产、标准化的试验性生产、标准化的大规模生产、差异化的大规模生产、大规模定制生产及个性化定制生产[3]。随着我国住宅套内空间需求多样性的不断提高，传统的大规模生产方式受到极大挑战，批量生产与个性化定制之间的矛盾日益尖锐，成为住宅工业化发展的一大瓶颈。取而代之的是大规模定制的产业模式，正呈现出将工业化建造与低碳可持续发展目标相契合的发展趋势，对实现我国建筑工业产业化和构建住宅新型工业产业体系具有积极的意义。在 2017 年的第 26 届世界建筑师大会上，明确将大规模定制视为建筑行业转型和住宅产业变革的关键。

随着建筑工业智能建造的兴起，数字模块化建造平台为工业化建筑的批量定制带来了新的可能性[1]。针对建筑单元模块的设计与批量化建造逐渐成为产业化住宅的发展方向。这类住宅新型工业化体系的关键在于标准化设计、通用件生产、集成技术 3 者的结合，这 3 方面都是模块化设计的范畴（图 1-2）。

对于住宅套内空间设计而言，住宅部品化设计是住宅产业发展的关键技术，它是模块化设计的基础，有助于研究新型工业通用住宅体系[4]。模块化设计研究从而转向基于住宅部品的建筑一体化集成设计，这就要求通过模块化设计方法，将建筑结构、水电设备、室内空间、家具铺装等各专业任务进行协同设计[5]。

综上所述，住宅建筑工业化发展作为建筑发展的必然趋势需要具备设计、制造、建造、管理一体化协同的设计思路。在低碳可持续、工业信息一体化、大规模定制的时代背景下，建立系统全面的模块化设计理论体系对实现住宅建筑新型工业产业化至关重要。

[1] 袁烽，张立名，高铁铁．面向柔性批量化定制的建筑机器人数字建造未来 [J]. 世界建筑，2021（7）: 36-42.

[2] CARPO M. The alphabet and the algorithm[M]. Massachusetts: The MIT Press, 2011.

[3] 王江，赵继龙，杨阳．面向大规模定制的工业化住宅产业发展历程与趋势展望 [J]. 东岳论丛，2020（10）: 114-123.

[4] 王蔚．模块化策略在建筑优化设计中的应用研究 [D]. 长沙：湖南大学，2012.

[5] 黄子庭．住宅产业化发展下的住宅单元空间模块化设计研究 [D]. 武汉：湖北工业大学，2018.

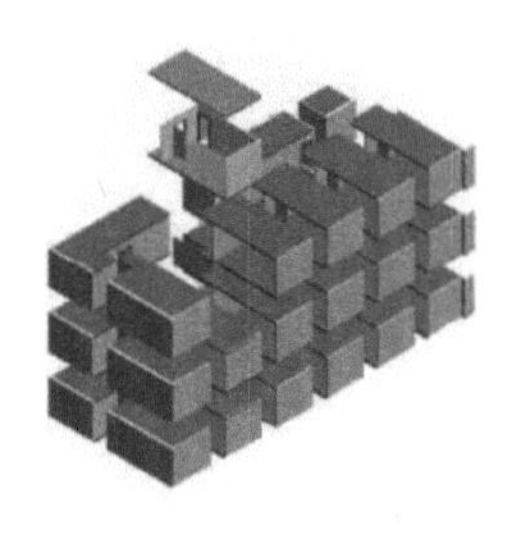

图 1-2 建筑模块设计、生产的协同集成
图片来源：
SMITH R E. Prefab architecture: A guide to modular design and construction[M]. New Jersey: John Wiley & Sons, Inc., 2010.

1.1.3 住宅套内空间规划需要科学方法

1. 住宅套内空间设计需要制造业思维

20 世纪初，勒·柯布西耶在《走向新建筑》(*Vers une Architecture*) 中论述轮船、飞机、汽车制造的精确性与高效性，从而提出建筑业向制造业学习的必要性。福特式流水线的发明是汽车工业大批量生产的一个重要契机，然而当汽车供过于求的阶段来临，福特模式受到产品单一化的诟病，作为后起之秀的丰田模式证明制造业崛起的另一个方向：模块化设计技术以新的工业标准化生产模式满足客户的差异化需求。此后，大众集团在 2012 年开发了模块化系统（modularer baukasten，MB）平台战略，该平台可共享组件，并将高度可变的部件隔离到特定的组件中（图 1-3）。该平台成功促使所有汽车通用程度达到 90%，另外 10% 用于汽车定制化部分。

如今制造业的模块化平台策略依然适用于建筑业，尤其是规模与汽车较接近的住宅套内空间领域。套型的标准化和模块化使构配件种类去繁从简、便于工业生产和装配施工[1]，应对不同居住需求的横向差异性和纵向动态性，摆脱传统粗放式居住空间设计与建造思维，为住宅套内空间质量的提升提供科学方法。

[1] 李梦．基于类型学的装配式高层钢结构住宅户型模块化设计研究 [D]. 北京：北京工业大学，2017.

2. 住宅套内空间设计需要定量化方法

现代科学研究经历了 4 次范式转型：实验科学范式、理论科学范式、模拟科学范式、数据科学范式。2009 年，微软公司正式出版《第四范

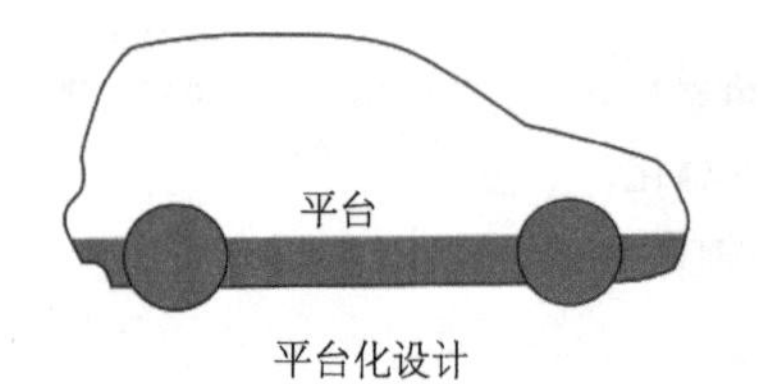

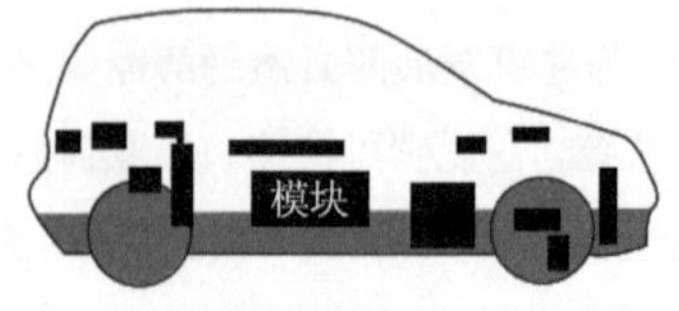

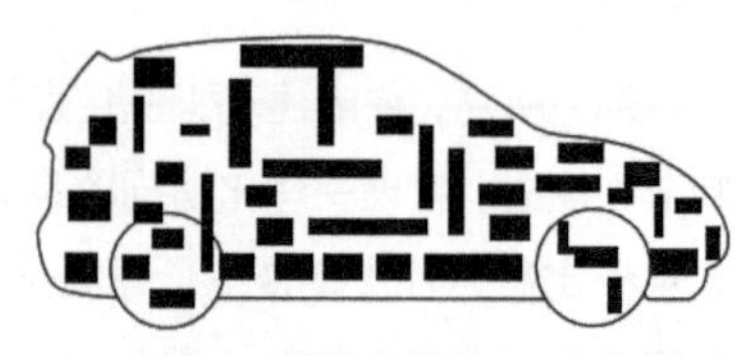

图 1-3 汽车模块化系统平台战略
图片来源：
单春来．概念设计时间的白车身结构模块化设计方法 [D]. 大连：大连理工大学，2018.

式：数据密集型科学发现》(*The Fourth Paradigm: Data-Intensive Scientific Discovery*)的著作，书中提到，随着科学朝着计算化和数据化的方向发展，更精准地获取、分析、模拟和可视化科学信息成为关键技术，其根本目的是辅助研究人员、决策者、设计师及社会大众做出有充分信息依据的决定[1]。

目前我国住宅套内空间设计套用惯常使用的规范数据包括户型几室几厅、开间进深几何、各功能用房面积配比等。然而许多设计师缺乏科学的认知，对这些数据不知其所以然。另外，功能用房的面积配比和位置关系过分依赖设计师与业主的经验判断，如“大厅小卧”的设计习惯和一成不变的功能气泡关系图等。这种经验式设计方法难以满足空间精细化和定制化设计要求，导致大量的“毛坯房”出现空间使用效率低下、部品部件利用不合理、住房使用寿命受限等严峻问题。其实，住宅设计应该像其他应用学科一样，运用科学的研究方法[2]：一是明确设计的出发点和目的，准确翔实地收集所需基础数据。二是对数据进行合理科学的统计分析，得出论点和科学规律，据此进行切实精准的设计。三是对全生命周期的发展做出有根据的预见和评价，建立可量化的标准。据此，第四次科学范式将指引住宅套内空间设计以数据化定量分析辅助设计师决策，提供更有说服力的设计依据，提高住宅建筑设计精度。

3. 住宅套内空间设计需要计算机技术

信息技术已广泛渗透到工业化建筑的设计与建造之中，以计算机技术为支撑和以数字载体为媒介，引发设计师对新设计模式的思考[3]。从学科史的视角，学科诞生、发展、消失、分野、交叉、融合等现象是一种客观规律。如今建筑学与计算机科学正在从分离走向交叉融合，两个学科关联愈发紧密，交叉领域逐渐扩大。建筑学经历了从CAD辅助绘图，到计算机参数化辅助设计和计算机生成设计，再到BIM等数字信息化模型管理的数字化过程。如今5G时代来临，人工智能计算机领域的机器学习、数据驱动、数字孪生等新兴技术正在崛起，正在为住宅套内空间布局的自动设计探索方向，有助于提高空间布局的效率和质量，为寻求最佳的设计方案提供可能[4](图1-4)。

综上所述，工业化背景下的住宅套内空间设计需摆脱以往主观经验式判断方法，将研究视野和着力点拓展到制造业领域，延展到定量化分析、计算机技术等方向，紧随国内外最新设计趋势和技术动态，提出科学合理的住宅套内空间设计方法。

[1] 潘教峰.第四范式：数据密集型科学发现[M].张晓林，译.北京：科学出版社，2012.

[2] 周燕珉.住宅精细化设计[M].北京：中国建筑工业出版社，2008.

[3] 丁颖.高层新型工业化住宅设计与建造模式研究[D].南京：东南大学，2018.

[4] 吴文明.室内空间布局的自动设计与优化[D].合肥：中国科学技术大学，2020.

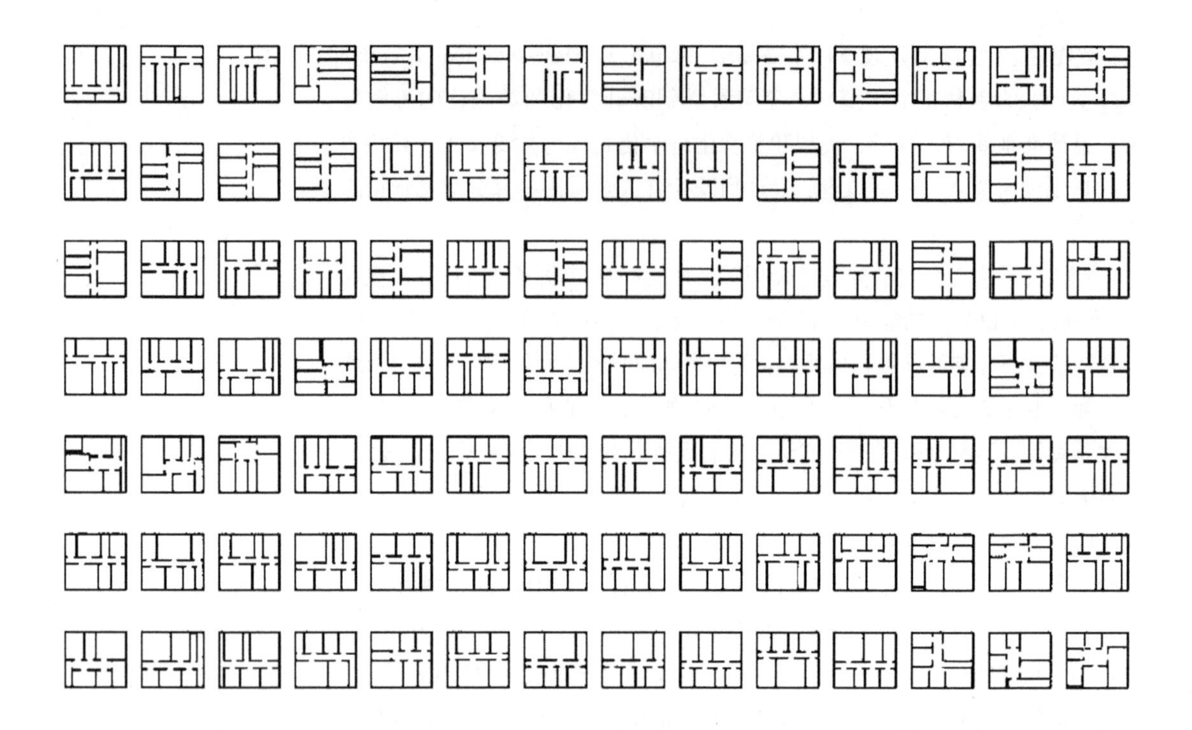

图 1-4 计算机辅助生成宅内平面布局示意
图片来源：
KOENIG R, KNECHT K. Comparing two evolutionary algorithm based methods for layout generation: Dense packing versus subdivision[J].Artificial intelligence for engineering design, analysis and Manufacturing, 2014 (3): 285-299.

1.2 概念与资料解读

1.2.1 概念认知

“住宅”在《住宅设计规范》GB 50096—2011 中的定义是“供家庭居住使用的建筑”。本书所研究的“住宅”基于工业化与功能空间适应性展开，面向集合住宅，对其内部居住行为发生所在的空间层面进行研究。东南大学编写的《建筑构造设计》中提到“空间体系的模块式装配建筑是由模块化构件组成的一种建筑形式”[1]，研究对象“住宅”特指模块化装配式集合住宅。依据《住宅设计规范》GB 50096—2011 中规定的最小套型使用面积为 22m^2、层高 2.8m，本书中“住宅”的研究范围是使用面积 22m^2 以上的集合住宅。书中的“住宅”不作特定地域之分，聚焦于普适性套内空间，地域性差异化要求可用模块化方法解决。

“套内空间”是指住宅套型内基本功能空间。“套型”在《住宅设计规范》GB 50096—2011 中的定义为“由居住空间和厨房、卫生间等共同组成的基本住宅单位”。其中明确规定基本功能空间没有要求独立封闭，也不等于房间，不同的功能空间可重合或相互借用。套内空间住宅基本单元内所包含的空间，主要包括卧室、起居室（厅）、厨房、卫生间、阳台、过道、贮藏空间。

“模块分解与组合优化”是对模块化过程的表述。模块化反映整体与个体的关系，整体可以分解为若干具有独立功能的个体，即模块；不同的个体可以组合成不同性能的整体，即系统。模块化是研究模块结构及其组合艺术的学问[2]。模块化系统设计的有效方法是采用“分解—组合”这种“先分后合”的两步走策略。模块分解的子系统是经过典型化的通用标准单元；模块组合

[1] 杨维菊．建筑构造设计[M]. 北京：中国建筑工业出版社，2005.

[2] 童时中．模块化原理设计方法及应用 [M]. 北京：中国标准出版社，2000.

优化是为了找到这些标准单元之间最佳的组合结果。组合优化是指在有限的、离散的数学结构上寻找一个满足给定条件，并使其目标函数值达到最大或最小的解，组合优化求解可以增强系统的组织效应。

1.2.2 住宅套内空间设计的核心问题

1. 提升住宅套内空间适应性

我国住宅空间规划呈现从基本生理功能复合化，到社交需求功能独立化，再到个性需求功能适应性的发展趋势和特征[1]。因此，住宅空间设计应从居住对象的特殊需求出发，提高空间适应性成为住宅研究的重要议题[2]。

首先，住户群需求分析是提升住宅适应性的重要前提。弗兰克·劳埃德·赖特（Frank Lloyd Wright）曾说："有多少种类型的人就应该有多少种类型的房子。"周燕珉强调前期调研对客户的定位，将目标客户群进行分类，进行不同客户群的需求分析，归纳其套型配置基本特点，以此为基础建立适应性住宅套型产品库[3]。很多研究展开了对家庭结构、家庭生命周期的分类讨论。一个家庭从组成到解体的过程中由于空间需求得不到满足，住户通常的做法是更换住宅，这大大影响了住宅的使用寿命和效益。因此，家庭结构及周期的需求变化是研究空间适应性的重要方面。在家庭结构方面，有在大量调研基础上对家庭居住面积与家庭结构进行交叉分析，总结套型结构与面积、家庭结构的适应性关系特征的研究[4]。也有研究从可拓数据采集的交叉学科角度，剖析家庭人口结构与住宅套型设计的关联性耦合规律，进而挖掘套内空间适应性潜力[5]。针对家庭生命周期，很多文献归纳总结家庭各生命周期的家庭结构表，并针对多孩家庭的全生命周期，分析家庭成员的空间需求特征[6]。更进一步，针对现代家庭不同生活模式的研究包括对住户群体特殊需求及套内空间设计要点的分析[7]。此外，国外学者提出需重视对不同社会背景和经济地位的住户群体在住宅居住空间上的偏好调查研究[8]。

其次，空间划分灵活性是提升住宅适应性的重要内容。空间灵活性可追溯到勒·柯布西耶的多米诺住宅体系，通过将结构与其他建筑部件分开达到空间使用的灵活适应。日本住宅空间灵活性有一套完善的设计方法，从"住宅公团"的"食寝分离"到DK型、LDK型、nLDK型，再到SI、KEP住宅体系[9]。除了"可变"的技术视角，空间的灵活性还包含"可变"的空间视角，比如空间的置换与功能的多用[10]。再如固定空间和模糊空间的提出，前者在家庭生命周期内的空间位置、尺寸、功能基本无须改变，后者预先考虑好家庭每个阶段的空间需求，可改变空间的位置、尺寸与功能[6,11]。

再者，住户规划参与性是提升住宅适应性的重要保障。许多学者认为住户的前策划介入对提高套内空间适应性十分必要。住户参与在20世纪60年代以后成为学界的典型课题，从实践上升为以科学为基础的居住空间设计理论。彼得·罗（Peter G. Rowe）认为居住空间的适应性是一个包含居住空间本身以及交互设计过程的领域[12]。当代住宅空间忽略住户基本需求，导致空

[1] 雍忠渝，李欣，付晓东．既有住宅空间适应性拓展策略研究[J]. 四川建筑，2020(5): 77-80.

[2] 周燕珉．住宅精细化设计[M]. 北京：中国建筑工业出版社，2008.

[3] 周燕珉．住宅精细化设计Ⅱ[M]. 北京：中国建筑工业出版社，2015.

[4] 王迅．杭州市小户型住宅套型设计策略研究[D]. 西安：西安建筑科技大学，2008.

[5] 高智慧．基于可拓数据挖掘方法的家庭人口构成与住宅套型设计研究[J]. 城市建筑，2018(22): 113-116.

[6] 惠珂璟．居住空间适应性设计研究：以二孩家庭为例[D]. 北京：北京建筑大学，2018.

[7] 冯昱．中小套型住宅平面适应性研究[D]. 杭州：浙江大学，2008.

[8] ARAS A，ÖZDEMIR İ. Comparing furniture preference of housing living spaces of housing users from different socio-economic status[J]. Online Journal of Art and Design, 2017, 5(1): 46-60.

[9] 赵泽宏．北京市保障性住房套型及套内空间精细化设计研究[D]. 北京：北京建筑工程学院，2009.

[10] 叶爱银．住宅套内空间配置对策研究：以保障性住房为例[J]. 福建建筑，2017(11): 26-30.

[11] 闫昌健．万科"泊寓式"居住空间精细化设计研究[D]. 长春：吉林建筑大学，2018.

[12] ROWE P G. Modernity and housing[M]. Massachusetts: The MIT Press, 1993.

间被消极使用，通过对住户半结构化访谈的数据分析，发现 76% 的受访者对其住宅的原有规划和空间尺度不满意，住户有迫切参与住宅空间布局设计过程的需求，以激发满足日常活动和空间使用的设计策略[1]。由此产生菜单式套内空间、丰富的系列化套型产品等选择，以满足不同经济收入、不同文化层次、不同社会地位、不同职业、不同生活模式的家庭的定制化需求[2]。

2. 行为模式为空间设计依据

人的行为模式是住宅内部居住空间组织的内在依据[3]。空间依赖行为而产生，行为依赖空间而存在，行为与空间相互作用产生特定形式和效应[4]。行为模式的改变必将引起住宅套内空间划分与组织方式的变化。空间与行为是贯穿于住宅空间设计及使用的一对矛盾因子，谋求两者的统一是住宅套内空间设计的基本出发点[5]。

首先，人体工程学主导套内空间尺度。行为研究离不开对人体尺度的基础研究，许多文献借用人体工程学作为研究空间行为尺度的基准，包括用具的放置与操作、感官的舒适尺度需求等[6]。有研究基于人的身体尺度对通行行为、烹调制作活动、进餐行为、起居社交、睡眠休息、卫生行为、储藏行为等居住行为进行空间精准测算[7]，更有甚者，提出“动作域”的概念，即人在空间中与环境行为交互的范围大小，并依据《人体尺度与室内空间》及《人体工程学》，具体调查人体与室内环境行为交互尺度[8]。

其次，私密性程度决定套内空间划分。视线禁忌与独处是人的基本心理需要，是居住行为中的恒定性内容。研究证明人对私密性需求是共同的伦理文化要求，是居住空间设计的重要依据。因此私密性的程度是研究居住行为的一个重要指标，有研究进行了居住行为属性之私密程度调查数据统计分析，包括私密程度、发生频率、固定程度、安静程度等指标[6]。大量文献研究分析居住空间序列尺度及私密性关系，提出套内动线合理性取决于合理的动静分区，结论是集中设置的静区配置比分散的更容易保护家庭私密性[9]。人们对私密性的越发重视导致居住行为的进一步分化，引起空间的再划分、功能分离等现象。

最后，动态行为主导套内空间组织。空间是行为活动的场所，行为是空间组织的依据。人在空间中的行为具有动态特征，对其行为进行观察、记录、分析，就可掌握行为特征，为空间设计提供依据。有研究从“行为场所”的视角研究环境与行为关系的基本单元及特性，从与空间关系最密切的行为流动与分布习性着手，将居住行为模式化，提出行为场所具有固定行为模式与重复发生行为模式两种类型，研究的重要结论是：行为场所的特点取决于行为模式在行为场所内发生时间上的规律性[10]。无独有偶，一些研究采取使用频率以及使用时长来衡量行为场所特征，对行为发生的场所与频率进行定量研究[8]。

3. 住宅套内空间划分与组织

住宅套内空间设计可以看作是确定套内空间尺寸和位置的过程[11]，需明

[1] INDRIYATI S A.Space and behavior: study on spatial use of the low-cost housing and its residents[J]. International Journal of Development and Sustainability，2013（2）: 1982-1996.

[2] 冯昱．中小套型住宅平面适应性研究 [D]. 杭州：浙江大学，2008.

[3] 郑华．居民行为模式与居住空间的划分：如何判断住宅户型的好坏 [J]. 成人高教学刊，2000（5）: 33-35.

[4] 王锦汇．中小住宅空间体量利用效率量化分析与数值分析系统 [D]. 乌鲁木齐：新疆大学，2016.

[5] 徐从淮．行为空间论 [D]. 天津：天津大学，2005.

[6] 闫凤英．居住行为理论研究 [D]. 天津：天津大学，2005.

[7] 窦以德．关于中小套型住宅产品设计技术路线的探讨 [J]. 建筑学报，2007（4）: 1-3.

[8] 闫昌健．万科“泊寓式”居住空间精细化设计研究 [D]. 长春：吉林建筑大学，2018.

[9] 张亚卓．用户视角的住宅套型空间动线设计策略研究 [D] 北京：清华大学，2015.

[10] 徐从淮．行为空间论 [D]. 天津：天津大学，2005.

[11] 吴文明．室内空间布局的自动设计与优化 [D]. 合肥：中国科学技术大学，2020.

确空间的功能、规模、结构关系和环境设计要求[1]。因此，空间的尺度、划分与组织是住宅套内空间设计的基本内容。

首先，在住宅套内空间尺度的集约化研究方面，住宅套内空间尺度需将一味追求“大而糙”的不可持续方式，转向集约化、提高使用效率的“小而精”道路。许多研究通过对规范和文献的梳理，对空间尺寸进行汇总，比如套内使用面积汇总表、套内功能空间面宽数据、基本空间常用面积与尺度分析[2][3]。也有文献通过大量户型图纸统计不同套内空间尺寸及面积构成[4]，或者通过大量实态调研统计中小套型住宅空间的面宽与进深数据以及面积配比[5]。更有趣的是在住宅套内空间尺度的极限值方面的研究，比如研究套内空间设计最小空间分离面积及空间二维、三维的复合策略，并根据人体工程学定量求出最小功能房面积[6]；或是基于套内功能空间所需基本家具和人体活动的尺寸，确定各功能空间的极限空间大小[7]。此外，也有关于空间形状集约化的研究。国外学者采用空间句法量化分析得出居住空间的通用性与空间尺寸及形状这两个因素有关，结论是空间尺寸大概为 4m × 4m 的方形通用空间具有可分割成多种功能空间的适应性[8]。空间尺度的极小化研究与测算为本书提供了坚实的参考。

其次，在住宅套内空间划分的可量化测算方面，打破经验式“自上而下”的分配思路，转向“自下而上”的测算思路，即根据实际需求量化空间配置。近年来，诸多论著集中在定量的方向研究住宅空间设计，空间量化得到了业界广泛的认可和应用，代表理论有比尔·希列尔（Bill Hillier）的空间句法理论，以几何学、拓扑学、数学为基础分析空间元素之间的关系，强调空间可达性、整体性、关联性，从而对空间进行深层认知和可测量的评价。例如采用空间句法的 J-Graph 分析住宅套内空间配置，包括分析客厅、卧室、厨房的总深度（TD）、平均深度（MD）、非对称（RA）、真实非对称（RRA）、整体度（IV）等指标的数值等，这些指标可指导空间设计优化与评价[9]。不少文献的关注点在于空间的定量评估研究上，国外学者提出了一种评估住宅空间布局质量的方法，该方法基于对空间行为活动位置之间相互关系的分析，以向量形式结合活动之间私密性、干扰性因子等，将空间位置公式化表达，为评估住宅套内空间价值提供了关键方法，并以详细案例测算加以验证[10]。当前我国对于住宅空间价值评估方面的研究文献不多，从另一个角度看，套内空间价值评估研究会反过来影响空间划分量化的研究，检验空间划分的效益，这一研究课题尚处在探索阶段。

最后，在住宅套内空间组织的多样化适应方面，孟建民院士认为建筑功能空间正在从传统的稳态性向智能的可变性演进[11]。住宅套内空间组织需要从传统固定的配置模式转向多样适应的组合模式。罗杰·舍伍德（Roger Sherwood）的《现代住宅的原型》（*Modern Housing Prototypes*）通过将住宅空间组织类型分类，总结出典型的住宅形式原型及其组织关系，为建筑设计提供参考[12]。基于经典的空间组织模式，许多研究提出空间的模糊、复合

[1] 苏实，庄惟敏．试论建筑策划空间预测与评价方法：建筑使用后评价（POE）的前馈 [J]. 新建筑，2011（3）：107-109.

[2] 兰显荣．适应居住者需求的工业化住宅设计初探 [D]. 重庆：重庆大学，2016.

[3] 孙超 .SI 体系思想指导下的住宅内部空间适应性设计研究 [D]. 西安：西安建筑科技大学，2019.

[4] 许潇．基于住户需求的可变模块精细化设计策略 [D]. 湘潭：湖南科技大学，2017.

[5] 梁树英．基于居住需求分析的中小套型住宅设计研究 [D]. 重庆：重庆大学，2010.

[6] 龙灏，关景．套内空间精细化设计在保障性住房中的应用 [J]. 西部人居环境学刊，2013（6）：35-40.

[7] 许潇．基于住户需求的可变模块精细化设计策略 [D]. 湘潭：湖南科技大学，2017.

[8] FEMENIAS P，GEROMEL F. Adaptable housing? A quantitative study of contemporary apartment layouts that have been rearranged by end-users[J]. Journal of Housing and the Built Environment，1999，35：481-505.

[9] PHAM P P，PHAM N Q G，OH S G. Spatial configuration of traditional houses and apartment unit plans in Ho Chi Minh city，Vietnam：A comparative study[J]. Spatium，2021（45）：34-45.

[10] KALAY Y E. Architecture's new media：principles，theories，and methods of computer-aided design[M]. Massachusetts：The MIT Press，2004.

[11] 孟建民．关于泛建筑学的思考 [J]. 建筑学报，2018（12）：109-111.

[12] SHERWOOD R. Modern housing prototypes[M]. Cambridge：Harvard University Press，1990.

的策略，研究多种功能空间复合的套型设计，提出固定空间、需求空间、弹性空间等概念[1]。

综上所述，住宅套内空间设计的核心问题聚焦在空间适应性、行为模式、空间划分与组合3个层面。一是针对空间适应性，较少文献分析不同家庭结构及生命周期之间的空间适应性“转换”问题。二是在行为分析层面的概念性研究较多，基于不同家庭结构的行为模式建立定量模型应对套内空间布局的策略研究匮乏。不少学者研究住宅套内空间与行为模式之间的耦合关系，然而这些研究止步于对行为数据获取方法的研究，未进一步探索能取代“功能气泡图”的“行为气泡图”的方法。三是在空间划分与组合层面，多数文献对于空间组织认知大多仍停留在“功能房”，缺少对套内空间基本单元的基础研究，未能形成对空间布局问题的系统性界定。

1.2.3 住宅套内空间模块化设计的研究途径

在明确了住宅套内空间设计的核心问题后，解决问题的入手点是什么？在工业化发展及低碳可持续的背景下，模块化设计被认可为与大规模定制相匹配的一种设计方法[2,3]。因此，将住宅套内空间设计的核心问题——空间划分与组织——转化成套内空间模块分解及组合问题，以提升套内空间适应性为目标，探寻套内空间模块化设计的研究途径。

1. 套内空间模块分解的研究途径

1）从部品出发的模块化空间集成

住宅部品化是住宅工业及产业化发展的技术基础和关键环节，能促进产品的系统集成[4]。空间集成是模块分解的目标，即形成独立通用的集成模块[5]。目前国内建筑、室内、家具设计的模块分解研究可归结为部品层级化族群建构以及部品模数协调两方面[6]。

一是部品层级化族群建构方面。从产品系统设计的角度来考虑模块的分解与组合，把整个住宅建筑、室内空间和部品部件作为系统，以标准化部品为起点向上构建多级标准化模块层级[7]。将部品作为空间的基本尺度衡量单位，向上建立部品系统层级，成为模块分解的一种明晰且精准的思路。其中，家具作为居住空间的典型部品，成为许多研究的讨论核心。约翰·哈布瑞肯（John Habraken）在《支撑体：一种替代性大规模住宅》（*Swpport: An Alternative to Mass Honsing*）中对住宅的填充体进一步细分为功能划分和家具布置两个层级[8]。有学者提供了较为清晰的家具调查思路及量化指标选择，研究通过问卷调查、部品调查、入户调查，分析“人、物、空间”三要素关系图。其调查成果为“典型家庭结构、居住人数、物品/家具数量”的对应关系表[9]，为以家具部品为量化指标的研究提供了精准依据。不少研究为住宅模块化设计开发出拥有70多个部品的模块库[10]，抑或是由家庭全生命周期的适应性需求而设计的固定模块和可变模块[11]。同时可将这种层层建构的方法延续至更大的尺度。哈布瑞肯提出的开放建筑理论（open building）从宏

[1] 闫昌健．万科“泊寓式”居住空间精细化设计研究[D]. 长春：吉林建筑大学，2018.

[2] 童时中．模块化原理设计方法及应用[M]. 北京：中国标准出版社，2000.

[3] 李春田．现代标准化前言：模块化研究[M]. 北京：中国标准出版社，2008.

[4] 高颖．住宅产业化：住宅部品体系集成化技术及策略研究[D]. 上海：同济大学，2006.

[5] 麦绿波．标准化学：标准化科学理论[M]. 北京：科学出版社，2017.

[6] 薛峰，何平，沈冠杰，等．建筑师对于建筑工业化技术的思考与构想：政策性住房套内空间通用模块设计研究[J]. 城市住宅，2016（2）: 6-19.

[7] 孟建民，龙玉峰，丁宏，等．深圳市保障性住房标准化模块化设计研究[J]. 建筑技艺，2014（6）: 37-43.

[8] HABRAKEN N J. Supports: an alternative to mass housing[M]. London: Architectural Press，1972.

[9] 石铮．一种住宅收纳空间量化配置指标的研究[J]. 城市住宅，2021（2）: 230-236.

[10] STONE R B，WOOD K L，CRAWFORD R H.Using quantitative functional models to develop product architecture[J]. Design Studies，2000（3）: 239-260.

[11] 惠珂璟．居住空间适应性设计研究：以二孩家庭为例[D]. 北京：北京建筑大学，2018.

观到微观层级划分为城市肌理（urban Tissue）、建筑主体（base building）、可分体（infill）[1]。尼克斯·萨林加罗斯（Nikos Salingaros）提出城市模块化理论，基于对公共空间功能的分类，将城市系统分解为尺度、功能相异的节点构成的模块，这些节点包括住区、办公楼、公园、商场、餐厅等城市日常生活基本构成要素[2]。在这个理论基础上，吴志强院士认为未来城市设计中一切皆可“模块”[3]。由此可见部品族群是构建复杂系统以及解决复杂问题的重要法宝。

二是部品模数协调方面。制造业领域十分重视模数的研究，许多住宅空间的研究也开始关注部品模数化问题。1936年，阿尔伯特·法韦尔·贝米斯（Albert Farwell Bemis）在他的《进化的住房三部曲之三：理性设计》（*The Evolving House Volume Ⅲ: Rational Design*）一书中首次提到模数协调的概念[4]。丹麦在20世纪60年代出台了《全国建筑法》（*National Building Act, Danish*），制定了20多种相关的模数标准，并开发了以“产品目录设计”为主的建筑通用体系[5]。近年，我国也有学者对住宅部品体系重新梳理，通过建筑部品市场调查统计研究现行部品模数协调标准[6]，依据模数标准将住宅结构、空间以及部品的尺寸模数化，整理出居住空间基本家具及设备模数尺度图表[7]。此外，模数分解的研究更多反映在面向制造的研究。在工业制造领域，层级越高的模块侧重从设计和使用的角度进行分解，而层级低的模块应侧重从制造和装配角度进行分解。部品模块的分解还需考虑维修及回收的维度，对于提倡低碳可持续的理念具有现实意义。

2）从行为出发的模块化功能分析

功能分析是分解出独立模块的关键[8]，是空间模块划分的基础和主要依据。套内空间的功能分析是根据住户的居住行为模式和家庭人口结构分析并提取共性的过程，其中的功能空间模块不仅限于传统意义上的“房间”，更是从住户普遍共存的生活中提炼出的居住行为模式所映射的空间领域[9]。通过功能分析，可将套内空间大致分解为若干行为模块，这包括两个思考维度：行为单元分解和行为时空规律。

一是行为单元分解维度。套内空间模块分解从行为出发，研究对象落在行为单元分解上[10]。有研究以居住行为空间视角，依据人体工程学量化指标，提出社交、备餐、睡眠、卫浴、储藏等诸多功能模块[11]。行为单元是构成模块化住宅的最低层级元素，也是重复率最高的元素，由此，行为单元是标准化的。不少研究归纳各类行为单元可参考的基本尺寸、空间与行为对照关系[12][13][14]。

二是行为时空规律维度。居住行为之间存在层次、组合、时序、因果等关系，复杂行为可由简单行为构成，既可以按时间顺序组织，也可以按空间位置组合[15]。以时空行为视角的分析方法为住宅套内空间规划提供了方法，包括日常活动时空分布、活动的时间集聚特征、出行频率和距离特征、空间集聚特征和活动内容等[16]。也有学者以科学理性为基础，从住户行为轨迹与路径几何的角度展开套内空间行为研究[17]，统计住户在套内空间内会发生的

[1] HABRAKEN N J. Supports: an alternative to mass housing[M]. London: Architectural Press, 1972.

[2] 邹德慈.人性化的城市公共空间[J].城市规划学刊，2006（5）：9-12.

[3] 吴志强.2021城市设计十大趋势&调研报告十大话题[DB/OL].[2021-11-02] https://mp.weixin.qq.com/s/gJgeqLZMcYKxF66b_4cjlg.

[4] Oshima K T, Waern R. Home delivery[M]. New York: The Museum of Modern Art, 2008.

[5] 张家钰.成长性住宅空间的模块化设计研究[D].北京：北京林业大学，2017.

[6] 夏海山，李敏.新型建筑工业化的模数协调与智能建造[J].建筑科学，2019（3）：147-154.

[7] 闫昌健.万科“泊寓式”居住空间精细化设计研究[D].长春：吉林建筑大学，2018.

[8] 童时中.模块化原理设计方法及应用[M].北京：中国标准出版社，2000.

[9] 李冬冬.基于功能分析的居住空间模块化设计[J].西安建筑科技大学学报，2016（3）：406-411.

[10] 王鲁民，许俊萍.宅内行为模式与集合住宅格局：1949年以来中国集合式住宅变迁概说[J].新建筑，2003（6）：35-36.

[11] 王蔚.模块化策略在建筑优化设计中的应用研究[D].长沙：湖南大学，2012.

[12] 黄子庭.住宅产业化发展下的住宅单元空间模块化设计研究[D].武汉：湖北工业大学，2018.

[13] 关景.重庆市公共租赁房室内空间模块化设计研究[D].重庆：重庆大学，2014.

[14] 毛钰强.基于未婚青年居住行为的住宅空间设计研究[D].长沙：中南林业科技大学，2019.

[15] 滕晓艳.复杂产品系统的模块划分方法研究[D].哈尔滨：哈尔滨工程大学，2011.

[16] 乔雅楠.时空行为视角下西安既有居住地段休闲活动空间全龄共享策略研究[D].西安：西安建筑科技大学，2020.

[17] 徐从淮.行为空间论[D].天津：天津大学，2005.

行为分类、具体内容及概率，挖掘住户行为发生的空间位置，整合各类行为发生的时间线，摸清住户套内的动线规律[1]，使行为研究趋于系统化、定量化。与此同时，国外学者通过人的行为活动图驱动套内空间的建模，该设计方法的核心是依靠计算机算法将空间布局与行为活动图形编码进行动态关联[2]。还有许多文献为动态行为的时空获取提供了具体方法和工具。例如以传感器数据记录和预测住户的日常活动[3]，或基于 UWB（ultra wide band，超宽带技术）室内定位系统的数据获取和分析工作流程，为套内行为的数据收集和分析提供了新工具[4]。

综上所述，住宅套内空间模块分解方面，文献研究提供了两条思路。一是从家具部品出发，建立实体模块，研究对象落在部品标准化、部品族群、模数协调等问题上；二是从行为模式出发，建立空间模块，研究对象落在行为单元的功能分析、行为时空规律分析等问题上。住宅部品化是住宅建设的发展趋势，人的行为是人与空间关系的决定性因素。无论部品还是行为，两条思路都为本书的模块化分解提供了重要路径。

2. 套内空间模块组合的研究途径

现代模块化的发展促使标准化与多样化的统一结合，通过模块的灵活组合，满足用户的个性化需求[5]。模块组合能有效解决多样化及灵活性需求等设计问题，这向来是模块化设计的重要优势所在，套内空间模块组合研究主要集中在系列化模块组合平台、定制化交互界面以及计算机组合算法优化层面。

1）基于模块化平台的空间模块系列化组合

模块化平台概念在建筑行业的应用相对较新，却是工业领域实现大规模定制生产的主要方式，包含两部分内容：基于模块变更的模块配置型产品平台设计和基于设计变量尺度变化的参数伸缩型产品平台设计[6]。对于建筑行业而言，模块化建筑未来发展趋势是“稳定的架构体系”+“可灵活替换的空间单元”，正如细胞一样，模块化平台是建筑的“细胞库”，包含着建筑空间中不可再分的单元，以此开启各类微型多功能建筑单元的研究[7]。以上思路承载 BIM 平台最终导向，即 BIM—模块化建筑设计建造体系（BIM-Modular），这正是未来建筑产业化的发展方向[8]。

2）基于交互界面与计算机算法的模块组合

空间模块组合的优势在于适应需求变化，以网站或小程序交互界面的形式让公众选择、规划和组织。国外学者的研究旨在提出一种工业化住宅套内空间的大规模定制模型，开发出一个数字化网络界面，可根据在线调查问卷的回答呈现每个住户需求的空间组合[9,10]。随着虚拟技术的进步，有研究提出个性化定制产业生态系统，该系统能够更好地分析住户与住宅产品之间的虚拟交互，将住户和住宅产品之间的一维关系演变成由住户和所有相互关联的住宅部品组成的多维交互关系[11]。鲜有研究采用计算机算法探索套内空间模块化组合优化问题。研究主要集中在住宅布局平面组织优化方面，即生成

[1] 毛钰强．基于未婚青年居住行为的住宅空间设计研究 [D]. 长沙：中南林业科技大学，2019.

[2] FISHER M，SAVVA M，LI Y Y，et al. Activitycentric scene synthesis for functional 3d scene modeling[J]. ACM Transactions on Graphics，2015（6）: 1-13.

[3] MOHAMED R，PERUMAL T，SULAIMAN M N，et al. Multi label classification on multi resident in smart home using classifier chains[J]. Advanced Scientific Publishers，2018，24（2）: 1316-1319.

[4] 黄蔚欣，杨丽婧．基于 UWB 室内定位系统的居住行为研究 [J]. 建筑技艺，2018（8）: 86-89.

[5] BALDWIN C Y，CLARK K B. Managing in the age of modularity[J]. Harvard Business Review，2000（2）: 81-93.

[6] 侯文彬，单春来，于野，等．模块化平台的模块划分及共享模块筛选方法 [J]. 机械工程学报，2018（1）: 188-196.

[7] 孟建民．关于泛建筑学的思考 [J]. 建筑学报，2018（12）: 109-111.

[8] 罗鹏，李姣佼．全民健身馆空间模块化设计研究 [J]. 城市建筑，2018（8）: 27-31.

[9] GARIP E，ONAY N S，GARIP S B. A model for mass customization and flexibility in mass housing units[J]. Open House International，2021，46（4）: 636-650.

[10] FRIEDMAN A，SPRECHER A，MOHAMED B E. A computer-based system for mass customization of prefabricated housing[J]. Open House International，2013，38（1）: 20-30.

[11] TSENG M M，JIAO R J，WANG C. Design for mass personalization[J]. CIRP Annals-Manufacturing Technology，2010，59（1）: 175-178.

住宅套内布局平面图（floor plan layout）。对于住宅布局平面图设计，存在大量基于约束的研究方法，这些方法对于模块化空间组合问题实质上是相同且适用的。研究者认为套内空间布局问题是复杂的组合最优化问题，套内空间布局的关键点在于问题或约束条件的精确表达，特别是主观的约束条件[1]。不难看出，建筑师往往根据行业共识进行相对有理有据的空间布局设计。将这种"排平面"背后的逻辑支撑，即建筑师有据可循的经验式规则提取，交给人工智能辅助设计是完全可行的[2]。

综上所述，住宅套内空间模块组合方面，文献研究提供了两条思路：一是以建立模块化平台为核心的空间模块系列化组合设计策略；二是以计算机交互界面开发为模块组合定制方案，和以计算机算法辅助生成设计为模块组合优化决策的研究路径。该研究方向近年来逐渐增多，组合算法更是计算机跨界到建筑空间领域的一大热门，这些新兴的理论与技术为住宅套内空间模块化设计提供了更多新路径。

然而，这些现有研究方法与工具多数在制造业领域较为成熟，这些技术成果并未广泛应用于建筑学领域。已有文献对于算法应用于平面布局生成的转化，过于偏向大数据及人工智能等图像学习层面，缺乏布局问题的底层逻辑及根本机制的系统性建构，缺少对建筑学科内关于空间及平面设计问题的探讨，这给予了本书关于住宅套内空间模块化结构逻辑建构的动机。

[1] 吴文明．室内空间布局的自动设计与优化[D]. 合肥：中国科学技术大学，2020.

[2] ZHENG H，YUAN F. A generative architectural and urban design method through artificial neural networks[J]. Building and Envionment，2021，205（6）：108118.

1.2.4 问题的提出与内容结构

本书的研究以最为普遍的住宅建筑为例，以套内空间规划问题为样本，阐述模块化建筑设计理论与方法的形成、机制及应用，以小见大、见微知著，为学科内的工业化建筑设计理论与方法提供构建方法。本书采用层进式论证结构，从背景解析、脉络梳理、理论建构到设计方法，围绕本书提出的几个问题展开论述：

第一部分：背景解析，该部分内容为本书第 1 章。该章通过对我国住宅套内空间适应性困境、国内外建筑新型工业产业化新趋势、住宅套内空间规划模式缺乏科学性现状的论述，总结出我国住宅套内空间模块化设计的新背景与新需求。在此基础上，从两个方面对国内外的研究及实践成果进行归纳梳理，一是住宅套内空间设计的核心问题，二是住宅套内空间模块化设计的研究途径。根据以上研究背景及资料解读，聚焦得出本书的关键问题是模块化如何提升住宅套内空间适应性。

第二部分：脉络梳理，本书第 2 章为模块化建筑认识论。首先以建筑技术发展史为切入点，对模块化住宅发展阶段进行划分，并对相应阶段的住宅特点及促使住宅向模块化发展的内因进行解析，明确模块化是住宅发展的一个重要趋势。其次，通过对与模块化有关建筑理论梳理，获取建筑理论中隐藏的模块化理论内核及脉络，为开展本书研究提供理论支撑。

第三部分：理论建构，本书第 3 章为模块化建筑方法论。首先明确现有住宅套内空间适应性设计方法的局限性，然后根据当代住宅模块化属性特点引入模块化设计理论与复杂适应系统理论，深入分析模块化原理、设计方法及应用。结合复杂适应系统理论，提炼出与住宅套内空间模块化紧密联系的理论原理与规则，建立住宅套内空间复杂适应模块化系统的理论模型。该理论模型为住宅套内空间模块化设计建立基本概念、规则与机制，形成模块化设计规则、分解层级以及组合优化的设计方法。

第四部分：设计方法，本书第 4 章为住宅套内空间模块化系统的设计规则。该章旨在为模块化主体的层级建构提供"刺激响应"规则，主要包含 3 个方面：标准化原则、居住行为内在关联、多元化居住需求。一是标准化原则，涉及模数协调和人体工程学原理，旨在为空间模块的形态提供标准化依据；二是居住行为内在关联，研究居住行为的微观内容、基本属性以及时空关联规律，旨在为空间模块的功能提供关联度依据；三是多元化居住需求，指的是不同家庭结构、家庭生命周期以及家庭生活模式对空间模块组合的需求，旨在为住宅模块化套型提供适应性需求。

第五部分：设计方法，是住宅套内空间模块分解层级建构。第 5 章属于住宅套内空间模块化设计的"分解"部分，尝试对以下两个关键问题做出回答：住宅套内空间模块化系统的层级结构是怎样的？居住行为内在关联机制主导的住宅套内空间内在关联是怎样的？运用复杂适应系统的基本机制共同建构模块分解的层级分类属性、层级内部结构和层级具体内容，即结构维度的部品部件模块层级、行为维度的行为单元模块层级、功能维度的功能空间模块层级，相应创建元件级、组件级、部件级模块信息库。其中，元件级模块基于标准化原则形成组件级模块，组件级模块基于居住行为内在关联度形成部件级模块，部件级模块为后续系统级模块组合提供基础数据。

第六部分：设计方法，住宅套内空间模块组合优化模型。第 6 章属于住宅套内模块化设计的"组合"部分，尝试对第三个关键问题——住宅套内空间组织的约束条件是怎样做出回答。运用复杂适应系统的基本机制共同建构模块组合的层级，即部件级模块和系统级模块。部件级模块基于多元化居住需求，开展遗传算法辅助的模块多目标组合优化研究，界定模块组合的约束条件和拓扑关系，提出住宅套内空间模块多目标组合优化模型。该模型对住宅套内空间规划进行模拟、分析与评价，并对通用模块库进行修正和改进。形成"分解—组合"整体性模块化建构的方法体系。

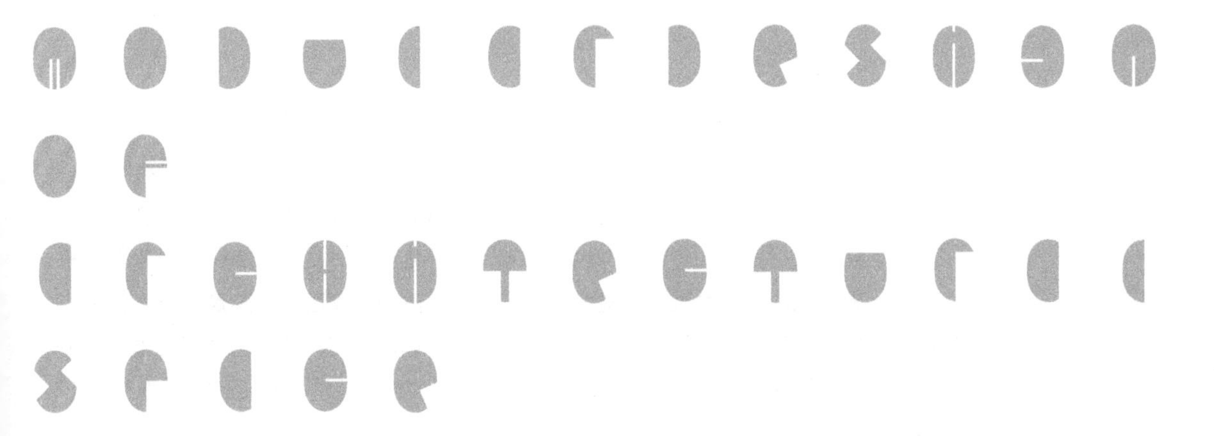

第2章

模块化住宅的历史与理论演变

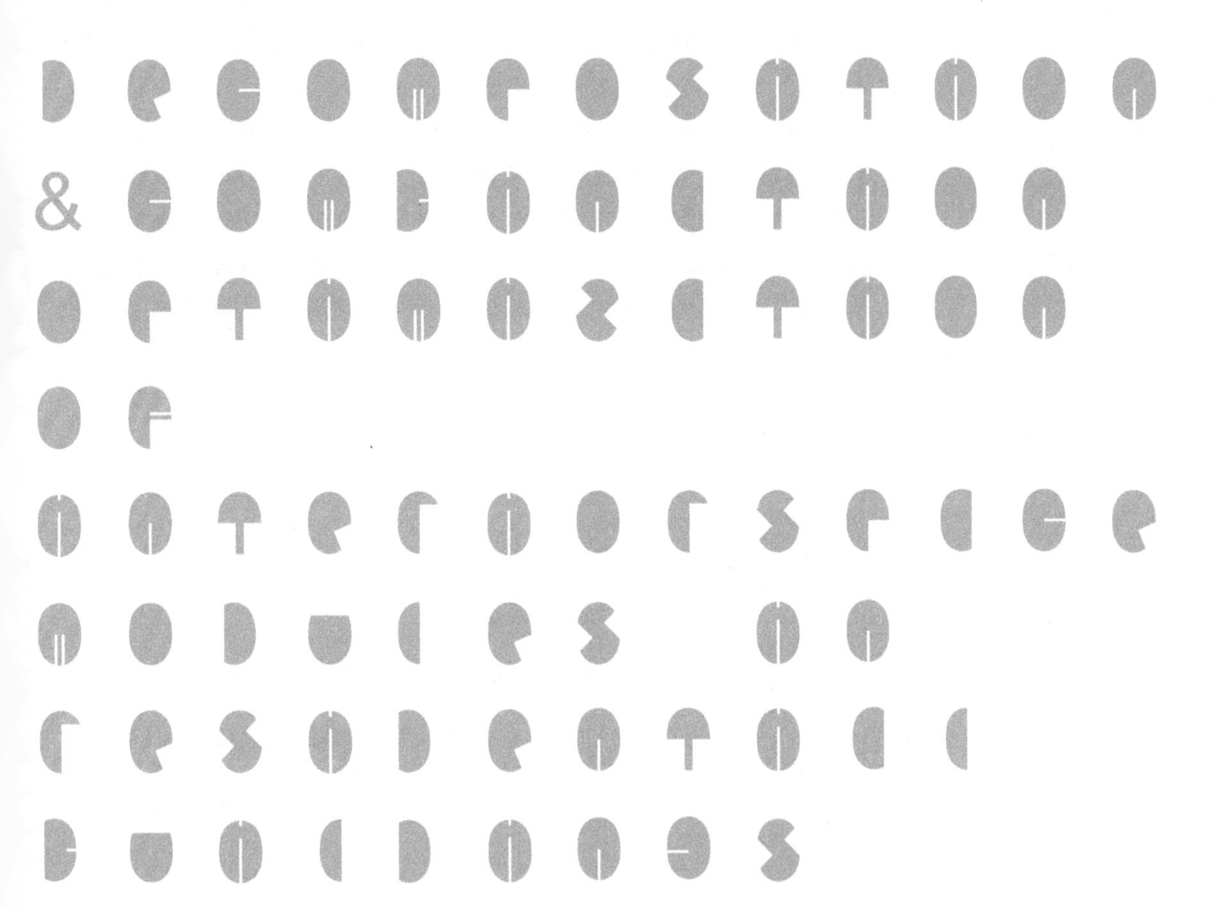

模块化建筑是建筑发展的一种必然趋势。从社会与经济发展的角度看，建筑模块化成为社会可持续发展的有效机制。从建筑历史的发展角度，建筑模块化可视为由“静态”向“动态”的进化过程。从技术演化的视角看，随着工业化与信息技术的进步，建筑模块化成为一条暗含于建筑工业化背后的技术主线，对模块化的技术史研究意义深远。因此，从认识论层面厘清模块化建筑的历史演变、理论脉络，对于认清模块化建筑的本质具有重要意义。

2.1　延续与演变

模块化住宅是工业化建筑中的重要典型，其历史性与建筑技术发展史密切相关。工业化建筑拥有完整连续的演化过程，以其技术变革节点为历史分期依据，将模块化住宅的延续与演变过程分为 5 个时期[1]（图 2-1）。

[1] SMITH R E. Prefab architecture: A guide to modular design and construction[M]. New Jersey: John Wiley & Sons, Inc, 2010.

2.1.1　前工业时代的标准化思维：气球框架式协调

几千年以前的原始游牧部落在找寻临时住所时，预制模块化的思想已经萌芽。为避免新领土建材稀缺，原始部落在不断转换居住地的过程中，懂得了储备已知建材的重要性，并采用方便组装和拆除的建造方法搭建住所。随着农业和畜牧业的出现，这些游牧部落逐渐开始建造定居房屋，出现了传统的砌筑技术及木材工艺。砌筑技术代表性建材——砖出现在公元前 3500 年的两河流域及古埃及，砖的形状及尺寸标志着理性化及标准化意识的雏形。砖也成为“模块”这个词最早的出处。

与砌筑建造相比，木材建造的历史同样久远，以体系化方式真正成为预制模块化住宅的主导者。西方以预制装配式为代表的工业化木结构住宅起源于英国的海外殖民活动，采用的方式是在英国本土预制建造好房屋所需构件，再用船运到殖民地现场建造。吉尔伯特·赫伯特（Gilbert Herbert）认为这些构件属于棚屋系统，包含预制木框架及挡雨板，现场简单切割组装，而门和窗扇是完成的预制组件[2]。

[2] HERBERT G. Pioneers of prefabrication: the British contribution in the nineteenth century[M]. Baltimore: Johns Hopkins University Press, 1978.

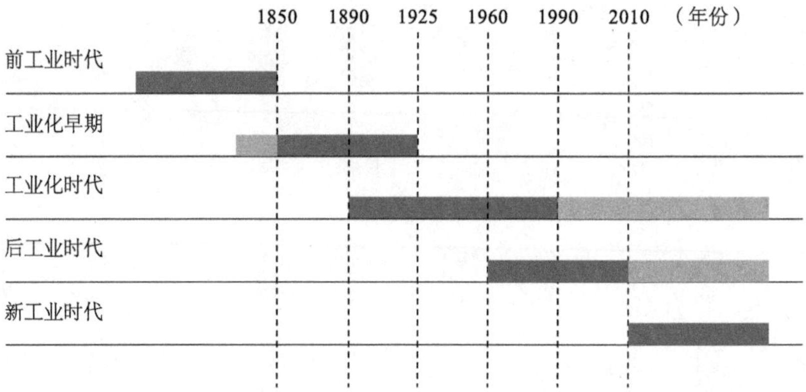

木结构模块化住宅较为成熟的发展始于 H·约翰·曼宁（H. John

1850　1890　1925　1960　1990　2010　（年份）
前工业时代
工业化早期
工业化时代
后工业时代
新工业时代

图 2-1　模块化住宅演化阶段

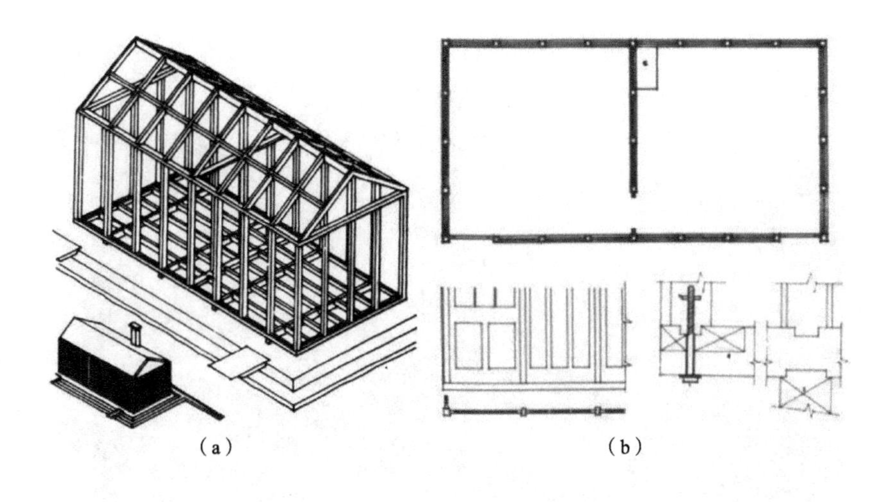

（a）　　（b）

图 2-2　模块化木构住宅
图片来源：
(a) SMITH R E. Prefab architecture: A guide to modular design and construction[M]. New Jersey: John Wiley & Sons, Inc., 2010.
(b) BRODIE J A. Elton Flats. Liverpool[DB/OL], 1904. https://mitparch.mitpress.mit.edu/pub/jcyfq989/release/1?readingCollection=209f27d1.

Manning）在 1830 年设计的“曼宁小屋”（Manning Portable Cottage）。它成为第一个记载完整的模块化木构住宅，采用一套标准的木框架及围合构件的体系，包含开槽的柱子构件、地板板片和三角桁架构件，柱子、地板及墙板基于统一尺寸精准配置，标准化板材插入柱子槽缝之间，可灵活替换（图 2-2）。赫伯特称曼宁小屋框架系统揭示出预制住宅最本质的概念——尺寸协调[1]。

英国木构模块化住宅给美国很大启示，19 世纪中期北美在草原拓荒期对木结构房屋有极大需求，测地学家乔治·华盛顿·斯诺（George W. Snow）于 1832 年发明了一种轻型化构架体系，直译为气球框架系统（balloon frame）[2]。气球框架系统被称为预制建造系统的最先尝试，它规范了房屋建造由一组标准化构件构成，采用紧密布置的木条取代了传统木柱梁框架，木条高度延伸整个建筑高度，形成整片木条集成的围合墙面，这种建造方式快速而且节省成本，如图 2-3（a）所示。这个系统取缔了传统的木梁及构件榫卯构造，采用横截面 2inch × 4inch（约 5.08cm × 10.16cm）或 2inch × 6inch（约 5.08cm × 15.24cm）木条间隔 1ft（约 30.48cm）布置，大头钉及水平加

[1] HERBERT G. Pioneers of prefabrication: the British contribution in the nineteenth century[M]. Baltimore: Johns Hopkins University Press, 1978.

[2] STAIB G, DÖRRHÖFER A, ROSENTHAL M. Components and systems: modular construction-design, structure, new technologies[M]. Boston: Bikhäuser, 2008.

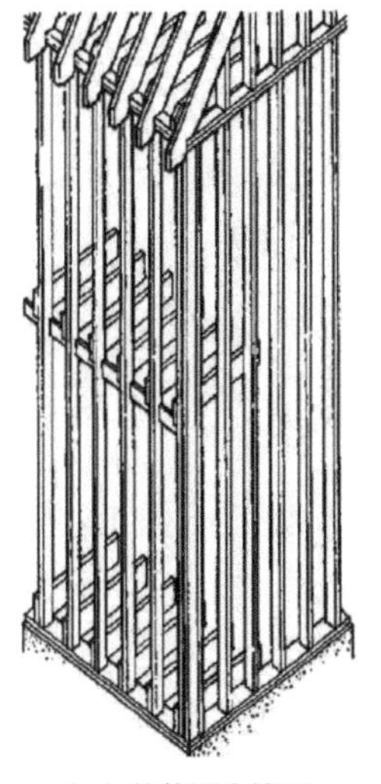

（a）整体围合墙面

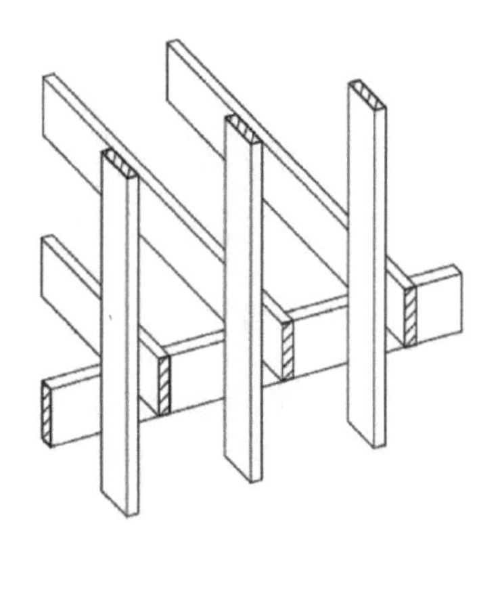

（b）木构件连接做法

图 2-3　气球框架系统构造之一
图片来源：
STAIB G, DÖRRHÖFER A, ROSENTHAL M. Components and systems: modular construction-design, structure, new technologies[M]. Boston: Bikhäuser, 2008.

图 2-4 气球框架系统构造之二
图片来源：
SMITH R E. Prefab architecture: A guide to modular design and construction[M]. New Jersey: John Wiley & Sons, Inc., 2010.

固件可根据受力需求随意增减，最后用木夹衬板包裹好框架，如图 2-3（b）所示。

最重要的是所有构件依靠工厂预制的铁钉连接，类似今天钢结构的螺栓连接，保证了构件连接的简单易操作，组成墙面模块再运至现场，直接撑起快速装配，如图 2-4 所示。传统木匠对于这种建造方式嗤之以鼻，起名“气球框架”，意在表示它太脆弱以至于被风吹走。然而气球框架系统以抵抗龙卷风及各种恶劣气候的能力证实了其结构稳定性及安全耐用。这个系统很快席卷芝加哥及美国其他主要城市的住宅市场，至今仍不断在改进及批量生产中。

现代木框架建造始于气球框架系统，另一个典型是日本传统住宅的木构系统。日本木构系统具有基本的尺度秩序，即模数，以及独特的建筑构件拆分思想。建筑构件、构件之间、室内布局、房间等尺寸与形式都基于“日尺”（shaku）模数，以 30cm 左右为基准，这种基本模数单位来源于中国古代的木构系统[1]，如图 2-5 所示。

[1] STAIB G, DÖRRHÖFER A, ROSENTHAL M. Components and systems: modular construction-design, structure, new technologies[M]. Boston: Bikhäuser, 2008.

综上所述，模块化住宅在前工业时代主要由气球框架系统为代表的木构框架式主导，以预制标准化思维为主导的设计方法打破了传统就地建造的局限性，为模块化住宅提供了由简化、统一化过渡到标准化的思想范式。

2.1.2 工业化早期的预制化试验：铸铁构件化秩序

工业革命起始，铁的大量开采使铸铁取代木材成为建筑工业化的主要建材。铸铁与玻璃材料在建筑中的应用使模块化迈向新阶段。铁的大量工业化生产为建筑师提供了新的建造材料与标准化技术。

预制技术对于建筑师而言就像印刷技术对于艺术家一样[2]。最早的铸铁标准化建造始于 1807 年英国的一座桥，整座桥都是由预制构件组装而成。

[2] OSHIMA K T, WAERN R. Home delivery[M]. New York: The Museum of Modern Art, 2008.

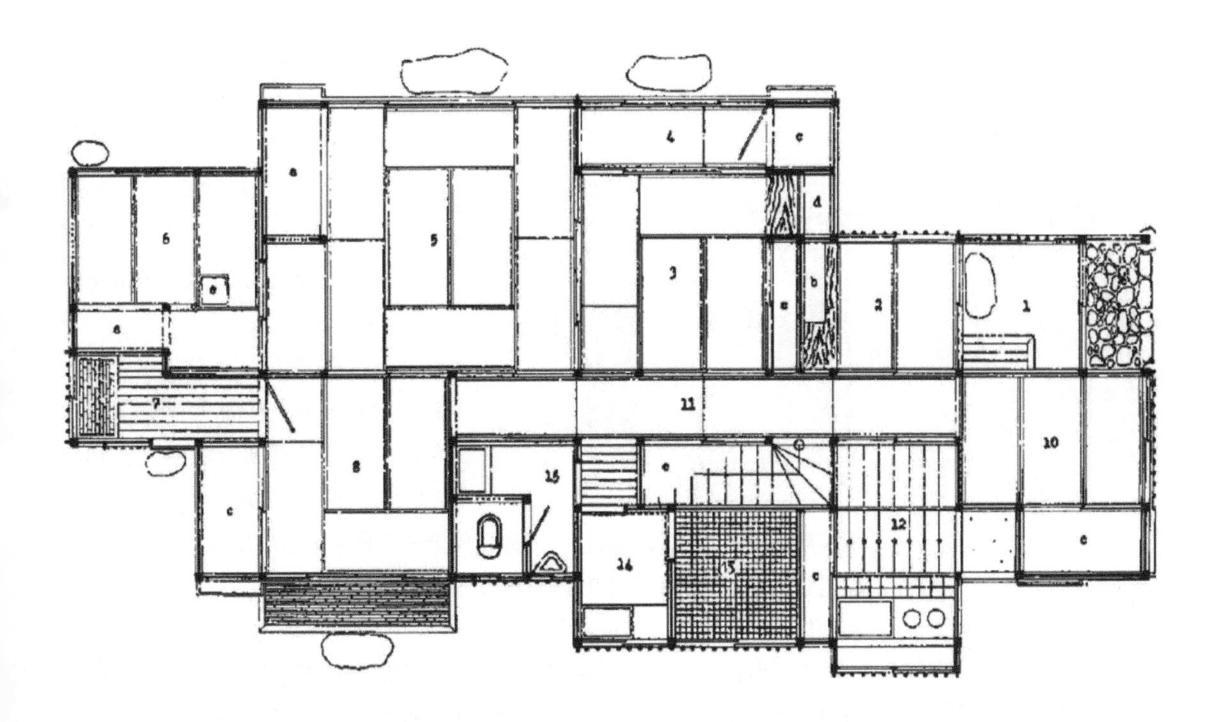

图 2-5 模数化木构住宅平面
图片来源：
STAIB G, DÖRRHÖFER A, ROSENTHAL M. Components and systems: modular construction-design, structure, new technoligies[M]. Boston: Bikhäuser, 2008.

到 19 世纪中期，英国大量的灯塔都是由预制铸铁板材及铆钉建造而成。最初转向铸铁框架结构建造方向的是温室建筑，当时欧洲温室建筑较大的需求源自殖民地异域植物的本土培育。其中最著名莫过于园艺师约瑟夫·帕克斯顿（Joseph Paxton）基于建造温室建筑经验为 1851 年伦敦世博会而设计的水晶宫（Crystal Palace），如图 2-6 所示。采用铸铁承接了曼宁小屋的木构系统，使用大量的工厂预制化构件，据统计，整个建筑由 3300 根铸铁柱子和 2224 根铸铁架梁组成，这些构件都是标准化的，只用了极少的型号。其结构框架的基本模数基于当时大批量生产的玻璃面板的标准尺寸，屋面和墙面全采用玻璃，而更为精彩的是整个建筑物只用一种标准尺寸的玻璃，为 49inch × 10inch

图 2-6 伦敦水晶宫外立面
图片来源：
同图 2-5

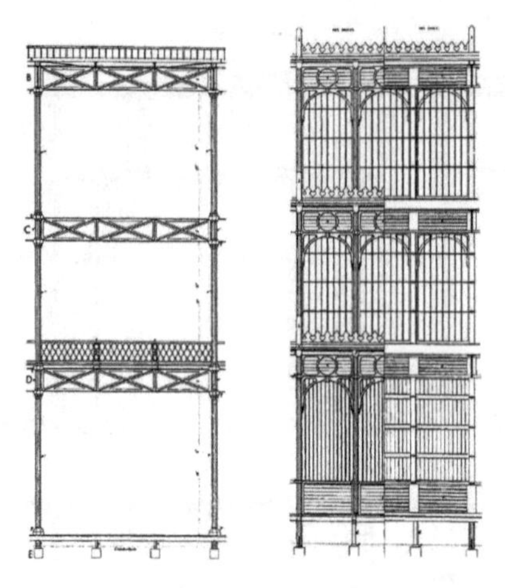

图 2-7 伦敦水晶宫系统性零件组合
图片来源：
STAIB G, DÖRRHÖFER A, ROSENTHAL M. Components and systems: modular construction-design, structure, new technoligies[M]. Boston: Bikhäuser, 2008.

（约 124.46cm × 25.40cm）。作为钢结构预制建造的“先辈”，伦敦水晶宫的这种采用大批量预制铸铁构件的建造方式被称为“系统性零件组合技术”（kit-of-parts），如图 2-7 所示。学界普遍将伦敦水晶宫称为建筑发展史的一个转折点。

同时期，美国商人詹姆士·布加度士（James Bogardus）在英国受到铸铁框架谷仓建筑启发后，于 1848 年在纽约建造了一幢整个立面全部采用预制铸铁构件的总部大楼，成为现代摩天楼幕墙体系的始祖。其摩天大楼建造技术是标准化设计和采用系统性零件组合技术的结果。此后，他开发预制构件库，所有构件都设计成可供拆除重建利用的形式[1]。

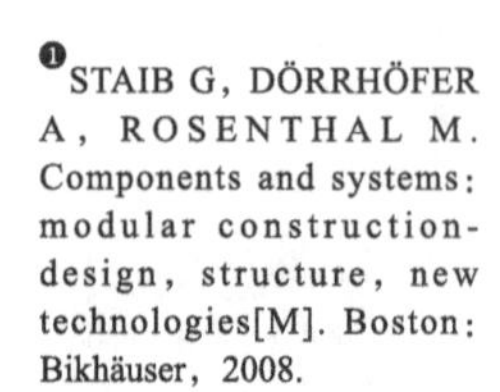

[1] STAIB G, DÖRRHÖFER A, ROSENTHAL M. Components and systems: modular construction-design, structure, new technologies[M]. Boston: Bikhäuser, 2008.

综上所述，工业化早期的建筑变革深刻影响了建筑理论及思想。预制化新材料为模块化建筑的飞跃发展提供了关键支撑；对新材料、新技术的应用创新为模块化建筑提供了操作方法；铸铁以宣言的方式启示模块化的完美创造将工业理性与建筑美学相结合，呈现出工业生产的建构秩序之美。

2.1.3 工业化时代的大批量生产：居住机器的高效

另一个重要的预制建筑材料走上舞台，始于 1840 年园艺师约瑟夫·莫尼尔（Joseph Monier）用金属网加固水泥花盆时获得的灵感，他随后发明预制钢筋混凝土材料和技术。法国商人 E·夸涅（E. Coignet）在 1891 年的一栋赌场建筑中首次采用预制钢筋混凝土构件。5 年后另一位法国商人及工程师弗朗索瓦·埃纳比克（Francois Hennebique）为法国铁路建造的警卫亭成为史上第一个混凝土预制模块单元。此后以预制钢筋混凝土构件为单元的建造层出不穷，如图 2-8 所示。

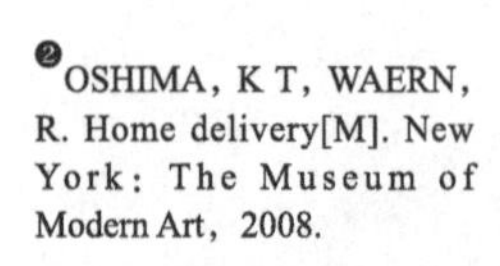

[2] OSHIMA, K T, WAERN, R. Home delivery[M]. New York: The Museum of Modern Art, 2008.

1905 年到 1915 年期间，3 个混凝土预制住宅系统的对比十分有趣[2]。托马斯·爱迪生（Thomas Alva Edison）在 1906 年发明了“一次性灌注混凝土系统”（Single Pour Concrete System），但不符合当时兴起的现代主义思潮对自由平面的向往，因此发展受阻。与此同时，1909 年到 1918 年期间，建筑师格罗夫纳·阿特伯里（Grosvenor Atterbury）开发了一种革命性混凝土预制板系统。最大的成就在于预制板材集成隔热空腔，首次尝试了融合现代建筑的复杂系统需求于集成板材之中。第三个发明正是 1914 年勒·柯布西耶的多米诺住宅体系（Dom-Ino）。

随着第一次世界大战的爆发，柯布西耶与瑞士工程师麦克斯·杜·波伊斯（Max du Bois）共同构想出多米诺住宅体系，该体系表现了柯布西耶 20 世纪 20 年代的建筑思想，以及他在 1935 年之前设计的一系列住宅的原型[2]。

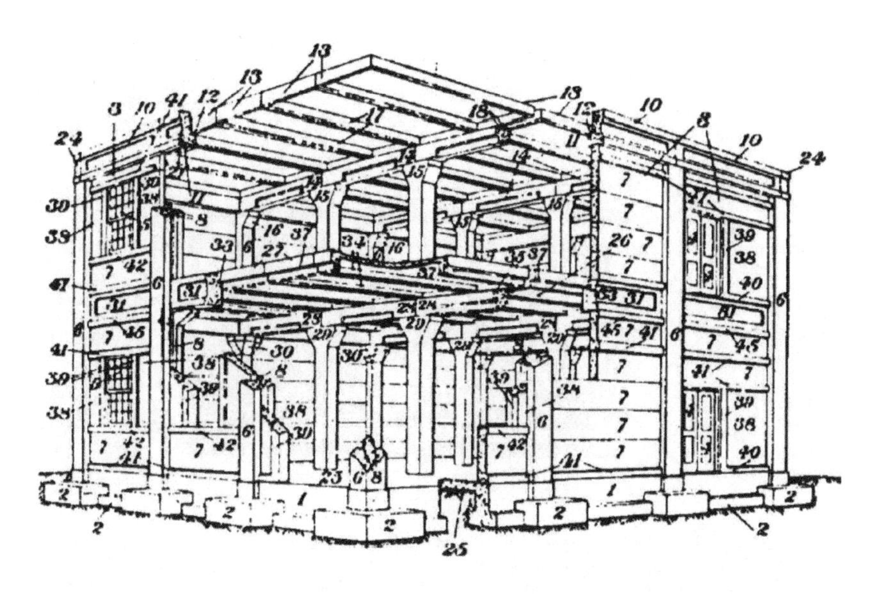

图 2-8　预制钢筋混凝土构件标准化建造
图片来源：
STAIB G, DÖRRHÖFER A, ROSENTHAL M. Components and systems: modular construction-design, structure, new technoligies[M]. Boston: Bikhäuser, 2008.

多米诺住宅体系可以有多种解释，其字面 Dom-Ino 就是住宅和工业的融合，表示一种类似多米诺骨牌的可复制的住宅标准单元之意。柯布西耶捕捉到合理化和标准化是工业化效率的精髓，他后来在《走向新建筑》中表明了“居住机器”的观念，即一种可以大批量高效生产的住宅，如图 2-9 所示。

多米诺住宅体系与气球框架系统有着同样重要的“建筑原型”价值，是一种建筑师可自由支配的原型，是“居住机器”的集大成者。多米诺住宅体系作为大工业时代普适的住宅原型，以模块化的设计与建造理念，支撑起工业化建筑对效率的极致追求。

柯布西耶的“向制造业学习”和“居住机器”的理念几乎是这个时期为建筑工业化努力的所有建筑师的共同理想。亨利 · 福特（Henry Ford）于

图 2-9　多米诺住宅体系

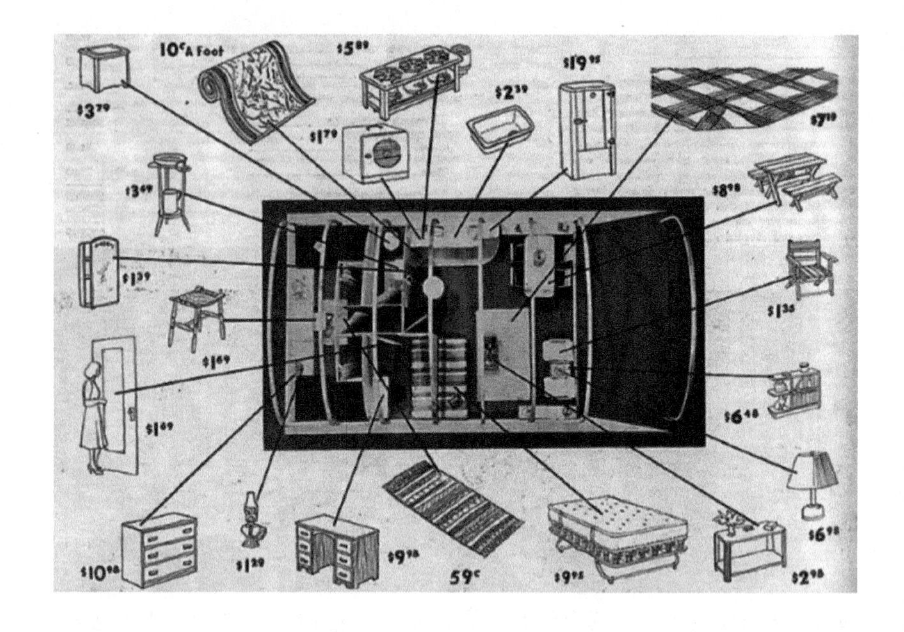

图 2-10　皮尔斯集团的平面拼贴，1943 年
图片来源：
建筑论坛 78. 皮尔斯集团的平面拼贴，1943 年 4 月 [EB/OL]. [2025-01-17].http://rndrd.com/n/77.

1913 年在汽车制造业发明了组装生产流水线流程，大力推进大批量生产发展。当时大批先锋建筑师看到“福特主义”对汽车批量生产的优势，纷纷提倡建筑设计的核心是理性化与标准化。1910 年这套标准化生产装配线被借用到住宅产业，各类预制模块化住宅相继登场。

大批量生产的到来，零件的替换性与通用性是重要的因素，即一个零件可以用于多种产品之中。1932 年，霍华德 · 费希尔（Howard T. Fisher）创建了为战后住宅建设服务的通用建筑公司，为预制模块化思维翻开新的篇章，即一个住宅可以完全基于工厂生产出来，其组装零件可以类似汽车制造那样来自各类不同的供货商。之后，皮尔斯集团（Pierce Foundation）在此成果上预制设计出包含厨房、卫生间、供水系统、暖通空调系统等的服务核心筒，组装在采用金属夹芯板墙系统的预制模块化房屋内，成为早期模块化住宅产品，如图 2-10 所示。

这个时期模块化住宅的另一个重要案例是 1927 年巴克明斯特 · 富勒（Buckminster Fuller）设计的戴美克森能源房屋（Dymaxion House）。该专利是一个类似飞机造型的拉索结构体系模块化住宅，随后他为其置入预制卫生间单元，如图 2-11 所示。1944 年，富勒以可大批量预制生产的住宅为世人所知，其代表作是威奇托住宅（Wichita House），他与飞机生产公司合作研发，采取飞机设计原理，该住宅整体采用铆钉固定的铝制表皮，设备及服务用房集中在房屋中心，其他功能用房以楔形围绕服务核心展开，如图 2-12 所示。

同时期另一位重要的工程师让 · 普鲁维（Jean Prouvé）设计了小型标准化预制军用营房，这些营房在战后成了临时住宅的解决方案。普鲁维的代表作热带小屋（Maison Tropicale）全部由预制模块组成，采用铝制框架结构，住宅中间由叉子型中央铝柱廊构成，间距 1m 模数，立面都是铝板装配，形式十分超前，如图 2-13 所示。

（a）拉索结构体系模块化住宅

（b）预制卫生间单元

图 2-11 戴美克森能源住宅
图片来源：
（a）北卡罗莱纳州立大学图书馆．戴美克森能源住宅 [EB/OL]. [2025-01-17].http://images.lib.ncsu.edu.
（b）SMITH R E. Prefab architecture: A guide to modular design and construction[M]. New Jersey: John Wiley & Sons, Inc., 2010.

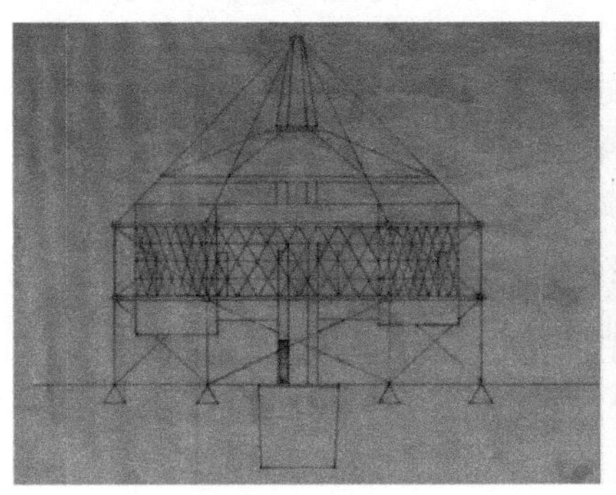

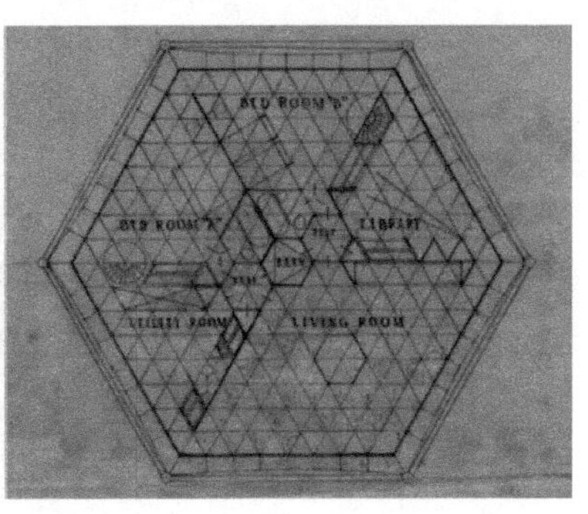

图 2-12 威奇托住宅
图片来源：
纽约现代艺术博物馆 MOMA. 威奇托 住 宅 [EB/OL].[2025-01-17]. http://www.moma.org/collection/works/804.

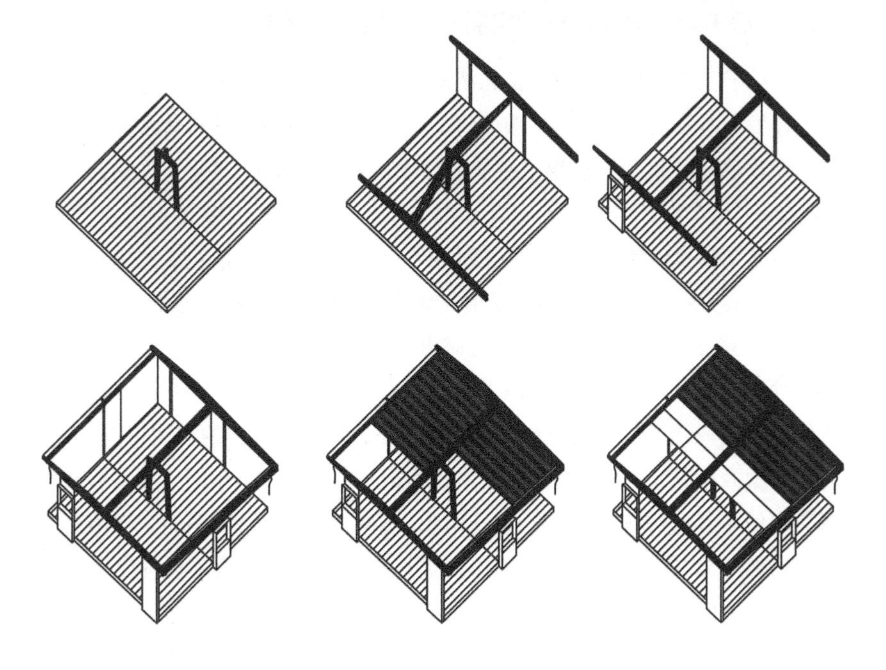

图 2-13 普鲁维的热带小屋
图片来源：
STAIB G, DÖRRHÖFER A, ROSENTHAL M. Components and systems: modular construction-design, structure, new technoligies[M]. Boston: Bikhäuser, 2008.

同一时期在德国，工业化住宅的主导力量来自沃尔特·格罗皮乌斯（Walter Gropius）。1909 年，格罗皮乌斯与康拉德·瓦克斯曼（Konrad Wachsmann）研发了“套装住宅系统”（packaged house system），该系统是三维模块化木构系统，其最大特色是同一板材可用于楼板、屋顶及墙面，之

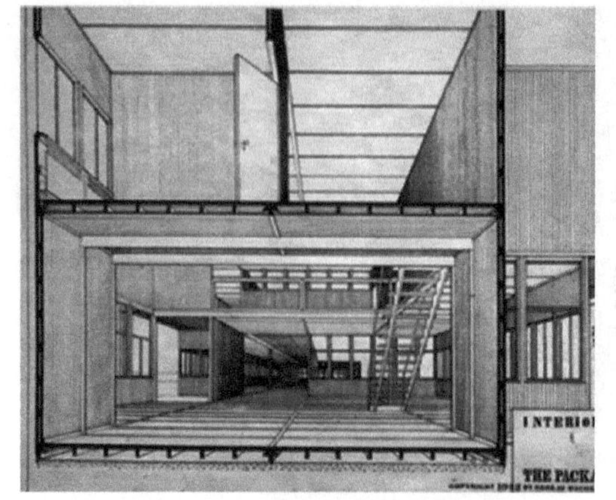

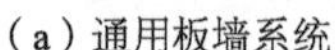

（a）通用板墙系统

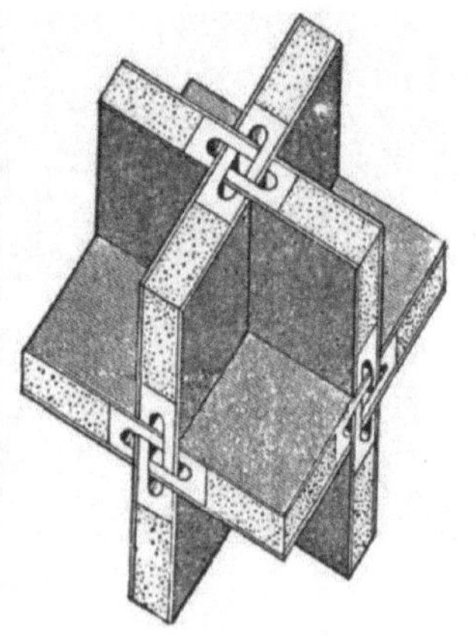

（b）墙体连接节点，1943 年

图 2-14 套装住宅系统
图片来源：
（a）Artwork. 通用板墙系统 [EB/OL]. https://www.artwort.com/2014/12/03/architettura/meeting-architecture-vii-jean-louis-cohen.
（b）MIT 开放建筑与城市规划. 通用板墙连接节点 [EB/OL]. http://mitp-arch.mitpress.mit.edu.

后发展出通用板墙系统（general panel system），如图 2-14 所示。

综上所述，工业化时代的建筑领域百家争鸣，对现代建筑理论、方法、技术具有深远影响。工业化对建筑设计价值的重新审视取决于对建筑根本元素的重新定义，对建筑元素进行工业批量化生产，这是一套崭新的机制[1]，以工业化批量生产的高效率及低成本优势解决严重的住房短缺危机，住宅是“居住机器”的理念激发了众多建筑师对模块化建筑追求效率的坚守。

2.1.4 后工业化时代的批量定制：支撑填充的灵活

得益于工业化时代的方法论和技术的积累，后工业化时代成为模块化住宅飞速发展时期。这个时期的重要特征是建筑围护体系与结构体系的彻底分离，使模块化建筑空间获得了空前的自由。密斯 · 凡 · 德 · 罗（Mies van der Rohe）用“皮肤与骨骼”（skins and bones）来形容自己的钢结构框架建筑。皮与骨分离模式促使这个时期的建筑朝着追求建筑空间灵活可变的定制化方向发展，其中首要提到的是支撑 / 填充体系（以下简称“SI 体系”）。

SI 体系在 20 世纪 60 年代住房需求爆发期出现，此后，荷兰建筑师约翰 · 哈布瑞肯（John Habraken）提出“支撑体住宅理论”（SAR）来推动 SI 体系向着工业化及规范化发展，在该体系下，不仅住宅内的空间可作调整，而且套型面积可变，整个住宅平面内仅有固定的厨房和卫生间，其余部分全部交由使用者自行设计，如图 2-15 所示。SI 体系的 S（Skeleton）表示支撑体，内容包括柱、梁、楼板和承重墙体这些建筑主体结构，具有使用年限的长效性。I（Infill）代表填充体，指的是住宅套内的内装部品、专用部分设备管线、内隔墙等自用部分和分户墙、外墙（非承重墙）、外窗等围合部分，具有使用灵活性[2]。SI 体系中灵活适应的填充体使套内空间长期处于动态平衡中，可以根据居住者不同的使用需求对填充体部分进行“私人定制”。此后，日本吸取 SI 体系的精髓，改良并逐步发展出适应自身国情的不同住宅体系，如表 2-1 所示。

[1] CORBUSIER L. Toward an architecture[M]. Los Angeles: Getty Research Institute, 2007.

[2] 孙超. SI 体系思想指导下的住宅内部空间适应性设计研究 [D]. 西安：西安建筑科技大学，2019.

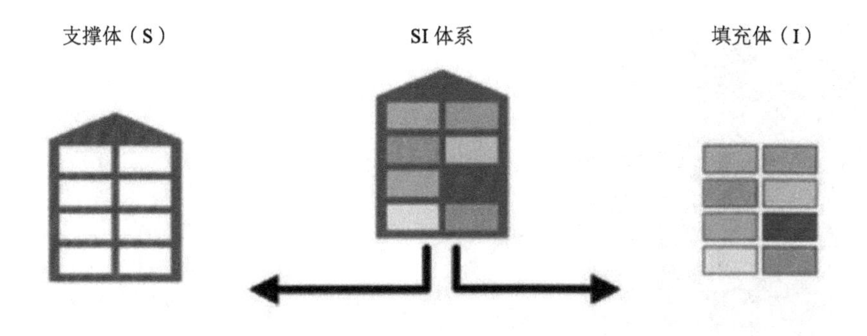

图 2-15 支撑 / 填充（SI）体系
图片来源：
CAO X, LI X, YAN Y, et al. Skeleton and infill housing construction delivery process optimization based on the design structure matrix[J]. Sustainability, 2018 (12): 45-70.

日本 SI 体系的发展时序 **表 2-1**

理论	年份	提出者	研究主题
KEP	1970	日本住宅公团	以工厂生产的开放式部品形成的住宅供应系统，功能菜单式供给，两阶段房屋供应系统
NPS	1975	日本建设省	代替了之前的 PC 工法，模数规划限定在外墙内侧，以排除因外围护结构材料、形式造成的厚度不同及误差
CHS	1980	日本建设省	住宅部品化和工业生产，高耐久性建造住宅，具有良好适应性
KSI	1990	UR 都市再生机构	日本住房建设理论体系成熟的标志。将住宅产业划分成建筑业和部品产业；从建造技术和设备体系等层面体现了住宅设计的人性化与合理性
SI	2008	200 年住宅委员会	建筑主体结构长效耐久并自由更新填充体

随着工业化生产技术的提升，尤其是数控机床（computer numerically controlled，CNC）技术的成熟，大批量定制化不仅有高质量制造基础，还能根据用户需求、气候、场地以及建造条件进行调整。数控机床技术产生了 MHM 和 SIPs，两种都是实木夹层墙板，由数控机床数字化切割，可直接用于墙面、楼板和屋顶，如图 2-16 所示。

图 2-16 实木夹层墙板系统
图片来源：
SMITH R E. Prefab architecture: A guide to modular design and construction[M]. New Jersey: John Wiley & Sons, Inc., 2010.

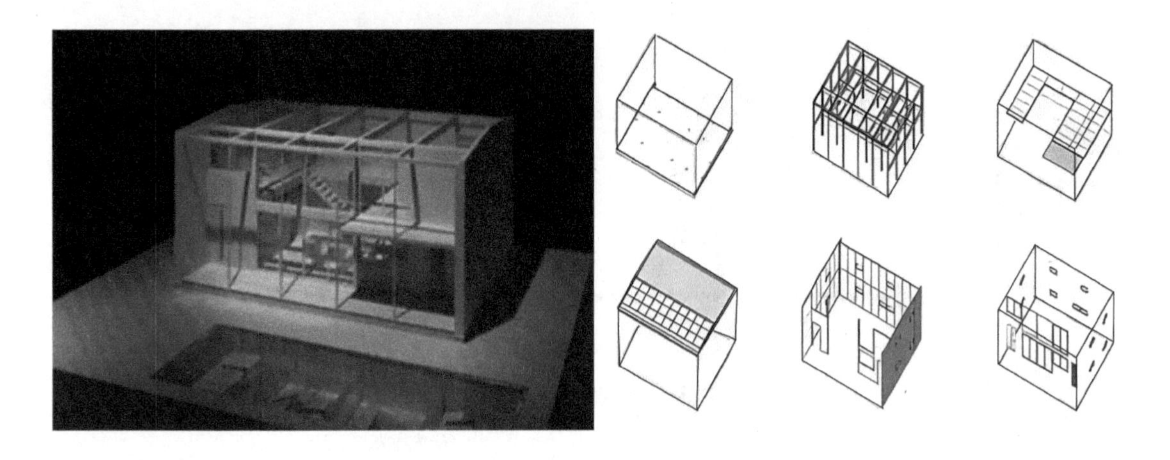

图 2-17 MUJI 标准化部品住宅
图片来源：
Misfits 建筑博客 .MUJI 标准化部品住宅 [EB/OL].[2025-01-17]. http://misfitsarchitecture.com.

模块化板墙技术结合预制钢结构框架于是演变为后来的箱体模块化住宅。20世纪70年代的积水住宅(Sekisui House)是日本预制房屋制造商的主导，其创新在于模块化钢框架箱体系统。这种“钢箱”住宅造价低廉、结构稳定而且质量很好，更有趣的是它像买汽车那样，提供保修和保险服务[1]。建筑师难波和彦（Kazuhiko Namba）一直在尝试实验性住宅，如 2005 年的 MUJI 住宅，该住宅与 MUJI 产品紧密结合，展现了建筑与工业产品整合联动的思想，如图 2-17 所示。

批量定制技术也为城市集合住宅的用地受限、工期紧张以及环境污染等问题提供了积极的解决方案。美国最早的模块化项目之一，圣安东尼奥希尔顿酒店（Hilton in San Antonio）建于 1968 年，酒店底部 4 层为现浇钢筋混凝土结构，5 层至 21 层则由 496 个预制混凝土模块组成，每个模块包含一个编码卷标显示其安置位置，所有模块的现场装配仅耗时 28 周。30 年过后，O’Connell East 建筑事务所在 2010 年设计了一栋 24 层模块化学生公寓，仅用 27 周建造 805 个模块，这样突出的效率有赖于钢结构框架箱体模块的使用[2]，如图 2-18 所示。

在建筑细部层面对填充体进行设计，可以在不增加模块种类的同时提升

[1] OSHIMA K T，WAERN R. Home delivery[M]. New York：The Museum of Modern Art，2008.

[2] SMITH R E.Prefab architecture：A guide to modular design and construction[M]. New Jersey：John Wiley & Sons，Inc，2010.

图 2-18 预制单元组成的模块化公寓
图片来源：
SMITH R E. Prefab architecture：A guide to modular design and construction[M]. New Jersey：John Wiley & Sons，Inc.，2010.

其功能组合的多样性，响应模块化设计中“批量定制设计”（Design for Mass Customization，DFMC）的目标。2008 年，建筑师事务所 Kieran Timberlake（以下简称“KT 事务所”）在纽约当代艺术博物馆的“可快递的家”工业化住宅展览（Home Delivery）上展出了其最新的住宅发明：玻璃纸屋（Cellophane House）。这个住宅旨在提供一种对可拆分回收的建筑系统的理念，以及对建筑 SI 体系灵活性的展示。支撑体部分采用博世（Bosch）铝结构公司供应的标准化铝框架杆件系统，组成框架箱体运至现场装配，如图 2-19 所示；填充体采用亚克力“即插即用”楼梯，如图 2-20（a）所示，“粘贴式”地板及“塑料”立面，如图 2-20（b）所示；最后将预制厨房以及卫生间单元吊装入框架内，即可投入使用，如图 2-20（c）所示。玻璃纸屋展现了 KT 事务所对于批量定制化住宅的基本思考，即模块具备可拓展、可收缩、可替换的能力。

此后，KT 事务所开发了一系列住宅项目，最大的特点是将住宅填充体部分分解为两套模块化系统：“装卸板块”（dump panel）与“智能模块”（smart module）。“装卸板块”用于差异性需求较大的“居住空间”，如客厅、卧室等，便于灵活多变的空间划分；“智能模块”则用于“服务空间”，如厨房、

图 2-19　玻璃纸屋现场装配
图片来源：
KieranTimberlake. Cellophane house[M]. Philadelphia，2011.

图 2-20　玻璃纸屋的独立部件
图片来源：
同上

卫生间、储藏间等，便于集成设备系统。基于这两种模块系统，KT住宅具备横向及纵向可变的能力。不仅如此，KT住宅模块还开发了多种定制化完成面（finishing layer），以实现住宅外立面，室内墙、地、顶等界面的定制化，体现了模块化住宅的独立化创新、通用化设计、产品化竞争的趋势。

综上所述，建筑师积极适应工业化发展，创造出围护与结构完全分离的具有适应性的建筑模式，这为模块化建筑带来了崭新的发展契机。支撑填充体系是模块化住宅系统在技术层面的开创，这种系统层级在往后将越分越细，建筑师的工作可视为一条"主装配线"[1]，从而大大提高设计的灵活性。

[1] 林正豪，袁小雨．预制建筑的批量定制策略研究：以Kieran Timberlake事务所的实践为例[J].动感（生态城市与绿色建筑），2017（1）：78-83.

2.1.5 新工业化时代的个性定制：数字模块化适应

随着21世纪的生产技术的提高和消费市场的成熟，评价产品质量优劣的关键因素已经由"可靠性"发展为"个性化"[2]。2011年，英国建筑师阿拉斯泰尔·帕尔文（Alastair Parvin）创立维基住宅（Wiki House）的交互平台，标志着当代住宅产业进入一个全新的个性化定制时代。

[2] 王江，赵继龙，杨阳．面向大规模定制的工业化住宅产业发展历程与趋势展望[J].东岳论丛，2020(10)：114-123.

维基住宅的理念在于使用者可以根据自己的喜好设计自己的房屋，其网站平台是一套开源的房屋设计和建造系统，致力于简化建造、节省材料和增强大众参与性。该平台上任何用户均能参与设计和生产，网站允许普通群众使用公共产权的设计图纸，使用者通过草图大师软件（Sketch Up）像拼七巧板一样编辑改造它们，然后以胶合板或定向刨花板（OSB）为原料，用数控机床精确地打印出来，最后再拼装成型，如图2-21所示。伦敦有个运用维基住宅的SOHO区（The Gantry），采用22个截然不同的维基住宅模块，虽然零件套件都是标准化的，但可以在尺寸、形状、开口、覆层和即插即用设备方面进行高度定制。每个模块立面的鲜活色彩和有趣的材质肌理激活了小区空间，传递出与维基住宅一致的个性化精神，如图2-22所示。

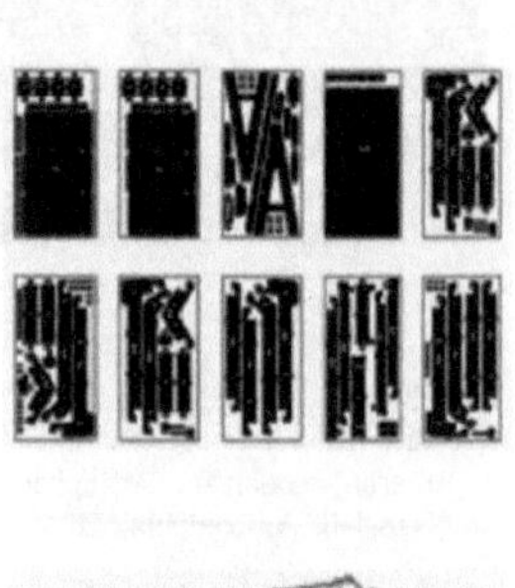
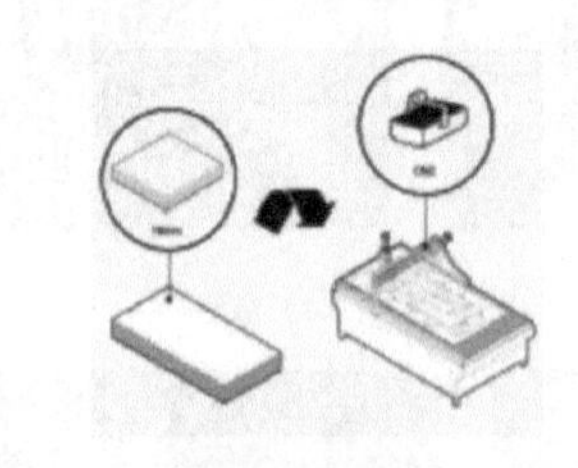
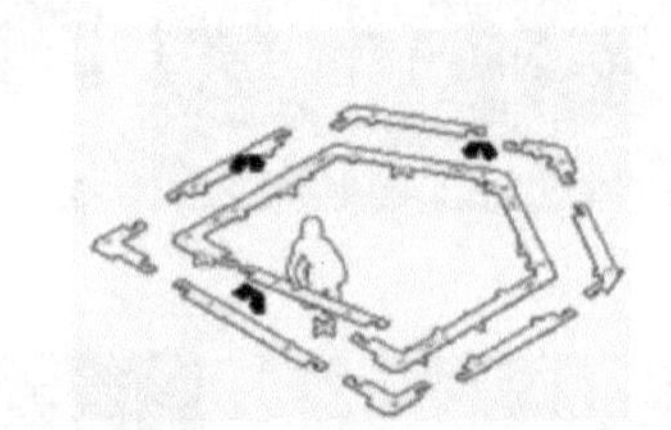

图2-21 维基住宅开源设计与建造系统
图片来源：
THE NEWSTACK每日通讯．维基住宅开源设计与建造系统[EB/OL].[2025-01-17].http://thenewstack.io/wikihouse-open-source-sustainable-house-design-that-anyone-can-build.

图 2-22　模块化 SOHO 小区
图片来源：
AUTOCAD 和图纸下载中心 .Hawkins/Brown 在前奥林匹克广播中心安装 Wikihouse 工作场所，模块化 SOHO 小区 [EB/OL].（2018-10-26）[2025-01-17]https://www.allcadblocks.com/hawkinsbrown-installs-wikihouse-workplaces-on-former-olympic-broadcast-centre.

与维基住宅这种板片个性化定制平行发展的一种模块化设计是体量式模块集成路径。典型案例是比利时设计公司 BAO LIVING 开发的预制模块系统 SAMs（smart adaptable modules），该系统由一系列通用模块组成，通过对通用模块的开发，形成专用模块，再拼装组合形成丰富多样的模块库，如图 2-23（a）所示。目前 SAMs 系列已包含 500 种不同的模块，其中通用模块可分为 5 类：标准模块、储藏模块、厨房模块、卫生间模块、技术模块，如图 2-23（b）所示。SAMs 预制模块采用一体化设计，以柜体为载体，将功能模块集成于柜体中，并以国际 3M 模数（100mm=1M）为基础，形成高 2.7m，宽 0.6m，长可定制的模块。SAMs 模块系列属于典型的用模块化组合思维解决标准化生产与定制化组合矛盾的设计范式，这种设计方法可以通过功能模块的增加、拆除或更替，有效适应不同住户的个性化需求。

往更大的建筑尺度上看，扎哈·哈迪德建筑事务所（Zaha Hadid Architects）公布的一项位于洪都拉斯的模块化住宅项目（Honduraz Housing）采用新开发的参数化平台概念，住户基于该平台界面可自行挑选模块配置及组合模式，由此累计的个性化住宅种类多达 15000 种。该项目中组成住宅的最小空间模块（volume-pixels）是由一系列预制零配件（kit-of-parts）组合而成的高 4m、面积 35m^2 的标准化模块，可以继续通过模块组合从 35m^2 扩展到 175m^2 的各类家庭住宅，如图 2-24 所示。住宅结构模块的设计应用了制造和装配方式（DFMA），可以智能地进行模块的快速组装和拆卸，便于住宅的重组与回收。为提高室内效能和环境舒适度，设计了集成配件和隔热材料于一体的结构模块；实现零碳运营的太阳能发电板集成遮阳雨篷模块；可与邻居共享的多功能露台空间模块等。该项目及其开发的参数化平台旨在提供一种未来的居住模式，让每个住户都能打造真正个性化家园。

与模块化组合思维不同的发展路径是个性化生产路径。随着数字产业与工业化的结合发展，数字模块化正在探索住宅产业化的全新发展方向。数字

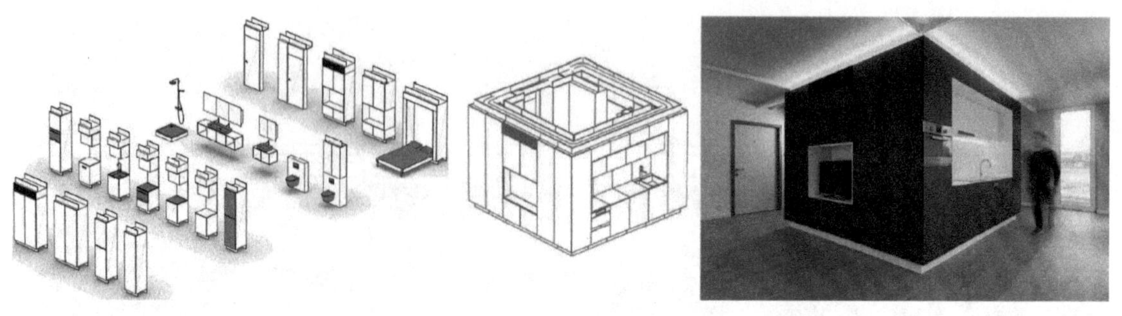

（a）SAMs 系列模块库　　（b）SAMs 通用集成模块

图 2-23 SAMs 预制模块化系统
图片来源：BOLiving 官网 .SAMs 预制模块化系统 [EB/OL]. http://en.baoliving.com/projecten.

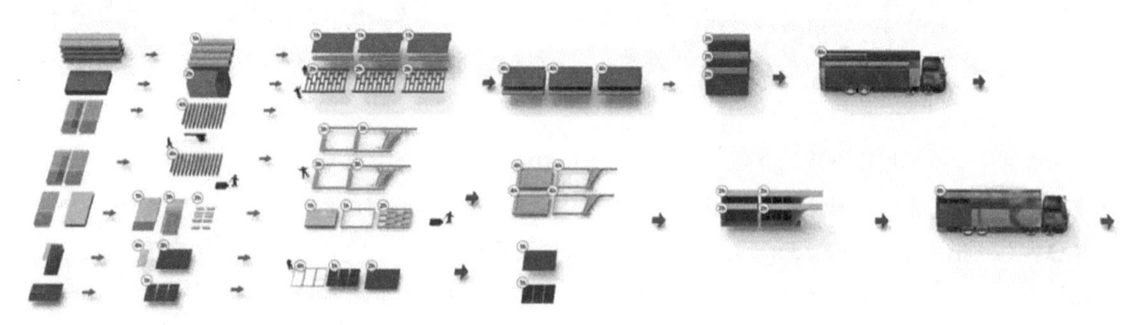

图 2-24 参数化模块配置平台
图片来源：Architeizer 官网 . Zaha 建筑事务所为洪都拉斯设计“完全可定制”的住房系统 [EB/OL]. http://architizer.com/blog/inspiration/stories/zaha-hadid-architects-honduras-housing.

模块化由基于算法或参数的智能信息系统所控制，可部分或全部取代人工化服务，并能同时提供多种解决方案及高效的优化配置结果[1]。吉尔斯·瑞特森（Gilles Retsin）比较亚马逊智能仓库和福特生产流水线发现，两个系统之间最大区别在于亚马逊的纸箱装箱的逻辑上，亚马逊仓库是一个基于“准时”制度的全球自动化配送系统，基于计算机算法进行的最高效的自动化装箱配置。他认为今天的建筑学基本问题不在形式差异化或建造工艺，而是应关注数字模块化提升架构的潜力[2]。2017 年，塔林建筑双年展（Tallinn Architecture Biennale）展馆是第一个数字模块化住宅原型，它摈弃了现代主义建筑定义的水平楼板、垂直立柱、垂直墙体等基本建筑元素，取而代之的是离散的大规模数字模块的集合，通用模块聚集在一起形成承重柱，同样的模块用作楼板、梁，各模块保持开放状态，以便可以随时调整。展览的建筑由 83 个模块组装成一个住宅的片段，不像传统设计方式，这些模块不是从预设的整体形态而来，相反，是自下而上的开放式自由生长，它变得更具适应性，如图 2-25 所示。

综上所述，新工业化时代的数字信息技术给模块化住宅的个性定制提供了新的设计方法；数字化材料、柔性化定制、BIM 平台等新技术的应用为模块化住宅提供了低碳制造的可行途径与质量的保障；通过对通用模块的研究与构建，来适应未来城市住宅发展的新需求，以灵活机动、弹性适应的崭新

[1] 王江，赵继龙，杨阳 . 面向大规模定制的工业化住宅产业发展历程与趋势展望 [J]. 东岳论丛，2020(10)：114-123.

[2] RETSIN G. Bits and pieces：digital assemblies from craft to automation[J]. Architectural Design，2019，89（2）：38-45.

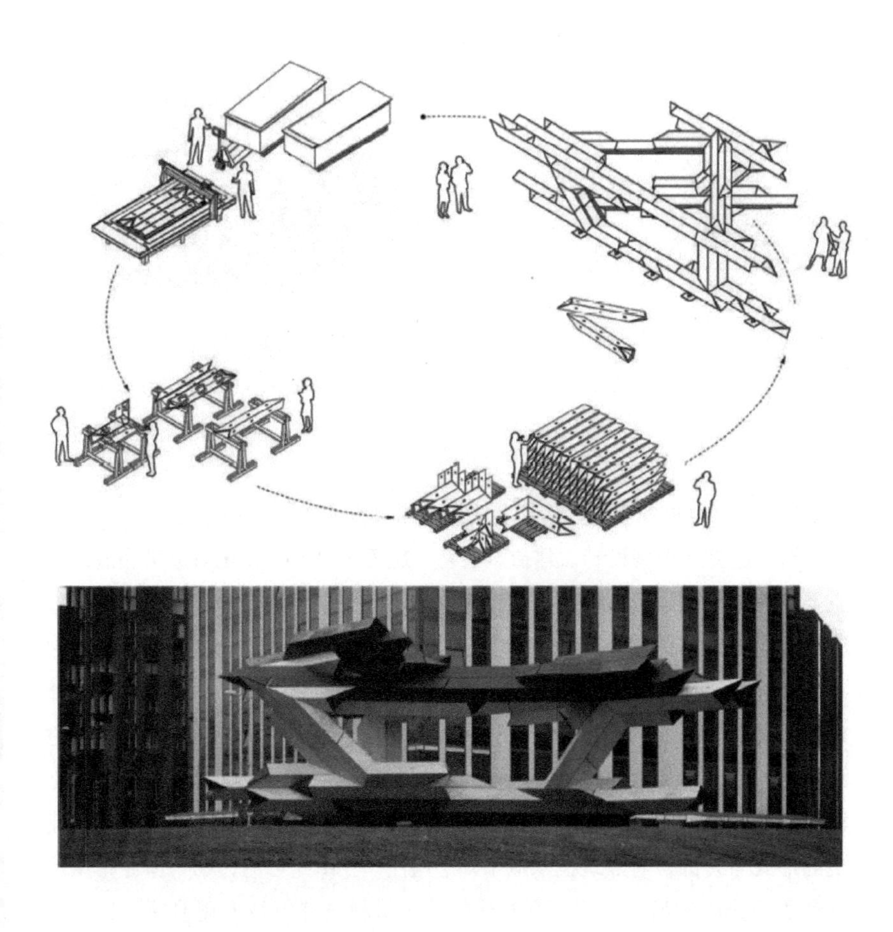

图 2-25　离散的数字化模块建造
图片来源：
Gilles Retsin 个人网站．离散的数字化模块建[EB/OL].[2025-01-17]. http://www.retsin.org/Tallinn-Architecture-Bienalle-Pavilion.

姿态创造人类未来的美好生活。

2.2　理论与源流

模块化建筑发展除受到社会经济及技术发展的影响外，也受到建筑理论对其产生的更为深远而持续的影响。因此梳理出与模块化建筑紧密相关的建筑理论，对提炼出模块化核心理论内容，以及建构模块化建筑设计理论具有重大意义。模块化建筑理论脉络的建立，可为后续住宅套内空间模块化设计理论框架提供有力支撑和总体指导。

2.2.1　结构理性主义的思想起源

结构理性主义可视为建筑模块化的理论原点。19 世纪中叶，法国建筑学家尤金—艾曼努尔·维奥莱—勒—迪克（Eugene Emmanuel Viollet-le-Due）首次提出结构理性主义这一思想。相较于古典形式主义，结构理性主义在涉及建筑设计及建造问题上更重视技术分析，而非主观的美学判断。结构理性主义追寻建造逻辑与效率，以理性的设计哲学批判折中主义或装饰主义的随意杂糅。这一思想内核与模块化建筑追求效率的本质一致。结构理性主义给模块化建筑带来的另一深层影响是方法层面的，即如何利用理性的系统性构建尽量减少不

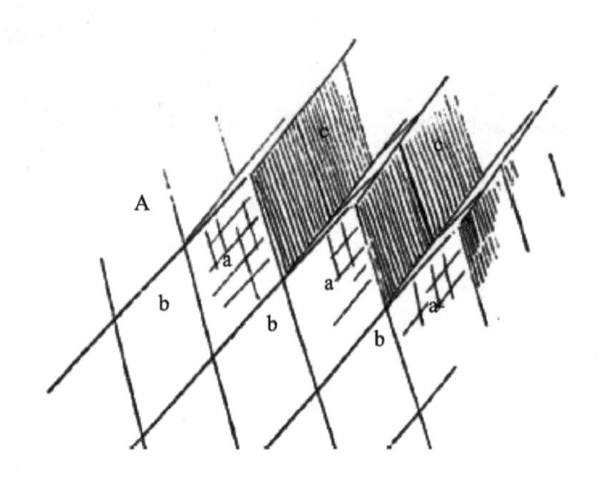

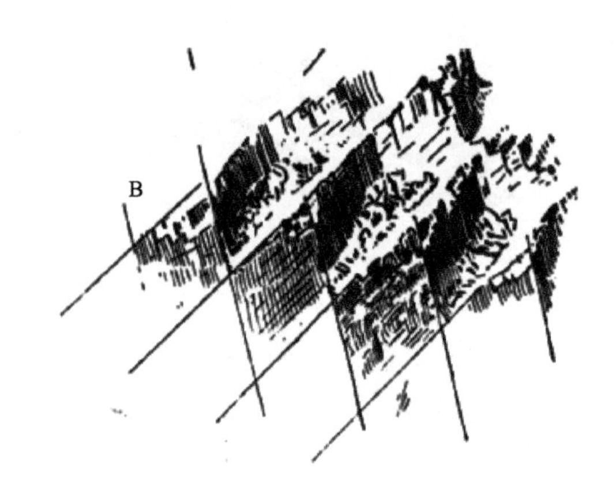

图 2-26 原始大理石体块的几何抽象
图片来源：
Drawing Matter 绘图物质官网.原始大理石体块的几何抽象 [EB/OL].[2025-01-17].https://drawingmatter.org/viollet-le-duc-mont-blanc.

必要的物质与时间的浪费，达到多快好省的效益，如图 2-26 所示。

勒—迪克意识到设计、建造、工艺、施工程序的一体化对建筑经济性的重要影响。他将建筑部件预先设计成完善的子系统，即模块，使每种部件可以独立生产。这种做法从某种程度上讲，正是模块功能独立分解的思维。为了更好地节省材料和时间，高效高质量地完成建造施工，勒—迪克预先设计好整个结构体系，包括各个组装部件的精细化设计，方便现场安装，避免浪费。这种预制装配式思维正是模块化建筑实现设计、制造、建造一体化协同的关键。19 世纪，多数受到巴黎美术学院派影响的建筑师更多关注建筑的形式与装饰，对建筑技术似乎知之甚少[1]。由此可见，勒—迪克希望建筑师勇于接受挑战，运用符合时代的建筑材料与建筑技术创造属于自己的新时代。

[1] 维奥莱—勒—迪克建筑学讲义 [M]. 白颖. 汤琼，译. 北京：中国建筑工业出版社，2015.

综上所述，结构理性主义所倡导的建构逻辑与设计高效，可视为模块化建筑的原点。结构理性主义提倡建筑师主导设计、制造及建造的一体化流程，对模块化建筑重视技术及建造有重大意义。尽管本书讨论的住宅套内空间模块化并非构件或结构模块化，但结构理性主义的建构理性思想确实是实现空间模块化的重要启迪。

2.2.2 现代主义建筑的基因传承

毋庸置疑，在现代主义大师勒·柯布西耶的思想中有着不可磨灭的勒—迪克思想的痕迹[2]。20 世纪初，学院派对建造效率的束缚已经与大工业生产的效率导向格格不入，为使建筑的结构、功能与形式适应工业化生产的要求，现代主义运动应运而生[3]。柯布西耶倡导工业化背景下的技术应用，将建筑建造推向了批量生产，酝酿了一场建筑革命。

1914 年开始的第一次世界大战催生了大量房屋需求，柯布西耶构想的多米诺住宅体系可大批量生产、现场装配，这一时期建成的雪铁龙住宅（Citrohan House）、莫诺尔住宅（Maison Monol）和工匠住宅（Maisonen Serie Pour Artisans）均可以看作是其批量生产的“居住机器”[4]。第二次世界大战后，为缓解战后欧洲房屋紧缺状况，法国政府委托柯布西耶设计一种新型密集型

[2] 李胜. 维欧勒·勒·杜克的理性思想及其影响 [J]. 西部人居环境学刊，2015(1)：61-65.

[3] 韩雨晨. 建筑形态学视角下的多米诺体系的演化与变形 [D]. 南京：东南大学，2015.

[4] LENIAUD J M. Viollt-le-duc ou les delires du systeme[M]. Paris：Menges. 1994.

住宅。柯布西耶将1600名居民安置在一栋长165m、宽24m、高56m的巨大居住体中，这就是著名的马赛公寓（United Habitation）。建筑一共有337套房，其中213套是按照抽斗式原理进行操作：建筑结构部分为整体框架，每一个住宅单元作为一个模块置入整体框架中，如图2-27（a）所示。每一个基本单元宽度均为3.66m，层高为2.26m，设计以柯布西耶研发的"模度（modulor）"为依据，室内家具布置也与模度有关，使建造标准化并展现出和谐美感。最可贵的是，整个建筑共包含23种不同的户型，每一种户型都是通过最基本的跃层户型组合而成，可供从单身到多孩主干家庭的多种家庭结构选择，如图2-27（b）所示。马赛公寓作为经典现代主义建筑，精彩呈现出空间模块化操作思想。

与此同时，另一位现代主义大师格罗皮乌斯对装配式建筑产生了巨大影响。格罗皮乌斯曾由事务所派驻德国通用电气公司（AEG）负责产品设计。正是这段工作强化了他的"形式适应生产工艺"的理念。1910年，格罗皮乌斯向通用电气公司提交了《根据艺术原理建立通用住宅建筑公司的计划书》（*Programme for the Establishment of a Universal House Building Company on an Artistically Consistent Basis*），具体阐述了他以标准化构件生产来实现住宅快速建造的理想[1]。在格罗皮乌斯的设想中，预制构件批量化生产可以解放现场艰辛工作的工人、节约工期和造价，解决低成本房屋的危机。1923年，格罗皮乌斯明确提出住宅建造的目标就是解决最大规模标准化和最大可能多样化的问题，他设计的住宅中仅仅包含6个标准构件，可以满足不同住户的需求。第一次世界大战后，格罗皮乌斯的住宅研究成果被用来解决大量住房短缺问题。

[1] VIOLLET-LE-DUC E E. The architectural theory of Viollet-le-Duc: reading and commentary[M]. Massachusetts: The MIT Press, 1995.

大工业时代激发了现代主义建筑的工业化技术理性创作，大量建筑师投入到各类实验性项目之中，比如格罗皮乌斯和瓦克斯曼的套装住宅系统（Packaged House System）、富勒的威奇托住宅（Wichita House）和雷·埃姆斯夫妇（Charles & Ray Eames）的埃姆斯住宅（Eames House）等。遗憾的是，许多工业化装配式住宅遭受挫折而没成气候，导致现代主义的工业化革新内核被淡忘，很大程度上制约了工业化及模块化建筑理论体系的发展。

（a）

（b）

图2-27　马赛公寓的抽斗式原理
图片来源：
Cooper Union库伯联盟学院.马赛公寓的抽斗式原理[EB/OL].[2025-01-17].http://archswc.cooper.edu/Detail/objects.

综上所述，现代主义受结构理性主义思想的影响，以工业化技术发展为背景，体现了20世纪初社会价值趋向工业建造的思潮，强调建筑以技术为主导，建筑设计应向制造业学习。现代主义强调建筑设计结合建造的标准化、部品化、集约化的思想，与模块化建筑设计理论存在基因传承关系，可以为模块化建筑设计理论找到工业化的理论原型。

2.2.3 荷兰结构主义的批判拓展

如果说现代主义是工业文明的产物，那么后现代主义就是信息时代的产物。其中对模块化建筑设计方法论影响最大的当属荷兰结构主义建筑理论（Structuralism），与其说它是对现代主义的批判和反思，不如说它是柯布西耶的“抽斗式”理念与格罗皮乌斯的“标准化多样”主张的延伸与拓展。

结构主义产生于20世纪初，是由语言学家索绪尔（Ferdinand de Saussure）提出的“语言规则和单词”（langue et parole）模式[1]。其核心观点：一是结构是一个包容着各种元素的关系的总体；二是元素的改变依赖结构，但可以保持自身的意义；三是元素的互换不改变结构，而元素关系的改变会使结构发生变化；四是元素的关系可用数学公式描述。这种思想成了荷兰结构主义建筑的哲学基础。

荷兰结构主义的产生与20世纪50年代末的“十次小组”（Team X）中成员阿尔多·凡·艾克（Aldo van Eyck），以及他的学生赫尔曼·赫茨博格（Herman Hertzberger）与约普·范·斯泰特（Joop van Stigt）为代表的年轻一代建筑师密不可分，起源于对战后现代主义的功能教条的批判。结构主义与功能主义的不同之处在于其注重对构成形式的整体体系的研究。结构主义把空间当作城市与建筑整体关系中的构成“元素”来考虑，认为形式不“追随”功能而是由“元素的关系”法则（结构）来决定。早期的结构主义建筑，寻求一种能被所有居民认同的“有意义的巨型结构”（large significant structure）[2]，强调以结构的适应性，生长性与内聚性（cohesion）作为核心。

在凡·艾克设计的阿姆斯特丹孤儿院中，各个“家庭”单元相互连接，边界完整清晰又互相重叠，表达出其所谓的“迷宫般的清晰性”（labyrinthine clarity），如图2-28（a）所示。在赫茨博格设计的阿培顿比希尔中心办公大楼中，建筑的用户由于其组织内部频繁调整，要求不同部门的办公空间不断变化，如图2-28（b）所示，因此这栋建筑类似柯布西耶的“抽斗式”理念，包含固定的结构框架以及灵活的多样化功能“填充”[3]。不难发现结构主义强调对支撑结构的研究和清晰表达，即所谓结构化的空间构造（space-structure construction）。结构主义将空间形式的组织与基本的结构构造结合起来，单元和结构的设计深入到基本的构件设计中，以此为基础，形成单元空间和组织的多种变化。

结构主义的兴起，直接的影响是荷兰本土几个工业化技术导向理论的出现。如哈布瑞肯提出的支撑体住宅理论（SAR）来推动支撑/填充体系向着

[1] 陈锐，应瑛．荷兰制造：从范·艾克到结构主义[J]. 建筑设计管理，2018（3）: 93-95.

[2] 朱雷．空间操作：现代建筑空间设计及教学研究的基础与反思[M]. 南京：东南大学出版社，2015.

[3] 陈锐，应瑛．荷兰制造：从范·艾克到结构主义[J]. 建筑设计管理，2018（3）: 93-95.

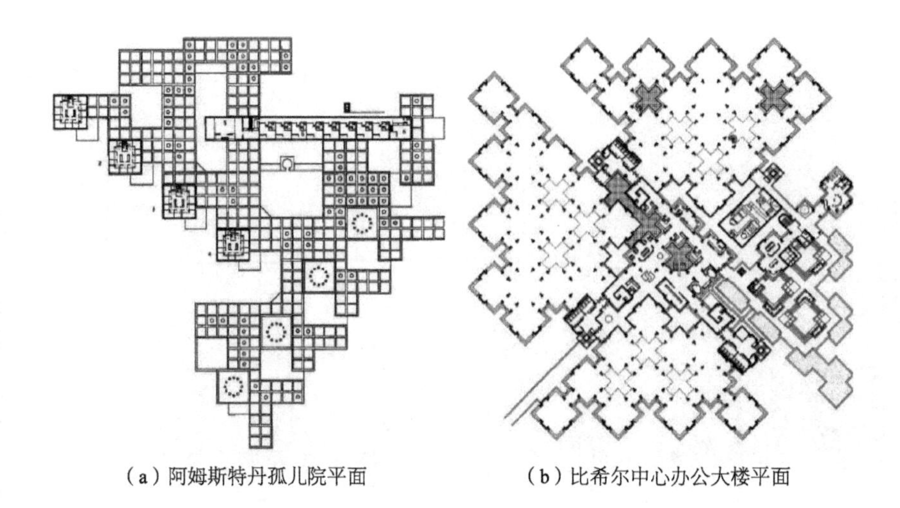

（a）阿姆斯特丹孤儿院平面　（b）比希尔中心办公大楼平面

图 2-28　结构主义的结构化空间构造
图片来源：
（a）AV 官网．结构主义的结构化空间构造，阿姆斯特丹孤儿院平面 [EB/OL].[2025-01-17].http://arquitecturaviva.com.
（b）SA 官网．结构主义的结构化空间构造，比希尔中心办公大楼平面 [EB/OL].[2025-01-17].http://sensesatlas.com.

工业化及规范化发展[1]。

哈布瑞肯之后提出的开放建筑理论，从宏观到微观层级对 SAR 支撑体住宅理论外延进行拓展。第一个基于开放建筑理论的建筑是 1977 年位于荷兰的摩伦利维特住宅（Molenvliet-Wilgendonk Housing），其内部街道、庭院与建筑综合体皆由均质且连续的结构构成，共包含 123 个套房单元，具有 67 种居住类型，每个单元由住户自由设计与布局。无独有偶，荷兰建筑改革计划小组推出了 IFD 住宅体系理论，该体系被逐渐推广应用到欧盟建筑设计与建造中[2]。IFD 体系的理论要点主要是以标准化工业批量生产的模式推行弹性模块化设计，提倡建材与构件的循环应用策略和构件的可拆性，相较 SI 体系在住宅改造上发挥着更大的作用。

综上所述，荷兰结构主义批判了现代主义中机械功能主义的“不可居”，强调整体在建构中的非稳态，部分元素随时要被另外的元素替换和改变。以 SI 体系、开放建筑理论、IFD 体系为代表的，以工具理性为纲领的工业化建筑领域，表现出对不定性的、不可预料的人文价值的向往，其中进行的反思与拓展，对帮助建立现代模块化建筑理论的核心价值观具有重大意义。

2.2.4　乌托邦建筑的超前性探索

20 世纪 60 年代，英法等国出现的探索新技术、新观念对城市及建筑的升级以及超前性构想未来建筑的一股思潮具有乌托邦理想主义特质[3]。这股思潮的主要代表人物及学派为：一是尤纳·弗莱德曼（Yona Friedman），采用预制工业化灵活构件实现建筑空间的灵活性与移动性；二是塞德里克·普莱斯（Cedric Price），致力于运用工业化新材料与技术营造开放空间，如图 2-29 所示；三是建筑电讯学派（Archigram），在当时航天技术影响下采取模块化技术、新材料技术、空间胶囊技术等，对未来城市与建筑提出一系列实验性构想；四是新陈代谢主义（Metabolism），引入生物学概念，基于预制工法，试图设计出结构不变功能可变的建筑。乌托邦思潮集中出现在班纳姆

[1] KENDALL S. Integrated design solutions: what does this mean from an open building perspective?[M]. London: New Roles, 2009.

[2] 王蔚．模块化策略在建筑优化设计中的应用研究[D]. 长沙：湖南大学，2012.

[3] BANHAM R. Theory and design in the first machine age.[M] Massachusetts: The MIT Press, 1980.

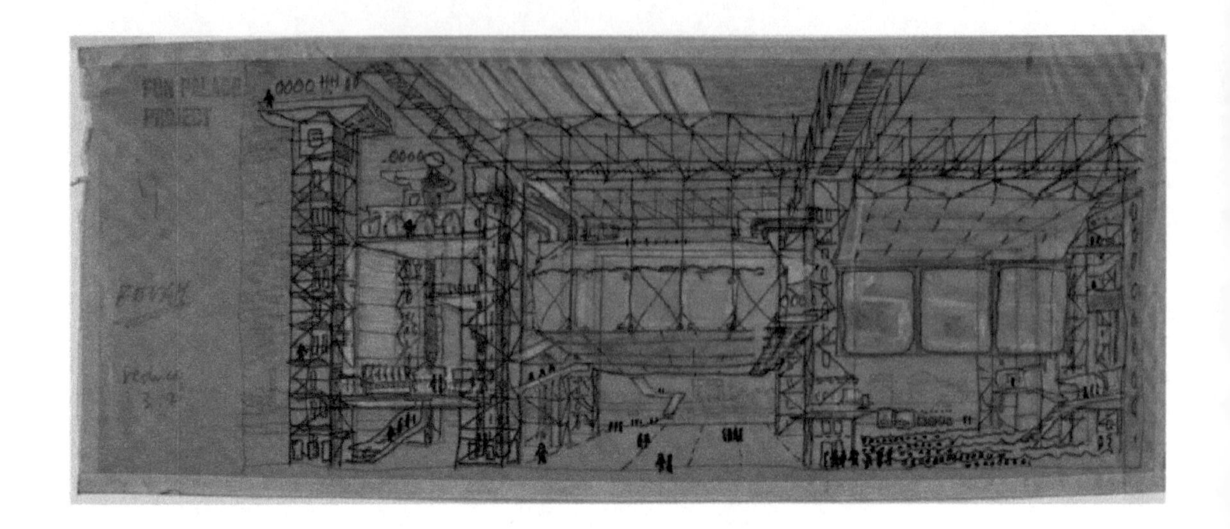

图 2-29 娱乐宫（Fun Palace，1959-1961 年）
图片来源：
纽约现代艺术博物馆 MOMA. 娱乐宫 [EB/OL].[2025-01-17].http://www.moma.org/collection/works/804.

所指的“第二机器时代”，思潮中常常呈现出集中的“巨构”与独立的“舱体”的二分趋向[1]。这个趋势是乌托邦建筑思潮对模块化建筑设计的突出启示，也起到对柯布西耶的“抽斗式”理念、荷兰结构主义的“结构与元素”乃至哈布瑞肯的“支撑体与填充体”的超前性探索的作用，这些理论几乎可同构在“巨构与舱体”这对基本概念之上，从这两个层面为模块化建筑设计带来思考。

巨构，即巨型结构（Megastructure），是乌托邦建筑的共性。20 世纪 60 年代，新陈代谢派成员槙文彦（Fumihiko Maki）提出巨构作为集城市基础设施与建筑功能于组织框架内的集合形式[2]。班纳姆于 1976 年的著作《超级建筑：近日的城市远景》（*Megastructure: Urban Futures of the Recent Past*）对巨构概念的定义：巨构由两个极端尺度的元素组成，即单一的巨大结构框架和大量的模块单元。这两种元素有着各自不同的生命周期，使它们组成的系统能不断更新，在空间和时间上无限延伸[3]。由此可见，乌托邦建筑的巨型结构框架作为承载小型活动功能单元的容器，具有无限生长的开放性特征。巨构常常采用无限延伸的网架状结构，从弗莱德曼设想的空间城市（La Ville Spatiale），如图 2-30（a）所示；到舒尔茨·菲里茨（Eckhard Schulze-Eielitz）设计的空间城市，如图 2-30（b）所示；再到弗雷·奥拓（Frei Otto）与丹下健三（Kenzo Tange）联合设计的北极城市（Arctic City）等，如图 2-30（c）所示，均体现出巨型结构可复制生长的开放性思想。运用最少结构类型构建无限拓展的结构体系，体系还可以根据实际需要进行灵活加建或拆解，这一思想为当代模块化建筑设计提供了模板。

乌托邦建筑的巨构在技术层面之外，还体现出一种人文情怀，典型案例为 1964 年建筑电讯派成员彼得·库克（Peter Cook）的“插件城市”（Plug-in City）理念。插件城市以城市功能的视角将公众参与纳入到建筑形式与功能的设计中，根据公众的城市生活触发巨构中的生活片段、事件和情境[4]。插件城市中公众参与的“不确定性”产生了有别于传统建筑空间的“适应性”

[1] 孟建民 . 关于泛建筑学的思考 [J]. 建筑学报，2018（12）：109-111.

[2] 胡飞 . Archigram 学派思想、流变、批判与沉淀 [D]. 长沙：湖南大学，2020.

[3] BANHAM R. Megastructure：urban futures of the recent past[M]. New York：Harper & Row，1976.

[4] 胡飞 . Archigram 学派思想、流变、批判与沉淀 [D]. 长沙：湖南大学，2020.

（a）移动城市，1958年

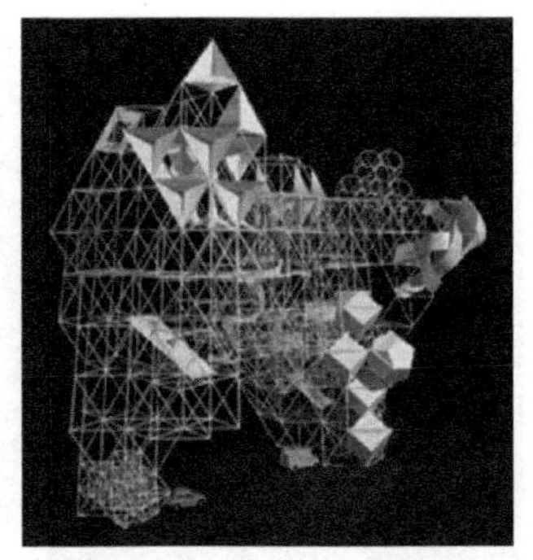

（b）空间城市，1959年

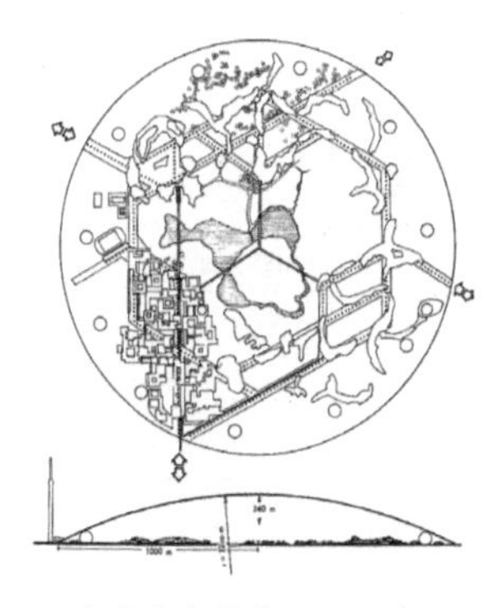

（c）北极城市，1970年

图2-30　无限拓展的巨构体系
图片来源：
（a）纽约现代艺术博物馆MOMA.无限拓展的巨构体系，移动城市[EB/OL].[2025-01-17].http://www.moma.org/collection/works/104695.
（b）SUBTILITAS官网.无限拓展的巨构体系，空间城市[EB/OL].[2025-01-17].http://www.subtilitas.site/post/3055066472.
（c）HIDDEN ARCHITECTURE官网.无限拓展的巨构体系，北极城市[EB/OL].[2025-01-17].http://hiddenarchitecture.net/city-in-arctic.

特征，正如荷兰结构主义成员赫兹伯格所提倡的“多价”空间，以最小的灵活性容纳最多的解决方案，以不变应万变。

除巨构的宏大框架外，不少先锋建筑师则加入乌托邦建筑的另一趋势：“舱体”，即灵活的个体单元。1964年，沃伦·查克（Warren Chark）提出“舱体住宅”（Capsule Home）的概念，其灵感来自20世纪60年代太空探索及人类登月等航空技术中的太空舱，如图2-31所示。“舱体住宅”是对极致的工业化集成技术的体现，套内空间专注于高科技的集成应用以及居住舒适度，营造一种一体化封闭的、高度智能控制的内部环境，还可以类似汽车那样及时更换、维修与升级，折射出工业化时代的另一种居住生活的可能与消费社会的一种文化现象。

乌托邦建筑的另一共性是建筑的移动性，移动建筑的可变适应是影响模块化建筑设计的另一重要因素。传统建筑是凝固的，不以新需求的出现为转移，建筑结构深入地下，建筑空间固定不变。而乌托邦建筑理念将建筑整体可移动、内部可灵活调整，视为满足人们不断更新的需求的新特质，为此建筑师纷纷采用轻钢、塑料等新材料探索具有移动性的建筑。建筑电讯派的丹尼斯·柯朗普敦（Dennis Crompton）和迈克尔·韦伯（Michael Webb）以汽车和充气胶囊为参考对象，强调空间由一体成型的材料围合而成，方便移动及携带，可自由改变尺寸。

图2-31　灵活的舱体单元
图片来源：
Studio are we there yet官网，Arjeny.灵活的舱体单元[EB/OL].（2016-04-20）[2025-01-17].http://studioarewethereyet.wordpress.com.

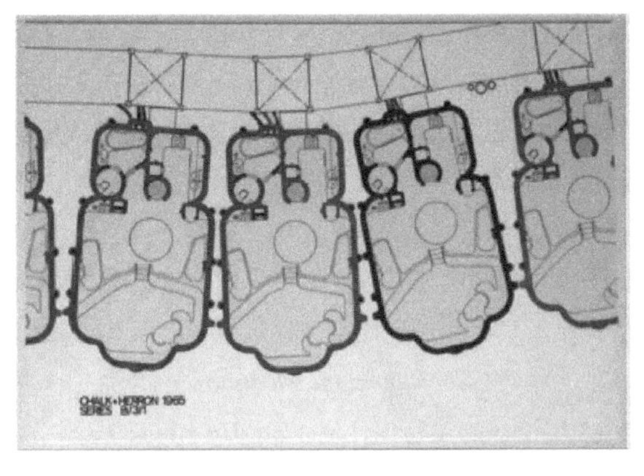

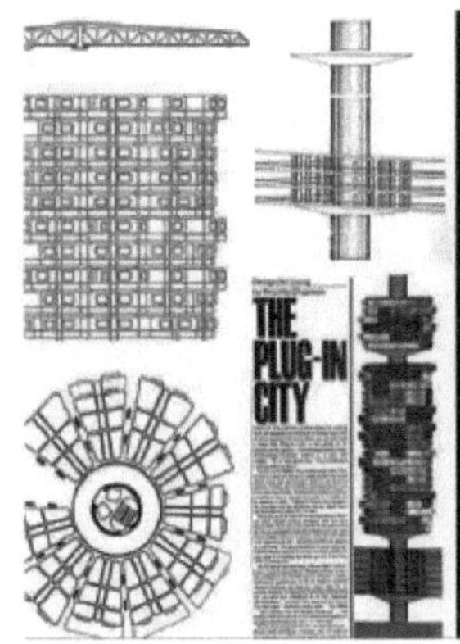

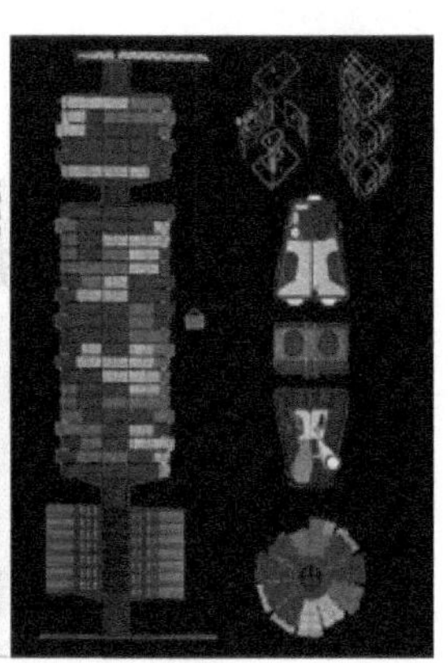

图 2-32 巨构与舱体单元的现实版
图片来源：
DESIGNBOOM 官网 . 巨构与舱体单元的现实版 [EB/OL].[2025-01-17].http://www.designboom.com/architecture/Kishokurokawa-nakagin.

（a）集合住宅舱体

（b）独立住宅舱体（Summer House K）

乌托邦建筑的“巨构”与“舱体”二者融合的典范是中银舱体大厦，由新陈代谢学派建筑师黑川纪章在 1972 年设计建成，该作品的建成为这股思潮画下了圆满句号，如图 2-32 所示。

中银舱体大厦是巨构框架与舱体住宅的现实版，巨构般的中央交通结构核心筒上挂着 144 个居住舱体。巨型钢筋混凝土核心筒是有序安置居住舱体的基础，是宏观的公共基础设施；舱体是人们得以生活的插件，是微观的个人最小的生活空间。“巨构与舱体”两个层面的叠加带来了有关模块化层级性系统的思考。

综上所述，乌托邦建筑思潮为模块化建筑带来新的技术与理念思潮，即建筑应采用工业化预制、信息化控制、社会化参与的方式进行营建与管理，实现建筑空间的系统性、灵活性与移动性，这些理念与宗旨为模块化建筑设计提供了崭新的创作思路。

2.2.5 高技派建筑的实践性突破

经历了乌托邦建筑思潮之后，乌托邦建筑的技术乐观主义并没有终结，其理念被 20 世纪 70 年代的“高技派”（High-tech）建筑师所吸纳，并做出了实践性突破[1]。他们与以往各建筑思潮的最大不同之处在于，高技派以技术作为主要驱动进行建筑创作，而非掺杂对建筑空间形式、功能组织、社会文脉等过多的探讨。他们专注于通过与工程师协同工作引领技术突破，开发建筑产品与专利，关注建筑标准化流水线建造，讲求提高建筑质量、加快建造速度[2]。

模块化建筑是高技派建筑师探索的主要议题之一。伦佐·皮亚诺（Renzo Piano）学生期间并未顺应以类型学为主的现代主义建筑教育，而是在 1961 年完成了他的毕业论文《模数协调》（*Coordinazione Modulare*）。理查德·罗杰斯（Richard Rogers）1968 年设计的预制化住宅（Zip-Up House）采用高

[1] 胡飞 . Archigram 学派思想、流变、批判与沉淀 [D]. 长沙：湖南大学，2020.

[2] 周静敏，苗青，李伟，等 . 英国工业化住宅的设计与建造特点 [J]. 建筑学报，2012（4）：44-49.

性能铝制夹芯板墙，形成管状模块设计，方便模块的拆分或添加。1975 年，迈克尔·霍普金斯（Michael Hopkins）夫妇共同设计了类似埃姆斯住宅的标准化现成钢构件预制房屋[1]。诺曼·福斯特（Norman Foster）在塞恩斯伯里视觉艺术中心设计中将桁架结构、空调设备和外围护构件进行系统化设计以实现模块化技术的突破[2]。高技派的集大成者蓬皮杜中心（Pompidou Center），由皮亚诺和罗杰斯共同设计，主体采用模块化钢柱结构，整个建筑由预制标准化套件（kit-of-parts）组装而成。除技术成就以外，该建筑继承了普莱斯和建筑电讯派的未来建筑构想和机器美学风格，成为以工业化技术驱动并迸发技术美学的经典之作。

[1] SMITH R E.Prefab architecture: A guide to modular design and construction[M]. New Jersey: John Wiley & Sons, Inc, 2010.

[2] 齐奕．多维视角下的当代建筑轻型化创作研究 [D]. 哈尔滨：哈尔滨工业大学，2016.

罗杰斯设计的伦敦劳埃德大厦（Lloyd's Building）通过使用吊装技术在建筑整体预制基础上加入模块化建造，无疑给模块化建筑设计与理论继续增添实践经验，如图 2-33 所示。劳埃德大厦运用模块化设计思维，将 12 组电梯、73 组楼梯、34 组卫生间以及若干设备用房以模块形式安置在相应的 6 座服务性塔楼中，各塔楼顶部安置一套起重机，可以方便随时更换、添加设备空间以及内部设施。模块化的卫生间舱体在工厂里预制加工好，以 9m × 4.2m × 2.7m 的标准化尺寸通过货车托运到施工现场，再使用吊装技术整体将卫生间模块吊装接入主体。劳埃德大厦对建筑设备模块化的处理也是其出彩的一笔，将空调、照明、通风和自动喷淋系统等设备根据井字型格栅构件的模数，组合成一个底面为 1.6m × 1.8m 的标准单元安装于顶棚处。至此，高技派建筑中各方面技术的发展为现代模块化建筑做出了可操作性示范。

综上所述，继乌托邦建筑思潮之后，高技派建筑为模块化建筑带来实践性突破，建筑师紧密与工程师协同合作，积极主动探索工业化技术成果转移应用、建筑技术研发与生产、模块化技术运用，高技派对技术纯粹的追求与应用，是模块化建筑的一次巨大飞跃。

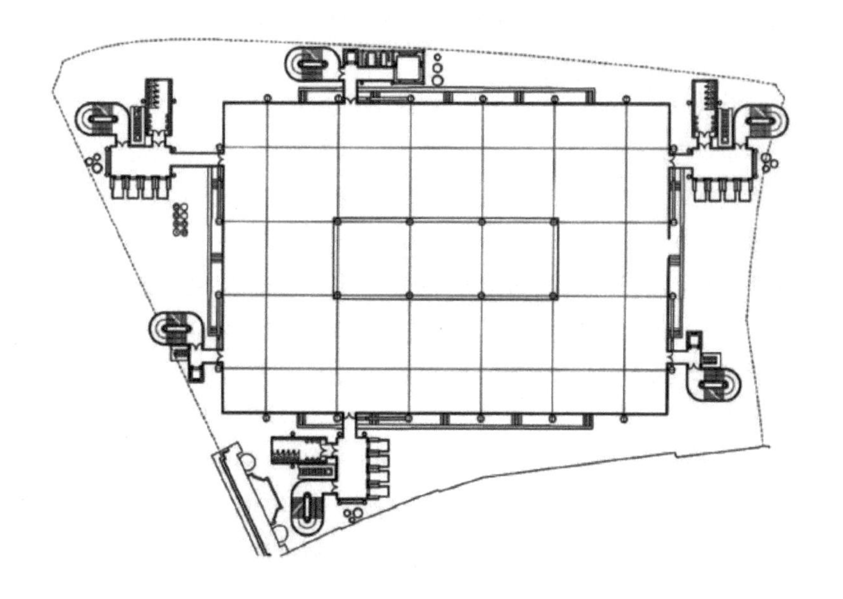

图 2-33 劳埃德大厦的模块化设计
图片来源：
Helena Ariza 个人网站．劳埃德大厦，伦敦金融城的未来主义设计，劳埃德大厦的模块化设计 [EB/OL].(2014-10-24)[2025-01-17]. http://architecturalvisits.com/en/Lloyds-of-London-building.

2.2.6 数字化建筑的多元化发展

从工业化时代迈入信息时代的今天，计算机技术的高速发展促使计算机辅助设计成为一种有明确理论的设计范式[1]，其理论体系的演进起到指引模块化建筑设计理论定位及发展的关键作用。

2003年，弗里德里克·米加鲁（Frédéric Migayrou）在巴黎蓬皮杜艺术中心举办的关于建筑、计算及建造的展览上展示了一个创新思维：参数化设计[2]。这一思潮的基础是数字技术的进步。参数化设计实际上与传统主观经验式建筑设计的核心理念相同：可以用状态和规则表示。状态指建筑的度量，而规则描述了将一种状态转换为另一种状态的方法。建筑设计方案可以由状态的集合表示，即建筑中的所有度量数据。建筑师通过将设计状态和规则转换为数据和程序设计代码，可在更短的时间内完成更复杂的设计[3]。

参数化设计开始挑战传统工业化设计理念遗留下来的标准化生产问题，被现代主义、高技派等引以为傲的工业批量化生产在参数化设计语境下已失去光芒。马里奥·卡尔波（Mario Carpo）认为参数化设计可实现大规模差异化设计[4]。与此同时，内里·奥克斯曼（Neri Oxman）和格雷格·林（Greg Lynn）认为参数化设计产生的“构造的分解”，使得建筑和结构变得更加连续，消除了预制工业化“零件套件”的必要性[5][6]。此后，参数化先锋建筑师联合工程师共同致力于建筑形态与结构一体化，开启参数化主义时代（parametrictism）。

然而，当参数化设计带来行业巨变时，计算机仍然被视为辅助人做设计，仅根据人给定的“规则”来生成设计，而设计师仍然凭借自己的直觉来主导所谓的规则，即智能人工。当前AI技术突飞猛进，被广泛用于解决现实世界难题，其解决问题的过程虽然不同于人对设计问题的感性意识，但它们的本质却是相似的，都在不断总结设计的状态与规则。由此，人工智能的发展导致一种全新的思潮出现——离散化主义（Discretetism）[7]，把建筑设计一定程度上回归到工业标准化的思路上来。

与参数化设计的连续性相反，离散化（Discrete）概念打破了参数化对单一建筑进行定制的理念，而再次转向“构件”的路径，如图2-34所示。

离散化设计揭示了参数化设计存在一个根本经济问题：参数化设计的建筑规模与成本呈线性增长，这意味着参数化建筑的生产和成本将始终以恒定的关系运行。反观传统的批量标准化技术具备零边际成本的巨大优势，即初始投入每一个通用构件生产的成本都在不断降低并趋于零，这种“大众”模式依然是解决规模经济及环境可持续问题的最佳方式。然而，参数化设计是一个需要积累大量资本的“精英”模式，它并不能拓展满足日益增长的各建筑类型的规模。显然，离散化主义的概念有意识地颠覆参数化主义，提供了另一种选择。这一设计新范式试图重新考虑“标准化复制”作为大规模生产的经济模式，并通过可伸缩原理（scalable principles）提供设计定制，如

[1] SANCHEZ J. Architecture for the commons: Participatory systems in the age of platforms[J]. Architectural Design, 2019, 89（2）: 22-29.

[2] SANCHEZ J. Architecture for the commons: Participatory systems in the age of platforms[J]. Architectural Design, 2019, 89（2）: 22-29.

[3] 郑豪. 建筑＋人工智能，未来在何方? [DB/OL].[2021-03-11].https://baijiahao.baidu.com/s?id=1693914698280527984&wfr=spider&for=pc.

[4] CARPO M. The second digital turn: design beyond intelligence[M]. Massachusetts: The MIT Press, 2017.

[5] OXMAN N. Structuring materiality: design fabrication of heterogeneous materials[J]. Architectural Design, 2010（4）: 78-85.

[6] LYNN G. Folding in architecture[M].Chichester: John Wiley & Sons, 2004.

[7] MOREL P. The origins of discretism: thinking unthinkable architecture[J]. Architectural Design, 2019 89（2）: 14-21.

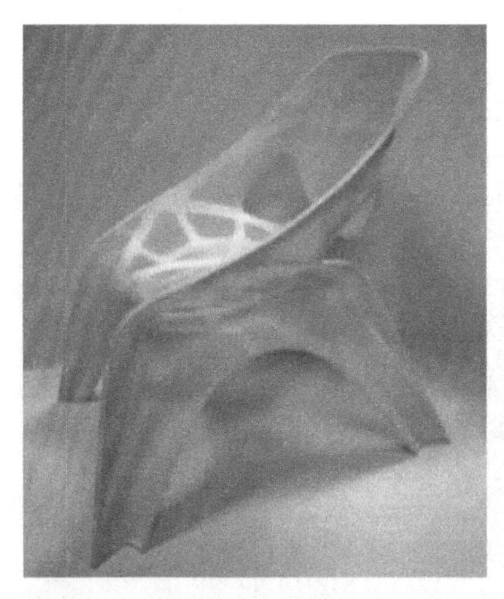

图 2-34　自上而下的参数化设计（左）与自下而上的离散化设计（右）的对比
图片来源：
菲利普·莫瑞尔．离散主义的起源：想象无法想象的建筑[J]. 建筑设计，2019（3）:14-21.

图 2-35　可协商住宅（Elkholy O.，2018 年）
图片来源：
CLAYPOOL M.Our automated future: a discrete framework for the production of housing[J]. Architectural Design, 2019（3）: 38-45.

图 2-35 所示。由此可见，离散化主义并不是打算回到福特主义大批量生产的老路，而是依赖组合学逻辑和有目的的配置零件—套件，以增强适应性[1]。

一旦理解了离散化设计范式的基础，重新思考开放式标准化系统，并开发离散化建筑平台 / 模型极其重要。克里斯多夫·亚历山大（Christopher Alexander）最早提出模型的开发（patterns development）[2]，离散化体系可作为一种综合资源及知识获取途径，被社会广大群众通过网站、视频或其他方式获取，与之产生密切共鸣[3]，如图 2-36 所示。在此背景下，数字化建筑平台的发展，如维基住宅这类开源项目，或瑞特森的塔林建筑双年展住宅片段，鼓励技术和社会之间的回馈和连接，允许建筑系统在大众手中的重组。

综上所述，离散化主义设计从根本上是一种参与性生产框架，将开放式设计置于中心的知识系统。不管是智能人工，还是人工智能，无论是参数化主义，还是离散化主义，这些不同技术与理论的发展为模块化建筑设计理论

[1] SANCHEZ J. Architecture for the commons: Participatory systems in the age of platforms[J]. Architectural Design, 2019, 89（2）: 22-29.

[2] ALEXANDER C, ISHIKAWA S, SILERSTEIN M. A pattern language[M]. New York: Oxford University Press, 1977.

[3] MOREL P. The origins of discretism: thinking unthinkable architecture[J]. Architectural Design, 2019, 89（2）: 14-21.

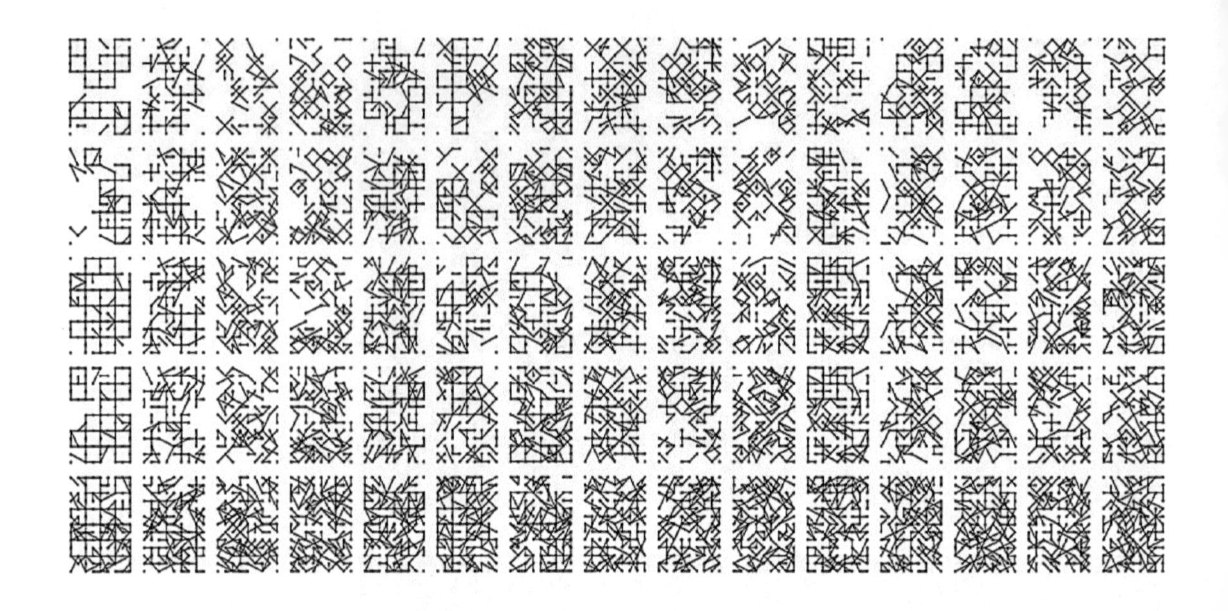

图 2-36 基于算法的离散化体系
图片来源：
MOREL P. The origins of discretism: thinking unthinkable architecture [J]. Architectural Design, 2019 (3): 14-21.

提供了多维的视角与全面的价值判断。

2.3 本章小结

本章以历史观为切入点对模块化住宅的历史沿革、理论脉络展开系统性阐述，总结出工业化生产从大规模标准化生产向大规模定制生产发展，信息化技术从人工化向智能化发展，促使模块化成为建筑发展的一种必然趋势。本章首先从历史延续与演变切入，总结并归纳出模块化建筑的 5 个历史分期，明确每个时期模块化建筑的特征与产生机制；然后从理论与源流的角度梳理出与模块化建筑相关的 6 种建筑理论，提炼出每种建筑理论及思想对模块化建筑的理论影响与贡献，指出其特质与趋势，为其价值取向提供发展方向。总而言之，历史观视角的模块化建筑研究为模块化建筑理论明确了内涵与外延，更为下文开展指向住宅套内空间模块化设计理论研究奠定扎实的理论基础。

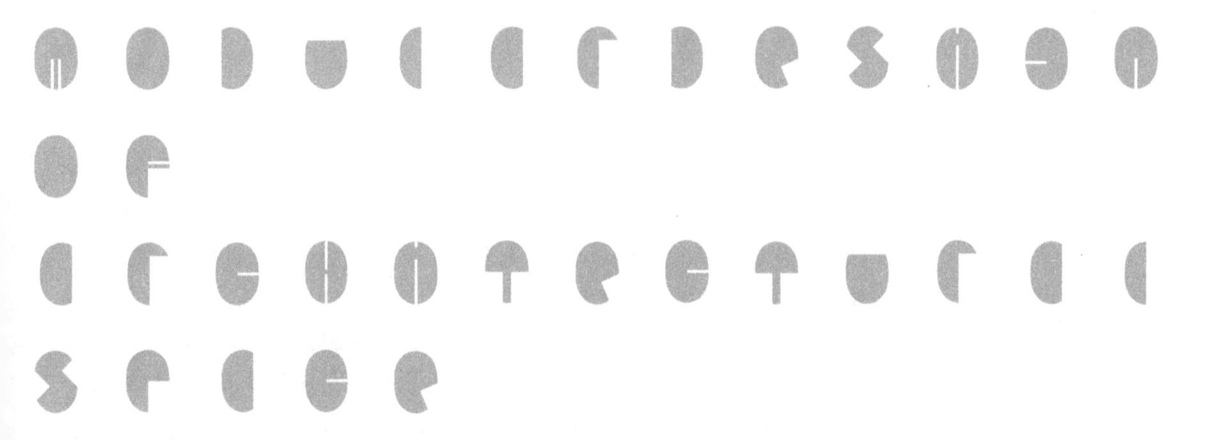

第3章

住宅套内空间模块化设计理论建构

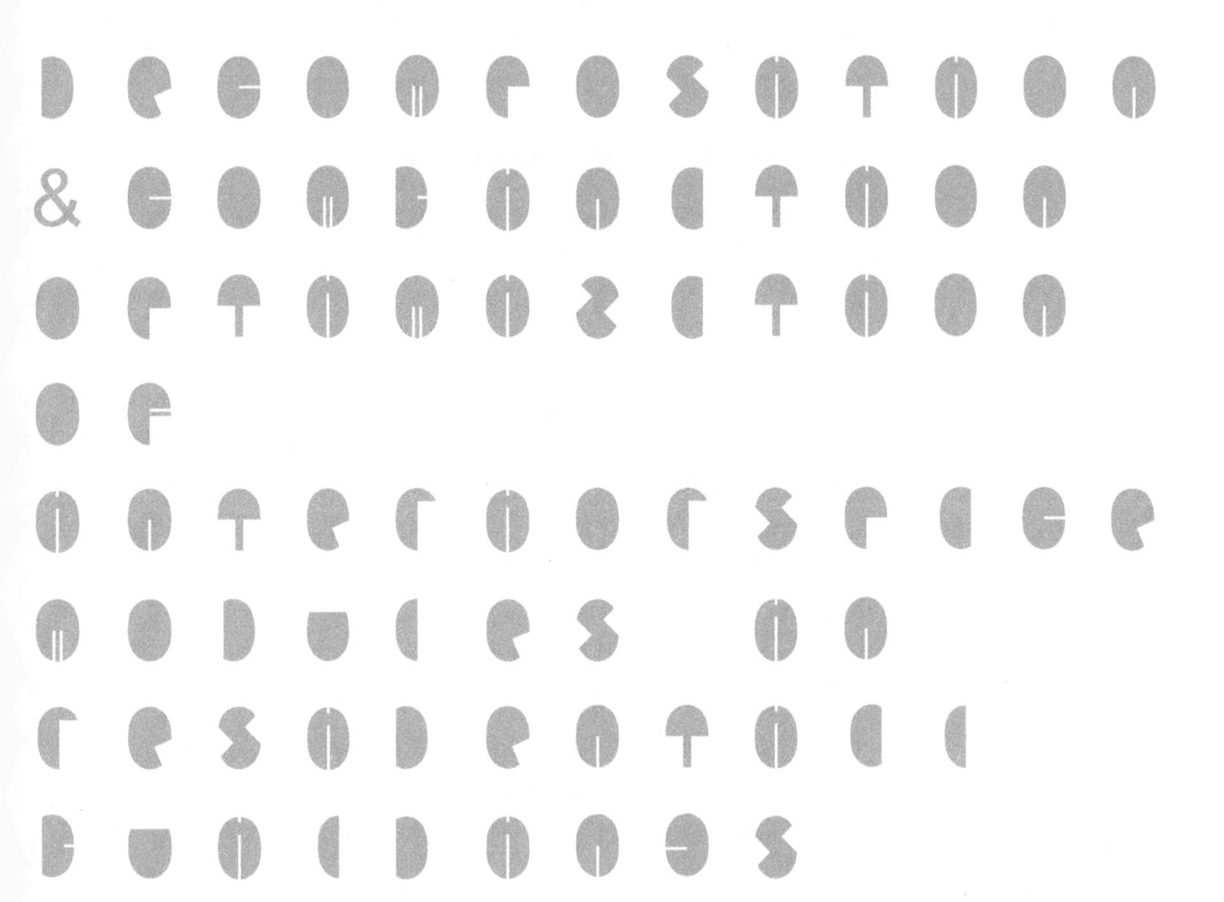

住宅套内空间模块化设计理论建构是方法论部分。在前文论述的模块化建筑认识论基础上建立方法论，再提出模块化建筑策略。因此，住宅套内空间模块化设计理论是由认识论转化为具体设计方法的核心环节，是模块化建筑设计方法的理论指导。

本书的研究对象是住宅套内空间问题，针对建筑“空间”部分。所构建的住宅套内空间模块化设计理论，是整个模块化建筑设计理论建构的缩影。本章是在第 2 章认识论的基础上，首先以住宅套内空间适应性问题为出发点，对住宅套内空间模块化的设计对象及其动因建立完整认知，揭示当前住宅套内空间适应性设计的局限性，需从模块化方向找出口；然后分别引入模块化设计理论与复杂适应系统理论作为理论研究基础，对其基本概念建立清晰认知，明晰二者的内在关联和基本内容；接着采用学科交叉的思路“杂交”出住宅套内空间复杂适应模块化系统模型，并提炼其基本概念、规则以及机制；最后基于该理论模型提出住宅套内空间模块化设计的理论框架和模块“分解—组合”的设计方法，为后文设计方法坚实理论基础。

3.1 适应性造就模块化

本节对住宅套内空间模块化的适应性进行分析，首先明确住宅套内空间与模块化系统之间的具体关系；然后明确住宅套内空间的现存问题以及瓶颈；最后分析模块化对住宅套内空间的必要性和可行性，即分析模块化如何有效解决上述问题。以上 3 个步骤是连接模块化设计理论的前提。

3.1.1 模块化对住宅套内空间的适应性

住宅套内空间是否是模块化系统以及模块化的适应对象，需要首先明确模块化对象的特点，再分析住宅套内空间是否具备这些属性，判断二者的适用关系。

1. 模块化系统的特点

卡丽斯 · Y · 鲍德温（Carliss Y. Baldwin）和金 · B · 克拉克（Kim B. Clark）在其著作《设计规则：模块化的力量》（*Design Rules: the Power of Modularity*）中表明，自从 IBM 360 计算机模块化成功以后，现代模块化成了一种普遍适应的方法论及工具[1]。其涉及的领域日益增多，从计算机到互联网到整个信息产业，从制造业到服务业，从企业和产业的组织结构到宏观经济结构，模块化已被推广和普及，具有广阔前景。在这种形势下，模块化对象的共性特点和必要特征可被概括为[2]：

1）复杂的系统。复杂的系统的内部参数量大而且参数之间的关系错综复杂难以厘清，通过模块化设计简化及结构化其内部关系，既消除了大量的不确定性，又创造了较高的选择价值。然而，简单的系统没有必要进行模块化。

2）创新的系统。模块化通过适应外部环境来突显其创新能力，复杂系

[1] BALDWIN C Y, CLARK K B. Managing in the age of modularity[J]. Harvard Business Review, 2000(2): 81-93.

[2] 李春田. 现代标准化前言：模块化研究 [M]. 北京：中国标准出版社，2008.

统被模块化改造之后提升了适应性。因此，需要不断适应外部环境及变化的系统是适合模块化的。

3）非稳态的系统。模块化能够应对不确定性，尤其体现在模块的自由重组优势，将不确定性大大降低。因而，模块化系统通过模块组合对动态变化做出响应，而固态的系统没有必要进行模块化。

2. 住宅套内空间模块化系统的判定

在明确了模块化对象的关键特征之后，对于住宅套内空间而言，需要明确对应的3个问题如下：

1）住宅套内空间是复杂系统吗？复杂系统包括神经、细胞、经济、网络、城市等。住宅套内空间由许多功能空间构成，这些功能空间又由许多家具和物品空间构成，这些使用空间存在与不间断的居住行为的相互作用，并不断适应新的变化（如家庭结构变化、工作性质变化、年龄变化等）。因此，住宅套内空间属于复杂系统。

2）住宅套内空间是创新需求的系统吗？随着第三次消费升级浪潮汹涌，面对多元化的家庭结构、不同的家庭周期以及个性化的生活方式，以往的住宅产品显然已经无法满足现代的生活需求。面对家庭模式的变迁，套内空间的设计要洞察需求，创造新产品，以不断迭代的空间产品激发新动能。因此，住宅套内空间是创新的系统。

3）住宅套内空间是不确定的系统吗？随着社会的高速发展，如今住户的日常生活方式在不断发生变化，主要表现在以下几方面[1]：（1）精神文化丰富。随着经济的增长、受教育程度的提高与网络的信息传播，现代化家庭生活变得尤为丰富，各类休闲、娱乐、社交、办公、学习、运动等新功能在居住空间中花样百出。（2）家庭开放性增加。互联网使人们的价值观更加开放，摆脱非必要的隔断成了现代人的普遍追求，对居住空间也更提倡模糊、开放、灵活的模式，空间功能的混合与共享成为必然趋势。（3）生活节奏加快。随着社会竞争的加剧，人们生活节奏加快，促使工作和生活交叉混合，工作与生活也不再像以前那样稳定持久。这种混合动态的生活状态导致居住空间不再“一锤定音”。（4）经历了疫情，人们更加意识到外部环境给社会及生活带来的巨变，居住空间需要有抵御各类外部因素突变的能力。因此，住宅套内空间是不确定的系统。

综上所述，通过对模块化对象特征与住宅套内空间的相关性分析，明确住宅套内空间与模块化高度契合，是对住宅套内空间特征的深刻理解以及其运用模块化理论的合理支撑。

3.1.2　住宅套内空间适应性存在的局限

适应性是住宅套内空间设计的核心问题。然而以往针对提升套内空间适应性的方法遇到了瓶颈，不同的适应性设计理念具有各自的局限，对这些特征的归纳与分析是引入模块化理论的必要条件。

[1] 刘恒宇.住宅定制化背景下的SI住宅设计与应用初探[D].青岛：青岛理工大学，2018.

1. 套内空间适应性的 3 种原型

住宅套内空间适应性设计在过往实践中存在 3 个重要原型：通用空间、开放平面、未完成建筑。

1）通用空间（loose-fit）。通用空间倡导完整的大尺度空间，伴随现代主义建筑而崛起，与史前庇护所和传统古建筑的多用途模糊空间相似。科特米瑞·迪坤赛（Quatremere de Quincy）提出两种建筑原型：洞穴与帐篷。两种建筑原型都是在一个单一空间内容纳多种生活所需[1]。1995 年温斯坦建筑事务所（Weinstein Architects）在西雅图设计的班纳住宅（Banner Building），提供矩形通高空间让住户自行改建，内部仅在空间角落处设置卫生间，如图 3-1 所示。通用空间也常被称为大棚房模式（big shed approach），以“大”的优势满足多功能的转换，从而达到空间的适应性。

[1] SCHMIDT R，AUSTIN S. Adaptable architecture: theory and practice[M]. New York: Taylor & Francis，2016.

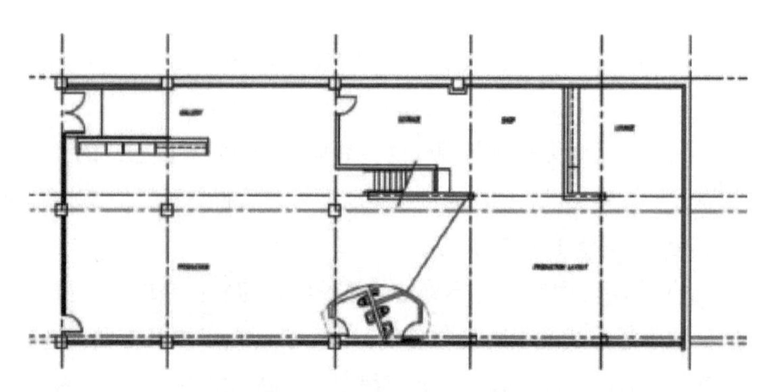

图 3-1　通用空间的大棚房模式
图片来源：
住房网 . 通用空间的大棚房模式 [EB/OL].[2025-01-17].http://www.apartments.com/banner-building-Seattle-wa.

2）开放平面（open plan）。开放平面强调去除平面中的固有障碍，这一原型可追溯到柯布西耶的多米诺住宅体系。1927 年，在斯图加特威森霍夫住宅博览会（Weissenhof Expo）上，柯布西耶设计的 14-15 号住宅采用开放平面的思想，运用灵活可变的构件和家具，实现室内功能的分隔与转换[2]。该展会上，密斯的 1-4 号住宅采用规整的矩形住房，通过将厨房、卫生间与楼梯间紧邻布置使得剩余的空间可以自由分隔，获得完整的“流动空间”，仅用家具定义其中不同区域的属性，允许将来空间变化的可能，如图 3-2 所示。该住宅因此衍生出 16 种不同平面布局展示，其经济性与灵活性颇具示范意义[3]。这也同时体现了密斯的另一理念：普适空间（universal space）旨在最小结构干预下的均质空间布局，融合了通用空间与开放平面这两个概念。

[2] 孙超 .SI 体系思想指导下的住宅内部空间适应性设计研究 [D]. 西安：西安建筑科技大学，2019.

[3] 李栋 . 老龄化社会背景下保障性住房适应性设计研究 [D]. 北京：北京交通大学，2012.

开放平面的后起之秀 SI 体系依靠哈布瑞肯的著作《支撑体：一种代替性大规模住宅》，将住宅平面灵活性的实践上升到理论层面，并指导更为广泛的建筑适应性设计策略与实践。其标志是将住宅的固定结构与可分单元分离，使建筑师让出一部分设计权换取住户的自主权，将住宅成品转换为半成品进入市场，使住宅变成开放的可变产品[4]。

[4] 林巧琴 . 室内居住空间的适应性设计研究 [D]. 北京：中央美术学院，2006.

3）未完成建筑（unfinished architecture）。未完成建筑旨在彰显空间的

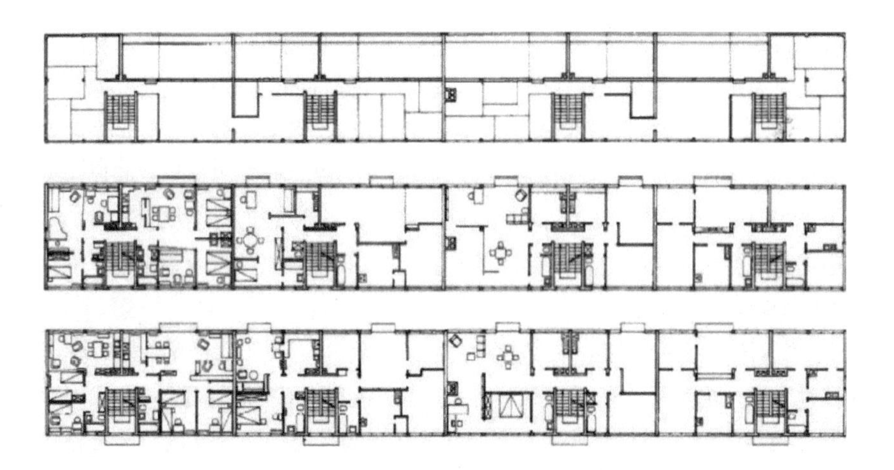

图 3-2　开放平面的灵活空间
图片来源：
TBOAKE 官网 . 开放平面的灵活空间 [EB/OL].[2025-01-17]. http://www.tboake.com/2015/125ResidentialPDF/Weissenholf.

动态与暂时性。“未完成”的概念根植于人与空间的双向互动，而不是单向适应[1]。这种方式类似音乐或诗歌，吟唱者可以自己个性化发挥，形成一种“即兴建筑”[2][3]。其中日本新陈代谢主义的槙文彦将他们的巨构建筑形容为：模块化单元“临时”附着于结构框架，这个想法第一次展现了建筑被视为“及时”消费品。与建筑电讯派的“控制与选择”、弗莱德曼的“空间城市”有异曲同工之妙，建筑单元可根据个人日常需求进行调配、拆卸、移动，如图 3-3 所示。如此，未完成建筑揭示了人可以作为住宅空间中的一个可变“部件”，与其他建筑部件一同创造不可预期的生活。

2. 适应性原型中的局限与不足

前文列举的 3 种适应性原型都存在各自的局限性。

1）通用空间原型由于对大空间的追求而产生不少弊病。（1）空间过度冗余造成材料、能源等浪费，（2）面积过大造成土地资源浪费，（3）平面太

[1] LERUP L. Building the Unfinished: Architecture and Human Action[M]. Beverly Hills: Sage Publications, 1977.

[2] JENCKS C. Modern movements in architecture[M]. Harmondsworth: Penguin, 1973.

[3] ROGERS R. The artist and the scientist in bridging the gap[M]. New York: Van Nostrand Reinhold, 1991.

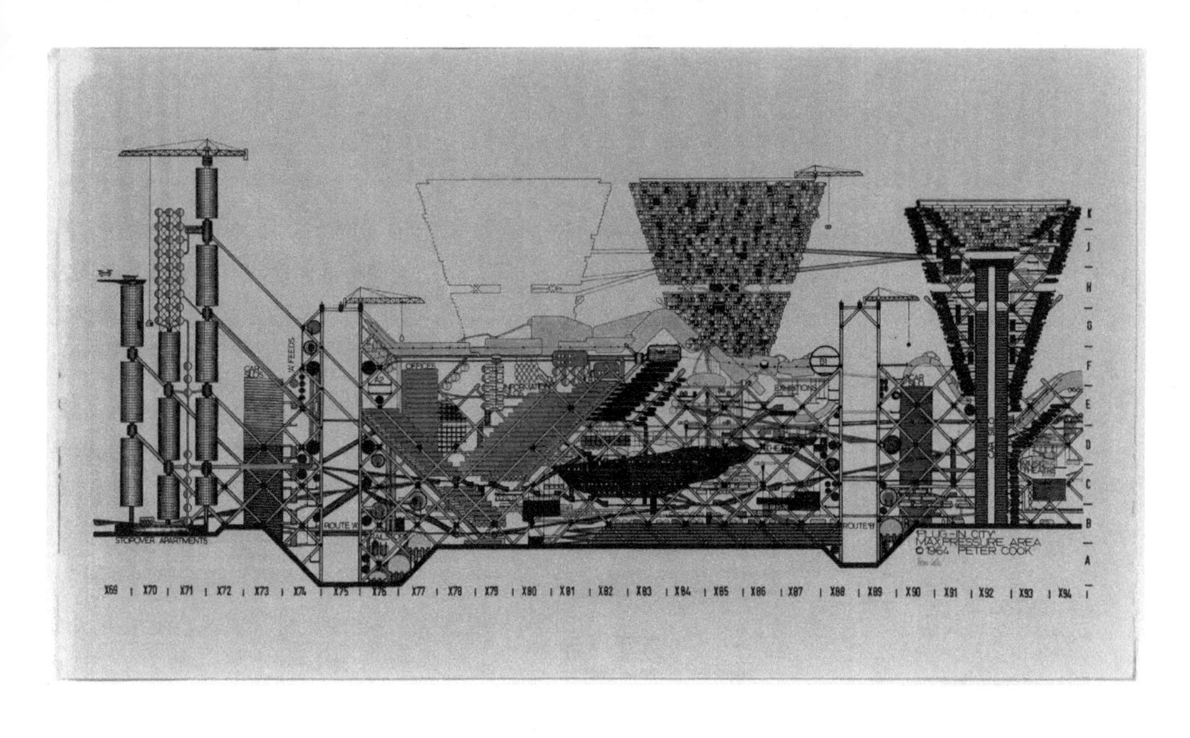

图 3-3　插件城市（彼得·库克，1964 年）
图片来源：
纽约现代艺术博物馆 MOMA. 动态变化的未完成建筑 [EB/OL].[2025-01-17].http://www.moma.org/collection/works/796.

深导致室内采光不足，（4）空间过大造成居住舒适度不佳，（5）空间粗放设定无法满足住户精细化居住要求。因此对通用空间的适宜尺寸的研究尤为重要。通用空间策略可通过寻求多功能使用的最大公约数来界定，满足多数人对空间尺度的要求[1]。有学者基于欧洲的住宅规范，计算出通用空间尺寸需大于 15.4m²，宽度至少 3.1m；专用空间尺寸小于 8m²，宽度小于 2.2m[2]。总之，还需精细化研究来确定通用空间的适宜尺度，以提高其使用效率，避免不必要的消耗。

[1] HERTZBERGER H. Lessons for students in architecture[M]. Rotterdam：010 Publisher，2005.

[2] SCHNEIDER T，TILL J. Flexible housing：opportunities and limits[J]. Theory，2005，9（2）：157-166.

2）开放平面原型中引以为傲的灵活性隔墙也存在不少缺陷。国外学者经过大量住宅实验发现开放空间存在多住户私密性干扰的问题[3]。现代人愈发重视居住空间的私密性以及空间的分区规划，这类需求并没有被可移动轻质隔墙满足，轻质隔墙由于隔声性能弱，对空间的划分起不到私密性的最佳效果。另外，住宅的可移动隔墙极少如预期般被灵活使用[4]，加上这些宅内可变部品容易损坏，维护成本较高，日常使用与打扫清洁繁琐，其不必要性经常被诟病，致使开放平面中的多用性与灵活性在日常生活中容易失效。

[3] MANUM B. 5th International space syntax symposium：generality versus specificity[M]. Delft：Techne Press，2005.

[4] BEISI J. Adaptable housing or adaptable people? Experience in Switzerland gives a new answer to the questions of housing[J]. Architecture et Comportement/Architecture and Behaviour，1995，11（2）：139-162.

3）未完成建筑原型以“临时”及“动态”为核心，历史上的失败案例比比皆是，因此这个原型多数停留在乌托邦思潮中。以数字化智能建造为技术的未完成建筑设计仍在探索之中，因此这种原型的技术不成熟，使其在实际应用中的局限性最大。

3.1.3 模块化成就住宅套内空间适应性

模块化是摆脱“适应性困境”的必由之路[5]。前文论述的住宅套内空间适应性 3 大原型的不足主要可归纳为以下几点，模块化是解决这些难点的有效途径。

[5] 李春田．现代标准化前言：模块化研究 [M]. 北京：中国标准出版社，2008.

1. 模块化应对适应性原型不足

1）大空间的集约化及可持续问题

模块化设计采用标准化技术将系统进行分解，形成“高内聚”的集成模块。由此，模块化一方面，可以减少套内空间的冗余部分，提升空间的使用效率，界定出最合理的空间尺度。另一方面，空间的标准化设计有利于提升空间设计的综合效益，使住宅空间在追求集约化的同时，节约资源和能源，减少污染并促进可回收再利用，最终达到环境可持续发展的目标。

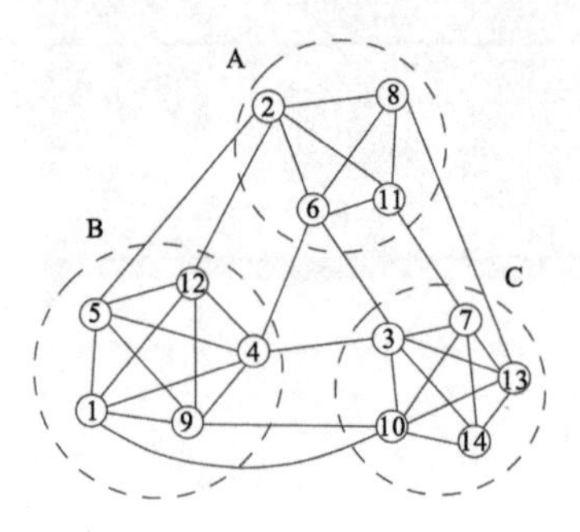

图 3-4 高内聚低耦合的模块结构
图片来源：童时中．模块化原理设计方法及应用 [M]. 北京：中国标准出版社，2000.

2）空间的私密性

模块化设计采用“低耦合”的模块组合方式突显独立性，以模块间的弱联系实现套内空间的公私分区、动静分区等，如图 3-4 所示。这并不表示模块化回到了传统固定的“功能用房”模式，而是可以通过更为细分的模块实现组团式分区。不仅如此,模块本身可以进行私密性设计,还可以通过在模块之间增添“过渡模块”的设计实现套内动线互不干扰，降低各空间的影响。

3）空间内移动设施的必要性

套内空间的分隔与重组，可利用模块组合多样性特质实现。空间的可变性依赖于模块化设计的灵活组合，也依托于模块自身灵活界面的设计与改良，满足住宅不定期的可变需求。此外，对未完成建筑原型而言，模块化设计正在朝着智能建造以及动态数字化设计的方向发展，在第 2 章的“延续与演变”中论及，这里不再赘述。

2. 模块化融合多样化与标准化

住宅套内空间适应性存在一对显著矛盾：人的需求多样化与工业系统标准化。阿尔文·托夫勒（Alvin Toffler）在他的《第三次浪潮》（*The Third Wave*）一书中把多样化与标准化摆在了对立的位置，如今二者的融合是一种必然趋势，需化解多样化与标准化的矛盾[1]，如图 3-5 所示。传统的标准化与多样化是对立的，模块化是能适应信息时代多样化需要的新标准化形式。可见，模块化是有效解决住宅套内空间适应性 3 大原型弊端的利器。

[1] 童时中．模块化原理设计方法及应用 [M]. 北京：中国标准出版社，2000.

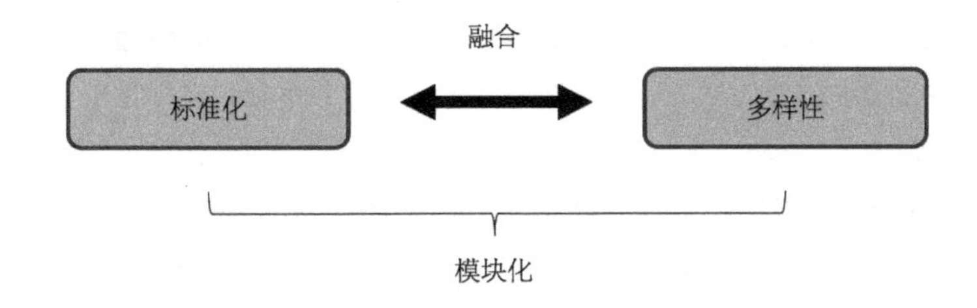

图 3-5　模块化融合标准化与多样化

综上所述，明确住宅套内空间设计与模块化设计之间的紧密关联，是展开理论建构的前提与必要条件。进行住宅套内空间适应性与模块化关系的辨析，对理论建构的具体论据和目标确立起到关键作用。

3.2　理论基础

本书引入模块化设计理论与复杂适应系统理论作为住宅套内空间模块化设计理论的基础。首先借用其他学科较为成熟的模块化设计研究，探究模块化的现象本质、历史流派、基本原理、设计方法以及实践工具；其次引入复杂适应系统理论，阐述其基本概念、规则与机制，并阐明其与模块化设计的理论关联，对标住宅套内空间设计，论证两个理论的适宜性及转化，明晰住宅套内空间模块化设计理论的对象界定、机制判断以及具体操作。

3.2.1　模块化设计理论

模块化设计理论活跃在建筑学以外的多种学科，对其理论源流、定义、判定和目的进行系统性梳理，是住宅套内空间模块化基本属性的转化应用。

1. 模块化理论源流

模块化现象出现在人类认知世界的基本思维中。人类从古到今经历过 3 次信息革命，分别是语言革命、文字革命、印刷革命[1]。语言的出现是人类文明发展的关键环节，其形成机制隐含着模块化现象。以汉语为例，其实质是赋予语音以特定的含义，人们根据自己所要表达的意思将这些特定语音组合成话语。汉语总共有 415 个语音，把它们进行不同组合就能表达极其丰富的内容。

[1] 童时中．模块化原理设计方法及应用 [M]．北京：中国标准出版社，2000.

文字作为视觉信息，模块化现象更为明显。文字是以层层建构的符号形式表达内容，以汉字为例，汉字的笔画是最底层通用元素，往上组合成不同的字，而字作为具有独立意义的符号成为通用模块继续组合成词或句，最后这些词句还能组合成各式各样的文字材料，比如一本书。需要注意的是，书属于作者个人，而其中的“汉字”却是公共通用的。

同样，活字印刷术，作为古代四大发明之一，采用字模的组合来排版，先储存“活字库”，再拣字排版，印刷完后拆版，如此重复使用，如图 3-6 所示。反观此前的雕版印刷，需逐字雕刻，费时、费力又费料。至此，模块化现象愈发清晰，显现出“化整为零和化零为整”的辩证过程。3 次信息革命看似人类文明范式的转变，其实质却都是模块化，它作为人类理解世界和改造世界的基本思维方式存在，影响着我们一切思维活动，包括音乐、科学、经济、制造等。

1948 年，路德维希・冯・贝塔朗菲（Ludwig von Bertalanffy）的《生命问题：对现代生物与科学思想的评价》（*Problems of Life: An Evaluation of Modern Biological and Scientific Thought*）出版标志着系统论的问世，此后基于系统论，诺贝尔经济学奖得主赫伯特・A・西蒙（Herbert A. Simon）在 1962 年首次做了关于模块化概念的报告，他认为模块化是“一种在演化进程中促使复杂系统平衡动态演进的特殊组织结构”。他提出绝大部分实体，比如城市、生物、机器都是由部件组成的层级嵌套系统，而每一个部件还可再

图 3-6　活字库的通用字模
图片来源：
百度知道．活字库的通用字模．[EB/OL].[2025-01-17]. http://zhidao.baidu.com/question/124055079494974059.html.

分[1]。西蒙为模块化概念的发展奠定了初步基础，突出描述了模块分解过程。随后，制造业学者马丁·K·斯塔尔（Martin K. Starr）在1965年提出模块可进行多样组合的原理[2]，但他当时的观点主要用于生产，而非设计。真正将模块化推向设计层面的贡献者是哈佛商业学院的卡丽斯·Y·鲍德温和金·B·克拉克，于1997年和2000年分别出版了《模块时代的经营》和《设计规则：模块化的力量》，标志着现代模块化时代的到来。书中核心内容是提出“设计规则”“黑箱”“操作符”等模块化概念，并且指出模块化在处理复杂系统时所具有的优势和对产业结构调整的重大意义[3]。他们的观点得到经济学家青木昌彦的共鸣，在其2003年出版的著作《模块时代：新产业结构的本质》中对模块化做出了概念界定[4]，青木昌彦认为模块化是新产业结构的本质。此后，模块化理论也受到一些修订式质疑，管理学家亨利·切萨布鲁夫（Henry Chesbrough）表示模块化可能会阻碍创新，需要明确其适用时段与适用范围。他认为模块化属于渐进式创新，需要与突变的一体化创新交替发展，因此模块化并不是终极技术[5]。模块化理论发展如表3-1所示。

[1] SIMON H A. The architecture of complexity[M]. Philadelphia: Proceedings of the American Philosophical Society，1962.

[2] STARR K. The routledge companion to production and operations[M]. London: Routledge，2017.

[3] BALDWIN C Y, CLARK K B. Managing in the age of modularity[J]. Harvard Business Review，2000（2）: 81-93.

[4] 青木昌彦，安藤晴彦．模块时代：新产业结构的本质[M]. 周国荣，译．上海：上海远东出版社，2003.

[5] CHESBROUGH H W. Towards a dynamics of modularity: a cyclical model of technical advance[M]. London: Oxford University Press，2003.

模块化理论发展表 **表3-1**

阶段	古典模块化理论大规模生产背景						现代模块化理论大规模定制背景			
年份	1856	1913	1948	1962	1964	1980	1990	2000	2002	2003
理论	泰勒主义	福特主义	系统论	赫伯特·西蒙	IBM 360电脑	阿尔文·托夫勒	丽贝卡·亨德森与金·B·克拉克	卡丽斯·鲍德温与金·B·克拉克	理查德·朗格卢瓦	青木昌彦
特点	科学分工	批量标准	层次整体	模块分解	模块系统	批量定制	模块创新	设计规则	环境应变	产业结构

鲍德温与克拉克将现代模块化理论之前称为古典模块化，适应工业化时代的大批量生产，他们认为现代模块化适应了大规模定制及信息时代，在制造业及经济管理领域发展趋向成熟。

2. 模块

模块（Module）至今没有统一的定义。在制造业领域，童时中在其著作《模块化原理设计方法及应用》中将模块的内涵定义为：可组合成系统的、具有某种确定功能和界面结构的、典型的通用独立单元[6]。比如机床、汽车底盘、舱体等，该定义强调模块的标准化特征。就计算机领域而言，麦绿波在其著作《标准学：标准的科学理论》中拓展了模块的内涵：模块是在物理量传递系统中，可集装的特定功能基本单元，物理传递系统如信息、电、光、液力、气流等[7]，如CPU、存储体组件、软件等，该定义强调模块的界面连接性。对管理学领域中的模块而言，其内涵变得更具包容性，青木昌彦和安藤晴彦

[6] 童时中．模块化原理设计方法及应用[M]. 北京：中国标准出版社，2000.

[7] 麦绿波．标准化学：标准化科学理论[M]. 北京：科学出版社，2017.

❶ 青木昌彦，安藤晴彦．模块时代：新产业结构的本质[M]．周国荣，译．上海：上海远东出版社，2003.

提出模块是指半自律性的子系统[1]，例如产业结构、工商管理、教育培训等，该定义强调模块的系统性。不同领域的专家对模块的定义都有所指向，如表3-2所示。

模块在不同领域中的定义 **表 3-2**

年份	提出者	定义	领域
1965	马丁·K·斯塔尔	模块是可组合、可独立设计和制造的部件	制造业
1990	丽贝卡·亨德森与金·B·克拉克	模块是具有自身功能属性的产品组成部分	计算机
1994	童时中	模块是具有确定功能和接口的典型的通用单元	制造业
1998	戴夫·乌尔里希	模块是从产品中分解出来的功能及属性相似的物理部件	制造业
2000	卡尔·鲍德温与金·B·克拉克	模块是可多样化组合的标准化独立单元，且具备针对复杂系统的抽象界面	计算机
2003	青木昌彦	模块是通过某种标准界面并按照一定规则和其他同样的子系统构成更复杂系统的半自律子系统	经济学

以上定义揭示了模块的基本特征：

1）独立性

模块的最重要特性是独立性[1]。鲍德温和克拉克称模块为“黑箱”，其独立性的标志是弱耦合、强内聚[2]，能起到很好的简化系统的作用。比如计算机与鼠标只需一个界面就可以操作，不需要了解二者各自内部的原理。弱耦合要求模块从系统中依据联系的薄弱点分解，简化系统的同时使“黑箱”效益最大化。强内聚需要模块具有一定的复杂性，是系统中关联度紧密部分的聚合，减少系统冗余，因此模块一般是指部件级的单元[3]，童时中明确强调了西蒙所指的“基本粒子”不是模块。

❶ 童时中．模块化原理设计方法及应用[M]．北京：中国标准出版社，2000.

❷ BALDWIN C Y, CLARK K B. Managing in the age of modularity[J]. Harvard Business Review, 2000(2): 81-93.

❸ 童时中．现代模块化和模块化时代：模块化的回顾和展望[J]．世界标准化与质量管理，2007（12）: 6-9.

2）组合性

模块可单独存在，也可组合成更大的模块 / 系统，模块在系统中的组合性使其更具价值，比如积木玩具的组合、音乐音符的编排，体现了模块组合的多样性。模块自身也由其他子模块 / 系统组合而成，因此系统中不可分的部分不是模块。

3）功能性

模块的功能性来自对系统的分解。系统效益最大化要求模块按功能划分，同时，模块的功能具有动态特征，随着系统的总目标改变而改变，也随着所处系统层级而不同。比如墙体在建筑中属于结构功能，而对于一个房间而言是界面围合功能。系统中没有功能的部分不是模块。

4）标准化

在多数定义中，模块具有典型性和通用性，二者都是标准化原理，标准化原理还包括了简化、统一、系列、协调和最优化。因此模块有别于一般部分的特征在于其标准化属性，先运用标准化的简化及统一原理提取出典型性模块，具备广泛通用性基础，再由通用界面实现模块互换性。模块的标准化本质上是为了批量化降低成本，系统中非典型和非通用的部分不是模块。

5）连接性

由表3-2可知，界面的概念在制造业对模块的定义中多次被提到，指的是模块的“接口”，起到传递和连接的作用。接口对模块的独立性以及模块化组合的协调起着关键作用[1]。在经济管理等领域，连接性表现为“设计规则”，与界面一样，都体现了模块的系统组成属性，独立的模块间需通过规则联系成系统。不受统一规则支配的部分不是模块。

6）层次性

层次性是模块的基本特性，也是系统的普遍特性[2]。模块化系统可分解成若干层级的模块，下层是上层模块的组成部分，如图3-7所示。

[1] 李春田．现代标准化前言：模块化研究[M]. 北京：中国标准出版社，2008.

[2] 童时中．模块化原理设计方法及应用[M]. 北京：中国标准出版社，2000.

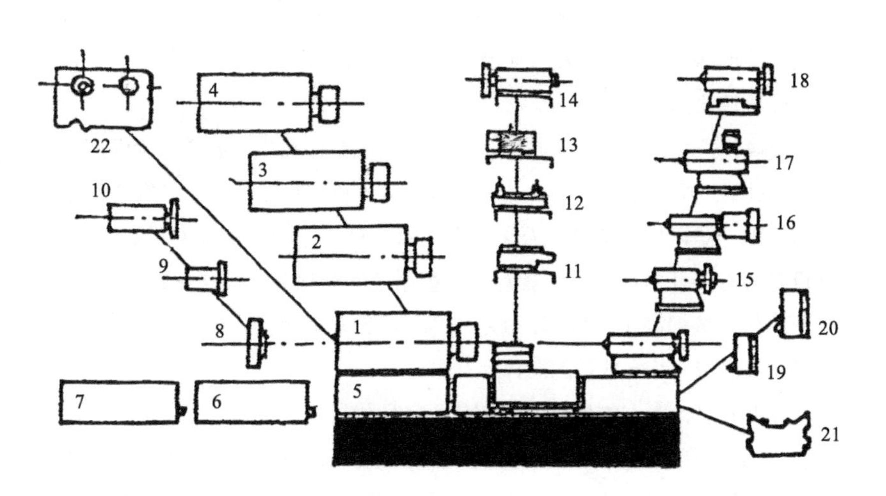

图3-7　模块化车床
图片来源：童时中．模块化原理设计方法及应用[M]. 北京：中国标准出版社，2000.

3. 模块化

模块化的概念在各个领域略有不同，如表3-3所示。鲍德温与克拉克从计算机领域中将其定义为：模块化是将相对小的、可以独立进行功能设计的系统构建成一个复杂产品或流程[3]。青木昌彦从产业结构领域提出：模块化是指一个半自律的子系统，通过和其他子系统按照一定的规则相互联系而构成的更为复杂的系统或过程[4]。童时中从制造业视角对模块化做出如下定义：从系统观点出发，采用分解和组合方法，建立模块体系和运用模块组合成（产品）系统的全过程[5]。

4. 模块化的判定

模块化是标准化发展史中的高级形式，经历了从简化、统一化到通用化、系列化及组合化，最后发展出模块化。模块化与其他标准化形式最大的不同在于模块二字，“模”表示为法式、规范、标准，“块”是成团儿的东西，因此“模块”是指“标准单元”。有别于组合化，组合化组合的对象并非标准单元，

[3] BALDWIN C Y, CLARK K B.Managing in the age of modularity[J]. Harvard Business Review, 2000(2): 81-93.

[4] 青木昌彦，安藤晴彦．模块时代：新产业结构的本质[M]. 周国荣，译．上海：上海远东出版社，2003.

[5] 童时中．模块化原理设计方法及应用[M]. 北京：中国标准出版社，2000.

模块化在不同领域中的定义　　表 3-3

年份	提出者	定义	领域
1962	赫伯特·A·西蒙	模块化是根据系统论对复杂对象自上而下层层分解出模块的过程	管理学
1965	马丁·K·斯塔尔	模块化强调对模块的设计与生产，突出其多样化组合特性	制造业
1996	童时中	模块化是从系统视角出发，运用分解与组合的方式构建出能取得最大效益的模块化体系 / 产品	制造业
1997	卡丽斯·Y·鲍德温与金·B·克拉克	模块化是将系统进行分解和组合的动态过程	计算机
2000	马歇尔·A·席林（Marshall A. Schilling）	模块化是描述系统组成部分的耦合度，以及规范各部分之间匹配度的系统架构	制造业
2003	青木昌彦	模块化是指若干半自律的子系统依照规则构成系统的全过程	经济学

同时，从“化”的角度，组合化是个体组合成整体的单向过程，而模块化则是整体与个体之间相互分解与组合的双向过程。因此，并非任何具有组合结构的事物都称为模块化，模块化有其度量标准和特征。

5. 模块化的目的

模块化是标准化的高级形式，其基本目的是提高生产效率、确保产品质量[1]。对于一个复杂产品来说，其设计参数不仅数量众多而且参数之间形成错综复杂、难以厘清的“相互依赖”关系，称为“相互依赖型系统”。模块化设计的首要任务就是将“相互依赖型系统”转化为“模块化系统”。目的在于简化系统提高工作效率；规范结构提高市场竞争力；专业生产提高产品质量，最终带来综合效益的总体提升。

[1] 童时中. 模块化原理设计方法及应用 [M]. 北京：中国标准出版社，2000.

综上所述，本书的模块化研究建立在现代模块化设计理论基础上，后者是前者的本源理论，对模块化的基本原理做清晰的分析，目的在于阐明住宅套内空间模块化设计的基本内涵与外延，明确模块化设计的适用范围、目的和宗旨。

3.2.2 模块化设计方法

模块化设计方法是在模块化设计理论指导下具体的操作方法，《设计规则：模块化的力量》中指出模块化设计包括模块分解和模块组合两个核心部分。简言之，模块化设计方法就是模块如何分解、如何组合的具体策略。模块分解的核心是模块化层级的建构，借鉴复杂产品系统的“功能—行为—结构”层级模型，指导住宅套内空间系统的层级建构；模块组合的核心是模块化平台策略，提升住宅套内空间系统的适应性。

1. 模块分解

李春田在其著作《现代标准化前沿：模块化研究》中具体阐述了模块分解的设计方法：是将一个复杂系统或过程按照一定的联系规则，分解为可进行独立设计的半自律性的子系统的行为。模块分解首先是通过市场调查获得系统的总体需求，然后根据需求进行功能分析获得系统使用功能，最后将系统分解为若干功能单元，确定相应的功能模块。

模块分解的颗粒度（精细度）十分讲究，模块分解如果太大，则子系统本身依然复杂，未起到简化系统的作用；模块分解如果太小，就会导致模块的功能意义消失，模块间关系不得不被加强，从而失去模块的独立性。

模块化系统的各层级颗粒度及属性都有所不同，可归纳为以下层次（自下而上）：元件级设计（component level design）、组件级设计（assembly level design）、部件级设计（module level design）、系统级设计（system level design）[1]。4个层级模块的通用性由下而上逐渐降低、灵活性逐渐增加、界面逐渐减少、连接难度逐渐降低。据此，模块的大小以及所属层级必须以模块的功能属性、复杂程度、管理便利、经济适用为标准。

[1] 童时中．模块化原理设计方法及应用[M]．北京：中国标准出版社，2000.

2. 功能—行为—结构模型（F-B-S）

上文阐述了模块分解及层级建构的类型。各层级的基本属性及其之间的映射关系需要进一步分析与研究。本书引入工业设计领域较为成熟的复杂产品系统的层级模型：将产品的市场需求转化为产品的功能要求，再转化成实现该功能的产品结构[2]。其最经典的模型是功能—行为—结构模型。

[2] 滕晓艳．复杂产品系统的模块划分方法研究[D]．哈尔滨：哈尔滨工程大学，2011.

功能—行为—结构（Function-Behavior-Structure，F-B-S）模型，其核心是寻求实现功能所对应的结构形式。这一模型来源于机器产品功能分析，源自机械运行的传递和变换特性，由功能构思若干工艺的执行动作，再寻求执行动作相应的执行设施。因此这个模型十分符合设计师的思维习惯，针对住宅套内空间功能分析层面，还需要对F-B-S模型进行深入分析与转化。

复杂产品系统模块分解的重点在于模块分解层级模型的建立，首先明确其中的功能、行为、结构的内容，然后再明确它们之间的映射关系。

1）功能。功能没有统一的定义，一般可将功能定义为系统的物理结构之间或与环境之间的相互作用所表现出相应的行为。

据此，产品的物理结构提供具体部品的行为实现，行为则是产品实现功能的具体活动，功能则是复杂产品系统的抽象表达。

功能分解是指对复杂产品功能的分析与解耦，分解思维用来有效降低设计问题的复杂性。如图3-8所示，功能分解是一个树状结构的关系。

2）行为。复杂产品系统的功能由具体行为表现出来，行为是描述某一功能的具体实现途径。例如：书桌的功能是用来学习，学习是抽象的，由具体的一系列人的学习行为来体现，这些行为包括坐、阅读、书写等。因此，行为在模块分解中具有重要作用，是构建抽象功能与物理结构之间的桥梁。

3）结构。对于复杂产品系统而言，其结构是指实体性部品部件，是行为及功能的物理性载体。在上述例子中结构指的是书桌本身，结构具有可具体描述的几何尺寸及拓扑关系。基本的结构单元产生基本的行为单元，也就形成了基本的功能单元，由于结构可以进行数学描述，使功能单元可由点、线、

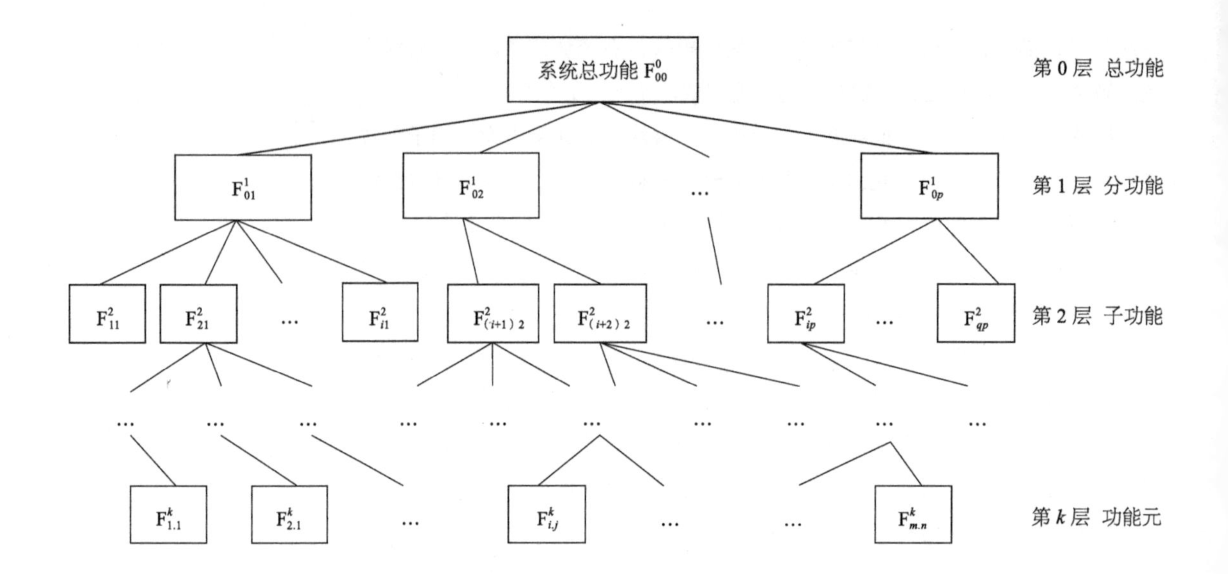

图 3-8 复杂产品系统功能分解层级

面构成，就产生几何简图，为复杂产品系统功能的定量分析和可视化提供了方法。

3. 模块组合

《现代标准化前沿：模块化研究》中具体阐述了模块组合的设计方法。模块组合包括模块创建和模块组合两大过程——模块创建是设计一系列服务于产品基型和变型设计的模块，模块组合是运用创建的模块组合成不同产品。其中模块组合的目标是，用产品系列型谱中较少的模块类型形成尽量多的不同功能和性能的产品，模块化产品随着市场的变化具有应变能力。

4. 模块化平台策略

模块组合设计方法对产品的具体应用需要依托一个转化工具——模块化平台。由每一个独特的市场或客户主导，运用变型、派生等方式研制出不同类型的产品，这种产品开发策略就是模块化平台策略[1]。

模块化平台是能形成“通用结构”的产品子系统与界面。模块化平台的产品族的创建来源于“通用模块”的横向系列开发以及“通用模块＋专用模块”的纵向系列开发。1）横向系列产品可视为一组功能、结构相同，而尺寸、性能参数不同的产品；2）纵向系列产品是基于横向系列增减专用模块的产品。

约瑟夫·派恩（Joseph Pine）提出了以下 6 种运作模式[2]，如图 3-9 所示。1）共享模块化，其特点是同一模块适用于多个产品；2）互换模块化，将不同的模块与相同的基本产品进行组合；3）定制模块化，是指模块在一定限制中变化几何尺寸；4）混合模块化，将不同模块在不需要通用界面的情况下混合在一起形成不同的产品；5）总线模块化，总线是指一个“通用结构”，因插入该结构的模块的类型、数量和位置等方面不同而产生不同的产品。需要明确的是，总线模块化与互换构件模块化的区别在于，总线模块化的总线本身不是基型产品，而是一种基型模块，具有多个标准化界面；6）组合模块化，在模块具有通用界面的情况下，允许任何数量的不同模块按任何方式进行配置。

[1] 李春田．现代标准化前言：模块化研究 [M]. 北京：中国标准出版社，2008.

[2] 约瑟夫·派恩．大规模定制：企业竞争的新前沿 [M]. 操云甫，译．北京：中国人民大学出版社，2000.

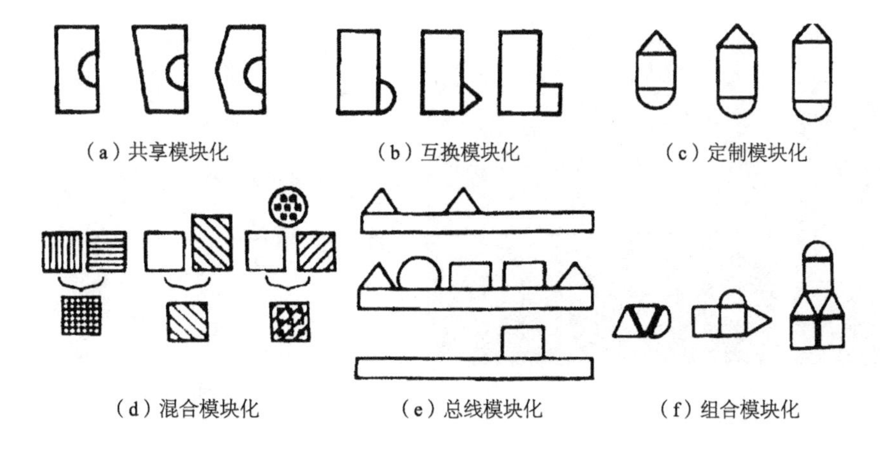

图 3-9 模块化组合的 6 种运作方式
图片来源：
李春田．现代标准化前沿：模块化研究[M]. 北京：中国标准出版社，2008.

综上所述，模块化设计方法包括模块分解与模块组合，层级模型与平台策略分别为模块分解与组合提供核心策略。

3.2.3 复杂适应系统理论

现代模块化设计理论的奠基人鲍德温和克拉克在著作《设计规则：模块化的力量》中明确表示现代模块化理论的基础是复杂适应系统理论（Complex Adaptive System，CAS）。书中进一步表明构建有关某个现象的理论首先要列出理论的主体对象构成的结构，然后描述这些结构存在的环境，最后描述出这些结构的一系列变化，理论的任务就是要解释变化的发生原因与机制。复杂适应系统理论遵循基本的“结构—环境—变化”的模式。

1. 结构—自组织

复杂适应系统理论是复杂性科学的一个重要理论分支，是研究生命及其他组织对环境不断适应而产生复杂性机制的理论，由约翰·H·霍兰（John H. Holland）提出。他的代表作是《隐秩序》（*Hidden Order*），其中论述了复杂适应系统的缘起和基本结构[1]。他认为复杂适应系统随处可见，从金融市场到生态系统、从免疫系统到大脑神经元、从现代城市到人类文明，这些看似复杂而混乱的系统由大量对彼此行为做出行动和响应的“主体”（agents）构成，其整体组织模式产生于有序的相互作用中。在动态的世界里，复杂适应系统中有序的结构是通过主体“自组织”产生的。比如细胞自组织形成不同功能的身体器官、蚂蚁自组织形成蚁群，以及人的自组织形成社交网络等，如图 3-10 所示，这些整体是在有序和混乱之间的动态自组织中产生的。

[1] HOLLAND J H. Hidden order: how adaptation builds complexity[M]. New York: Basic Books, 1996.

复杂适应系统理论认为系统演化的内因是其内部结构，聚焦在系统内主体的自组织模式，其研究思路是采取自下而上的方式揭示复杂现象的构成原理。

2. 环境—适应性

《隐秩序》的序言部分开宗明义提出复杂适应系统理论的核心思想：“适应性造就复杂性”[1]。因此，复杂适应系统的主体与其产生背景和环境密切相关，其自组织模式产生的根本原因是对环境的适应性，以及由此产生的系

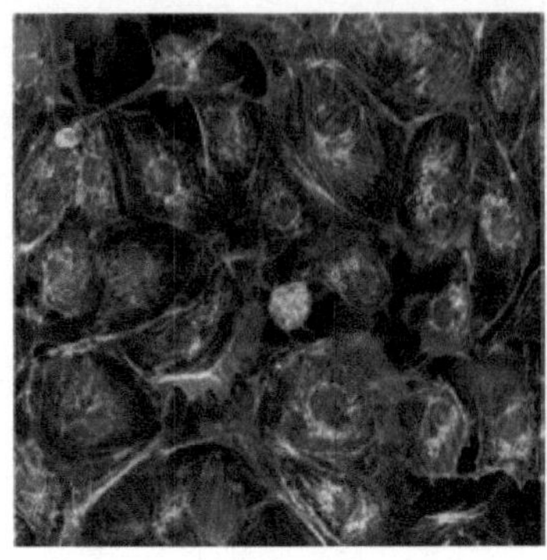
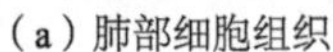
（a）肺部细胞组织

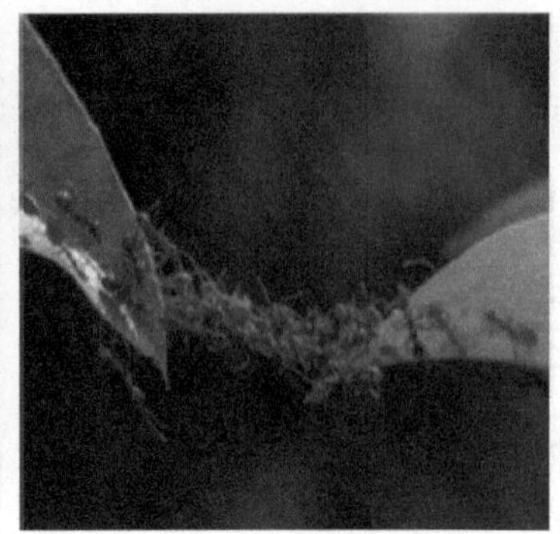
（b）蚁群桥

（c）社交网络关系

图 3-10 自下而上的主体自组织现象

图片来源：

（a）SCIENCEPHOTOLIBRARY 官网．自下而上的主体组织现象，肺部细胞组织 [EB/OL].[2025-01-17].http://www.sciencephoto.com/media/414839/view/lung-cells-fluorescent-micrograph.

（b）SHUTTERSTOCK 官网．自下而上的主体组织现象，蚁群桥 [EB/OL].[2025-01-17].http://www.shutterstock.com/zh/image-photo.

（c）EUROSCIENTEST 官网．自下而上的主体组织现象，社交网络组织 [EB/OL].[2025-01-17].http://www.euroscientist.com.

[1] 约翰·H·霍兰．隐秩序：适应性造就复杂性 [M]. 周晓牧，韩晖，译．上海：上海科技教育出版社，2018.

统内部的自适应。

适应，是主体根据学习的经验改变自身的结构和行为方式以适应环境的过程。根据复杂适应系统理论，主体的行为是由一组“刺激—响应”规则决定，例如人体的中枢神经系统中的神经元收到刺激后，经过信息处理后会做出回应[1]。因此，复杂适应系统可以看成是由用规则描述的、相互作用的主体组成的系统。

3. 变化—7 个基本点

理解了复杂适应系统的适应性原理和基本规则后，需要进一步理解复杂适应系统自组织产生的机制和特点，以此建立复杂适应系统的基本模型，可预测其变化的发展趋势。复杂适应系统理论的基本内容[1]如表 3-4 所示：

1）两个基本概念：主体和适应性；

2）一组规则：刺激响应规则；

复杂适应系统理论的基本内容　　表 3-4

要素	名称	概念
规则	刺激响应	若刺激发生，则做出响应
基本概念	主体	指复杂适应系统中的主动性构成要素
	适应性	指主体具有学习、调整的能力
特性	聚集	主体聚集成介主体，介主体再聚集，这个持续聚集的过程，形成层级组织
	非线性	指主体本身及主体间发生变化并非遵从简单的线性关系，而是主动的适应关系
	流	指主体之间复杂网络节点的物质、能量、信息的传递
	多样性	系统一直处于一种动态模式，每一次主体之间新的适应都开辟出新的相互作用
内在机制	标识	是聚集和层级边界生成过程中的普遍机制，是在系统中具有共性的层级结构的内在机制
	内部模型	是指通过主体的内部结构能推断出该主体的环境的内在模式。当适应性主体接收到涌入的刺激时，就会选择相应的模式去响应这些刺激
	积木	是指系统中的一些相对简单的主体，通过改变它们的组合方式而形成复杂适应性的能力。因此，复杂性往往不在于主体的大小和多少，而在于主体的重组

3）4 个特性：聚集（aggregation）、非线性（nonlinearity）、流（flow）、多样性（diversity）；

4）3 个内在机制：标识（tagging）机制、内部模型（internal model）机制、积木（building blocks）机制。

综上所述，复杂适应系统理论面向多主体协同系统，是契合住宅套内空间适应性设计的关键理论体系。引入复杂适应系统理论，旨在为建筑学科内部的模块化设计问题提供理论基础，明确住宅套内空间系统的复杂适应问题，并提炼出有力的理论内容及框架，提升建筑模块化问题的理论内涵及理论架构的清晰度。

3.3　理论模型

住宅套内空间模块化设计理论框架应建立在复杂适应模块化系统的基础上，结合两个理论的基本点构建清晰的理论框架，提取针对性的核心原理和结构，整合出完整的住宅套内空间模块化设计理论体系。

3.3.1　与复杂适应系统的理论关联

根据前文论述，住宅套内空间的适应性是重要议题，空间已不再是“静止”的状态，而是“活动”的适应性组织。复杂适应系统理论与住宅套内空间模块化理论具有直接的理论关联。

鲍德温和克拉克将现代模块化设计理论纳入复杂适应系统理论，他们认为二者的核心原理一致[1]。《隐秩序》中提出复杂适应系统理论的内在机制“标识、内部模型、积木”的作用在于加强“层级”的概念，将系统视为以“内部模型”为“积木”，通过“标识”聚集的层级化动态结构，即把某层级的内容封装成整体的形式参与更高层级的相互作用，这正是现代模块化理论中“黑箱”的概念。显然，将复杂适应系统引入后的住宅套内空间模块化设计的理论内容更为清晰。

[1] BALDWIN C Y, CLARK K B.Managing in the age of modularity[J]. Harvard Business Review, 2000(2): 81-93.

1. 基本概念

显而易见，住宅套内空间模块化系统的基本概念——适应性主体，是空间模块，空间模块是基本组成单元，是具有层级结构的自组织、自适应的空间子系统。

2. 基本规则

住宅套内空间模块化系统的基本规则——刺激响应规则，相当于模块化的设计规则[1]，是指导住宅套内空间模块分解与组合的内部法则。如图 3-11 所示。

3. 基本机制

住宅套内空间模块化系统的基本机制包括：1）标识机制，霍兰认为标识是为了适应性主体聚集和边界生成的一种机制，是隐含在复杂适应系统中具有共性的层次组织结构背后的机制。对于空间模块而言，标识表示模块层

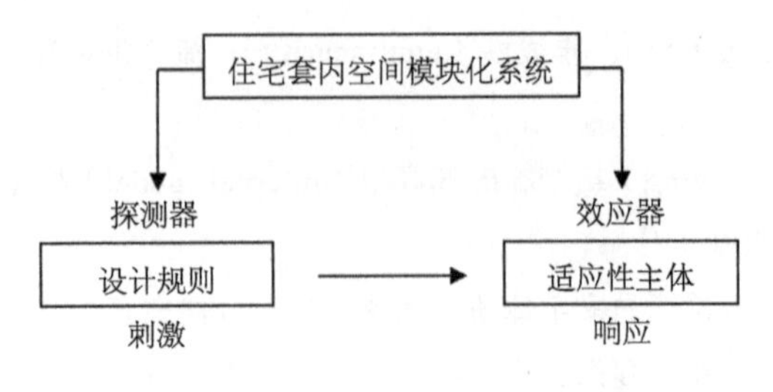

图 3-11 模块化刺激响应规则

级的属性，换言之，标识是各层级模块的基本标准和共识。2）内部模型机制，是指导主体预知环境刺激而做出回应的内部结构，住宅套内空间模块的内部模型是通过刺激响应规则实现模块建构的运行逻辑，即各层级模块构建的模式。3）积木机制，这一机制与模块化本质最为接近，即复杂适应系统由简单主体的重新组合形成，体现了复杂适应系统的模块化系统特征，有限的模块形成无限的组合，如图 3-12 所示。积木机制突显了住宅套内空间模块化系统的“分解与组合”过程和价值。

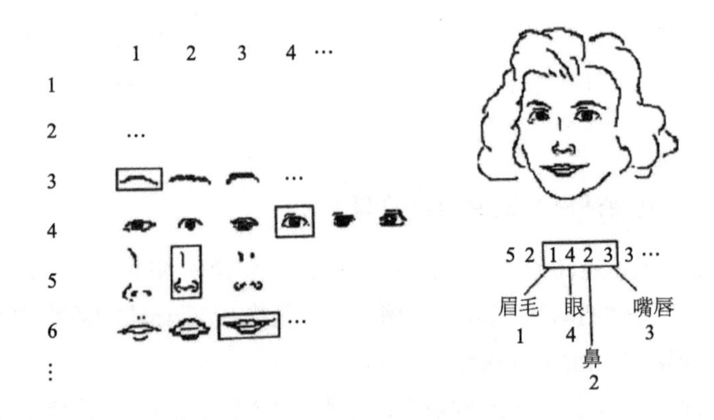

图 3-12 五官组成的多样化人脸
图片来源：
HOLLAND J H. Hidden order: how adaptation builds complexity[M]. New York: Basic Books, 1996.

除基本机制外，复杂适应系统的 4 个特性：聚集、非线性、流、多样性，丰富了住宅套内空间模块化系统的内涵，如表 3-5 所示。

综上所述，确立复杂适应系统理论与住宅套内空间模块化设计的关联性，是建立住宅套内空间模块化设计理论模型的前提。

住宅套内空间复杂适应模块化系统的基本内容 **表 3-5**

要素	名称	概念
规则	刺激响应	If（若）设计规则发生，Then（则）空间模块做出响应
基本概念	主体	指套内空间模块
	适应性	指套内空间模块对居住需求具有适应性
特性	聚集	指套内空间模块的聚合行为
	非线性	指套内空间模块组合的多目标优化
	流	指套内空间模块的动态关联
	多样性	指套内空间模块及其组合的多样性
内在机制	标识	指套内空间模块分解层级的属性
	内部模型	指套内空间模块的内部结构
	积木	指套内空间模块信息

3.3.2 复杂适应模块化系统基本架构

通过对复杂适应系统理论的基本点阐释，住宅套内空间模块化设计理论内容得以明确，秉承前者的基本概念和规则，形成住宅套内空间模块化设计方法框架，由此建立住宅套内空间的复杂适应模块化系统理论模型。

1. 适应性主体与刺激响应规则

住宅套内空间复杂适应模块化系统由“适应性主体”在“刺激响应规则”的作用下形成。根据现代模块化设计理论的核心公式：模块化系统 = 通用模块 + 设计规则[1]，不难得出公式：住宅套内空间复杂适应模块化系统 = 适应性主体 + 刺激响应规则。其中，适应性主体的建构仰赖于3个基本机制：标识、内部模型、积木。

[1] BALDWIN C Y, CLARK K B.Managing in the age of modularity[J]. Harvard Business Review, 2000(2): 81-93.

2. 标识机制—内部模型机制—积木机制

1）标识机制，其目的在于界定模块化分解层级的属性和映射关系。基于复杂模块化产品的功能—行为—结构层级模型（F-B-S），自下而上建立“结构”属性模块层级、“行为”属性模块层级、“功能”属性模块层级。各层级的映射关系与刺激响应规则相对应，即：结构模块层级在设计规则刺激下产生行为模块层级，以此类推，行为模块层级在设计规则刺激下产生功能模块层级，功能模块层级在设计规则刺激下产生产品模块层级，呈现出层层递进的映射关系，如图3-13所示。

2）内部模型机制，其目的在于形成模块的内部结构，内部结构包括模块形成的属性与规律，属性取决于标识机制建立的层级属性，而规律源自该层级收到的设计规则的刺激下做出的响应方式。首先由此产生“结构”属性的部品部件模块层级；然后在相应的设计规则刺激下发展出“行为”属性的行为单元模块层级；接着在相应的设计规则刺激下产生出“功能”属性的功能空间模块层级；最后在相应的设计规则刺激下产生出“产品”属性的住宅套型模块层级。由此可见，内部模型机制将模块的内部结构封装起来，作为整体参与形成另一层级模块的内部结构，形成层层涌现的动态系统。

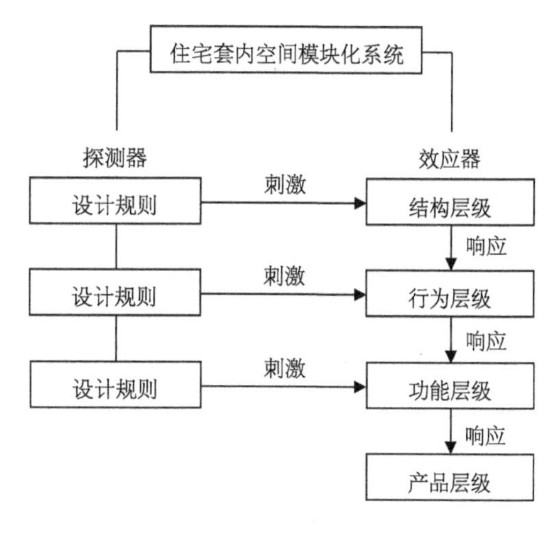

图3-13 标识机制建立模块化层级映射关系

3）积木机制，其目的在于描述模块的多样化组合作用。类似“搭积木”原理，首先描述模块分解出的各层级独立模块的信息，分别针对部品部件模块层级、行为单元模块层级、功能空间模块层级，形成元件级模块、组件级模块、部件级模块；然后描述独立模块通过组合产生多样化的系统级模块。

综上所述，构建面向住宅套内空间设计的基本概念、基本规则以及基本机制，并系统性建构出各理论基本点之间的内在作用方式，形成基于设计规则的以内部模型为积木，通过标识进行聚集并层层涌现出来的动态系统，如表3-6所示。此理论模型的完整构建为住宅套内空间

住宅套内空间复杂适应模块化系统模型 **表 3-6**

<table>
<tr><th>理论模型</th><th colspan="2">基本点</th><th colspan="4">基本内容</th></tr>
<tr><td rowspan="4">住宅套内空间复杂适应性模块化系统</td><td colspan="2">刺激响应规则</td><td colspan="4">设计规则</td></tr>
<tr><td rowspan="3">适应性主体</td><td>标识机制</td><td>结构层级</td><td>行为层级</td><td>功能层级</td><td>产品层级</td></tr>
<tr><td>内部模型</td><td>部品部件</td><td>行为单元</td><td>功能空间</td><td>住宅套型</td></tr>
<tr><td>积木机制</td><td>元件级模块</td><td>组件级模块</td><td>部件级模块</td><td>系统级模块</td></tr>
</table>

模块化设计方法提供基本框架和技术路线。

3.4 方法框架

3.4.1 住宅套内空间模块化的设计规则

基于住宅套内空间复杂适应模块化系统理论模型，模块分解与组合都需要具备清晰的刺激响应规则。设计规则就是根据刺激响应原理，对应各标识机制界定的模块化层级属性，以形成各层级之间的刺激响应关系为宗旨。据此，针对各层级属性的设计规则分别为：一是针对“结构”属性层级的部品部件模块，以“标准化原则”为设计规则，促使部品部件模块形成标准化模块，建构上一层级的“行为”属性模块；二是针对“行为”属性层级的行为单元模块，以“居住行为内在关联”为设计规则，刺激行为单元模块响应，得到独立的功能模块，构建上一层级的“功能”属性模块；三是针对“功能”属性层级的功能空间模块，以“多元化居住需求”为设计规则，激发功能空间模块组合成多样化住宅套型模块，构建出上一层级的“产品”属性模块。住宅套内空间模块化设计规则是指导模块化系统层级建构的关键因素，与各层级属性的关系如图 3-14 所示。

1. 标准化原则

标准化原则是模块化设计的重要标准化内涵，旨在简化和统一化尺度，以减少模块的种类，达到设计与建造的高效。首先，住宅套内空间需要依据模数协调来解决空间尺度的标准化问题，模数协调是提高模块互换性与通用性的有效技术；其次，居住空间的尺度需要以人体工程学为基本衡量标准，也是界定空间的最小/基本尺度的有效依据。

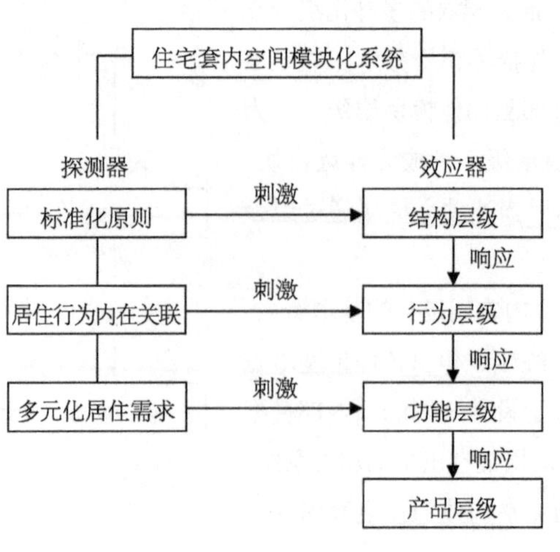

图 3-14 模块化“刺激—响应”原理设计规则

2. 居住行为内在关联

居住空间内在关联的根本依据是人的使用行为内在关联。因此，不可避免需从研究住户的居住行为模式出发，建立设计规则。主要包括行为的类属、行为的属性，以及行为的时空关联3方面内容。通过对居住行为模型的研究和转化，可以形成住宅套内空间内在关联机制。

3. 多元化居住需求

多元化居住需求是住宅套内空间设计的基本要求，是决定其模块的选择与组织方式的设计规则。居住需求的多元化针对家庭人口结构、家庭生命周期、家庭生活方式3方面，模块组合需满足不同居住需求，从而提升住宅套内空间适应性。

综上所述，住宅套内空间模块化的设计规则为模块化系统的建立提供基本刺激响应原理，依次从标识机制建立的“结构—行为—功能”层级出发，确立标准化原则、居住行为内在关联和多元化居住需求为相应的设计规则。

3.4.2 住宅套内空间模块分解层级建构

住宅套内空间模块层级的建构需要明确层级属性，依赖于标识机制，旨在确定各层级模块的建构边界与遵循的设计规则；各层级模块的构建依赖于内部模型机制，将其封装为独立模块，即积木，参与下一层级模块化建构。本书建构4级模块分解层级，即元件级、组件级、部件级、系统级。模块分解指的前3个层级挖掘模块的过程，模块组合则是探寻适应性系统的过程。

1. 元件级模块

元件级模块是住宅套内空间模块分解的最低层级，根据“结构”层级标识，以部品部件为模块内部模型。

2. 组件级模块

组件级模块由元件级模块通过刺激响应原理产生，标准化原则包括模数协调与人体工程学。1）模数协调对各类别模块的尺度进行模数化统一，确保组件级模块的精准度与标准化，从而形成以家用部品空间模数化尺度为标准的组件级空间模块；2）人体工程学则构建人体行为活动空间标准化尺度，即元件级模块+人体活动空间=组件级模块，产生以行为单元为内部模型的组件级模块。

3. 部件级模块

部件级模块是组件级模块上一层级模块，以居住行为内在关联为设计规则，由行为关联度为组件级模块的刺激条件形成。居住行为内在关联包含行为分类、属性与时空轨迹，转化为组件级模块之间的聚合关联指标，作为高重复率的共性行为（common behavior）规则，形成高内聚、低耦合的功能模块，即以功能空间为内部模型的部件级模块。

综上所述，住宅套内空间模块分解基于基本机制建构出元件级、组件级、部件级模块层级，各层级咬合紧密，层层递进。

3.4.3 住宅套内空间模块组合优化模型

1. 系统级模块

系统级模块是模块化系统的最高层级，由部件级模块以多元化居住需求为设计规则，进行多目标组合优化，产生最终的适应性住宅套型模块。部件级模块是系统级模块的组成部分，系统级模块对部件级模块进行验证，形成模块分解与模块组合的循环设计。

2. 模块组合的多元化建构

模块组合是提升住宅套内模块化系统适应性的关键环节。模块组合的原理来自积木机制，即利用有限的空间模块针对住户对套内空间设计的多元化需求进行重组，提高居住空间适应性。住户多元化需求包括家庭结构、生命周期、生活模式 3 方面，遵循刺激响应规则，建立住户多元需求多目标协同的住宅套内空间模块组合优化模型，如图 3-15 所示。

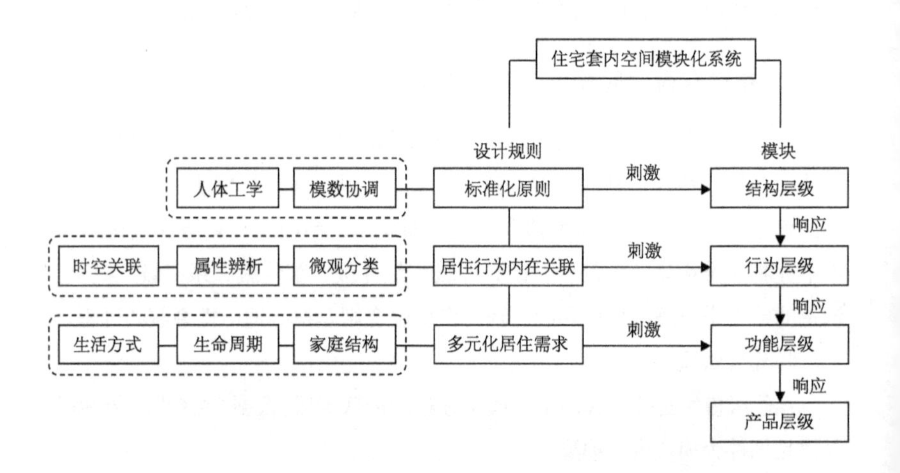

图 3-15 住宅套内空间模块化系统模型

综上所述，住宅套内空间模块组合以住户多元化居住需求为设计规则，进行套型内通用模块的筛选、增减和替换，构建模块组合优化模型，实现住宅套内空间的多样适应的综合效益。

3.5 本章小结

本章为方法论章节，对住宅套内空间模块化设计理论建构的研究起到承上启下的作用，上承理论的历史定位及使命；下启后 3 章的住宅套内空间模块设计方法。

首先根据对住宅套内空间适应性存在的局限论证模块化是成就适应性的必经之路；然后引入模块化设计理论与复杂适应系统理论作为本书理论建构的基础，在阐述理论思想、基本内容的基础上，建立与住宅套内空间模块化的理论关联，论证其适用性；接着根据复杂适应系统理论的基本概念、基本规则和基本机制，建构住宅套内空间复杂适应模块化系统理论模型，阐述该模型的基本架构和运行机制；最后提出住宅套内空间模块化设计方法，通过设计规则以层层递进的方式建立模块分解与模块组合的基本框架，如图 3-16 所示。

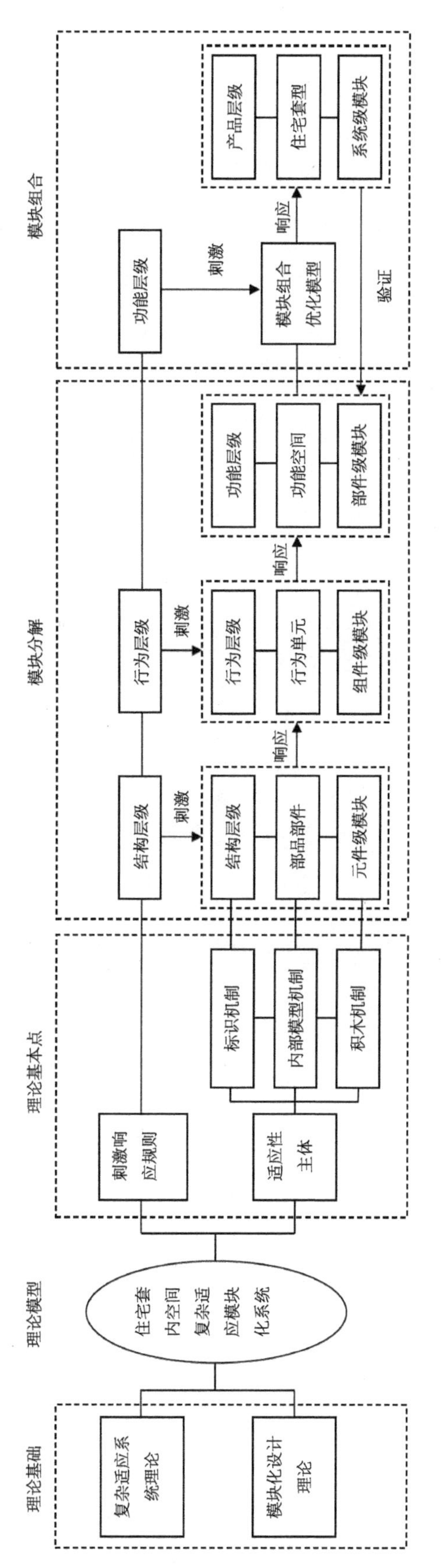

图 3-16　住宅套内空间模块化设计理论建构

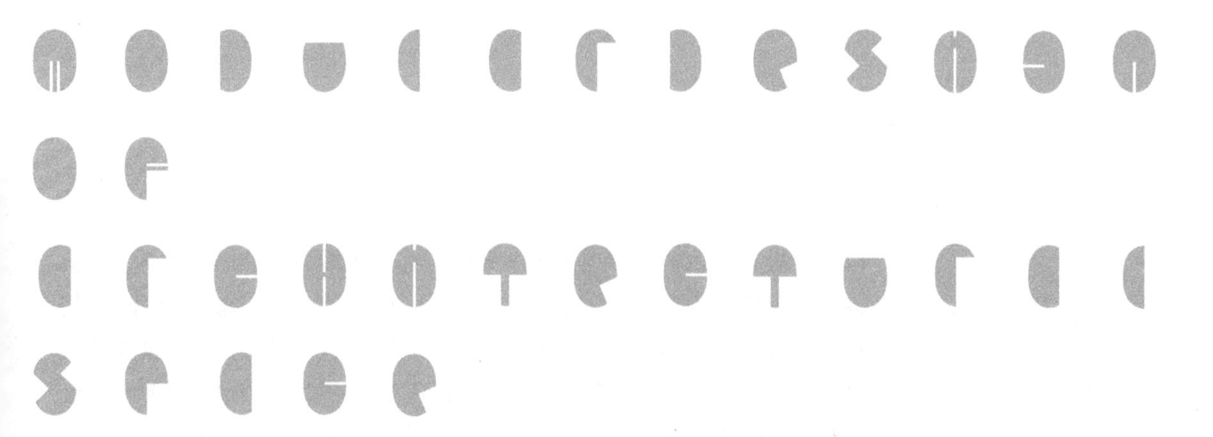

第4章

住宅套内空间模块化的设计规则

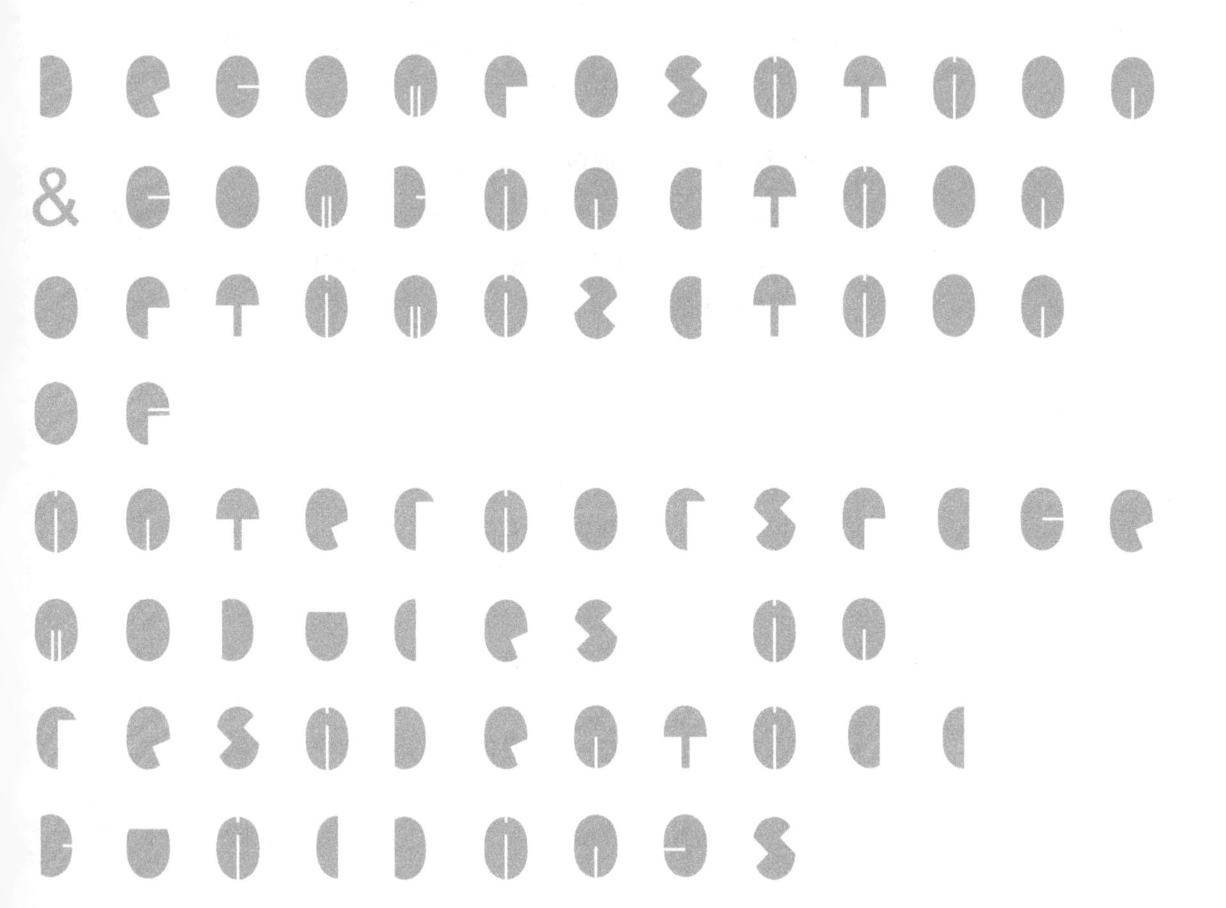

现代住宅及其套内空间规划愈发向多元化、复杂化的方向发展，建构住宅套内空间复杂适应模块化系统是应对这种趋势的必由之路。基于第3章的理论建构，本章的重点在于设计规则的建立，厘清和提炼与住宅套内空间模块化层级建构对应的设计规则：一是标准化原则。包含基于模数协调的通用化策略以及基于人体工程学的标准尺度。以标准化原则作为空间模块的输入条件输出标准化的结果，实现模块的通用性；二是居住行为内在关联。包含居住行为的微观形态、居住行为的属性分析与量度、居住行为的时空规律。从居住行为的视角展开套内空间关联性研究，将居住行为内在关联转化为空间关联指标，作为空间模块的刺激条件输出高内聚、低耦合的模块；三是多元化居住需求。包含家庭人口结构、家庭生命周期以及家庭生活方式。多元化居住需求是将各类型家庭需求转化为模块组合的输入参数，再输出不同的解。本章对设计规则的界定，是住宅套内空间模块化设计的第一步，是后续的模块分解与组合的先决条件。

4.1 标准化原则

住宅套内空间模块化设计需要标准化原则作为模块尺度精细化的依据，包含模数协调与人体工程学。首先模块化系统的多样性体现在模块的互换性与通用性，其技术原理是模数协调；其次模块化系统的通用性也反映在模块尺度的集约化，运用人体工程学作为居住空间尺度的标准，有利于提升人居舒适度与经济性，建构科学的模块尺度。

4.1.1 基于模数协调的通用化策略

柯布西耶曾说："建筑模数赋予我们衡量与统一，控制线使我们能进行构图"[1]。模块的尺寸互相匹配的关键在于模数化系统的构建。

1. 模数协调的概况

模数是标准尺度的计量单位。模数自古希腊起就应用于建筑设计及建造中，不仅给建筑标准化和工业化带来经济意义与社会价值，而且提升了建筑形式的可操作性。直到1970年国际标准化组织将建筑模数制定国际化标准，至此模数成为衡量建筑质量的标准之一[2]。现代建筑模数具有清晰的发展脉络，经历了数列、扩大模数、模数协调等几个阶段[3]。模数协调指的是一组有规律的数列之间相互配合的方法[4]。新型工业化建筑的模数协调通过建立体系，实现结构、空间、部件、构件4大体系之间模数的协调。

当前我国已经实施了部分住宅模数协调标准，如表4-1所示，但仍然存在模数化应用不足的问题：1）各地在工业化建筑体系的选择上各有差异，市面上部品部件尺寸的不统一使得总体上的制造效率不足，导致成本高，制约产品系列化发展；2）模数协调依然用于较为宏观的建筑平面及墙体结构等尺寸定位，未落实到更为精细的部品、设备、材料层面；3）我国国家标准提供

[1] 勒·柯布西耶．走向新建筑[M]．吴景祥，译．北京：中国建筑工业出版社，1983.

[2] 罗丁豪．精装住宅空间与柜类家具的协调模数研究[D]．长沙：中南林业科技大学，2020.

[3] 开彦．开彦观点[M]．北京：中国建筑工业出版社，2011.

[4] 李晓明，赵丰东，李禄荣，等．模数协调与工业化住宅建筑[J]．住宅产业，2009（12）：83-85.

国家标准现有部品标准　　表 4-1

部品类型	国家标准	标准编号
门窗部品	建筑门窗洞口尺寸系列	GB/T 5824—2021
	建筑门窗洞口尺寸协调要求	GB/T 30591—2014
卫浴部品	住宅卫生间功能及尺寸系列	GB/T 11977—2008
	住宅卫生间模数协调标准	JGJ/T 263—2012
瓷砖部品	建筑陶瓷砖模数	JG/T 267—2010
餐厨部品	住宅厨房及相关设备基本参数	GB/T 11228—2008
	住宅厨房模数协调标准	JGJ/T 262—2012

的部品部件尺寸要求并未在市场上发挥强大作用，也滞后于技术的发展[1]。因此，当前工业化住宅研究的核心任务之一，就是在结构体系不统一的情况下，通过套内空间模块的模数协调实现模块的通用性和互换性，提升系统内各级模块的适应性，促进建筑工业化及产业化水平的提高。

[1] 夏海山，李敏. 新型建筑工业化的模数协调与智能建造 [J]. 建筑科学，2019（3）：147-154.

2. 模数协调的操作方法

《建筑模数协调标准》GB/T 50002—2013 中规定 M 是模数协调中基本模数的尺寸单位，其数值定为 100mm，即 1M=100mm。另外还有扩大模数和分模数，如表 4-2 所示。基本模数数列以 100mm 为基数，以 1M 表示从 100mm 进级至 1500mm；扩大模数数列是基本模数的倍数，分别以 300mm、600mm、1500mm、3000mm、6000mm 为基数，分别用 3M、6M、15M、30M、60M 表示；分模数数列是基本模数的分数，分别以 10mm、20mm、50mm 为基数，按 10mm、20mm、50mm 进级，分别以 M/10、M/5、M/2 表示。另外，国家标准中对于基数值小于 10mm 的分模数数列，也规定了具体的基数值、数列幅度及适用范围，主要用于建筑材料的厚度、建筑构造的细小尺寸及细小公差等，这里不作赘述。

模数网格的设置是建筑模数协调运用的前提[2]。住宅的模数协调可以分为空间网格与平面网格两个层级。

[2] 刘长春，张宏，淳庆，等. 新型工业化建筑模数协调体系的探讨 [J]. 建筑技术，2015（3）：252-256.

1）空间网格由具有独立性的空间单元组成，逐层分解的空间单元网格与住宅建筑、住宅套型、套内各空间等相对应。网格尺度分别为 1M 和 3M 进级。空间部件的尺寸应符合模数，其尺寸以 1M 或扩大模数 $n \cdot \mathrm{M}$ 进级，如图 4-1 所示。

2）平面网格一般用于单元空间内部件装配的空间界面上，因此空间模块的定位在相应的二维模块网格中进行，如图 4-2 所示。

平面网格分别以 M/2、1M、3M 进级，大部分套内空间部品尺寸以 M/2、1M 进级。平面网格起到空间模块定位控制线的作用。部品的定位采用中心线定位法或界面定位法。前者指基线设置在部品的中心线；后者指基线设于

国家标准中模数数列表 表 4-2

模数名称		分模数			基本模数	扩大模数				
模数基数	代号	M/10	M/5	M/2	1M	3M	6M	15M	30M	60M
	mm	10	20	50	100	300	600	1500	3000	6000
系列号		一	二	三	四	五	六	七	八	九
		10			100					
		20	20		200					
		30			300	300				
		40	40		400					
		50		50	500					
		60	60		600	600	600			
		70			700					
		80	80		800					
		90			900	900				
		100	100	100	1000					
		110			1100					
		120			1200	1200	1200			
		130			1300					
		140	140		1400					
		150		150	1500	1500		1500		
			160			1800	1800			
			180			2100				
			200	200		2400	2400			
			220			2700				
			240			3000	3000	3000	3000	
				250		3300				
			260			3600	3600			
			280			3900				
			300	300		4200	4200			
			320			4500		4500		
			340			4800	4800			
				350		5100				
			360			5400	5400			
			380			5700				
			400	400		6000	6000	6000	6000	6000
						用于竖向尺寸时幅度不限制				
适用范围		主要用于缝隙、构造节点、建筑配件的截面及建筑制品的尺寸			主要用于建筑构件截面、建筑制品、门窗洞口、建筑构配件及建筑物的进深、开间、层高的尺寸			主要用于建筑物的开间、进深、层高及建筑构配件的尺寸		

表格来源：根据《建筑模数协调标准》GB/T 50002—2013 改绘。

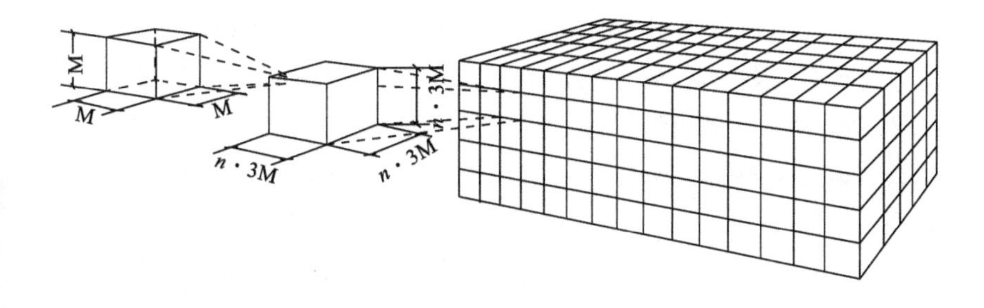

图 4-1 空间网格示意
图片来源：
刘长春，张宏，淳庆，等．新型工业化建筑模数协调体系的探讨[J] 建筑技术，2015（3）：252-256.

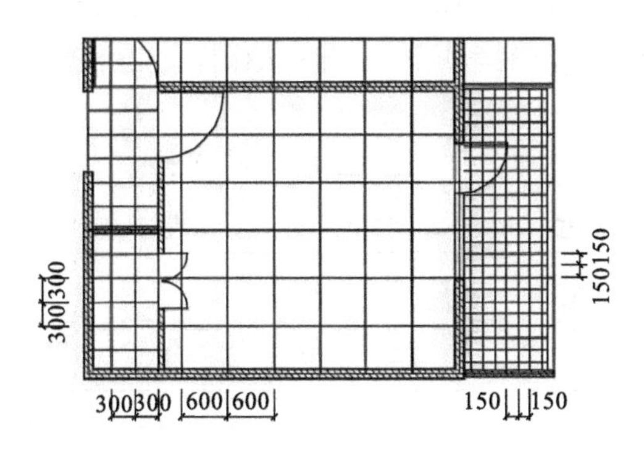

图 4-2 平面网格示意（单位：mm）
图片来源：
刘长春，张宏，淳庆，等．新型工业化建筑模数协调体系的探讨[J] 建筑技术，2015（3）：252-256.

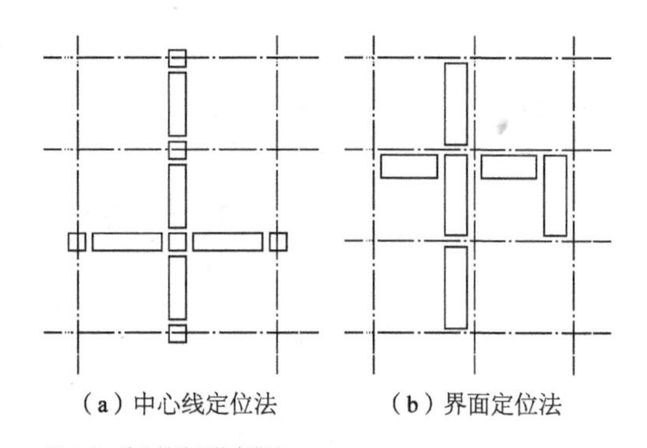

图 4-3 单线模数网格定位法
图片来源：
住房和城乡建设部．建筑模数协调标准：GB/T 50002—2013[S]. 北京：中国建筑工业出版社，2013.

部品边界上。平面网格有单线与双线之分，单线网格适合中心线定位法，但对于空间模块，界面定位法也可采用单线网格，产生平整的界面连接，有利于模块的组合拼接，如图 4-3 所示。双线网格适合界面定位法，一般用于墙体、柱子等结构部件。对于套内空间模块而言，模块的界面围合要符合模数，界面定位法较为有效。

综上所述，模数协调作为将空间尺度模数化的设计规则，是针对空间模块的标准化建构，有利于提升模块互换性与通用性。

4.1.2　基于人体工程学的标准尺度

住宅套内空间尺度一般以人体工程学作为重要度量依据，“动作域”量化了套内“空间、部品与人”的尺度关系。

1. 人体工程学概述

人体工程学（Ergonomics）是 1857 年由波兰学者提出，Ergonomics 源自希腊文“ergo”和“nomos”，前者是劳动，后者意为规律，也就是探讨人类劳动及工作规律的学问，是研究人与工具之间的问题。人体工程学的权威定义为：从人体解剖学、生理学和心理学等方面来研究人在某种工作环境中行为，或人和机器及其周围物理环境的相互作用的学科[1]。人体工程学应用广泛，对于室内空间设计而言，其含义为：以人为对象，采用生理和心理计量的方法来研究人体结构、人体生理和心理功能，以及力学要求与室内空间环境的协调关系，旨在适应人的身心活动，达到最佳室内空间设计效能[2]。

[1] 徐磊青．人体工程学与环境行为学 [M]. 北京：中国建筑工业出版社，2009.

[2] 曾坚校．人体尺度与室内空间 [M]. 天津：天津科学技术出版社，1999.

早在第二次世界大战时期各国就运用人体工程学的原理和方法设计装甲车、坦克等内舱空间，使士兵操作时减少疲劳并提高作战效率。战后各国把人体工程学的研究运用到工业产品、航天航空运载、建筑空间环境等设计中，因此人体工程学的善于处理“人—机—环境”3者之间的关系。住宅套内空间研究的正是“人—部品—空间”3个要素的交互作用所组成的空间模块系统，空间模块最优化问题需根据人体的尺度需求，以及人与部品、人与空间的交互作用去营造，其中最基本的就是人体的尺寸需求，《人体尺度与室内空间》与《建筑室内与家具设计人体工程学》归纳了部分人体基本尺度统计，如表4-3所示。

[1] 曾坚校．人体尺度与室内空间[M]．天津：天津科学技术出版社，1999．

[2] 李文彬．建筑室内与家具设计人体工程学[M]．北京：中国林业出版社，2001．

人体基本尺度统计表[1][2]**（单位：cm）** **表4-3**

人群	男生		女生	
	较高人群	较低人群	较高人群	较低人群
身高	184.9	161.5	170.4	149.9
人体厚度	33.0	25.7	33.0	25.7
人体宽度	52.0	47.8	52.0	47.8
臂展	184.9	161.5	170.4	149.9
肘间宽度	50.5	34.8	40.9	31.2
膝盖高度	59.4	49.0	54.6	45.5
坐时最大厚度	94	81.3	94.0	68.6
站时眼睛高度	174.2	154.4	162.8	143.0
坐时眼睛高度	86.1	76.2	80.5	71.4

2. 人体动作域量度

在人体基本尺度数据的基础上，研究人使用部品的基本空间尺度的方法是将人体尺度数据套入网格中，推演出人在与部品交互时做出各种动作所需要的尺度空间，即动作域[3]。动作域的概念表明了人体与空间内实体交互范围的大小，不仅界定了部品的基本空间尺度，而且叠加了人的行为活动的舒适范围（图4-4、图4-5）。研究表明：人体手臂的最大动作域为600mm，常规动作域在390mm左右。人体在坐立时距离前方障碍物最小空间距离是400mm；站立的最小空间宽度为520mm；踮脚和屈膝时所需最小空间宽度为600mm；在弯腰取物时所需最小宽度为750mm；在下蹲取物时所需最小宽度为900mm[4]。过道宽度一般为760～910mm，最大交往空间一般为2130～2840mm。

[3] 闫昌健．万科“泊寓式”居住空间精细化设计研究[D]．长春：吉林建筑大学，2018．

[4] 李文彬．建筑室内与家具设计人体工程学[M]．北京：中国林业出版社，2001．

综上所述，人是空间的核心受体，以人为本的空间尺度衡量基于人体工

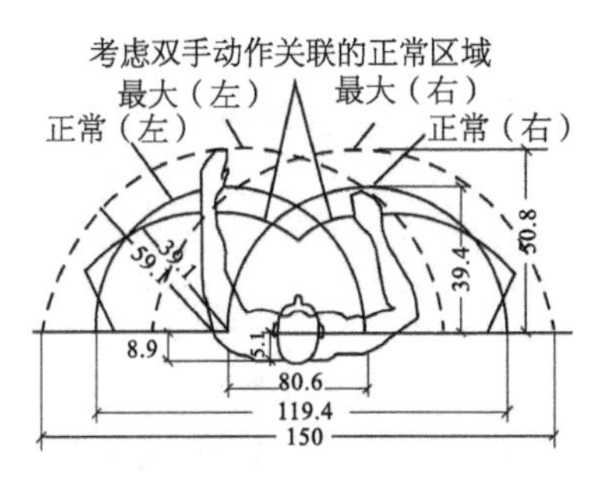

（a）人体水平动作域尺寸

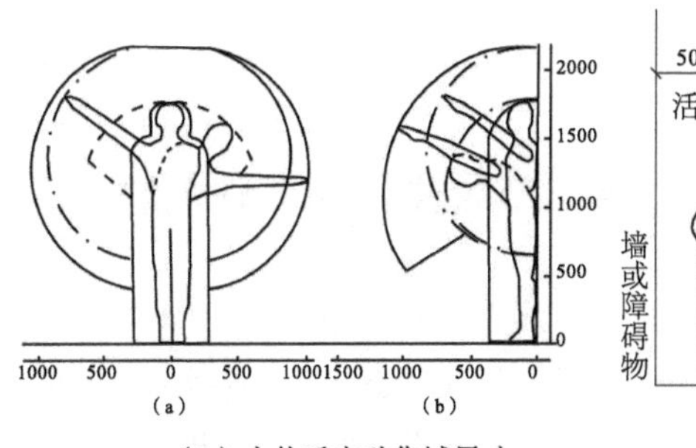

（b）人体垂直动作域尺寸

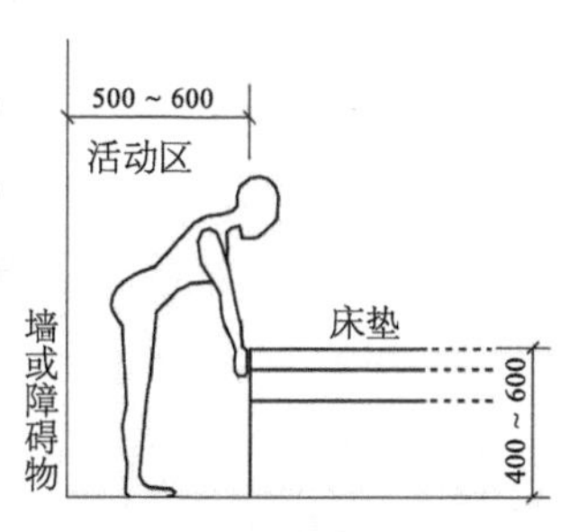

（c）床边动作域尺寸

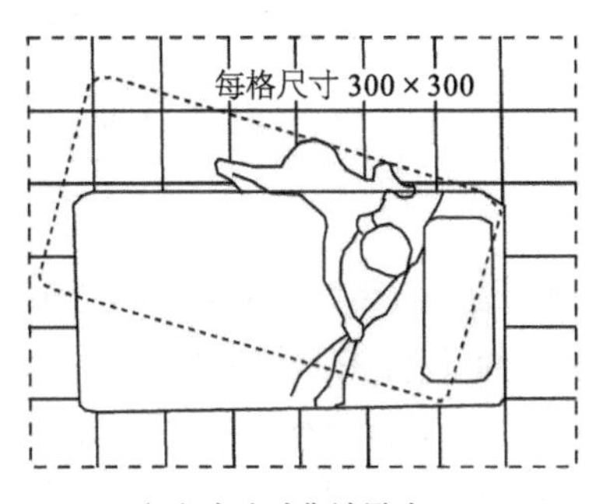

（d）床边动作域尺寸

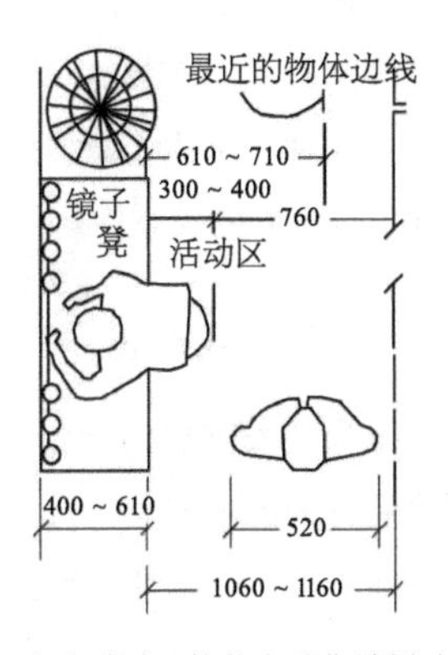

（e）书桌 / 梳妆台动作域尺寸

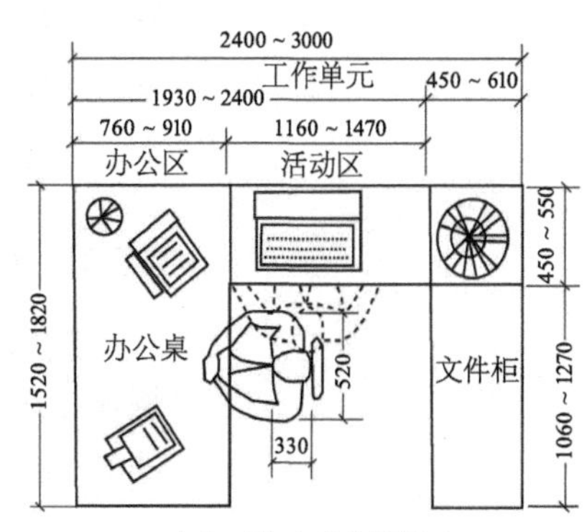

（f）工作台动作域尺寸

图 4-4　人体基本动作域尺度统计之一（单位：mm）
图片来源：
曾坚校．人体尺度与室内空间[M]．天津：天津科学技术出版社，1999.
柴春雷．人体工程学[M]．北京：中国建筑工业出版社，2007.

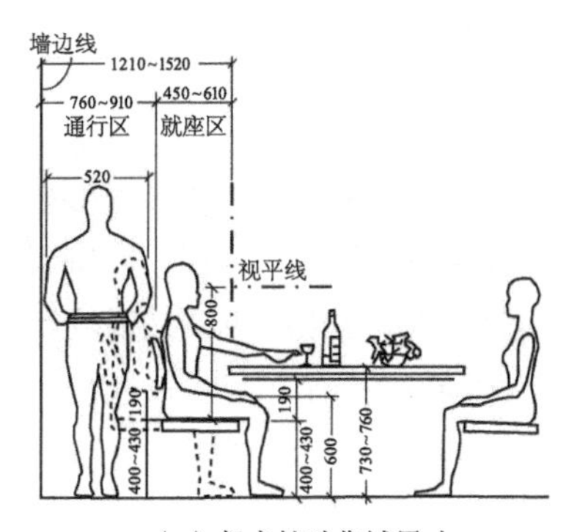

（a）餐桌椅动作域尺寸

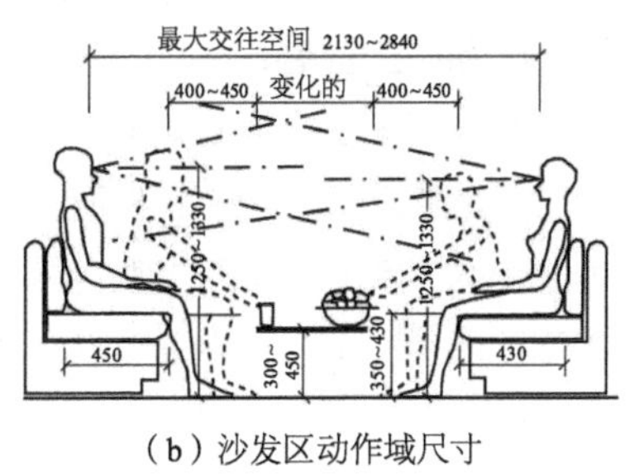

（b）沙发区动作域尺寸

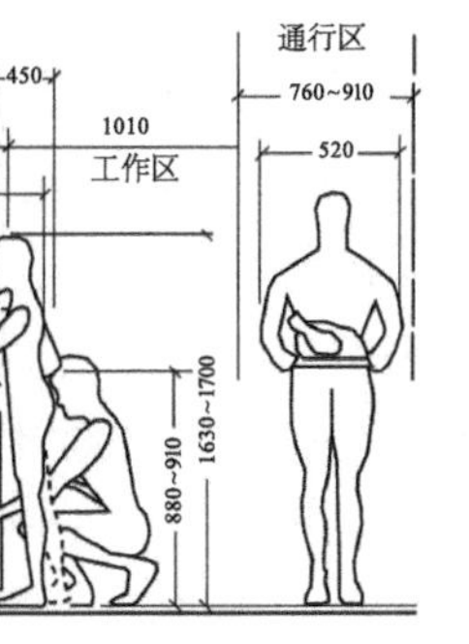

（c）柜体区动作域尺寸

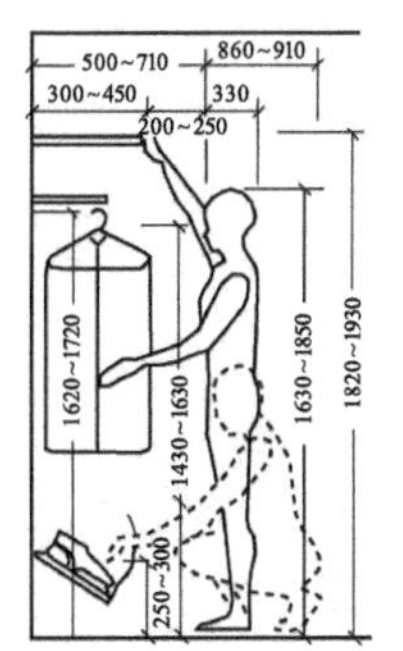

（d）更换衣物动作域尺寸

图 4-5　人体基本动作域尺度统计之二（单位：mm）
图片来源：
曾坚校．人体尺度与室内空间[M]．天津：天津科学技术出版社，1999.
柴春雷．人体工程学[M]．北京：中国建筑工业出版社，2007.

程学原理的应用。由此产生的人体动作域尺度的研究对住宅套内空间模块的构建起到精细化作用，形成“人—部品—空间”交互的空间模块。

4.2 居住行为内在关联

居住行为理论的研究对象是居住的现象，理论从现象出发，揭示其客观规律。居住现象，由居住行为形态与居住空间形态构成[1]。其中，形态是指事物存在与发展的形式、模式；居住行为是人类活动的范畴；居住空间是活动场所的范畴。对住宅套内空间关系问题的研究来源于对居住行为模式与居住空间形态关系的研究。本节对居住行为的概念界定、微观分类、属性辨析和时空规律等内容进行阐述，厘清居住行为背后可转换为居住空间性质的机制，为居住行为与空间的关联性建立根据。

[1] 闫凤英．居住行为理论研究 [D]. 天津：天津大学，2005.

4.2.1 居住行为的微观形态

居住行为分为“宏观居住行为”和“微观居住行为”两个层次。其中，微观行为研究从行为内容分类、行为动作发生的尺度，以及空间与时间分布等角度出发，建立科学的居住标准。本小节提炼出对住宅套内空间与行为关联紧密的理论内容进行具体阐述，从行为和居住行为的概念、微观居住行为的分类、居住行为与空间的关系等层面，针对住宅套内空间模块关联提出相关设计依据。

1. 居住行为的概念界定

1）行为的基本概念

行为的通常解释为“生物以其外部和内部活动为媒介与周边环境的相互作用”。人的行为本身是复杂适应系统,行为的概念中包含“个体”与“环境”这两个变量，个体与所处环境在不断的“刺激响应”规则下，由环境刺激个体，经由个体在生理、心理、社会结构和文化 4 个方面作为“处理器”的决策下，产生一定的行为来响应这种刺激，从而调整个体的下一个行动，如图 4-6 所示。

2）居住行为的界定

在人的行为系统中，居住行为属于其中一个子系统。居住行为分为广义和狭义，广义居住行为除了研究使用行为之外，还包含获取行为、行为价值和动机等，表现出居住活动在整个社会活动中的作用；狭义居住行为则限定于住宅空间范围内，是指人们的居住内容，人们对住宅的使用方法，及其与社会生活和自然条件的关系。狭义居住行为对居住空间的使用行为及其特征、行为发生的空间尺度和时

图 4-6 行为的复杂适应系统示意

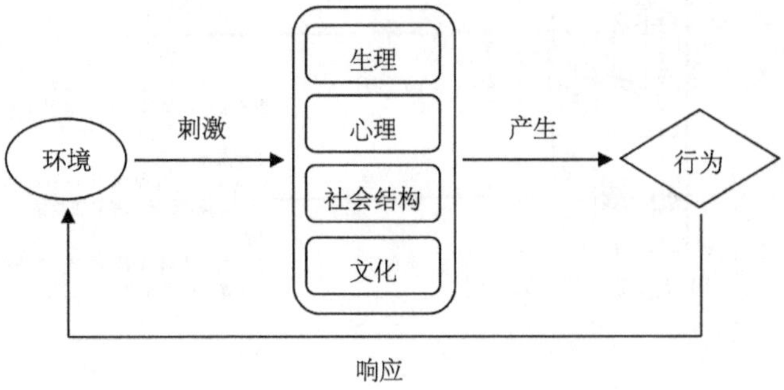

间周期进行考察，以此为依据判断居住空间设计的合理性。

微观居住行为理论包括 4 个要素[1]：

（1）居住行为主体，是指某一特定时空与社会背景的个人或家庭。其家庭结构、文化程度、经济地位等特性与居住行为和空间的关系，是微观研究关注的重要问题；

（2）居住行为形态，是指人们的居住生活方式、居住生活内容等。居住行为成为人与居住空间关系网中的节点，人的行为活动的结构及功能，与住宅套内空间的结构、功能存在必然联系，居住空间需通过居住行为来感应、传递和调整。可以说，居住行为形态造就住宅套内空间形态；

（3）居住空间形态，是人们居住空间的形式、材料、结构等形式要素，空间形态取决于居住行为形态；

（4）潜在居住行为，指的是居住行为的文化层面，包含居住观念、理想和价值观，成为居住行为的内在根源。

微观居住行为的 4 个要素促成了住户在住宅套内空间的生活内容、方式及其时空分布的内在关系。以模块化的视角来看，这种内在关系正是模块的尺度与模块之间的关联度问题，也是模块化设计的核心“规则”，需从人的使用行为的内在秩序与规律入手，建立模块聚合度机制。

因此，本书以狭义的居住行为视角，研究个体（住户）在住宅套内空间的微观行为特征以及时空量度，作为居住行为模式的主要内容，为住宅套内空间模块聚合提供设计依据。

2. 微观居住行为的分类

居住行为的微观形态体现了具有普遍意义的人的居住活动的内容和方式，响应了居住行为的微观特性。1933 年的《雅典宪章》对 20 世纪初人们的居住生活内容进行了探索，把居住生活划分为 3 个部分：日常生活、劳动和游憩。此后，日本的“住居学”进一步充实了《雅典宪章》的三分法，住居学认为人类家庭生活具有历史性和阶层性，是动态的，其中最具代表性的住居学者吉阪隆正在《住居的发现》一书中提出 3 种生活类型[2]：第一生活，包括生殖、排泄、休息、饮食及维持生理和生命需要的行为的统称；第二生活，包括家务、生产、交换、消费等补助第一生活的行为统称；第三生活，包括表现、创作、游戏、阅读、娱乐等思维行为的统称。如表 4-4 所示。

吉阪隆正的生活三分法中第一生活对应着人类最基本的生理行为，其形式随着现代社会的发展逐渐复杂化；第二生活作为维持和服务第一生活的物质活动，随着第一生活的复杂化而变得更为复杂，体现出家庭物质水平的变化；第三生活属于精神活动，从人类诞生之初就具备，是 3 类生活中最具变化、个性且复杂的一种，其占比随着社会的发展在不断增加。3 类生活概括了人类全部的生活内容，并体现出生活的层次性。

日本学者小原二郎主编的《室内空间设计手册》[3]提出了基于居住生活现象观察到居住行为研究的方法，如表 4-5 所示。

[1] 闫凤英．居住行为理论研究 [D]. 天津：天津大学，2005.

[2] 吉阪隆正．住居的发现 [M]. 日本：劲草书房，1984.

[3] 小原二郎，加藤力，安藤正雄．室内空间设计手册 [M]. 北京：中国建筑工业出版社，2000.

居住生活分类表[1] 表 4-4

生活分类		生活内容
第一生活	休息	就寝、坐卧休息、小憩
	饮食	吃饭、喝水、哺乳
	排泄	大小便、沐浴
	生殖	性交、妊娠、分娩
第二生活	家务	做饭、洗衣、清扫、整理、育儿
	生产	物质生产
	交换	买卖、搬运、贮藏
	消费	物质消费
第三生活	表现	文字、书画、造型
	创造	艺术、科学
	游戏	体育、娱乐、旅游
	冥想	哲学、宗教

居住行为的生活内容分类[2] 表 4-5

大分类	小分类	大分类	小分类
就寝	睡眠	社交	谈话
	休息		会客
卫生	淋浴		游戏
	洗面		鉴赏
	化妆	学习	学习
	更衣		工作
	修饰	娱乐	电游
家事	育儿		鉴赏
	扫除		手工
	洗涤		读书
	裁缝		园艺
	整理	宗教	信仰
	管理	移动	换鞋
	烹饪		搬运
饮食	就餐		通行
	饮酒		出入

[1] 吉阪隆正．住居的发现 [M]. 日本：劲草书房，1984.

[2] 小原二郎，加藤力，安藤正雄．室内空间设计手册 [M]. 北京：中国建筑工业出版社，2000.

从以上生活内容中不难看出，居住行为渗透到人类居住生活的每一个部分，居住生活是居住行为的微观体现。对居住行为的微观研究的意义在于：能从行为发生的时间、空间、尺度和位置反映出居住行为与住宅套内空间的关系，为空间模块关联度分析提供技术上的依据。

结合以上几种居住行为及生活内容的划分方式，综合得到居住行为与生活内容划分的层级系统，如表 4-6 所示。

居住行为与生活内容划分层级　　**表 4-6**

大分类	中分类	小分类
1 第一生活	1.1 就寝	睡眠　休息
	1.2 饮食	就餐　饮酒
	1.3 便溺	便溺
2 第二生活	2.1 卫生	淋浴　洗面　化妆　更衣　修饰
	2.2 家事	育儿　扫除　洗涤　裁缝　整理　烹饪
	2.3 学习	学习　工作
	2.4 移动	搬运　通行　出入　换鞋
3 第三生活	3.1 社交	谈话　会客　游戏　鉴赏
	3.2 娱乐	电游　手工　读书　园艺
	3.3 宗教	信仰

3. 居住行为与空间关系

环境心理学理论认为有些地方 / 场所存在持续不变的行为模式[1]。住户在住宅内的行为活动轨迹可分解成多个行为发生的场所，称之为行为空间，行为空间是研究行为与空间关系的基本单元，具有如下特点：

1）住宅套内行为空间（单元）包含有意义的行为模式，即行为空间包含稳定的、具有一定完整性意义的行为或动作组合[2]；

2）行为空间的区分以及行为空间组合的情况代表了行为模式的分化状态。行为空间之间在时间和空间上的结构方式决定了行为模式的组织方式，反之亦然；

3）有些行为空间具有固定的或重复发生的行为模式，比如就寝是卧室中固有的行为模式，这类行为空间与行为模式存在不可分割、一一对应的关系；有些行为空间具有受个人习惯支配的行为模式，比如在沙发上看书的行为模式，这类行为空间往往容纳多种行为模式，因人而异，存在较大灵活性；

4）固定的行为空间存在时间上的规律性，而受习惯支配的易变的行为空间不具备时间规律。这个特点对于行为模式依然适用；

5）行为模式实现所依托的一定空间及设施条件，决定各类行为具体的开展以及人们对居住行为的理解；

[1] 徐从淮．行为空间论 [D]. 天津：天津大学，2005.

[2] 王鲁民，许俊萍．宅内行为模式与集合住宅格局：1949 年以来中国集合式住宅变迁概说 [J]. 新建筑，2003（6）：35-36.

6）行为空间具有从小到大的一系列尺度和层级，比如：从洗手池、盥洗区、卫生间，到套型、楼层，再到楼栋，甚至到住区、城市的尺度。

综上所述，从居住行为的微观形态切入，为居住行为与住宅套内空间设计建立基本关联性；对居住行为的生活内容进行细致分类，为住宅套内空间模块的关联度提供技术依据；对居住行为模式与行为空间关联特征进行阐述，为住宅套内空间模块建立以行为空间为量度的设计准则。

4.2.2 居住行为的属性分析

从居住行为与空间的相互作用出发，旨在为住宅套内空间模块聚合提供具体依据，对居住行为包含的4对互斥属性进行解析：私密与公共、恒定与易变、固定与移动、安静与喧闹[1]。居住行为的4对属性作为行为空间的根本属性，决定住宅套内空间的分隔与联系的要求，也决定空间尺度和位置的选择，为空间模块的聚合提供标准。

[1] 闫凤英．居住行为理论研究[D]．天津：天津大学，2005.

1. 私密与公共

私密的行为要求隐蔽的空间，空间用于回避和遮挡别人视线的传递；公共的行为需要较大的使用空间，促进人们视线、声音、动作的传递和交流。

私密性是现代住宅设计越来越看重的空间质量，拥有个人的私密空间成了文明居住的一项基本要求。无论套内居住面积大还是小，睡觉、沐浴、更衣、便溺等私密性行为都是必不可少的行为空间的内容。这些行为强调避开他人视线，不受他人干扰，属于社会伦理的要求。因此，私密性程度是研究居住行为模式的一个重要指标[1]，是住宅套内空间模块关联指标的一个基本参数。表现在3个方面：一是空间尺度的量度；二是空间位置序列的量度；三是空间关联性的量度。

1）空间尺度的量度。行为私密性程度的表征在于行为空间尺度，一般遵循空间尺度越大，行为公共性越强，使用人数越多；而空间尺度越小，行为私密性越强，使用人数越少。前者属于公共活动空间，比如全家人团聚的客厅、餐厅、阳台，包含家人交谈、娱乐、用餐、接待客人的会客行为等；后者属于私密活动空间，比如单人卧室、书房、夫妻使用的主卧室，包括睡觉、学习、更衣等行为，需要避免其他行为干扰。因此，行为空间的尺度取决于空间内的行为，以及生活内容的私密性程度、数量和作用的人数，其关系如图4-7所示。

2）空间位置序列的量度。行为私密性决定着套内空间的总体结构关系，依照居住场所的“同心圆空间结构理论”[2]：私密性与安全性紧密相关，人类出于自我防卫界定空间。私密性要求最高的空间，如卧室、主卧卫生间等一

[2] 吉阪隆正．住居的发现[M]．日本：劲草书房，1984.

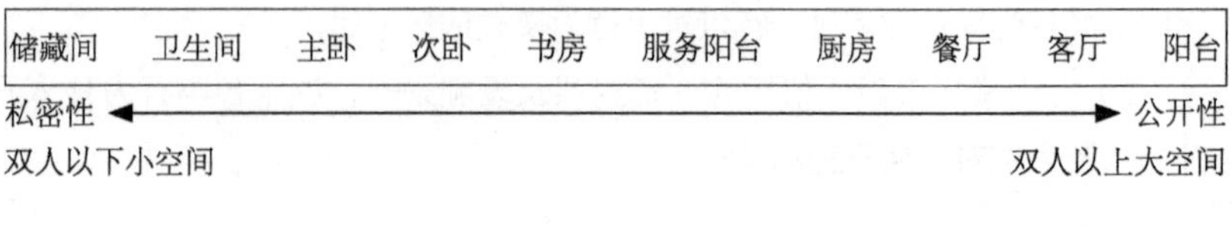

储藏间	卫生间	主卧	次卧	书房	服务阳台	厨房	餐厅	客厅	阳台

私密性 ←——————→ 公开性

双人以下小空间　　双人以上大空间

图4-7 行为私密性与空间尺度的关系
图片来源：
高中岗．居住环境与感知轴关系初探[J]．住宅科技，1993（9）：3-5.

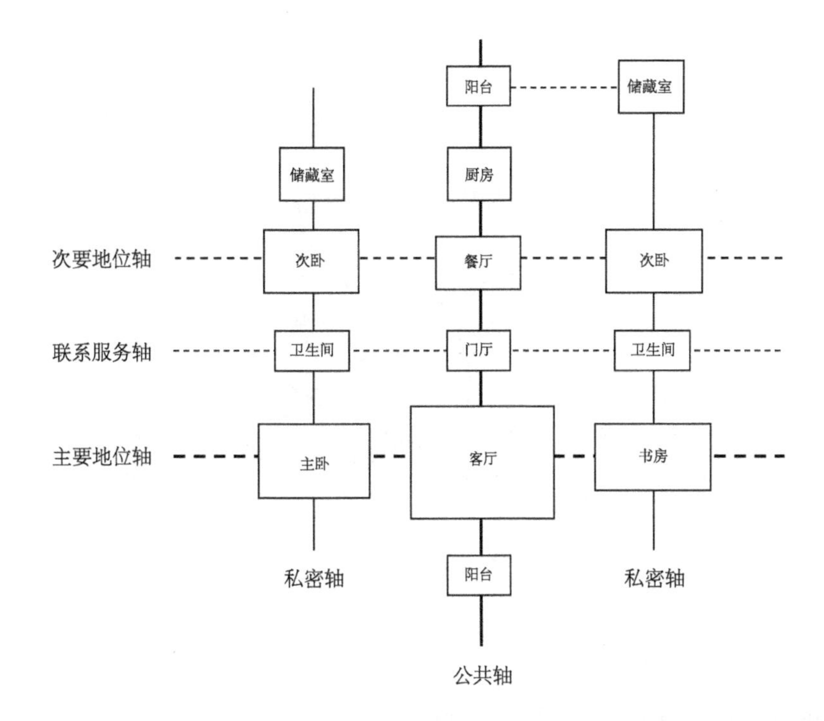

图 4-8　行为私密性与空间序列示意
图片来源：
闫凤英．居住行为理论研究 [D]．天津：天津大学，2005.

般设置在住宅的最内部，客厅、餐厅等公共空间布局在住宅入口处。私密性程度对住宅套内空间的尺度和空间次序起到决定性作用。

对套内空间布局的关键在于厘清各行为空间之间的秩序，而这个秩序很大程度上是由居住行为的私密性与公开性程度决定的。客厅空间较大，位于公共轴和主要地位轴上；餐厅、厨房、阳台等一系列公共或半公共性质的空间位于公共轴上；卧室、书房空间较小，根据其私密性程度，位于私密轴以及次要地位轴上；储藏室也位于私密轴；卫生间位于私密轴，同时位于联系服务轴上，属于公共性私密空间，为公共轴与私密轴上的功能空间服务，如图 4-8 所示。

3）空间关联性的量度。居住行为的私密与公共属性为空间耦合提供支撑，住宅套内空间可分为个人、餐饮和公共 3 大关系，分别表示了私密、半私密 / 半公共、公共 3 个层级。它们构成了完整的居住行为结构，如图 4-9 所示。个人圈代表了私密性行为空间组团，包括卧室、书房和储藏室等，属于最为私密的空间系统；餐饮圈表示了半私密 / 半公共的行为空间组团，包含厨房、餐厅和阳台等，既要求其完整性、又要求其开放性；公共圈为居住空间的活动场所，包括起居厅、客厅、阳台等，属于最为公共的空间系统。

由此可见，居住行为私密性程度可被物化为住宅套内空间结构系统，将各种功能属性、尺度的居住行为空间根据它们的私密性要求进行分隔与联接，以精准的方式将行为与空间对应，成为行为模式主导空间模块关联度设计的重要内容。

2. 恒定与易变

恒定行为对应的是居住行为最根本的内容[1]；而易变的居住行为一般反

[1] 吉阪隆正．住居的发现 [M]．日本：劲草书房，1984.

图 4-9 行为私密性关联与空间耦合的关系
图片来源：
高中岗. 居住环境与感知轴关系初探[J]. 住宅科技,1993(9):3-5.

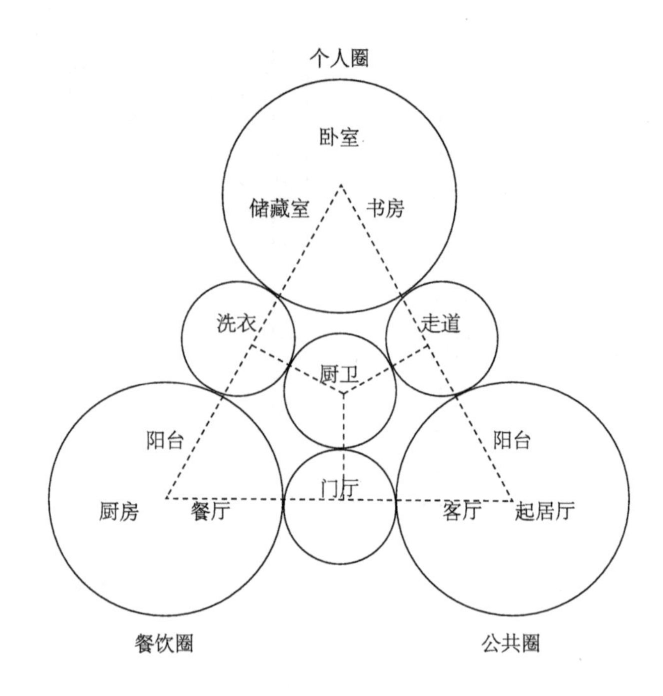

映不同住户的个性化行为习惯及特征。

1）行为的恒定性

根据前文所述，居住行为源于人的生理、人的心理、社会结构和文化的需要，源于人的生理需求的睡眠、饮食等活动是居住行为中恒定的内容，它不随着民族地域、时代进步、社会发展而改变，具有恒定性。

源于人的心理需求的交流行为，也是居住行为中恒定的内容。人是群居性物种，相互之间需要通过视线、声音和情感进行交流，从古至今，居住成员之间的交流一直存在。比如原始时期人们将“火”作为空间的中心，不仅用于取暖，而且方便交流，这种行为一直影响到现代西方住宅，仍然以客厅的壁炉作为家庭共聚的中心；再到我国传统住宅中的“火塘”“堂室”，都是满足家庭聚会交流行为的场所；直至现代住宅中以电视为中心的客厅模式，依然是家庭交流的核心空间。即使是没有客厅的小户型，这种家庭交流行为也会转移到其他空间中，例如餐厅区域或是卧室。因此人的交流行为是恒定的。

独处与视线禁忌是源于人的心理、社会结构和文化需要的根本行为，同样是居住行为的恒定性内容。这类私密性程度很高的行为要求不受他人干扰，以及避开他人视线，比如睡觉、沐浴、便溺、更衣，甚至学习工作、思考等私密性行为，不仅是人类共同的心理需求，也是社会规范和文化伦理标准。因此，普遍情况下，私密性要求较高的居住行为具有恒定性。

2）行为的易变性

居住空间随着生活内容的复杂化而呈现多样化。现代社会的快速发展在方方面面趋向动态化，从物质层面看，技术的进步和经济的发展带来了家用部品及生活工具的快速迭代和创新，形形色色的家居产品为居住行为带来了易变性；从精神层面看，人们的生活观念在不断改变，促使个性化、定制化生活方式趋势明显，促使居住的模式和形式不断推陈出新，具有易变性。

居住行为的易变性还反映在其适应性以及灵活性上。居住行为随着不同文化的融合、新观念的更新、技术的迭代，会很快进行自我学习和更新。如前文所述，居住行为属于复杂适应系统，可以根据环境的变化不断地自我调节和动态适应。微观居住主体的居住行为的易变性体现在：(1) 家庭中人口的数量、结构构成，(2) 家庭生命周期，(3) 家庭成员的职业状况、经济水平，(4) 住户的文化程度、兴趣爱好、思想观念的差异，各式各样的个性化居住模式展示了居住行为的易变性。

居住行为的恒定性与易变性体现出人的共性需求和个体需求，可将其中各个要素划分为不可变因素和可变因素，由此产生居住空间的根本属性划分：不可变空间和可变空间。不可变空间依据共性行为需求来确定，强调居住共性行为的规律性；可变空间代表的是住户个体行为需求，体现生活多样性的特征[1]。如表 4-7 所示，归纳出居住行为的恒定性与易变性产生的行为空间的特性。

[1] 徐从淮．行为空间论 [D]．天津：天津大学，2005.

恒定与易变行为空间的特性　　**表 4-7**

行为类型	行为特点	空间类型	空间特点
恒定行为	生理性、交流性、私密性	不可变空间	通用性、私密性、独立性，比如：厨房、卫浴、卧室
易变行为	多样性、适应性、公开性	可变空间	专用性、公开性、复合性，比如：客厅、餐厅、书房

3. 固定与移动

固定的居住行为一般发生在固定的空间位置，依靠固定的家用部品；而移动的居住行为指不固定空间、时间的行为，对空间的专用性要求较低，其空间要求具有相当大的弹性。为提高住宅套内行为模式的适应性，固定行为和移动行为互相作用的方式是最为有效的。其中，固定行为作用在如厨房、卫生间等这类不可变空间，移动行为则体现在可变空间的多样变化上，表现在空间或连续、或分隔、或组合、或复合等。一般通过套内隔墙、隔断，以及可变家居的移动改变空间的形态、位置和尺寸。

1) 隔墙和隔断，是非承重内墙，轻巧灵活易安装。它们的目的都是便捷地分割 / 分隔空间，可以形成封闭式或半封闭式空间，隔而不断，从而满足光线和通风的要求。隔断的移动性形式有多种，包括水平平移、垂直平移、旋转、折叠、推拉、悬挂等。如图 4-10 所示，日本某可变式住宅，内含多个门式隔断，在轨道上移动，通过门扇开启闭合提供多重空间布局。

2) 可变家具的定义是：依据居住行为学、人体工程学的带有明确复合型的可变家具[2]。住宅套内空间的使用和功能要求由用户的行为活动决定，人的行为活动的变化导致空间功能的多样，现代家具可以通过自身变化切换多种功能，适合空间分时段的功能转化，改变空间形式及尺度。可变家具可划

[2] 晏姗．小户型室内空间设计研究 [D]．长春：长春工业大学，2014.

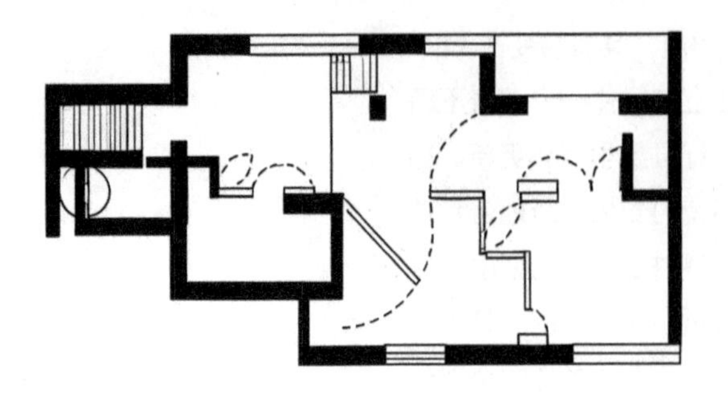

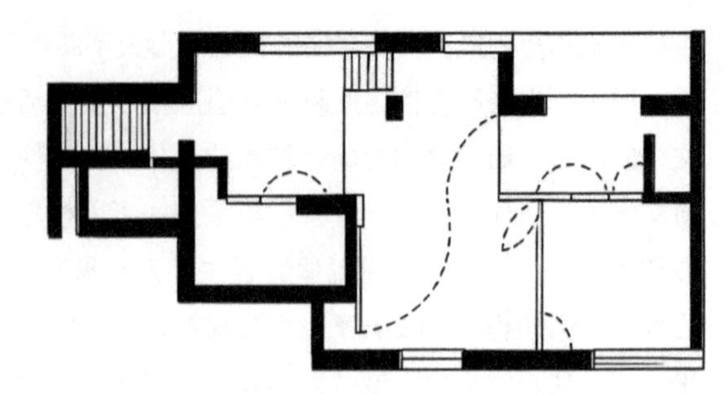

图 4-10 移动行为促成的灵活隔断
图片来源：
惠珂璟 . 居住空间适应性设计研究：以二孩家庭为例 [D]. 北京：北京建筑大学，2018.

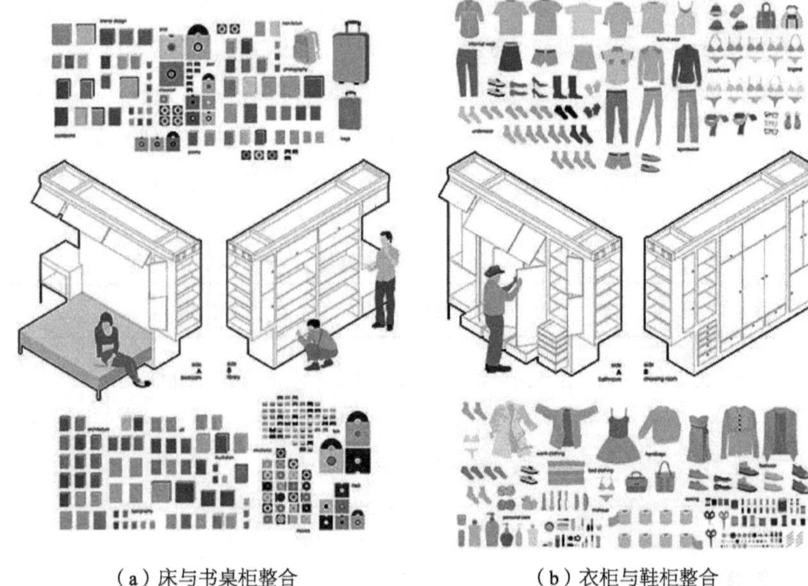

（a）床与书桌柜整合　　（b）衣柜与鞋柜整合

图 4-11 可变家具示意，PKMN Architectures
图片来源：
METALOCUS 官网 . 可变家具示意，PKMN 建筑事务所 [EB/OL].[2025-01-17].http://www.metalocus.es/noticias/all-i-own-house.

分为 3 大类：功能空间变化式、隐藏式、移动组合式。常见可变家具有坐卧两用床、沙发床、可延展餐桌、组合型桌椅、旋转书柜 / 床、可移动收纳柜墙体等。除此之外，还发展出集成化家具空间模块，类似“瑞士军刀”的原理，满足多种行为活动和使用功能的需要。如图 4-11 所示。

4. 安静与喧闹

安静的居住行为一般需要较为封闭的空间，或者远离喧闹的居住行为空间；而喧闹的居住行为需与安静的行为空间之间设置阻挡，互不干扰，这种“动与静”的隔离通常需要通过空间的动静分区来解决。

住宅套内空间中住户行为动线的合理性深受动静分区的影响。套内空间动静分区需提供对“静区”的保护和控制，以及对“动区”的选择权[1]。

1）静区：安静行为的保护区域

静区是私密性得到控制的空间，包括就寝、更衣等私密生活空间。家庭成员对静区有绝对控制权，属于静区的居住空间通常是卧室、储藏室等。就寝行为的私密性较高，属于独处和需要视线遮蔽的空间，尤其是主卧室，最需要庇佑其私密性需求，确保家庭主人不被干扰，一般将主卧室设置在静区

[1] 张亚卓 . 用户视角的住宅套型空间动线设计策略研究 [D] 北京：清华大学，2015.

动线的尽端最为合适。当主卧室靠近动线时，一般设置走道、步入式衣帽间等转换和过渡空间。在很多较大的户型中会设置小起居室，即家庭活动空间，与客厅分隔开，专为静区内的空间联系和活动之用，既满足静区的私密性，又能增进静区内的空间公共性。由此形成集中式的静区布局，比分布式的静区设置对家庭私密性的保护更为妥善，也便于营造出家庭成员的"第二起居氛围"。

2）动区：喧闹行为的选择区域

动区一般伴随着家庭成员以外人员的共同行为活动，是提供公共社交活动的空间。对于客人的来访 / 聚会，首先要将活动发生时的公共性控制在私密性不失控的条件内；其次保证家庭成员具有参与社交活动的选择权，换言之，家庭成员可以选择待在动区还是静区。动区一般包括客厅、餐厅、阳台等空间。客厅是住宅中满足会客和家庭交流的空间，可容纳多种行为活动的发生，是最活跃和热闹的区域。餐厅的活动主要围绕饮食、聚餐等活动，其活动的声响不言而喻。在条件允许的情况下，设置独立的餐厅空间，对动静隔离会更为有利。厨房在烹饪行为中会产生嘈杂声与污物，尤其需要与静区隔离，厨房需尽量靠近入口处，减少声音及污物对套内空间的影响。

3）动静分区

动区内包含的空间单元需相邻，靠近套型入口。同理，静区内的空间宜组团，尽量与动区设置明显界线，保证访客的活动区和家庭私密活动区分别控制在各自区域界限内。动静分区的边界界面数量尽量少，极大降低动静两区的关联度，有助于确保静区的私密性。可以看出，动静分区与公共私密分区有紧密的关联，住宅套内空间的划分主要取决于行为的私密性等级，即所有行为空间都可以根据其私密性程度来进行动静分区，如图 4-12 所示。

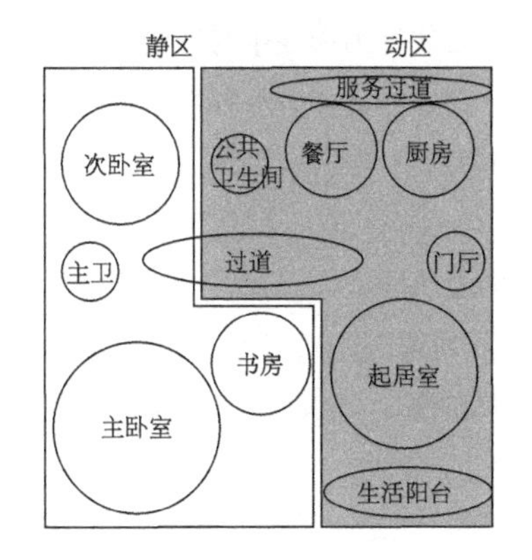

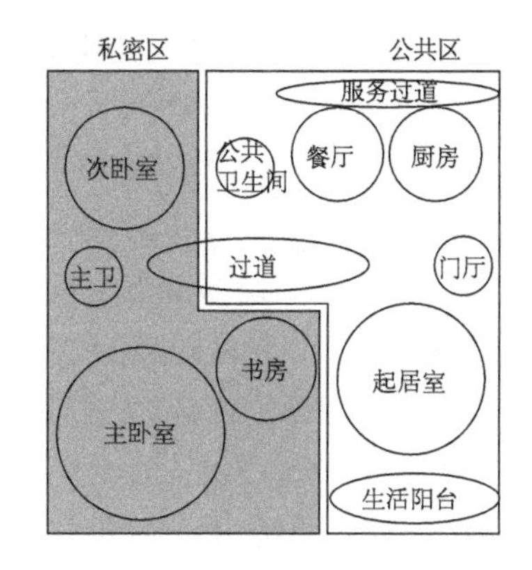

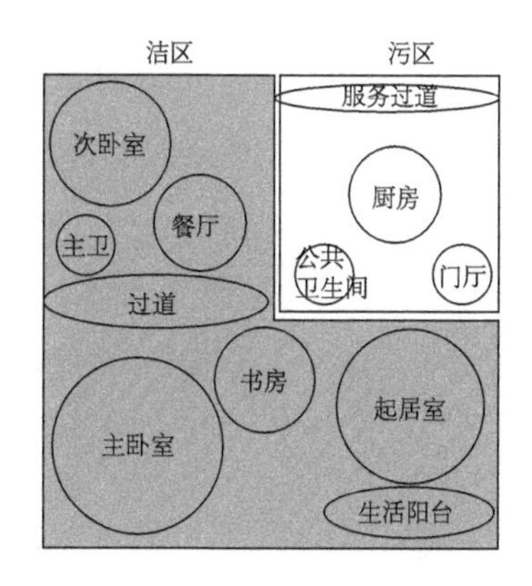

图 4-12　居住空间属性划分
图片来源：
周燕珉．住宅精细化设计 [M]. 北京：中国建筑工业出版社，2008.

综上所述，对居住行为关联的 4 对属性辨析，明确了住宅行为空间的基本特征，其中，私密性是空间分类与布局的关键要素，是影响住宅套内空间内在关联的重要指标。

4.2.3 居住行为的属性量度

居住行为的生活内容分类给予居住行为模式清晰的层级结构，居住行为的属性分析提供居住行为模式基本的特征指标，二者的交叉分析可挖掘出居住行为模式的各层具体内容的特征指标，旨在为相应的行为空间类型提供可量化指标。

1. 居住行为属性数据统计

为避免居住行为内容的私密性分析来源于研究者的主观判断，本书参考对居住行为内容的实态问卷调研数据，对居住行为内容的私密性程度、发生频率（发生频率替代恒定性作为数据统计的因子）、固定程度、安静程度进行分析。基于4.2.1中表4-6的分类，根据居住行为属性调查，可得到以下统计，如表4-8所示。

[1] 闫凤英．居住行为理论研究[D]．天津：天津大学，2005.

居住行为内容的属性统计[1] 表4-8

属性类型	第一生活					第二生活																	第三生活								
	就寝		饮食		便溺	卫生				家事							学习		移动				社交				娱乐				宗教
	睡眠	休息	就餐	饮酒	便溺	淋浴	洗浴	化妆	更衣	修饰	育儿	扫除	洗涤	裁缝	整理	烹饪	学习	工作	搬运	通行	出入	换鞋	谈话	会客	游戏	鉴赏	电游	手工	读书	园艺	信仰
私密程度	5	4	3	2	5	5	5	4	5	4	4	2	2	2	2	2	3	3	1	1	1	1	2	2	2	2	2	2	3	2	3
发生频率	5	3	4	2	4	4	4	2	4	3	1	3	3	1	3	1	4	4	1	4	4	4	3	3	3	1	3	2	4	1	1
固定程度	5	3	5	1	5	5	5	2	5	2	2	2	4	2	2	4	3	3	1	1	1	4	3	3	2	2	3	2	4	3	1
安静程度	5	5	4	3	3	3	3	3	3	3	4	2	2	2	2	2	3	3	2	2	2	2	2	2	3	2	2	2	4	3	3

注：程度级别分5级：强、较强、一般、较弱、弱，分别由5～1表示。

2. 居住行为属性交叉分析

私密性决定着住宅套内空间组织关系，是居住行为属性中对空间影响最大的因素。将其与其他几个属性（发生频率、固定程度和安静程度）进行交叉分析，探寻它们之间的关系，挖掘出异同内容对空间布局的影响，如表4-9所示。

根据以上分析，居住行为的私密性与行为发生频率、固定程度和安静程度总体趋势较为一致，总体呈现出从第一生活到第三生活强度下降的趋势，如图4-13所示。其中各方面强度最高的行为是睡眠、休息、就餐、便溺、淋浴、洗浴、更衣、读书；次高的是化妆、修饰、育儿、洗涤、学习、工作、换鞋、谈话、会客、游戏、电游；较低的是饮酒、扫除、裁缝、整理、烹饪、通行、出入、鉴赏、手工、园艺、信仰；最低的是搬运。对于行为空间而言，属性强度最高的行为空间普遍具有高私密性、高使用频率、高固定性以及高安静度，适宜形成固定空间；属性强度次高的行为在各个属性方面较为平均，具有一定的灵活性，宜形成可变复合型空间；属性强度较低的行为则具备足够

居住行为私密程度与其他属性交叉分析　　表 4-9

说明	交叉分析
1. 居住行为私密程度（虚线）与行为发生频率（实线）之间总体趋势较为一致，反映出私密性高的行为其频率也高，反之亦然。二者的较大分歧出现在化妆、育儿与移动行为，比如化妆与育儿的私密性较高，而其频率较低；移动行为的私密性低，而其频率较高。私密程度与发生频率二者较为接近的状态出现在第一生活中，主要体现在卧室、卫生间等空间	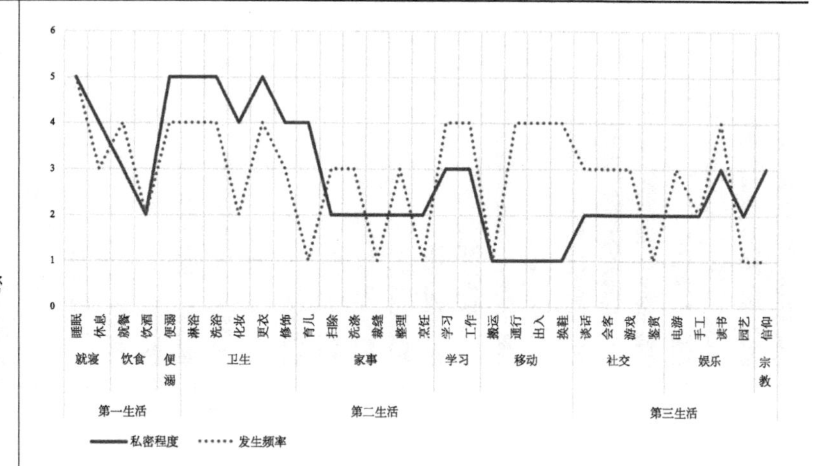
2. 居住行为私密程度（虚线）与行为固定程度（实线）之间总体趋势相对疏离。其分歧主要出现在就餐、洗涤、烹饪、换鞋等行为，呈现出私密性较低而固定性较高的情形；化妆、育儿等行为则私密性较高而固定性较低。私密程度与固定程度二者之间较为贴合的关系出现在沐浴、移动、社交和娱乐行为，前者主要反映在卫生间内，后者反映在客厅等空间	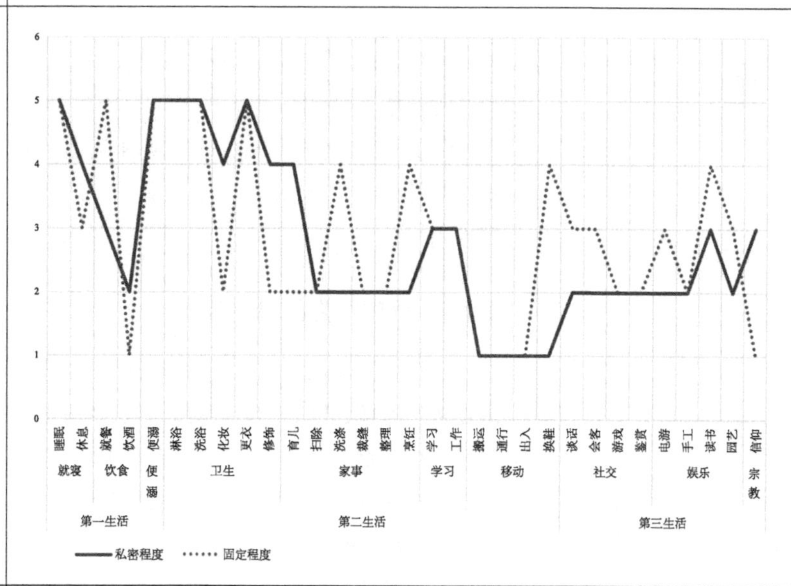
3. 居住行为私密程度（虚线）与行为安静程度（实线）之间总体关系较为接近。其较大分歧出现在便溺与卫生行为，这些行为的私密程度较强，但安静程度一般，主要是指卫生间、梳妆台及衣柜空间等，这些空间没有很高的安静需求，尤其是卫生间，淋浴等行为还会产生较大声响。私密性与安静性均要求较高的行为是睡眠、育儿和学习	0 1 2 3 4 5 6 睡眠 休息 就餐 饮酒 便溺 淋浴 洗浴 化妆 更衣 修饰 育儿 扫除 洗涤 裁缝 整理 烹饪 学习 工作 搬运 通行 出入 换鞋 谈话 会客 游戏 鉴赏 电游 手工 读书 园艺 信仰 就寝 饮食 便溺 卫生 家事 学习 移动 社交 娱乐 宗教 第一生活 第二生活 第三生活 私密程度 安静程度

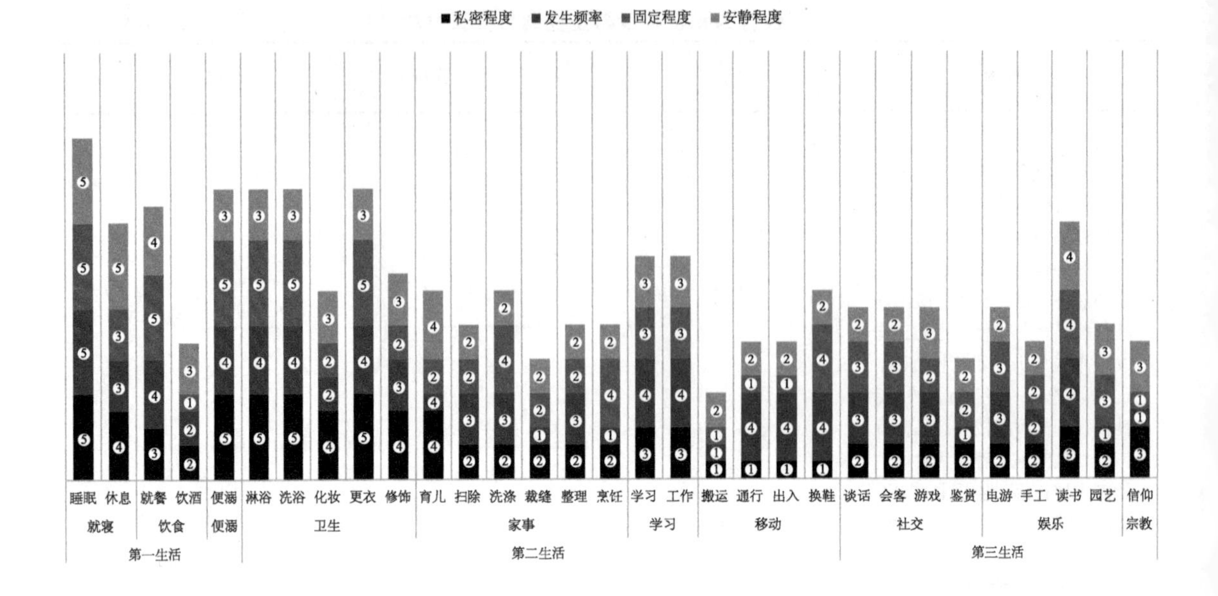

图 4-13 居住行为与空间属性总体量度

的灵活性，适宜可变复合型空间，其中烹饪、鉴赏、手工等行为，根据其特质适宜产生专用空间。

综上所述，对居住行为的微观内容及其属性进行定量的数据统计与分析，挖掘其总体趋势与量化层级，具体表征居住行为各微观内容的分类关系及其属性指标。

4.2.4 居住行为的时空规律

居住行为模式对居住空间的使用行为属性、行为发生的空间特征和时间周期进行考察，以此为依据判断居住空间设计的合理性。居住行为发生的空间特征分析旨在建立行为与空间的物理关系；居住行为发生的时间周期分析针对住户在套内空间的行为轨迹，即动线，建立行为在空间中的连续性，作为空间连接关系的依据。

1. 居住行为发生的空间特征

以传统的住宅套内空间功能分解方式，一般分为门厅、客厅、餐厅、卧室、书房、厨房、卫生间、阳台、储藏室 9 个。基于我国住宅研究者对居住空间的实态调查[1][2][3][4][5][6]，阐述居住行为内容与以上 9 个空间的对应关系，如表 4-10 所示。

1）就寝行为。基本发生在卧室，也有发生在书房或客厅的情况，其中休息行为有时会发生在客厅沙发或阳台。对于部分小户型家庭而言，没有专属的卧室，卧室与客厅合并为起居室，其就寝行为空间则属于客厅。

2）饮食行为。就餐及饮酒行为大多数发生在餐厅；也有在客厅用餐的情况，比例为 25.8%。除此之外，不少住户会选择在厨房、卧室、书房和阳台就餐，就餐行为在卧室的比例为 9.8%。选择厨房的住户多半采取了餐厨一体设计（DK 式），选择后 3 项的住户一般是生活习惯所致。非进餐时饮酒行为

[1] 陈珊，陈潇楠，刘嘉，等．深圳公共租赁住房入户调研及居住需求对比 [J]. 南方建筑，2021（5）：77-85.

[2] 周燕珉．住宅精细化设计 Ⅱ [M]. 北京：中国建筑工业出版社，2015.

[3] 闫凤英．居住行为理论研究 [D]. 天津：天津大学，2005.

[4] 毛钰强．基于未婚青年居住行为的住宅空间设计研究 [D]. 长沙：中南林业科技大学，2019.

[5] 赵青扬．卧室空间演进与居住实态 [J]. 建筑知识，2002（5）：5-9.

[6] 吕勇，胡惠琴．对传统居住模式继承的思考：基于菊儿胡同居住实态调查的分析 [J]. 建筑知识，2005（3）：1-5.

居住行为的所属空间　　表 4-10

	门厅	客厅	餐厅	卧室	书房	厨房	卫生间	阳台	储藏室
睡眠		○		●	○				
休息		○		●	○			○	
就餐		○	●	○	○	○		○	
饮酒		●	●	○	○	○	○	○	
便溺							●		
淋浴							●		
洗浴						○	●		
化妆	○			●			○		
更衣	○	○		●			○		
修饰	○			●			○		
育儿			●	●					
扫除						●		●	●
洗涤	○					●	●		
裁缝				●					
整理									●
烹饪		○	●			●		○	
学习		○	○	●	●				
工作		●	○	●	●				
搬运	●								○
通行	●								
出入	●								
换鞋	●								
谈话		●	●	○	○			○	
会客		●	●	○	○			○	
游戏		●	●	○				○	
鉴赏		●			●			○	○
电游				●	●				
手工				●	●				
读书			○	●	●			○	
园艺		○		○	○			●	
信仰		●	○	○	○	○			

注：●代表主所属空间，○代表次所属空间。

的移动性较强，基本可发生在任何空间，多数人选择客厅和餐厅。

3）便溺行为。便溺位于卫生间，将便溺、盥洗、沐浴、洗衣行为都整合在卫生间的比例为 16.1%；将便溺分出，其他 3 项整合的占 34.1%；而将便溺与洗浴整合的比例为 50%。一般中小户型内的卫生间包含便溺、洗浴与盥洗三合一的比例为 70% 以上。

4）淋浴与洗浴行为。二者都发生在卫生间，淋浴行为发生的比例为 71.8%、盆浴则为 11.4%，二者兼具的比例为 13.75%。部分住户的洗漱行为发生在厨房，占比为 31.9%。

5）化妆行为。化妆行为在卧室内占到 49.9% 的比例，在卫生间内占比为31.5%。化妆行为有时还发生在门厅的全身镜前，或一些开放式衣柜处。

6）更衣与修饰行为。更衣与修饰行为主要发生在卧室内，部分住户也会选择在门厅空间换衣，比例大概为17.2%。有条件的住户会在独立的衣帽间换衣。更衣与修饰行为也时常发生在卫生间内。

7）育儿行为。育儿行为一般发生在卧室和餐厅，满足育儿最根本的睡觉和进餐的行为需求。

8）扫除、洗涤、裁缝、整理行为。扫除行为本身发生在套内空间的各个角落，其工具存放的位置则一般位于卫生间、阳台或储藏室。洗涤行为一般在卫生间、厨房和阳台发生，少数家庭会在门厅入口处设置洗手池。裁缝行为主要依赖于裁缝机，现在家庭中已很稀少，而熨衣行为则一般位于卧室中，比例为51.3%。整理行为一般与储藏室有关，普通意义上的收纳整理则发生在居住空间的各处。

9）烹饪行为。烹饪行为位于厨房占绝大多数，有的烹饪行为在餐厅，典型的是餐厨一体化的形式。还有开放性厨房，使烹饪行为进入客厅，所占比例为15.2%。也存在烹饪行为分离在厨房外侧的服务阳台的情况。

10）学习与工作行为。学习与工作行为在卧室内的比例为60%，有条件的家庭设置独立书房。笔记本计算机等便携式设备的普及让住户具备在客厅或餐厅进行学习和工作的选择。部分居家办公的住户的工作行为选择发生在客厅，可以容纳更多的人协同办公。

11）搬运、通行、出入、换鞋行为。这些行为通常发生在住宅入口门厅处，入户换鞋的比例为90.6%。搬运行为在储藏室内也较为常见。

12）谈话、会客、游戏行为。这几种行为与社交会客有关，一般发生在客厅和餐厅，会客在客厅的发生率为72.3%。一些较为私密的活动可发生在卧室或书房，会客行为在卧室的比例为25.4%。天气好的时候，社交活动还经常发生在阳台，更贴近户外。

13）鉴赏、手工、园艺、信仰行为。这些行为十分个性化，鉴赏如收藏展示、书画鉴赏、音乐鉴赏等，一般配置书画台或乐器，展示位置可以为客厅、阳台这种开放性空间，或者收藏于书房和储藏间内。手工与鉴赏类似，发生在卧室和书房的情况较为普遍。园艺行为一般发生在阳台，也有少量种植活动发生在客厅、卧室、书房等。信仰根据各地情况不同，套内几个主要的空间都可能发生。

14）电游和读书行为。这两类行为需要依赖于计算机桌或书桌，一般发生在卧室和书房居多。少数人会选择在阳台读书。

2. 居住行为发生的时间周期

居住行为发生的时间具有一定的周期性，对其规律的挖掘是建构住宅套内空间动线安排的重要指导。然而，找寻居住行为的时间规律性并非易事，一是因为住户自身情况不同会导致行为时间的不同，比如年龄、性别、职业、经济水平、生活习惯等，都具有完全不同的居住行为动线；二是家庭结构的复杂与不同家庭成员各不相同，导致居住行为的动线各异。因此，本书通过对居住学者的实态研究的整理，归纳居住行为发生时间的大致规律，以作为居住空间规划的参考。分析居住行为时间的规律分为两个方面：行为轨迹、生活时态。

1）行为轨迹。住户进入住宅后的行为依次为：换鞋、整理、盥洗、更衣、休息、烹饪、就餐、洗涤、学习 / 工作、娱乐、淋浴、睡眠[1]。从这个行为时序可知，多数人下班回家后首先换鞋并进行随身物品的整理，比如放好包、伞、钥匙等；再立即洗手洗脸，尤其是疫情期间，回家后洗手的行为成了习惯；在此之后多数人会更换上居家服，保证室内的清洁和个人的舒适；在这些过渡行为之后，多数人选择回卧室稍作休息，包括使用手机或计算机看看信息或娱乐；短暂休息过后一般是点外卖或进厨房做饭，进餐之后稍作餐后整理和碗筷洗涤后，在客厅或卧室进行娱乐和休息，有些人需要继续学习和工作，最后再洗澡更衣睡觉。以上行为轨迹大多只针对上班族的日常基本状态，涉及面十分有限。

[1] 毛钰强．基于未婚青年居住行为的住宅空间设计研究 [D]. 长沙：中南林业科技大学，2019.

另一种研究行为时间次序的方法偏向实证法，采用 UWB 室内超宽带定位系统，连续、立即寻址住户在家中的具体位置，追踪人在套内空间的移动。根据 UWB 收集的数据可得到图 4-14 的热力图。

这种方式无疑为探索居住行为的时间规律提供了最直观的方法，然而找寻行为时间规律依然难上加难，一方面是因为需要针对各类住户进行大量的 UWB 实测统计；另一方面如前文所述，家庭成员的行为轨迹各异导致难以统一规律。因此，行为轨迹的方式更适合为住户定制化设计其空间动线组织。而下面要介绍的生活时态的方式则对普通家庭而言则更为适用。

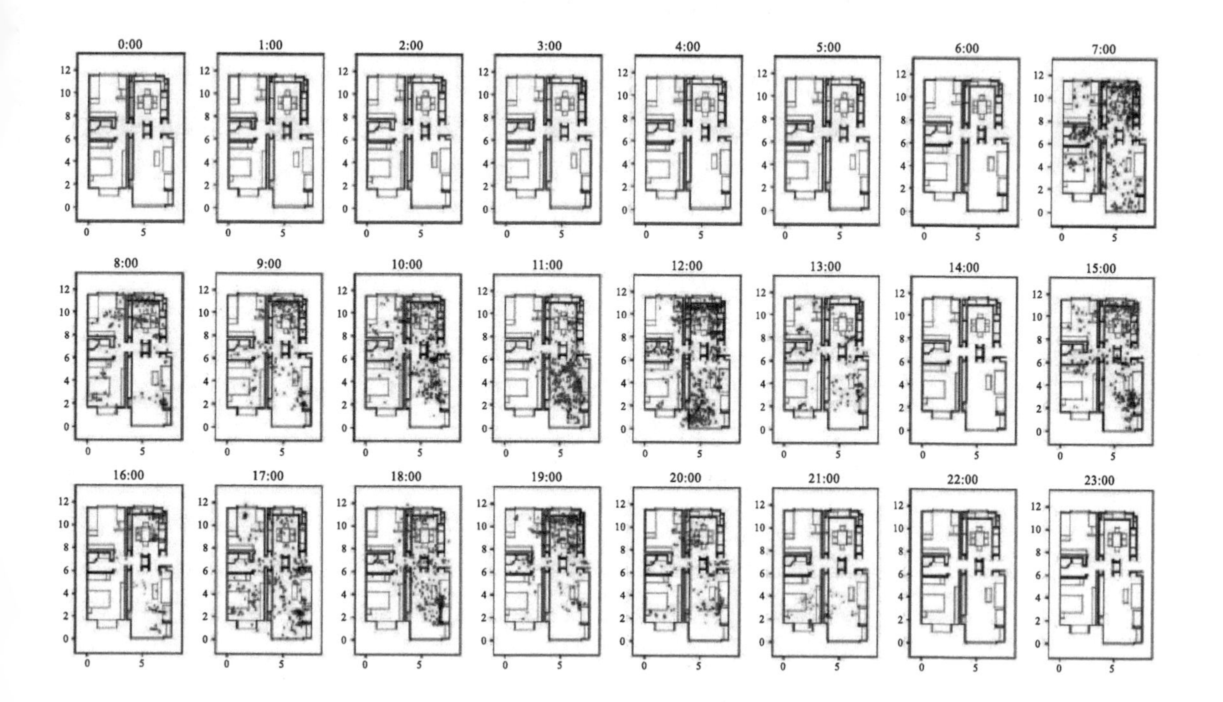

图 4-14　某家庭夫妻日常活动时空分布图
图片来源：
黄蔚欣，杨丽婧．基于 UWB 室内定位系统的居住行为量化分析与可视化 [J]. 城市建筑，2018(19)：22-25.

2）生活时态。生活时态是从时间的角度将居住行为划分为几类行为时态：睡眠时态、烹饪时态、用餐时态、卫浴时态、家务时态、工作时态、会客时态、娱乐时态和动态时态等。其细分内容如表4-11所示。

居住行为时态分析　　表4-11

时态	行为	具体内容
睡眠时态	睡眠、休息、更衣、读书	①睡觉；②衣物收纳；③更换衣物；④阅读需求
烹饪时态	烹饪、洗涤、整理、扫除	①烹饪顺序；②厨房收纳；③厨余处理
用餐时态	就餐、饮酒、鉴赏、游戏	①餐边柜收纳；②提供娱乐；③酒柜、展示柜
卫浴时态	便溺、淋浴、洗浴、育儿	①日用物品收纳；②干湿分离、净污分离
家务时态	洗涤、扫除、裁缝、整理	①分类储藏；②衣物熨烫；③洗衣及晾晒
工作时态	学习、工作、电游、谈话	①书房储书；②双人书桌；③可谈话或会客
会客时态	谈话、会客、游戏、饮酒	①厅柜收纳；②艺术展示；③孩童玩耍区及收纳
娱乐时态	鉴赏、电游、手工、读书	①棋牌影视；②健身设备；③阳台喝茶聊天
动态时态	搬运、换鞋、园艺、信仰	①储物收纳；②鞋柜与换鞋凳；③阳台等种植

综上所述，居住行为的时空规律是对居住行为在空间中的构成和空间之间组织关系的内在研究和分析，对住宅套内空间精细化设计和布局起到重要作用，是行为内在关联机制中的重要因素。

4.3 多元化居住需求

适应多元化居住需求是住宅套内空间模块化设计的宗旨，决定模块的选择与组合模式的设计规则。多元化居住需求主要包括家庭人口结构、家庭生命周期、家庭生活方式3方面，住宅套内空间设计需满足不同居住需求，形成面向不同住户家庭的模块化套型，从而提升住宅套内空间适应性。

4.3.1 家庭人口结构

家庭人口结构是分析住宅套内空间适应性需求的第一个重要维度。家庭人口结构指家庭成员相互间的组成关系，由于性别、辈分、姻亲关系等的不同，可分为不同的家庭成员组成结构。随着现代社会的发展，生育政策的放开以及婚姻家庭观念的转变，现代家庭人口结构出现了多元化发展趋势，比如独身主义家庭、丁克家庭、单亲家庭、多代际家庭、混合家庭等。多种家庭结构并存的现象导致住宅套内空间不能适应住户的需求，因此家庭人口结构需求成为住宅套内空间模块化设计的“刺激”条件，作为设计规则参与模块组合优化设计。

1. 我国家庭人口结构现状

从 20 世纪 80 年代实行计划生育政策以来，我国的家庭户均人口规模总体呈下降态势。根据国家统计局公布的第七次全国人口普查数据，2020 年平均每个家庭人口为 2.62 人，比 2010 年第六次全国人口普查的 3.10 人减少了 0.48 人。而 2000 年为 3.44 人、1990 年为 3.96 人、1982 年为 4.41 人，现今的家庭户均人口相较 40 年前减少了 1.79 人。由于通信网络技术的发展和长途交通工具的进步，人口的地域流动使得两代人在不同地区，家庭户均人口规模呈现小型化趋势。以核心家庭为主流家庭模式，1 人户、2 人户呈现持续增长趋势，4 人以上家庭模式逐年减少，如图 4-15 所示。

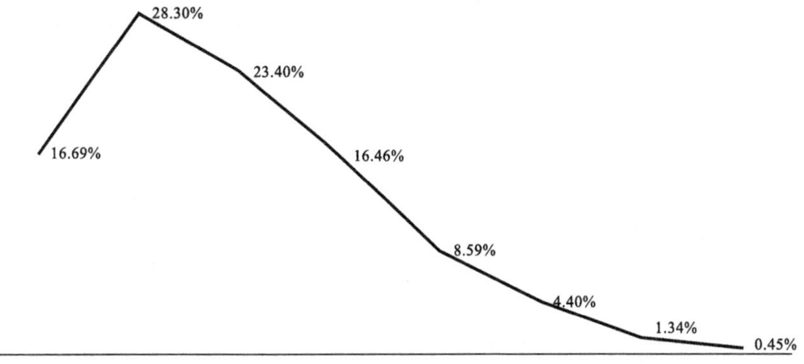

图 4-15　我国家庭户均规模情况，2008 年
图片来源：
何燕山 . 新市民家庭人口结构对保障性住房需求的影响研究 [D]. 广州：广州大学，2020.

我国目前存在的主要家庭结构可分为[1]：一是单人户，主要指单身户、离异或丧偶的家庭；二是两人户，主要指年轻夫妻两口之家、老龄夫妻两口之家、空巢户、单亲两口之家；三是核心户，指夫妻双方带未婚子女，包括两代人：夫妻 1 孩、夫妻 2 孩和夫妻 3 孩及以上；四是主干户，指夫妻带已婚子女的家庭，包括三代人：主干 1 孩、主干 2 孩和主干 3 孩及以上（孩指的是第三代）。具体家庭人口结构分类如表 4-12 所示。本书因篇幅局限仅对当下主流家庭类型进行研究，未涉及的其他家庭结构具备一定特殊性，可作为单独课题研究。

[1] 冯昱 . 中小套型住宅平面适应性研究 [D]. 杭州：浙江大学，2008.

家庭人口结构类型　　表 4-12

家庭类型	人口构成		
单人户	单身 A	离婚 A	丧偶 A
两人户	未育 / 丁克 A+A’	单亲 A+B	空巢 A+A’
核心户	核心 1 孩 A+A’+B	核心 2 孩 A+A’+B	核心 3 孩 A+A’+B
主干户	主干 1 孩 A+A’+B+B’+C	主干 2 孩 A+A’+B+B’+C	主干 3 孩 A+A’+B+B’+C

注：A、A’指同代的两个家庭成员，如夫妻；B、B’指 A 的下一代；C 指 B 的下一代。

2. 家庭人口结构对应套内面积需求分析

住宅套内建筑面积是住宅套内空间设计的重要指标，家庭人口结构需求对套型面积大小有关键影响，首先统计各家庭人口结构类型的户均人数，如表 4-13 所示；再归纳满足该住户数的套内面积需求如表 4-14 所示。

家庭人口结构户均人数汇总　　表 4-13

家庭类型	人口结构（户均人数）		
单人户	单身（1）	离婚（1）	丧偶（1）
两人户	未育 / 丁克（2）	单亲（2）	空巢（2）
核心户	核心 1 孩（3）	核心 2 孩（4）	核心 3 孩（5）
主干户	主干 1 孩（5）	主干 2 孩（6）	主干 3 孩（7）

注：括号内数字为户均人数。

户均人数与套内面积对照表　　表 4-14

户均人数 / 人	1	2	3	4	5	6	7	8
A/m^2	/	/	46	51	62	68	78	84
B/m^2	18	29	39	50	56	66	/	/

注：A 是欧洲最小套内居住面积；B 是日本最小套内居住面积。

3. 家庭人口结构对应套内功能需求分析

根据家庭户均人数与套内面积关系指标，可建立各类家庭人口结构的功能需求分析，包括基本的功能空间及面积需求。依据《住宅设计规范》GB 50096—2011 的功能房最小面积建议值，整合各类家庭人口结构对应的最小功能空间面积需求和最小套内面积，为本研究提供最小值参考，如表 4-15 所示。

表 4-15 中，根据国家最低标准，客厅面积不应小于 10m^2，兼卧室的客厅面积不应小于 12m^2，双人卧室不应小于 9m^2，单人卧室不应小于 5m^2。有子女的家庭尽量保证子女有其独立卧室，厨房、卫浴、阳台以最低数量及面积标准计，储藏和通行面积随着人口的增加而增加。

综上所述，家庭人口结构与住宅套内空间配置息息相关，随着现代社会家庭人口结构的多元化及小型化趋势增加，住宅套内空间设计亟须做相应调整以适应。对家庭人口结构的分类、人数和套内功能空间面积最低需求的分析，是指导住宅套内空间模块化设计的重要参数基础。

4.3.2　家庭生命周期

家庭生命周期（life circle）概念在 1903 年被提出[1]，描述家庭在时间上的变化及行为的改变，通常始于夫妻组建家庭到家庭解体（夫妻双方逝世）

[1] ROWNTREE B S. Poverty: a study of town life[M]. London: Macmillan, 1903.

家庭人口结构功能及面积表　表 4-15

家庭人口结构类型		人数	套内功能及面积需求							套内面积
			客厅	双人卧室	单人卧室	厨房	卫浴	阳台	其他	
单人户	单身	1	$12m^2$	/	/	$4m^2$	$4m^2$	$2m^2$	/	$22m^2$
	离婚	1	$10m^2$	/	$5m^2$	$4m^2$	$4m^2$	$2m^2$	/	$25m^2$
	丧偶	1	$10m^2$	/	$5m^2$	$4m^2$	$4m^2$	$2m^2$	/	$25m^2$
两人户	未育	2	$10m^2$	$9m^2$	/	$4m^2$	$4m^2$	$2m^2$	$2m^2$	$31m^2$
	单亲	2	$10m^2$	/	$5m^2\times2$	$4m^2$	$4m^2$	$2m^2$	$2m^2$	$32m^2$
	空巢	2	$10m^2$	$9m^2$	/	$4m^2$	$4m^2$	$2m^2$	$2m^2$	$31m^2$
核心户	核心 1 孩	3	$10m^2$	$9m^2$	$5m^2$	$4m^2$	$4m^2$	$2m^2$	$3m^2$	$37m^2$
	核心 2 孩	4	$10m^2$	$9m^2$	$5m^2\times2$	$4m^2$	$4m^2$	$2m^2$	$4m^2$	$43m^2$
	核心 3 孩	5	$10m^2$	$9m^2$	$5m^2\times3$	$4m^2$	$4m^2$	$2m^2$	$4m^2$	$48m^2$
主干户	主干 1 孩	5	$10m^2$	$9m^2\times2$	$5m^2$	$4m^2$	$4m^2$	$2m^2$	$4m^2$	$47m^2$
	主干 2 孩	6	$10m^2$	$9m^2\times2$	$5m^2\times2$	$4m^2$	$4m^2$	$2m^2$	$5m^2$	$53m^2$
	主干 3 孩	7	$10m^2$	$9m^2\times2$	$5m^2\times3$	$4m^2$	$4m^2$	$2m^2$	$5m^2$	$58m^2$

注：1. 套内功能空间及面积按最小需求计算；
2. 以我国当前“三孩”生育政策为基点；
3. 表格来源：依据《住宅设计规范》GB 50096—2011 绘制。

的全过程。家庭生命周期的概念为本研究提供了时间的脉络，由此界定家庭在不同时期的人口结构和对住宅套内空间的不同需求。

1. 家庭生命周期的阶段划分

家庭生命周期通常被认定为 30 ~ 60 年，家庭生命周期一般划分为 5 个时期：形成期、扩展期、稳定期、收缩期、空巢期[1]。各时期的具体节点内容大致如下：形成期是指从夫妻结婚到第一个子女的出生；扩展期指的是从第一个子女出生到最后一个子女出生；稳定期包含最后一个子女的出生到第一个子女完成学业离开家庭；收缩期表示从第一个子女离开家庭到最后一个子女离开家庭；空巢期是指从最后一个子女离开家庭到老年夫妻去世。

[1] 惠珂璟 . 居住空间适应性设计研究：以二孩家庭为例 [D]. 北京：北京建筑大学，2018.

处于形成期的家庭对住宅具有刚性需求，对套内空间的需求较为基本；扩展期及稳定期家庭需要改善性住宅，对空间有较大需求；而到了收缩期及空巢期的家庭，对住宅的需求会下降。家庭生命周期各阶段意味着家庭人口结构的变化、家庭资源及决策的变化，处于不同生命周期的家庭对住宅套内空间有不同的空间需求，基本呈现上升回落的趋势。因此不同的家庭发展阶段需要不同的套内空间加以适应。

2. 家庭生命周期内的家庭人口结构变化

家庭生命周期反映了住户在不同时期家庭人口结构变化所导致的居住需求变化。家庭生命周期与家庭人口结构不存在绝对的对应关系，其复杂性体现在住户家庭结构的多样性。本书尝试从最为普遍的家庭生命周期的开始到结束，探讨其与家庭人口结构的关系。

1）两人户是一个家庭生命周期的起始点，进入家庭的形成期，一般指的是新婚夫妻尚未生育的两人户阶段；

2）夫妻生育子女后家庭进入扩展期，时间跨度可根据子女数量及岁数而定，一般以最小的子女上幼儿园而结束，可能会出现老人同住并协助照顾孙辈的情况，家庭结构扩展成核心户或主干户；

3）从最小的子女上幼儿园起至最大的子女离家这段时期为家庭的稳定期，这段时期一般以核心户为主，少数情况下会出现老人或保姆同住的情况；

4）直至最小的子女离家的这段时期为家庭的收缩期，可能会出现老人同住的情况，方便被照料；

5）空巢期是指子女离家后且老人不同住的情况，家庭结构回归到老年夫妻的两人户。

表 4-16 为普通一孩家庭生命周期表，分别分析了家庭成员的组成：父母辈、夫妻、子女辈的年龄变化及居住情况，以提出相应的家庭人口结构，各阶段以 10 年为基准，二孩以上家庭可在此基础上增加子女人数，一般子女年龄差在 3 ~ 5 岁❶。

❶ 惠珂璟. 居住空间适应性设计研究：以二孩家庭为例[D]. 北京：北京建筑大学，2018.

家庭生命周期与家庭人口结构对照表 **表 4-16**

家庭时期	家庭结构	人群及年龄	居住情况	家庭人数
形成期	两人户	父母 50 ~ 60 岁	一般不同住	2 人
		夫妻 20 ~ 30 岁	两人同住	
扩展期	核心户 / 主干户	父母 60 ~ 70 岁	可能同住（照顾小孩）	4 ~ 5 人
		夫妻 30 ~ 40 岁	与父母及子女同住	
		子女 0 ~ 10 岁	同住	
稳定期	核心户	父母 70 ~ 80 岁	一般不同住	3 人
		夫妻 40 ~ 50 岁	与子女同住	
		子女 10 ~ 20 岁	同住	
收缩期	核心户	父母 80 ~ 90 岁	可能同住	3 ~ 4 人
		夫妻 50 ~ 60 岁	可能与父母同住（照顾老人）	
		子女 20 ~ 30 岁	一般不同住	
空巢期	两人户	父母 90 岁以上	一般不同住	2 人
		夫妻 60 ~ 70 岁	两人同住	
		子女 30 ~ 40 岁	一般不同住	

注：收缩期之后老年夫妻可能轮回至子女辈的扩展期，帮助照顾小孩。

3. 不同家庭生命周期内的居住需求变化

住户的居住需求伴随着家庭生命周期的变化而变化，在不同的家庭阶段会出现不同的居住行为及空间需求，以下是对普通家庭居住需求变化的一般性归纳：

1）家庭形成之前是单身阶段，通常指青年单独居住的阶段，独居青年居住空间的平面布局以卧室为核心，可兼顾客厅、餐厅及书房等，空间构成较为单一。对于少数的单人户，如离异、丧偶、独身主义等，不一定有组建家庭的需求，因而不存在家庭生命周期的讨论的必要性；

2）家庭形成期内青年夫妻的工作较为忙碌，多数不在家用餐，因而较少使用厨房，然而客厅内的社交活动会增加。青年夫妻主要的居家活动包括：看电视、上网、聚会、工作等，空间需求以卧室和客厅为主；

3）家庭扩展期对预留空间的需求较大，夫妻由两人户过渡到核心户或主干户，需为子女及父母的阶段性居住准备卧室空间。婴幼儿时期的子女习惯与大人一起休息，一般需在夫妻或老人的卧室内增添婴儿床，客厅内同时需开辟为婴幼儿游戏的空间。工作较为忙碌的核心户会请住家保姆照顾子女，因而需要预留客房 / 保姆房。此外，对于主干户而言，需要考虑空间适老化需求，包括老人轮椅通道的空间需求、休息区的独立性，以及卫生间位置的就近原则，老人房可自带卫生间。主干户的卫生间需求要适当增加，减少几代人共同生活的冲突，空间布局应注重各代人的私密性。同时，储藏空间的需求量变大，客厅和餐厅的需求也增加，供全家人交流互动；

4）家庭稳定期内的子女已上学，基本生活可以自理，因而老人及保姆同住的情况减少，多数家庭回归核心户，子女一般需要独立卧室，伴随独立的学习空间，子女的行为活动基本由客厅等开放性空间转移到私密的卧室中，储藏空间由多处储藏逐渐转变为各自卧室内的独立储藏。此外需预留老人短期居住的卧室 / 客房，卫生间需满足至少两个人同时使用，一般随着书本、储藏物的增加，需要提供夫妻独立的书房，也起到避免干扰的作用；

5）家庭收缩期中的子女逐渐离家读书与工作，老人因年龄大而同住，空间布局需尽量将主要活动空间、家务间能与老人卧室形成视线关联，卧室之间有一定的联通，便于照顾老人；

6）家庭空巢期的夫妻双人步入老年生活，主要活动是看电视、喝茶、健身、兴趣爱好、聚会聊天、棋牌等休闲活动，生活变得十分规律，产生不断重复的行为模式，需要安全和便捷的居家行为路径。

综上所述，家庭生命周期体现了住宅套内空间需求的第二个维度，揭示了住户在时间上的家庭人口结构变化所带来的居住需求改变，为住宅套内空间适应性设计提供全周期性视角。

4.3.3 家庭生活方式

随着 21 世纪信息时代技术的高速发展及现代人们生活水平的提高，我国居民的家庭生活方式发生了很大变化，如休闲生活的多样化、居家工作的便捷化、健康生活的普遍化等。家庭生活方式涉及人们的职业经历、文化教育程度、社会交际圈、年龄、性格、习惯及兴趣爱好等多种因素，具体到个人的家庭生活方式是各式各样的，住宅套内空间模块化的宗旨不在于为千家万户量身定制方案，而是在于提炼其中可标准化的部分进而实现大批量定制化的可能。因此，家庭生活方式可大致归纳为3种主要类型：工作学习型、社会交往型、生活休闲型[1]。这3种家庭生活方式是以家庭核心成员的主要生活特征归纳提炼，亦可容纳多种生活方式并存的模式。

[1] 冯昱．中小套型住宅平面适应性研究 [D]. 杭州：浙江大学，2008.

1. 工作学习型

工作学习型家庭的主要成员通常是从事全日制脑力工作，受过良好教育的住户，其子女一般处于接受教育的年龄，平时学习任务较重，家庭生活除必要的家务活动及交流外，家中的大部分时间用于学习及工作。因此工作学习型家庭需要安静、较为私密的学习或工作空间，卧室及书房的使用频率较高，客厅待客的情况较少，套内空间的核心以卧室及书房为主。家庭结构主要包括核心户、主干户。

2. 社会交往型

社会交往型家庭主要成员一般事业稳定，收入较高，有一定社会地位及广泛的人际关系，其居住的特点在于以娱乐社交为主的生活方式，一般有较为频繁的团聚、会客、游戏、歌舞、棋牌等各类娱乐活动等。空间需求强调较大的公共活动空间，通常配置较为独立的餐厅、会客厅、影音室、多功能室、客房等，空间尽量避免对卧室等其他私密空间的干扰，套内空间的核心以客厅、餐厅为主。这类家庭结构一般包括两人户、核心户。

3. 生活休闲型

生活休闲型家庭一般规模较小（1～3人），家庭的核心成员有较为轻松的工作、自由职业或已退休，注重享受安逸的生活和发展兴趣爱好。其生活方式的特点是以家务活动、起居、看电视、阅读、艺术、养殖花草及宠物等生活活动为重心，套内空间以紧凑的起居空间为核心。家庭结构以两人户（空巢期）、核心户为主。

综上所述，对我国现代城市居民典型生活方式特点的归纳与分类，为千差万别的家庭生活模式找寻基本类型，厘清3个基本类型中空间的典型结构关系，便于住宅套内空间模块化的适应性平台建立。

4.4　本章小结

本章为设计方法，是落实住宅套内空间模块化设计理论的“刺激响应规则”建构部分，分别对应模块层级建构机制的“结构—行为—功能”属性，建立标准化原则、居住行为内在关联、多元化居住需求，为后续的住宅套内空间模块分解与组合建立设计规则。

首先，对应模块化层级的“结构”属性，建立标准化原则，包括模数协调与人体工程学。模数协调旨在提升套内空间模块的互换性与通用性，人体工程学用于提升套内空间模块的集约化、使用效率与人居舒适度，标准化原则为科学的模块尺度建构提供方法。

其次，对应模块化层级的“行为”属性，以居住行为内在关联为设计规则，厘清居住空间的性质与空间的内在关系。对居住行为的概念界定和微观分类、属性辨析，以及时空规律等内容进行阐述，分析居住行为模式可转换为居住空间聚合度的关键指标，旨在为后文提供定量的居住模块化空间组织原则和方法。

最后，对应模块化层级的“功能”属性，通过多元化居住需求的刺激来定义套内空间模块组合的适应模式。将多元化居住需求主要划分为家庭人口结构、家庭生命周期、家庭生活方式3方面，分析各方面的家庭居住人数、成员组成和空间需求，以多维视角梳理影响住宅套内空间设计需求的要素，为提升住宅套内空间模块组合适应性提供主要依据。

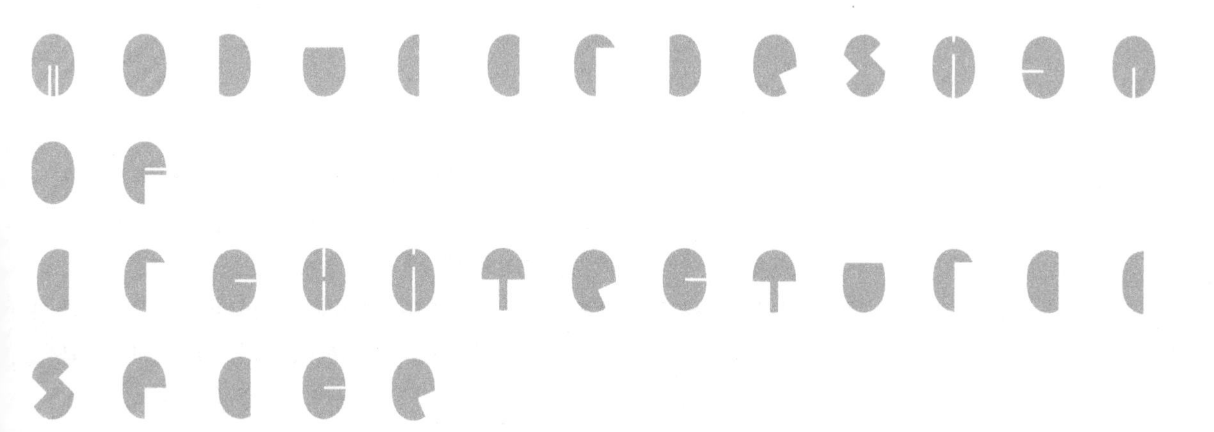

第5章

住宅套内空间模块分解层级建构

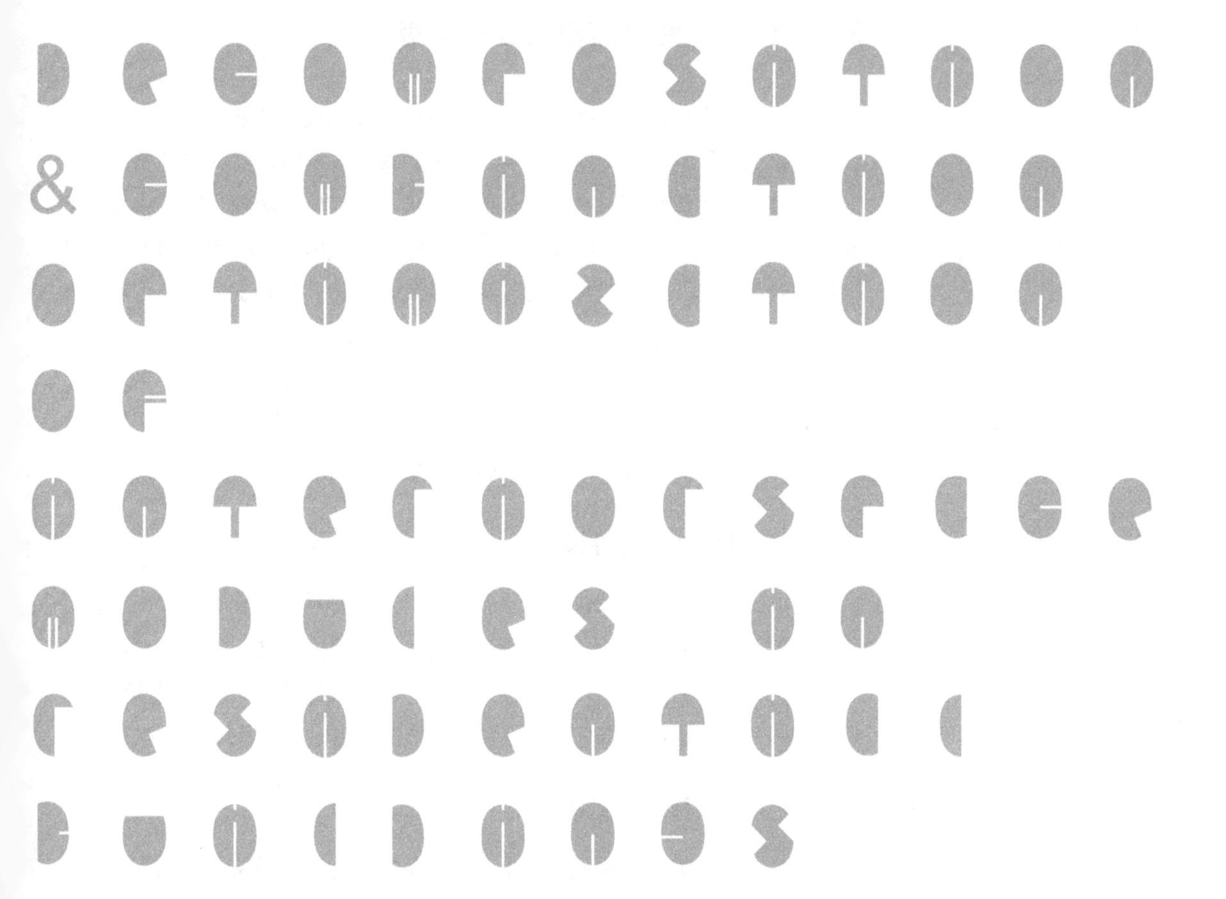

现代住宅僵化的套内空间布局模式愈发不能满足住户的多样化需求，其根本原因在于现代住宅设计中传统的“功能房”思维限制了套内空间的适应性。换句话说，住宅套内空间的功能划分不仅限于传统意义上的独立房间，而应从住户普遍共存的基本生活使用功能中提炼出映射的空间领域，分层级精细化建构居住空间系统。从复杂适应系统的视角看，住宅套内空间模块是适应性主体，需要借由基本机制层层建构模块化系统，提高套内空间模块化系统的结构性与灵活性。通过基本机制可以有效基于相应的设计规则对套内空间进行模块分解，形成清晰的模块聚合边界，建立住宅套内空间模块化系统的层次结构，提升空间应对需求变化的能力。

本章包括以下内容：一是依据住宅套内空间模块化理论模型的基本机制对套内空间进行模块分解层级建构，分为元件级模块、组件级模块、部件级模块；二是“元件级模块分解”针对部品部件模块，对其分类体系及几何尺寸信息归纳整理，为建构组件级模块提供基础数据；三是“组件级模块分解”是指行为单元模块，在元件级模块经由模数协调及人体工程学优化后发展而来，具备标准化及集约化特性；四是“部件级模块分解”，是指功能空间模块，引入居住行为内在关联度指标，将关联度转化为设计结构矩阵对组件级模块做聚类分析，最终通过空间复合形成独立的通用部件级模块。以上 3 个模块分解层级共同构成住宅套内空间模块分解策略。

5.1 住宅套内空间模块分解层级

对住宅套内空间的层次结构形成系统性认知是模块分解的第一要务。作为模块化系统，住宅套内空间具有清晰的层级，各层级自身具有完整的属性与设计规则，首先可通过“标识机制”提供空间模块分解的依据，再根据刺激响应的设计规则形成各级模块产生的“内在模型机制”,最后以“积木机制”创建各级模块库。建立相应的模块化系统层级模型，为后文设计具体的空间模块提供方法路径。

根据住宅套内空间模块化理论，模块分解可建立 3 个层级，自下而上分别为部品部件模块、行为单元模块、功能空间模块。与此相应，3 个层级分别建立元件级、组件级、部件级模块库。如图 5-1 所示。

5.1.1 元件级部品部件模块

功能是构成模块的依据，是进行系统分解的基础[1]。最底层级模块以居住功能的最小结构载体——家用部品部件起始，建立元件级模块。市场上的家用部品部件品种繁多、尺度及形式各异，各式各样的家用部品亟须归类统计并统一尺度，因而采取标准化原则加以约束产生标准化元件级模块。

[1] 童时中．模块化原理设计方法及应用[M]. 北京：中国标准出版社，2000.

5.1.2 组件级行为单元模块

居住功能的最小结构载体赋予人或设备的行为才可具备居住功能，因此

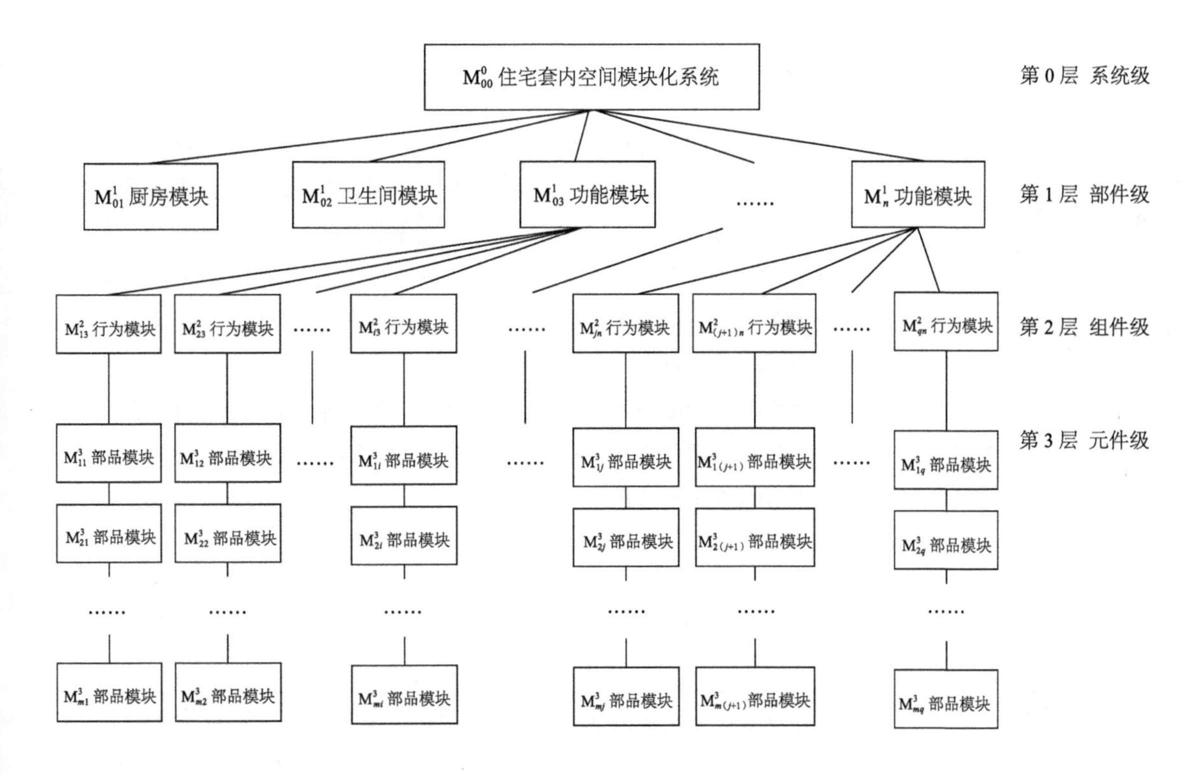

图 5-1　住宅套内空间模块分解层级

组件级模块通过模数协调与人体工程学的优化组合产生具备人体动作域的组件级模块，这种模块是住宅套内的最小行为单元。宅内居住行为活动由许多这样的最小行为单元支撑，有些居住行为可由多个串联行为构成，因而行为单元还需继续聚合形成更大的空间，即组件级模块依据居住行为内在关联度，演化出下一层级的部件级模块。

5.1.3　部件级功能空间模块

组件级模块通过行为关联度进行优化聚合产生集成化部件级模块，这类模块是住宅套内的基本功能空间。相较于经验式定义的卧室、客厅、餐厅等功能用房，部件级的功能空间模块具备更多的韧性及结构性，更为科学的建构过程使其成为可大批量定制的通用模块，成为套型内多样化组合的基本模块。

综上所述，住宅套内空间模块分解层级为住宅套内模块化系统建立基本结构及规则，实现以不变模块应万变系统的可能。

5.2　元件级模块

元件级模块层级是住宅套内空间模块化系统的最低层级，是向上构建其他模块层级的基础。元件级模块以家用部品为独立单元作为住宅套内空间模块化系统的“零件”，需要结合市场上既有产品对家用部品的分类体系及几何尺寸信息进行归纳整理，获得原始图形及数据。需特别指出的是，本书将厨房及卫浴这类成熟的模块化产品直接纳入部件级模块的范畴，省略其底层建构，因而在元件级、组件级模块研究中不涉及厨房与卫浴。

5.2.1 基本家用部品分类体系

家用部品主要针对在套型平面内占较大面积的落地部品，以这些部品本身的空间体量作为衡量元件级模块尺度的依据。据统计，家具平面面积占住宅套内平面净面积的 37.3%，固定家具在家居生活中扮演着重要角色[1]。因此家用部品的研究范围主要指大型的落地家具，也包括大型家电等。本节对家具与家电的分类体系、规范尺寸、产品尺寸进行统计与分析，建立家用部品的平面尺寸信息库。

[1] 罗丁豪．精装住宅空间与柜类家具的协调模数研究[D]．长沙：中南林业科技大学，2020.

现今的家用部品各式各样，明晰其分类方式可简化品种，有助于建立宏观视角的家用部品体系，家具及家电部品主要有以下几种分类方式：

1. 按套内空间位置分类

如表 5-1 所示。

[2] 周燕珉．住宅精细化设计Ⅱ [M]．北京：中国建筑工业出版社，2015.

家用部品按空间分类[2] 表 5-1

类别	部品
门厅	伞盒、单车、婴儿车、儿童滑板车、轮椅、休憩坐凳、衣帽更换柜、鞋柜、子母门
客厅	电视、音响、棋牌桌、计算机、钢琴、书柜、茶具、保鲜柜、饮水机、空调机、健身器械、叠衣 / 熨衣架、大型盆栽、水族箱、储藏柜、多功能 / 组合沙发
餐厅	多人餐桌椅、烤面包机、咖啡机、泡茶桌、饮水机、小冰箱、餐具柜、冰箱
卧室	单人 / 双人床、电视柜、床头柜、梳妆台、手工台、婴儿床、衣柜、衣服篓、收纳柜
书房	书桌椅、书柜、单人床、计算机、打印机
阳台	洗衣机、晾衣架、储藏柜、水池、家务间

2. 按家用部品跟人体的关系分类

日本学者抓住家具与人、物的关系，把家具分为 3 类：人体系家具、准人体系家具、建物系家具[3]如表 5-2 所示。人体系家具是与人体有直接接触的家具，其性能、尺度都要符合人体工程学；准人体系家具既间接接触人体，又要考虑物体的尺寸；建物系家具主要用于物品的储放、陈列，除考虑动作域尺度外，可以不受人体尺度的制约。

[3] 李婉贞．人体姿势与家具分类 [J]．家具，1983（3）：8-11.

家用部品按人体关系分类 表 5-2

类别	部品
人体系	床、扶手椅、沙发、工作椅、凳子、休闲座椅、地毯
准人体系	工作台、柜台、餐桌、书桌、茶几、边几、床头柜
建物系	壁柜、格架、盥洗池、收纳柜、衣柜、隔断

3. 按家用部品的用途分类

可分为坐功能家居、卧功能家具、承物类家具和储存类家具，具体的家具类型为桌椅类、床类、沙发类和柜类等[1]。这种按家具功能用途分类的方式最为普遍，在家居市场中广泛使用。本书结合上述分类方式，对宜家家居、京东家居、美国家得宝（Home Depot），以及诸多家居品牌店进行常用家具及家电等共 57 种部品进行归纳整理，如表 5-3 所示。

[1] 晏安然.小户型家具的模块化设计研究 [D] 北京：北京林业大学，北京，2017.

家用部品按用途功能分类 表 5-3

类别	部品
床类	单人床、双人床、沙发床、双层床、婴儿床、储物床、坐卧两用床、高架床
桌椅类	书桌椅、儿童书桌椅、电竞桌椅、会议桌椅、茶几、双人餐桌椅、四人餐桌椅、六人餐桌椅、八人餐桌椅、吧台、梳妆台、茶台、休闲椅、贵妃椅、棋牌桌
沙发类	双人沙发、三人沙发、多人组合沙发、贵妃沙发、转角沙发、脚凳
柜类	电视柜、餐边柜、展示柜、书柜、独立储物柜、床头柜、平开门衣柜、滑门衣柜、步入式衣柜、儿童衣柜、转角衣柜、鞋柜
家电	立式空调、洗衣机、迷你洗衣机、烘干机、单开门冰箱、对开门冰箱、冰柜、按摩椅
其他	钢琴、游戏帐篷、壁炉、跑步机、神龛、户外桌椅 / 沙发、宠物屋

5.2.2 床类基本部品

本书的基本家用部品的尺度研究主要依据《建筑设计资料集》（第三版）、家居市场产品实际尺度等归纳总结，采取平面图简化的绘制方式，忽略部品的具体细节，旨在针对其空间边界尺度进行统计。

床是卧室里必不可少的“人体系”家具，因而床的尺度由人体身高数据界定，同时预留出人体动作空间以及枕头和被子摆放的空间，其长度通常为 1950 ~ 2050mm，单人床宽度为 900 ~ 1200mm，双人床宽度为 1300 ~ 1800mm。此外，为节省使用空间，产生了高架床、双层床、储物床、坐卧两用床等不同类型，由于楼梯、收纳、可变功能增加，床的平面占用面积也有所增加，尤其是折叠床或沙发床这类可变形床，其空间范围需以其最大展开面积计算。根据不同文献资料以及市面上床类品牌，其尺寸分类如表 5-4 所示。

床类主要家具平面尺寸示意 表 5-4

种类	部品平面几何图示	尺寸：长 × 宽（单位：mm）
单人床	1 2 3 4 5	1. 2000 × 1200 2. 2000 × 900 3. 1900 × 1500 4. 1900 × 1200 5. 1900 × 1000

续表

种类	部品平面几何图示	尺寸：长 × 宽（单位：mm）
双人床	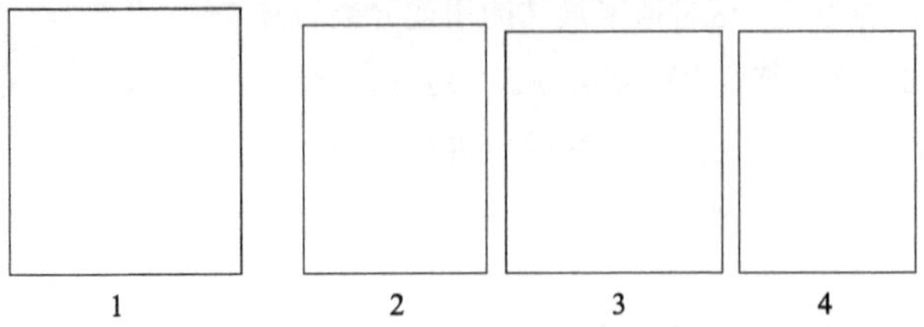 1 2 3 4	1. 2200 × 1000 2. 2060 × 1560 3. 2000 × 1835 4. 2000 × 1500
沙发床	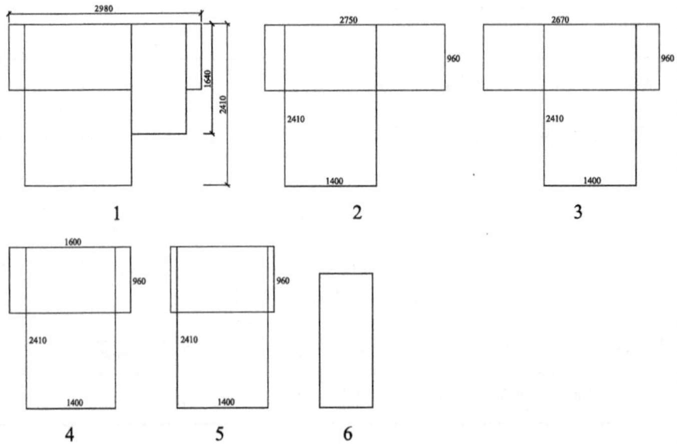 2980 1640 2410 1 2750 960 2410 1400 2 2670 960 2410 1400 3 1600 960 2410 1400 4 960 2410 1400 5 6	1. 2410 × 2980 2. 2410 × 2750 3. 2410 × 2670 4. 2410 × 1600 5. 2410 × 1600 6. 2000 × 800
双层床	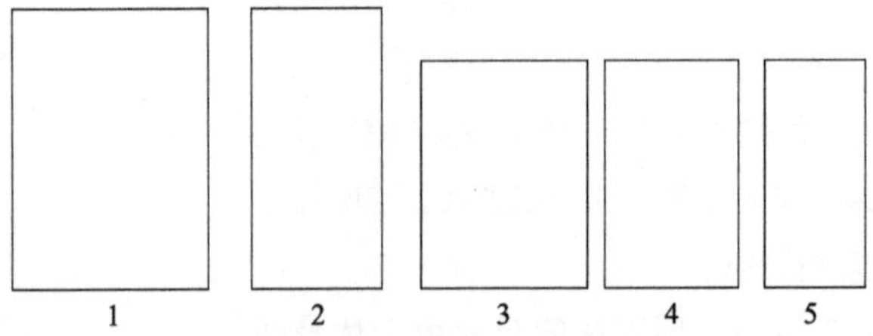 1 2 3 4 5	1. 2470 × 1800 2. 2470 × 1200 3. 2000 × 1500 4. 2000 × 1200 5. 2000 × 900
儿童床	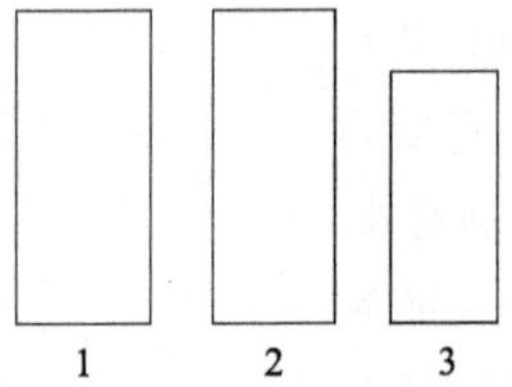 1 2 3	1. 2000 × 900 2. 2000 × 600 3. 1600 × 700
婴儿床	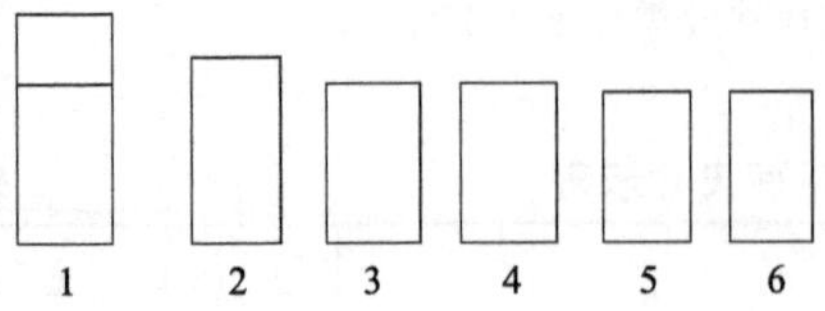 1 2 3 4 5 6	1. 1480 × 640 2. 1200 × 600 3. 1060 × 650 4. 1020 × 640 5. 960 × 580 6. 960 × 560
储物床	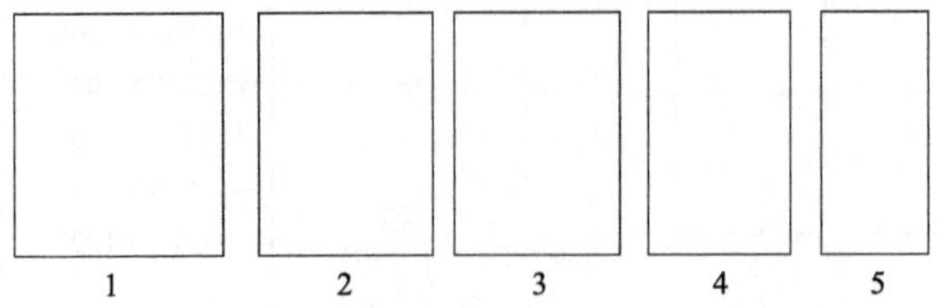 1 2 3 4 5	1. 2000 × 1800 2. 2000 × 1500 3. 2000 × 1400 4. 2000 × 1200 5. 2000 × 900

续表

种类	部品平面几何图示	尺寸：长 × 宽（单位：mm）
坐卧两用床	1 2 3 4 5	1. 2240 × 1800 2. 2240 × 1500 3. 2240 × 1300 4. 2000 × 1800 5. 2000 × 800

5.2.3 桌椅类基本部品

桌椅组合是住宅套内各功能用房中使用频率很高的家具，种类繁多，对于很多小户型家庭，一套桌椅需要“身兼数职”，既用于工作与学习，又用于用餐与聚会等。前文提到桌椅类属于“准人体系”家具，需要考虑人体与物品的尺度，以最常见的工作台及餐桌椅为例。一是工作台 / 书桌椅根据不同职业有不同尺度需求，例如设计师、画家的工作台需要大量的空间摆放工具，并考虑人体最大动作域，国家相关标准要求书桌常规宽度是 600mm，满足一台计算机的操作的最低尺寸要求为 450mm，大致可推算工作台长为 1500mm、宽为 600mm。二是餐桌椅的设计需要考虑人体最大水平动作域，以及台面上物品的尺度，可确定 2 ~ 3 人使用餐桌宽度为 600 ~ 750mm，长度为 600 ~ 750mm。4 人使用的餐桌需要两人并排用餐，其长、宽大致分别为 1200mm、750mm。6 ~ 8 人餐桌的尺度大致为 2100mm × 850mm。依据不同文献资料及市面上桌椅类品牌，归纳其尺寸分类如表 5-5 所示。

桌椅类主要家具平面尺寸示意 表 5-5

种类	部品平面几何图示	尺寸：长 × 宽（单位：mm）
书桌	1 2 3 4	1. 1200 × 600 2. 1000 × 600 3. 800 × 600 4. 800 × 500
书椅	1 2 3 4	1. 780 × 530 2. 620 × 590 3. 560 × 460 4. 470 × 450
儿童书桌	1 2 3 4 5 6 7 8	1. 1200 × 680 2. 1200 × 600 3. 1020 × 610 4. 1000 × 500 5. 950 × 680 6. 800 × 520 7. 800 × 500 8. 600 × 520

续表

种类	部品平面几何图示	尺寸：长 × 宽（单位：mm）
儿童书椅	1 2 3 4 5 6	1. 650 × 530 2. 630 × 440 3. 620 × 520 4. 610 × 400 5. 500 × 475 6. 380 × 340
电竞椅	1 2 3 4 5	1. 550 × 540 2. 620 × 580 3. 660 × 660 4. 690 × 680 5. 700 × 640

注：详表参见附录 A，含 18 种桌椅类部品，因篇幅原因此处仅作部分展示。

5.2.4 沙发类基本部品

沙发在起居空间中处于核心地位，占有较大的空间规模。沙发作为“人体系”家具，舒适性和休息功能使得其坐宽比椅类家具宽松许多，单个沙发垫宽约 700mm，坐深则与坐时人体厚度及大腿长度适应，大概为 450mm。现代沙发设计繁多，以下 3 种情况较为典型，如图 5-2 所示。

现代沙发设计通过组合 3 种典型的沙发，形成各种尺度，以适应不同家庭的需求。根据不同文献资料及市面上沙发类品牌，整理出尺寸分类如表 5-6 所示。

5.2.5 柜类基本部品

柜子是满足收纳需求的主要部品，收纳是现代家庭中必不可少的空间需求。诸多住宅居住需求的调研结果显示，收纳空间成为现代住宅的稀缺元素，因此柜类家具是提升居住空间生活质量的重要保证。柜子是典型的“建物系”

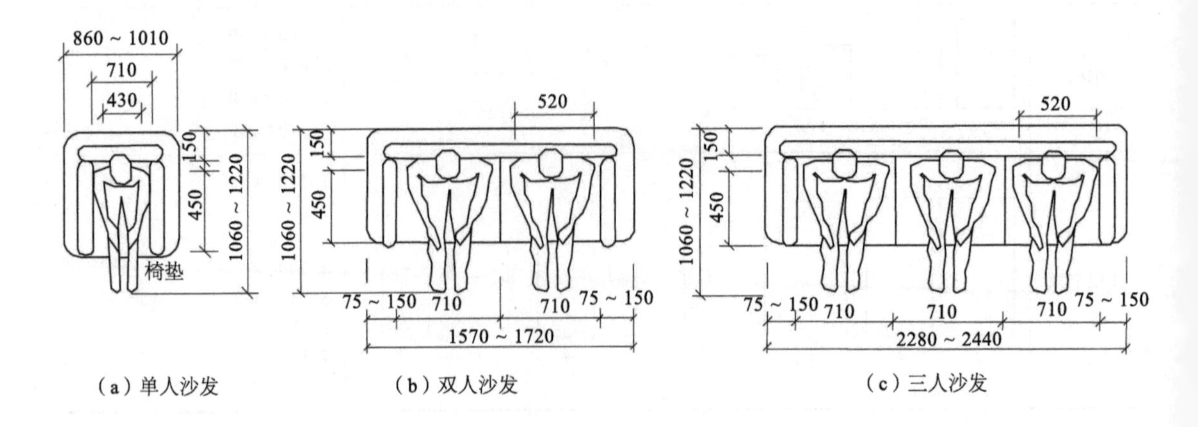

图 5-2 沙发尺度图示（单位：mm）
图片来源：
刘昱初，程正渭．人体工程学与室内设计[M]．北京：中国建筑工业出版社，2008.

沙发类主要家具平面尺寸示意　　表 5-6

种类	部品平面几何图示	尺寸：长 × 宽（单位：mm）
双人沙发	1　2　3　4　5	1. 2280 × 950 2. 2050 × 940 3. 1990 × 970 4. 1980 × 990 5. 1920 × 990
三人沙发	1　2　3　4　5　6	1. 2610 × 980 2. 2550 × 980 3. 2410 × 980 4. 2270 × 980 5. 2250 × 1050 6. 2110 × 880
带贵妃椅 / 多人沙发	1640　930　3690　1 1580　780　3600　2 1640　3490　3 1640　980　3390　1515　4 1640　980　730　3220　5 1510　2910　6 1580　790　2800　7	1. 3690 × 1640 2. 3600 × 1580 3. 3490 × 1640 4. 3390 × 1640 5. 3220 × 1640 6. 2910 × 1510 7. 2800 × 1580

注：详表参见附录 A，含 5 种沙发类部品，因篇幅原因此处仅作部分展示。

家具，其尺度的确定一般由所承载物品的尺度决定。一是书柜尺寸与书本的开本和页面尺寸有关，故书柜宽度一般控制在 300mm 为宜。二是衣柜的尺寸与衣物及床上用品尺寸相关，衣柜宽度应满足悬挂衣物及折叠被子等需求，控制在 600mm 为宜。三是鞋柜的尺寸与鞋子及门厅的尺度有关，故鞋柜的宽度限定为 400mm 为宜。

此外，柜类家具与其他家具的区别在于利用其垂直空间，以节约空间。按照人取放物品的尺度可将柜类家具在垂直高度上划分为 3 个区域：第一区域一般用于放置较重及不常使用的物品，人在操作时需蹲下；第二区域存放较为常用的物品，处在操作的舒适区；第三区域处在高处，存放不常用的轻质物品，如图 5-3 所示。

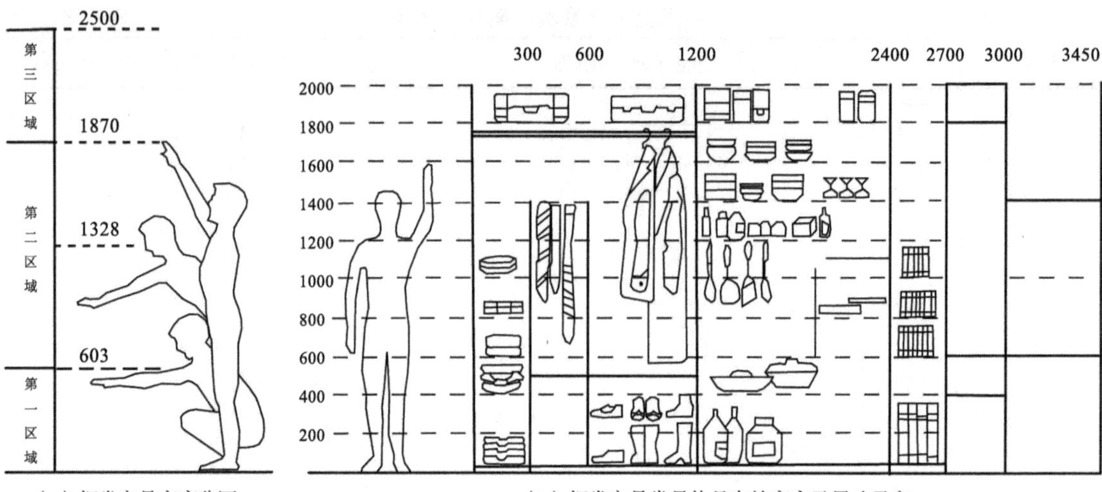

（a）柜类家具高度分区

（b）柜类家具常见物品存放高度及尺寸示意

图 5-3 柜类家具尺度图示（单位：mm）
图片来源：
张绮曼，郑曙旸．室内设计数据集 [M]．北京：中国建筑工业出版社，1991.

依照不同文献资料及市面上的柜类品牌，统计其尺寸分类如表 5-7 所示。

柜类主要家具平面尺寸示意 **表 5-7**

种类	部品平面几何图示	尺寸：长 × 宽（单位：mm）
电视柜	1 2 3 4 5	1. 3180 × 300 2. 2180 × 300 3. 2000 × 400 4. 1980 × 300 5. 1800 × 400
餐边柜	1 2 3 4 5 6	1. 3200 × 350 2. 1800 × 400 3. 1500 × 400 4. 1250 × 400 5. 1100 × 400 6. 900 × 400

续表

种类	部品平面几何图示	尺寸：长 × 宽（单位：mm）
展柜	1 2 3 4 5 6 7 8 9 10 11	1. 1200×550 2. 1000×550 3. 1200×400 4. 1200×350 5. 1100×400 6. 1000×400 7. 900×400 8. 800×400 9. 200×400 10. 600×400 11. 600×350
书柜	1 2 3 4 5 6	1. 1200×400 2. 800×400 3. 800×350 4. 855×245 5. 655×245 6. 455×245
独立储物柜	1 2 3 4 5	1. 2000×400 2. 970×360 3. 880×430 4. 760×430 5. 700×430

注：详表参见附录 A，含 14 种柜类部品，因篇幅原因此处仅作部分展示。

5.2.6 家电类基本部品

家电在住宅套内空间中占据不小空间，大型落地家电如冰箱、洗衣机等，其空间规模和位置需纳入套内空间模块化系统的设计范畴。整理不同文献资料以及市面上的家电品牌，归纳其尺寸分类如表 5-8 所示。

家电类主要家具平面尺寸示意 表 5-8

种类	部品平面几何图示	尺寸：长 × 宽（单位：mm）
柜式空调	1 2 3 4 5	1. 550×352 2. 510×490 3. 510×315 4. 486×306 5. 407×377
洗衣机	1 2 3 4 5 6	1. 780×450 2. 745×449 3. 730×680 4. 713×668 5. 580×570 6. 570×550

续表

种类	部品平面几何图示	尺寸：长 × 宽（单位：mm）
迷你洗衣机	1 2 3 4 5 6	1. 360 × 340 2. 354 × 326 3. 330 × 330 4. 290 × 290 5. 255 × 225 6. 210 × 210
烘干机	1 2 3 4	1. 727 × 670 2. 711 × 683 3. 638 × 596 4. 637 × 596
单开门冰箱	1 2 3 4	1. 700 × 600 2. 650 × 600 3. 644 × 545 4. 620 × 544 5. 586 × 480

注：详表参见附录 A，含 8 种家电类部品，因篇幅原因此处仅作部分展示。

5.2.7 其他类基本部品

本书选取现代住宅内常见的对象（非装饰类），梳理市面上的成熟品牌，其尺寸分类如表 5-9 所示。

其他类主要家具平面尺寸示意 **表 5-9**

种类	部品平面几何图示	尺寸：长 × 宽（单位：mm）
钢琴	1 2 3 4 5	1. 1530 × 610 2. 1410 × 480 3. 1400 × 480 4. 1370 × 470 5. 1370 × 360
游戏帐篷	1 2 3 4 5	1. 1790 × 1690 2. 1400 × 1000 3. 1300 × 1000 4. 1200 × 1200 5. 1200 × 1000
壁炉	1 2 3 4 5 6	1. 1530 × 610 2. 1100 × 250 3. 1000 × 260 4. 800 × 260 5. 730 × 440 6. 702 × 297

续表

种类	部品平面几何图示	尺寸：长 × 宽（单位：mm）
跑步机	1　2　3　4　5	1. 1985×855 2. 1970×875 3. 1850×865 4. 1795×810 5. 1489×772
神龛	1　2　3　4　5	1. 1200×480 2. 1080×580 3. 1000×480 4. 900×480 5. 800×480

注：详表参见附录 A，含 9 种其他类部品，因篇幅原因此处仅作部分展示。

5.3　组件级模块

住宅套内空间模块的尺度基础是人体工程学与模数的研究[1]。元件级模块向组件级模块建构的标志在于人体动作空间尺度的拓展和融合，使组件级模块由“部品尺度”结合“人体尺度”形成“空间尺度”。本节结合模数协调原理将元件级模块的尺度进行标准化整合，并基于人体工程学原理对人与元件级模块的交互空间进行精准测算，建立系列化组件级模块。

[1] 王蔚．模块化策略在建筑优化设计中的应用研究[D]. 长沙：湖南大学，2012.

5.3.1　基于模数协调的组件级模块界定

“自下而上”的住宅套内空间模块建构要求组件级模块以精细的模数化家用部品设计来“逆推”出住宅套内空间的尺度，减少安装及预留空间的误差，遵循由小到大，由细微到宏观的逻辑才能保证最佳精确度，解决居住空间根本痛点，形成可批量复制的模块化空间部品。

根据模数协调的原理可知，家用部品模块以平面模数网格定位，其平面尺度以其最大几何边界为基准。对常见的家用部品尺寸进行统计后发现，将 1.5M（150mm）进行整数倍的扩大后符合大部分家具的外观尺寸，如表 5-10 所示。因此 1.5M 可作为其外观尺寸设计的基本模数，300mm、450mm、600mm、750mm、900mm 等可作为其扩大模数[2]。

建筑模数协调的本质是“人、部品、空间”的模数相适配[3]。住宅套内空间的模数协调较为成熟的是卫生间空间，其瓷砖及常用铝扣板集成吊顶的长宽尺寸以 3M=300mm 及其倍数为基准。按《建筑模数协调标准》GB/T 50002—2013 的相关规定，建筑空间模数通常采用扩大模数 3M 为进级单位，元件级模块应结合人体动作域的基本模数，与组件级模块 3M 有良好的尺寸匹配关系[4]。由此，元件级模块以 1.5M=150mm 为基本模数；人体动作域以 1.5M 为基本模数；组件级模块作为融合“部品 + 人体动作域”的空间模块，

[2] 晏安然．小户型家具的模块化设计研究 [D] 北京：北京林业大学，北京，2017.

[3] 罗丁豪．精装住宅空间与柜类家具的协调模数研究 [D]. 长沙：中南林业科技大学，2020.

[4] 刘洋．基于模块化理论的钢结构住宅厨卫设计研究 [D]. 北京：北京交通大学，2016.

家用部品平面常见模数化尺寸　　表 5-10

大类	小类	长、宽（mm，$n \times 1.5M$）	小类	长、宽（mm，$n \times 1.5M$）
床	单人床	1950 ~ 2100、900 ~ 1500	婴儿床	1050 ~ 1500、600 ~ 750
	双人床	2100 ~ 2250、1050 ~ 1950	储物床	2100 ~ 2550、900 ~ 1800
	沙发床	2100 ~ 2400、900 ~ 3000	坐卧床	2100 ~ 2250、900 ~ 1800
	双层床	2100 ~ 2550、900 ~ 1800	高架床	2100 ~ 2550、1350 ~ 1500
	儿童床	1650 ~ 1950、750 ~ 1500	/	/
桌椅	书桌	900 ~ 1200、600	四人餐桌	1200 ~ 1500、600 ~ 900
	书桌椅	600 ~ 900、450 ~ 600	六人餐桌	1500 ~ 2100、900
	儿童书桌	600 ~ 1200、600 ~ 750	八人餐桌	1800 ~ 3000、750 ~ 900
	儿童椅	450 ~ 750、450 ~ 600	餐椅	450 ~ 600、450 ~ 600
	电竞桌	1050 ~ 1800、600 ~ 900	换衣台	750 ~ 900、450 ~ 750
	电竞椅	750、600 ~ 750	梳妆台	600 ~ 1200、450
	会议桌	2100 ~ 4800、1050 ~ 1500	吧台	1050 ~ 2400、450
	茶几	900 ~ 1650、600 ~ 900	休闲椅	750 ~ 1200、750 ~ 900
	双人餐桌	600 ~ 1500、450 ~ 900	贵妃椅	1500 ~ 1950、750 ~ 900
沙发	双人沙发	1500 ~ 2400、900 ~ 1050	转角沙发	2400 ~ 3300、1800 ~ 2400
	三人沙发	2100 ~ 2700、900 ~ 1050	脚凳	600 ~ 1050、450 ~ 900
	多人沙发	3000 ~ 3750、1500 ~ 1650	/	/
柜	电视柜	1800 ~ 3300、300 ~ 450	平开衣柜	450 ~ 3000、450 ~ 600
	餐边柜	900 ~ 3150、450	滑门衣柜	1050 ~ 3000、450 ~ 600
	展柜	600 ~ 1200、300 ~ 600	开放衣柜	450 ~ 1650、450 ~ 600
	书柜	450 ~ 1200、300 ~ 450	步入衣柜	600 ~ 2250、450 ~ 600
	储物柜	750 ~ 1950、450	儿童衣柜	600 ~ 2100、450 ~ 600
	床头柜	450 ~ 600、300 ~ 450	转角衣柜	750 ~ 1050、750 ~ 1050
家电	立式空调	450 ~ 600、300 ~ 450	单门冰箱	600 ~ 750、450 ~ 600
	洗衣机	600 ~ 750、450 ~ 750	对门冰箱	750 ~ 1050、600 ~ 750
	小洗衣机	300 ~ 450、300 ~ 450	冰柜	900 ~ 1800、750 ~ 900
	烘干机	600 ~ 750、600 ~ 750	按摩椅	1350 ~ 1800、750
其他	钢琴	1350 ~ 1650、450 ~ 600	户外桌	600 ~ 1500、600 ~ 900
	游戏帐篷	1200 ~ 1800、1050 ~ 1650	户外椅	450 ~ 750、450 ~ 600
	壁炉	750 ~ 1650、300 ~ 600	户外沙发	750 ~ 3300、750 ~ 1050
	跑步机	1650 ~ 2100、750 ~ 900	宠物屋	450 ~ 1800、450 ~ 1350
	神龛	600 ~ 1200、450 ~ 600	/	/

则以 3M 为基本模数，以 300mm 为平面模数网格格距，使得模块几何尺寸控制在进深与面宽均为 300mm 的整数倍。

综上所述，在以模数协调为标准化原则的作用下，各式各样的元件级模块尺度获得了尺度的协调与标准，优化成为通用模块，使其更具备互换性，形成的组件级模块亦具备标准化属性。

5.3.2 基于人体动作域的组件级模块空间聚合

依据前文，组件级模块可简单表述为：元件级模块 + 人体动作域 = 组件级模块。以下分别对各类组件级模块与人体动作域的空间聚合进行平面尺度界定。

1. 床模块

通常情况下床模块旁边最紧密的是床头柜模块，因此这两类模块可合二为一。床头端空间界面一般靠墙，周围可伴随着不同的人体动作域，如站立、屈膝、坐立等。仅对针对床本身的动作尺寸做提取，选择动作域较大的“屈膝”动作域为基准，即 600mm，建立床模块两个方向界面的动作域，以满足人在床边站立、坐立、屈膝上 / 下床等动作空间需求。600mm 的动作域可满足单人床、双人床、儿童床等，其他特殊床类有不同动作域尺寸。比如沙发床、双层床、婴儿床及高架床，一般有 2 个以上界面靠墙，因而动作域仅针对其中 1 个开放界面；婴儿床的动作域包含大人对床弯腰照顾婴儿的动作，因此取弯腰动作域 750mm；储物床含收纳柜一侧包含人体下蹲取物的动作域，取 900mm，其余方向仍然以屈膝上 / 下床的动作域 600mm 为基准，如表 5-11 所示。

典型组件级床模块尺寸界定（单位：mm） 表 5-11

类型	单 / 双人床	双层床	婴儿床
动作界面	2	1	1
动作域	屈膝	屈膝	弯腰
图示	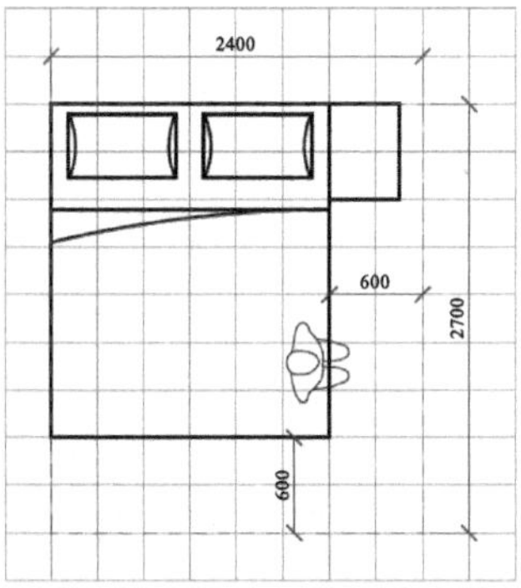	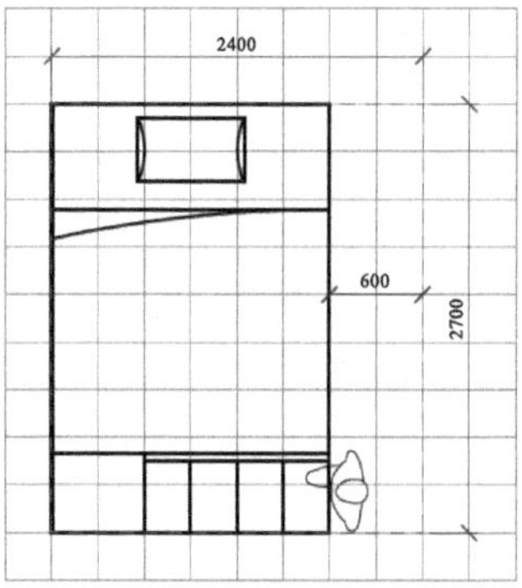	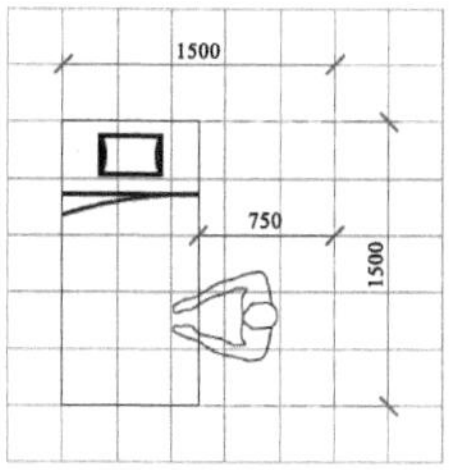

注：虚线框表示动作域边界，因篇幅原因此处仅作部分展示，详表参见附录 A。

2. 桌椅模块

与床类别模块同理，如表 5-12 所示。

典型组件级桌椅模块尺寸界定（单位：mm） **表 5-12**

类型	书桌椅	工作台	四人餐桌椅
动作界面	1	1	3
动作域	入座通行	入座通行	入座公共通行
图示	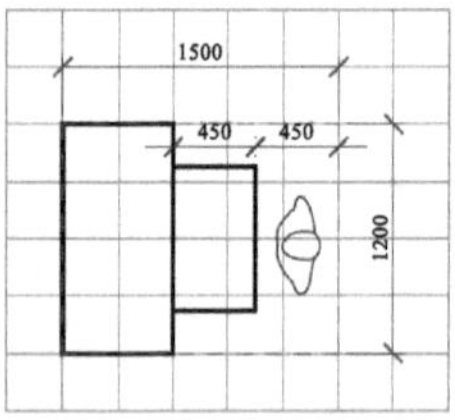	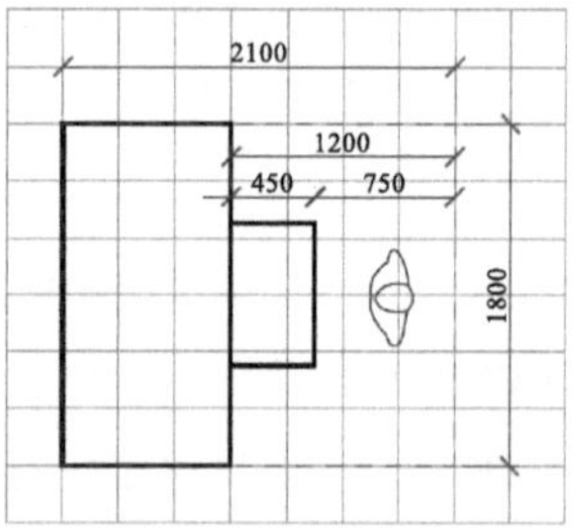	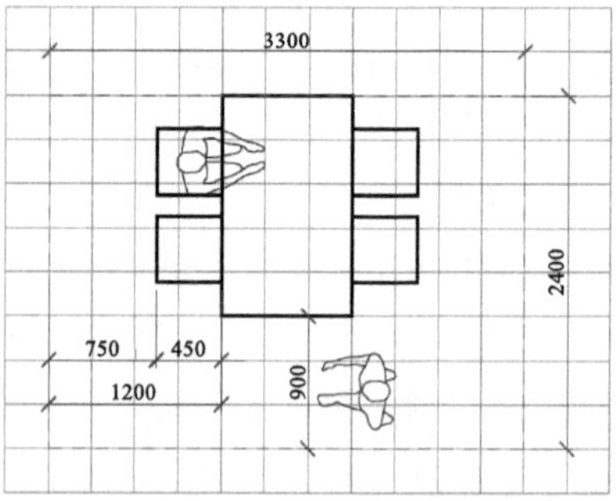

注：虚线框表示动作域边界，因篇幅原因此处仅作部分展示，详表参见附录 A。

3. 沙发模块

沙发模块尺寸界定如表 5-13 所示。

典型组件级沙发模块尺寸界定（单位：mm） **表 5-13**

类型	三人沙发	转角沙发
动作界面	2	2
动作域	通行，下蹲取物	通行，下蹲取物
图示	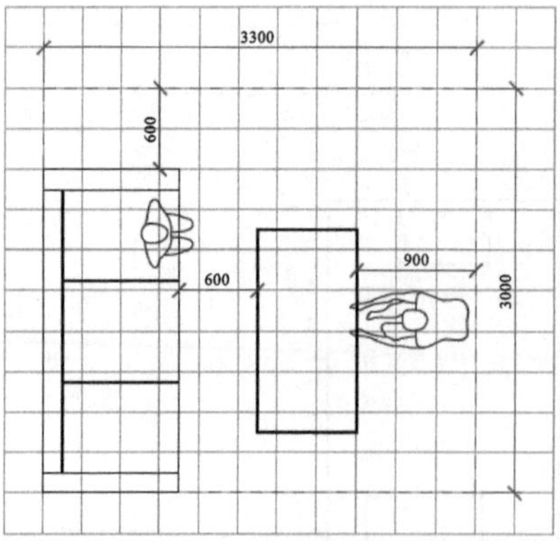	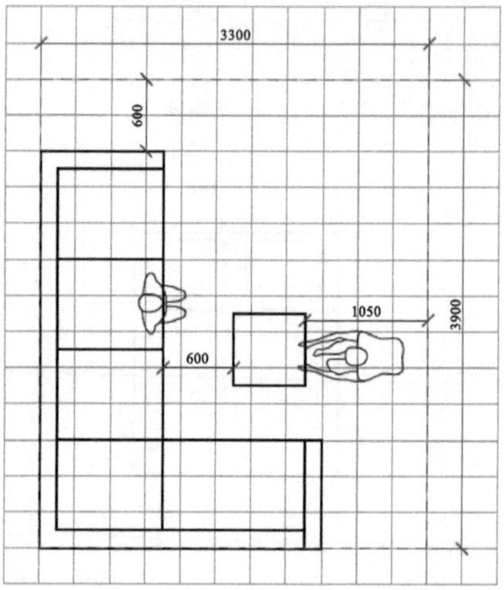

注：虚线框表示动作域边界，因篇幅原因此处仅作部分展示，详表参见附录 A。

4. 柜模块

柜模块尺寸界定如表 5-14 所示。

典型组件级柜模块尺寸界定（单位：mm）　　表 5-14

类型	电视柜	平开门衣柜	步入式衣柜
动作界面	1	1	1
动作域	视距，公共通行	下蹲，换衣	下蹲，换衣
图示	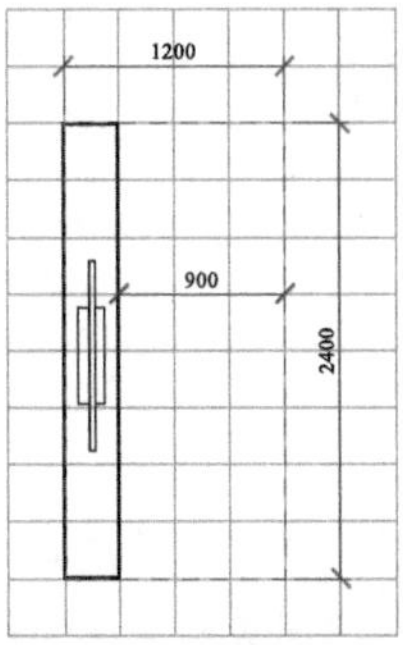 1200 900 2400	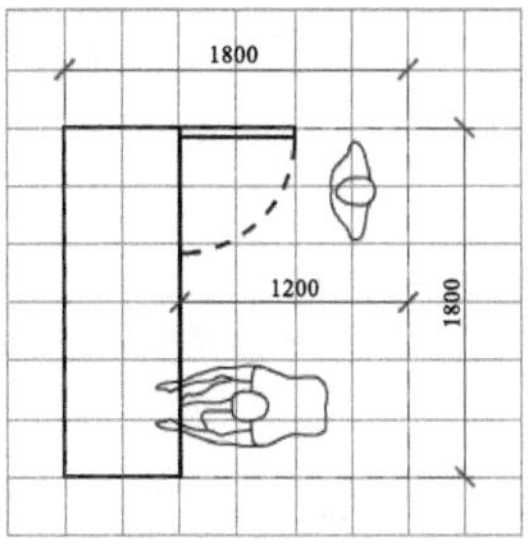 1800 1200 1800	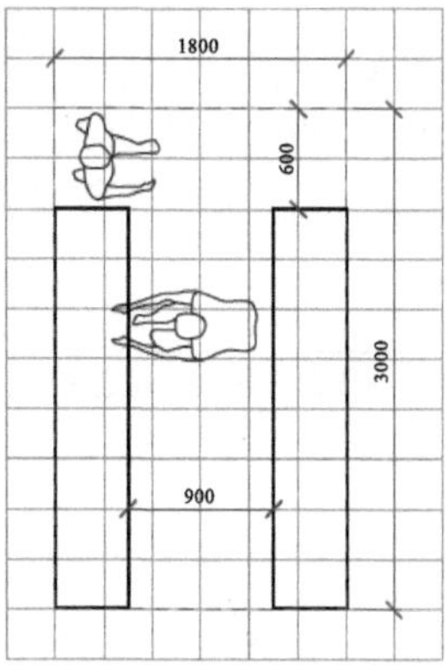 1800 600 900 3000

注：虚线框表示动作域边界，因篇幅原因此处仅作部分展示，详表参见附录 A。

5. 家电模块

家电模块尺寸界定如表 5-15 所示。

典型组件级家电模块尺寸界定（单位：mm）　　表 5-15

类型	洗衣机	对开门冰箱	按摩椅
动作界面	1	1	2
动作域	下蹲取物	下蹲取物	弯腰，通行
图示	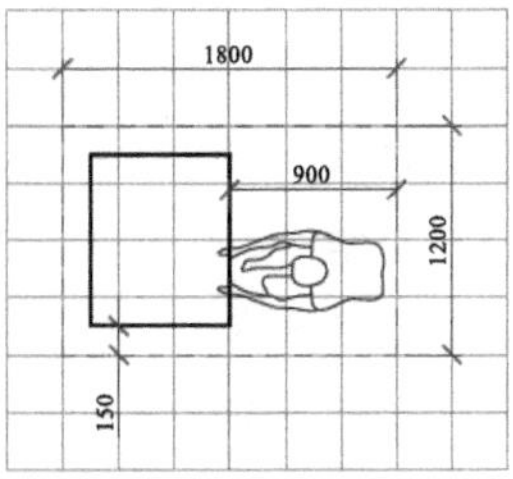 1800 900 1200 150	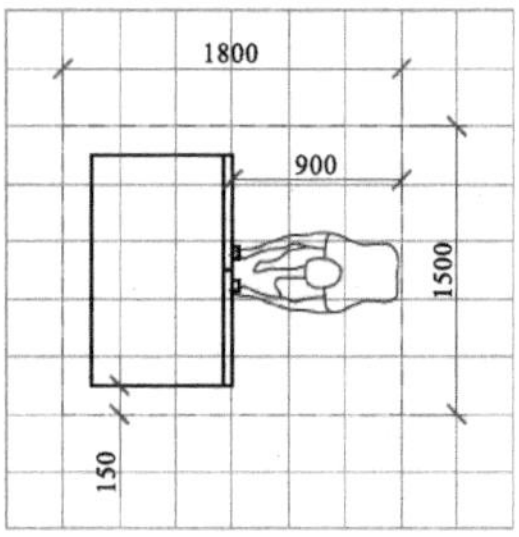 1800 900 1500 150	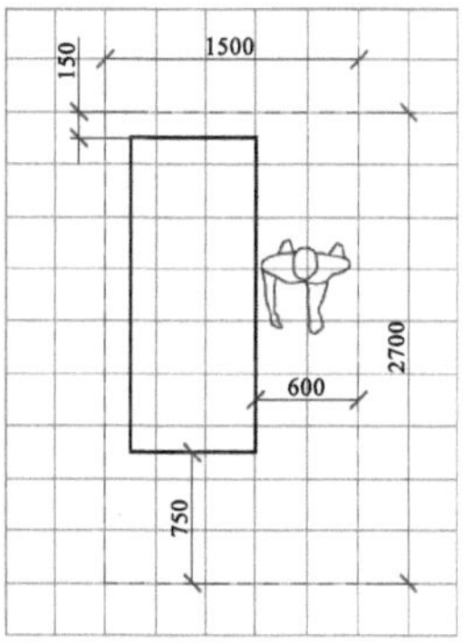 150 1500 600 2700 750

注：虚线框表示动作域边界，因篇幅原因此处仅作部分展示，详表参见附录 A。

6. 其他模块

其他模块尺寸界定如表 5-16 所示。

典型组件级其他模块尺寸界定（单位：mm）　　表 5-16

类型	钢琴	跑步机	户外桌椅
动作界面	4	1	3
动作域	入座，通行	弯腰	入座，通行
图示	3000　600　450　450　600　2700　600	1200　150　2700　750	3300　750　450　450　750　2400

注：虚线框表示动作域边界，因篇幅原因此处仅作部分展示，详表参见附录 A。

综上所述，住宅套内空间元件级模块通过模数协调原理进行各类部品模块的尺度标准化优化；再结合人体动作域形成标准化的组件级模块。组件级模块的创建为下一步的部件级模块构建提供聚合的基础。

5.4　部件级模块

行为与空间是贯穿建筑设计的一对要素，行为是空间组织的依据，空间是行为活动的场所，谋求两者的统一是建筑设计的基本出发点[1]。毋庸置疑，住户的居住行为模式是空间规划的重要依据[2,3]。在对住宅套内空间进行元件级、组件级模块建立的基础上，部件级模块的构建需要通过居住行为内在模式探寻模块聚合的机制。

本节是对住宅套内空间部件级模块聚合的具体研究，其核心是围绕居住行为发生的组件级模块——空间、行为、私密性 3 者的聚类分析进行的。在这些显在的行为单元模块信息之下，潜藏着居住行为的动机、意志、选择倾向。为此，对住宅套内家用部品进行实态调研获得其基本属性，通过住户对家用部品的使用共性挖掘出居住行为的内在逻辑，作为组件级模块聚合内在关联机制。首先以数据分析为基础，建立设计结构矩阵，再使用聚类算法进行模块聚类方案生成。最后结合空间复合策略及其算法，创建组件级模块聚合形成的部件级模块，同时纳入市场现成的模块化厨房及卫浴产品作为成熟的部件级模块产品，为住宅套内空间设计提供集约且合理的空间模块选择。

5.4.1　住宅套内空间家用部品实态调查及分析

住宅套内空间作为居住行为的载体，其空间内发生的行为及行为之间的联系是空间设计的重要依据，通过实态调研的方式采集不同面积的住宅套内

[1] 徐从淮．行为空间论 [D]. 天津：天津大学，2005.

[2] 周燕珉．住宅精细化设计Ⅱ [M]. 北京：中国建筑工业出版社，2015.

[3] 龙灏，关景．套内空间精细化设计在保障性住房中的应用 [J]. 西部人居环境学刊，2013（6）：35-40.

空间家用部品的种类与数量，结合对家用部品的空间位置调查、行为属性分析及私密程度调研，为住宅套内空间设计提供第一手数据，提高本研究的科学性和适宜性。

1. 调查内容及样本采集方法

调查问卷分为3个部分，第一部分的调查针对被调查者的基本信息和居住状况，如所在城市、年龄、居住人数、套内建筑面积等，以此确定被调查者是否是本研究的对象群体；第二部分是居住行为调查，了解住户在家用餐、下厨、工作与学习、看电视等行为的频率，以及社交聚会时的行为类型等；第三部分是统计被调查者家中家用部品的种类、数量、空间位置和使用频率，以此了解住户行为发生的内容、空间和频率，摸清住户对住宅套内空间各部分的使用需求和方式。

此次问卷调查的时间为2021年10月1日至7日，调查通过线上和线下的方式进行。线上通过网络投放问卷，收到有效问卷245份；线下随机发放样本问卷，收到有效问卷195份。调查问卷第一部分及第二部分的结果将在第六章做具体分析，本节主要针对第三部分家用部品进行分析，以挖掘居住行为的空间及属性特征。第三部分的调查问卷见附录B。

2. 各类套型面积的家用部品种类及数量统计

由调查问卷可以统计出各类套型面积的家用部品种类和数量，其意义在于为住宅套内空间系统提供基本“组件级模块”的类型和数量，便于后文的模块聚合研究。

本书将实态调研与实际平面图纸结合，进行综合家用部品统计分析。图纸数据来自《深圳公共租赁住房入户调研及居住需求对比》中对深圳2010—2019年140个公共租赁住房案例的梳理[1]，以及《中心户型开发与设计：90平方米以下畅销住宅套型800例》[2]等数据，基本统计见附录B。

根据对线上网络问卷、线下随机调查样本及实态住宅平面图的具体分析，得出不同套型面积下的家用部品种类和数量如表5-17所示。

3. 各类家用部品所属空间分析

通过调研数据分析各类家用部品的所属空间，旨在定量分析行为内容所处空间，即清晰界定行为在空间上的关联性。选择各类家用部品比例靠前的几种空间作为行为空间的参考，如表5-18所示。

4. 各类家用部品所属行为分析

建立居住行为生活内容分类与家用部品之间的关系，是界定家用部品行为属性的重要步骤。根据4.2.1节的表4-6，即居住行为生活内容分类，归纳其相应家用部品，一个家用部品有时出现多个行为分类，见表5-19。

5. 各类家用部品私密程度分析

居住行为属性以私密性为主要参数，按照居住行为私密程度（或发生频率）从高至低分为5档，分别以1、0.75、0.5、0.25、0来表示，住宅设计专家回馈意见，如表5-20所示。

[1] 陈珊，陈潇楠，刘嘉，等.深圳公共租赁住房入户调研及居住需求对比[J].南方建筑，2021（5）：77-85.

[2] 余源鹏.中小户型开发与设计：90平方米以下畅销住宅套型800例[M]北京：机械工业出版社，2007.

不同套内建筑面积的家用部品种类及数量统计　　表 5-17

套内建筑面积	家用部品（数字表示数量）
35m² 以下	双人床 1、坐卧两用床 1、书桌椅 1、电竞桌椅 1、茶几 1、双人餐桌椅 1、梳妆台 1、沙发椅 1、双人沙发 1、沙发床 1、电视柜 1、展示柜 1、书柜 1、独立储物柜 1、床头柜 1、平开门衣柜 1、鞋柜 1、洗衣机 1、迷你洗衣机 1、单开门冰箱 1、跑步机 1、户外桌椅 1
35 ~ 50m²	双人床 1、书桌椅 1、电竞桌椅 1、茶几 1、四人餐桌椅 1、双人餐桌椅、梳妆台 1、吧台 1、休闲椅 1、沙发椅 1、三人沙发 1、双人沙发 1、电视柜 1、餐边柜 1、展示柜 1、书柜 1、独立储物柜 1、床头柜 1、平开门衣柜 1、鞋柜 1、洗衣机 1、单开门冰箱 1、跑步机、宠物屋 1
51 ~ 75m²	双人床 2、双层床 1、榻榻米 1、书桌椅 1、儿童书桌椅 1、茶几 1、四人餐桌椅 1、梳妆台 1、茶台 1、沙发椅 1、三人沙发 1、电视柜 1、餐边柜 1、展示柜 1、书柜 1、独立储物柜 1、床头柜 1、平开门衣柜 2、儿童衣柜 1、鞋柜 1、洗衣机 1、单开门冰箱 1、游戏帐篷 1、跑步机 1、户外桌椅 1
76 ~ 90m²	单人床 1、双人床 2、婴儿床 1、双层床 1、榻榻米 1、书桌椅 1、儿童书桌椅 1、茶几 1、六人餐桌椅 1、梳妆台 1、茶台 1、休闲椅 2、沙发椅 1、多人组合沙发 1、贵妃沙发 1、沙发床 1、电视柜 1、餐边柜 1、展示柜 2、书柜 2、独立储物柜 3、床头柜 3、平开门衣柜 3、滑门衣柜 1、儿童衣柜 1、鞋柜 1、立式空调 1、洗衣机 1、迷你洗衣机 1、对开门冰箱 1、冰柜、钢琴 1、跑步机 1、游戏帐篷 1、神龛 1、户外桌椅 1、宠物屋 1
91 ~ 120m²	单人床 1、双人床 2、双层床 1、婴儿床 1、榻榻米 1、书桌椅 2、儿童书桌椅 1、电竞桌椅 1、会议桌椅 1、茶几 1、六人餐桌椅 1、梳妆台 1、休闲椅 2、沙发椅 1、多人组合沙发 1、贵妃沙发 1、电视柜 1、餐边柜 1、展示柜 2、书柜 2、独立储物柜 2、床头柜 4、平开门衣柜 1、滑门衣柜 2、儿童衣柜 1、鞋柜 1、立式空调 1、洗衣机 1、迷你洗衣机 1、双开门冰箱 1、钢琴 1、跑步机 1、户外桌椅 1
120m² 以上	单人床 1、双人床 3、双层床 1、坐卧两用床 1、榻榻米 1、书桌椅 3、儿童书桌椅 1、电竞桌椅 1、茶几 1、八人餐桌椅 1、梳妆台 1、吧台 1、茶台 1、休闲椅 2、书法桌 1、棋牌桌 1、沙发椅 1、双人沙发 1、多人组合沙发 1、贵妃沙发 1、电视柜 1、餐边柜 1、展示柜 1、书柜 2、独立储物柜 3、床头柜 6、平开门衣柜 4、步入式衣柜 1、儿童衣柜 2、鞋柜 2、立式空调 1、洗衣机 1、迷你洗衣机 1、对开门冰箱 1、冰柜 1、按摩椅 2、钢琴 1、跑步机 1、户外桌椅 1、宠物屋 1

家用部品所属空间概率统计　　表 5-18

家用部品	所属空间	家用部品	所属空间
单人床	次卧—主卧—书房	电视柜	客厅
双人床	主卧—次卧—书房	餐边柜	餐厅—厨房—客厅
坐卧两用床	主卧—次卧—客厅	展示柜	客厅—餐厅
双层床	次卧—主卧	书柜	书房—客厅—主卧
高架床	次卧—主卧	独立储物柜	客厅—主卧—次卧
婴儿床	主卧	床头柜	主卧—次卧
榻榻米	次卧—主卧—书房	平开门衣柜	主卧—次卧
书桌椅	次卧—书房—主卧	滑门衣柜	主卧—次卧
儿童书桌椅	次卧	步入式衣柜	主卧—次卧
电竞桌椅	次卧	儿童衣柜	次卧
会议桌椅	客厅	转角衣柜	次卧
茶几	客厅	鞋柜	客厅—阳台
双人餐桌椅	客厅	立式空调	客厅—主卧
四人餐桌椅	餐厅—客厅	洗衣机	阳台—卫生间
六人餐桌椅	餐厅—客厅	迷你洗衣机	阳台—客厅
八人餐桌椅	餐厅—客厅	单开门冰箱	厨房—客厅—餐厅
吧台	客厅—餐厅	对开门冰箱	厨房—餐厅—客厅

续表

家用部品	所属空间	家用部品	所属空间
梳妆台	主卧—次卧—卫生间	冰柜	厨房—客厅
茶台	客厅—餐厅—主卧	按摩椅	客厅
休闲椅	客厅—阳台—主卧	钢琴	客厅—次卧—主卧
棋牌桌	客厅—书房	游戏帐篷	客厅
沙发椅	客厅—主卧	跑步机	客厅—阳台
双人沙发	客厅—主卧	神龛	客厅
三人沙发	客厅—主卧	户外桌椅	阳台
多人组合沙发	客厅	户外沙发	阳台
贵妃沙发	客厅	宠物屋	阳台
沙发床	客厅	/	/

注：家用部品所属空间以“—”为区分，按概率从左到右依次降低。

家用部品对应行为内容概率统计　　表 5-19

家用部品	行为内容	家用部品	行为内容
单人床	1.1 就寝	电视柜	3.2 娱乐—鉴赏
双人床	1.1 就寝	餐边柜	1.2 饮食
坐卧两用床	1.1 就寝—休息	展示柜	3.1 社交—鉴赏
双层床	1.1 就寝	书柜	3.2 娱乐—读书
高架床	1.1 就寝	独立储物柜	2.2 家事—整理
婴儿床	1.1 就寝	床头柜	1.1 就寝
榻榻米	1.1 就寝—休息	平开门衣柜	2.2 家事—整理
书桌椅	2.3 学习	滑门衣柜	2.2 家事—整理
儿童书桌椅	2.3 学习—学习	步入式衣柜	2.2 家事—整理
电竞桌椅	3.2 娱乐—电游	儿童衣柜	2.2 家事—整理
会议桌椅	2.3 学习—工作	转角衣柜	2.2 家事—整理
茶几	3.1 社交—会客	鞋柜	2.4 移动—换鞋
双人餐桌椅	1.2 饮食	立式空调	3.1 社交—会客
四人餐桌椅	1.2 饮食	洗衣机	2.2 家事—洗涤
六人餐桌椅	1.2 饮食	迷你洗衣机	2.2 家事—洗涤
八人餐桌椅	1.2 饮食	单开门冰箱	2.2 家事—烹饪
吧台	1.2 饮食—饮酒	对开门冰箱	2.2 家事—烹饪
梳妆台	2.1 卫生—化妆	冰柜	2.2 家事—烹饪
茶台	3.1 社交—会客	按摩椅	1.1 就寝—休息
休闲椅	3.2 娱乐—读书	钢琴	3.2 娱乐—鉴赏
棋牌桌	3.1 社交—游戏	游戏帐篷	2.2 家事—育儿
沙发椅	3.2 娱乐—鉴赏	跑步机	3.2 娱乐—鉴赏
双人沙发	3.2 娱乐—鉴赏	神龛	3.3 宗教
三人沙发	3.2 娱乐—鉴赏	户外桌椅	3.1 社交—会客
多人组合沙发	3.1 社交—会客	户外沙发	3.1 社交—会客

续表

家用部品	行为内容	家用部品	行为内容
贵妃沙发	3.2 娱乐—鉴赏	宠物屋	3.2 娱乐—鉴赏
沙发床	1.1 就寝—休息	/	/

家用部品的私密程度统计 **表 5-20**

家用部品	私密程度	家用部品	私密程度
单人床	1	电视柜	0.25
双人床	1	餐边柜	0.25
坐卧两用床	1	展示柜	0.25
双层床	1	书柜	0.5
高架床	1	独立储物柜	0.75
婴儿床	1	床头柜	0.75
榻榻米	0.75	平开门衣柜	0.75
书桌椅	0.5	滑门衣柜	0.75
儿童书桌椅	0.5	步入式衣柜	0.75
电竞桌椅	0.5	儿童衣柜	0.75
会议桌椅	0.5	转角衣柜	0.75
茶几	0.25	鞋柜	0.5
双人餐桌椅	0.25	立式空调	0.25
四人餐桌椅	0.25	洗衣机	0.25
六人餐桌椅	0.25	迷你洗衣机	0.25
八人餐桌椅	0.25	单开门冰箱	0.25
吧台	0.25	对开门冰箱	0.25
梳妆台	0.75	冰柜	0.25
茶台	0.25	按摩椅	0.5
休闲椅	0.5	钢琴	0.5
棋牌桌	0.25	游戏帐篷	0.5
沙发椅	0.25	跑步机	0.5
双人沙发	0.25	神龛	0.5
三人沙发	0.25	户外桌椅	0
多人组合沙发	0.25	户外沙发	0
贵妃沙发	0.25	宠物屋	0.25
沙发床	0.75	/	/

综上所述，通过实态调查研究汇总各类套型面积的家用部品种类及数量，并分析家用部品所属空间、行为及私密程度，以量化的方式汇总家用部品所支撑的行为数据，建立各项行为内容之间的参数关系，为后文的模块聚合指标提供数据基础。

5.4.2　基于行为关联的组件级模块设计结构矩阵

住宅套内空间由各式各样的行为空间组成，之间有复杂的关联，对其进行模块化设计，必须对各类行为空间——组件级模块进行关联度聚类，寻求部件级模块的聚合关系。设计结构矩阵（design structure matrix，DSM）作为模块化产品建模和分析工具，提供了一种简洁、高效的方法，广泛应用于各类复杂的问题领域。运用设计结构矩阵对住宅套内各行为空间微观部品进行系统性关联度统计和分析，为模块的聚合提供基本数据。

1. 设计结构矩阵

设计结构矩阵是模块化设计的重要工具[1]。从形式上可分为布尔型设计结构矩阵和数字型设计结构矩阵。布尔型设计结构矩阵中仅包含 0 或 1 两个数值，对于模块属性评价层级较多的情况，宜采用数字型设计结构矩阵。该矩阵运用具体的数值来表示各元素之间的关联大小。如图 5-4 所示，可以定量地描述设计结构矩阵中元素之间关联度强弱。图中对角线格内的数值代表元素自身的关系最大，故为“1”。

	1	2	3	4	5
1	1	0.1	0	0.7	0
2	0.1	1	0	0.3	0
3	0	0	1	0	0.5
4	0.7	0.3	0	1	0
5	0	0	0.5	0	1

图 5-4　数字型设计结构矩阵示意图
图片来源：
罗珺怡．面向可适应性的产品族模块化设计方法 [D]. 南昌：华东交通大学，2018.

[1] 李春田．现代标准化前言：模块化研究 [M]. 北京：中国标准出版社，2008.

设计结构矩阵创建的目的在于建立模块设计参数之间的关联度，为之后的聚类分析提供基础数据，以模块内部的高内聚和低耦合为准则，得到最佳部件级模块聚合的方案。基于设计结构矩阵，住宅套内空间组件级模块的参数之间可从 3 个维度来量化设计参数之间复杂的关系，即联接关联性维度、功能关联性维度、物理关联性维度，对产品零部件的设计参数进行关联度的描述，是参照工业制造领域的产品模块化设计方法[2]。一是联接关联性维度，表示两个零部件几何结构的关联性；二是功能关联性维度，表示两个零部件实现同一功能的关联性；三是物理关联性维度，表示两个零部件之间是否存在能量流、信息流等传递关系。3 个矩阵的结合就是综合矩阵，以此相对定量地判断零部件设计参数之间的关联度。

[2] 罗珺怡．面向可适应性的产品族模块化设计方法 [D]. 南昌：华东交通大学，2018.

与此对应，住宅套内住居体系包含 3 个维度：空间化维度、功能化维度、行为化维度[3]。据此可转换产生住宅套内空间的设计结构矩阵的 3 个维度：第一是物理空间关联性，表示两个模块几何空间的关联性，主要考虑它们空间位置的拓扑关系；第二是行为内容关联性，表示两个模块实现同一行为的关联性，主要考虑它们完成同一项行为的协同程度；第三是私密程度关联性，表示两个模块之间是否存在视线、声响传递或隔离等流动关系，主要考虑一个模块对另一个模块在私密性方面的影响程度，如表 5-21 所示。

[3] 温芳．保障性多代住居体系营建研究 [D]. 杭州：浙江大学，2015.

2. 物理空间关联性设计结构矩阵

根据实态调研情况进行各组件级模块之间空间位置关系的关联强度量化，如表 5-22、表 5-23 所示。以双人床和单人床这两个组件级模块为例分析其空间位置关联性。双人床在空间上一般位于主卧室，其次是次卧室和书

住宅套内空间模块设计结构矩阵三维度　　表 5-21

维度	关联方面	主要作用
物理空间维度	模块之间的几何关联	模块在空间位置的拓扑关系
行为内容维度	模块之间的行为关联	模块完成同一项行为的协同程度
私密程度维度	模块之间的私密关联	一个模块对另一个模块在私密性方面的影响程度

物理空间关联度描述　　表 5-22

空间关联强度	强度值	空间关联度描述
极强	1.00	同一个模块
较强	0.75	两个模块间空间位置关联紧密，第一主要空间一致
一般	0.50	两个模块间空间位置有一定关联度，一个模块的第一主要空间与另一个模块的第二或第三主要空间一致
较弱	0.25	两个模块间空间位置关联较弱，二者都是在其第二或第三主要空间有一致性
极弱	0.00	两个模块间基本不存在关联，主要空间中没有一致性

物理空间关联性设计结构矩阵　　表 5-23

关联度取值	1. 单人床	2. 双人床	3. 坐卧两用床	4. 双层床	5. 高架床	6. 婴儿床	7. 榻榻米	8. 书桌椅	9. 儿童书桌椅	10. 电竞桌椅	11. 会议桌椅	12. 茶几	13. 双人餐桌椅	14. 四人餐桌椅	15. 六人餐桌椅	16. 八人餐桌椅
1. 单人床	1	0.5	0.5	0.75	0.75	0.5	0.75	0.75	0.75	0.75	0	0	0	0	0	0
2. 双人床	0.5	1	0.75	0.5	0.5	0.75	0.5	0.5	0.5	0.5	0	0	0	0	0	0
3. 坐卧两用床	0.5	0.75	1	0.5	0.5	0.75	0.5	0.5	0.5	0.5	0.5	0.5	0.5	0.25	0.25	0.25
4. 双层床	0.75	0.5	0.5	1	0.75	0.5	0.75	0.75	0.75	0.75	0	0	0	0	0	0
5. 高架床	0.75	0.5	0.5	0.75	1	0.5	0.75	0.75	0.75	0.75	0	0	0	0	0	0
6. 婴儿床	0.5	0.75	0.75	0.5	0.5	1	0.5	0.5	0	0	0	0	0	0	0	0
7. 榻榻米	0.75	0.5	0.5	0.75	0.75	0.5	1	0.75	0.75	0.75	0	0	0	0	0	0
8. 书桌椅	0.75	0.5	0.5	0.75	0.75	0.5	0.75	1	0.75	0.75	0	0	0	0	0	0
9. 儿童书桌椅	0.75	0.5	0.5	0.75	0.75	0	0.75	0.75	1	0.75	0	0	0	0	0	0
10. 电竞桌椅	0.75	0.5	0.5	0.75	0.75	0	0.75	0.75	0.75	1	0	0	0	0	0	0
11. 会议桌椅	0	0	0.5	0	0	0	0	0	0	0	1	0.75	0.75	0.5	0.5	0.5
12. 茶几	0	0	0.5	0	0	0	0	0	0	0	0.75	1	0.75	0.5	0.5	0.5
13. 双人餐桌椅	0	0	0.5	0	0	0	0	0	0	0	0.75	0.75	1	0.5	0.5	0.5
14. 四人餐桌椅	0	0	0.25	0	0	0	0	0	0	0	0.5	0.5	0.5	1	0.75	0.75
15. 六人餐桌椅	0	0	0.25	0	0	0	0	0	0	0	0.5	0.5	0.5	0.75	1	0.75
16. 八人餐桌椅	0	0	0.25	0	0	0	0	0	0	0	0.5	0.5	0.5	0.75	0.75	1

注：空间分析可参见 5.4.2 的表 5-18；详表参见附录 B。

房；而单人床一般位于次卧室，其次是主卧室和书房，因此二者关联度取值0.5。组件级模块的设计参数之间的空间关系越紧密，其关联强度数值就越大，也就表示这些模块聚集起来形成部件级独立模块的可能性越高。

3. 行为内容关联性设计结构矩阵

根据实态调研情况进行各组件级模块之间行为内容关系的关联强度量化，如表5-24、表5-25所示。以单人床和书桌椅这两个组件级模块为例分

行为内容关联度描述　表5-24

行为内容关联强度	强度值	行为内容关联度描述
极强	1.00	同一个模块
较强	0.75	两个模块间行为关系紧密，属于同一行为小分类
一般	0.50	两个模块间行为内容有一定关联度，属于同一行为中分类
较弱	0.25	两个模块间行为内容关系较弱，属于同一行为大分类
极弱	0.00	两个模块间基本不存在关联，不属于同一行为大分类

行为内容关联性设计结构矩阵　表5-25

关联度取值	1. 单人床	2. 双人床	3. 坐卧两用床	4. 双层床	5. 高架床	6. 婴儿床	7. 榻榻米	8. 书桌椅	9. 儿童书桌椅	10. 电竞桌椅	11. 会议桌椅	12. 茶几	13. 双人餐桌椅	14. 四人餐桌椅	15. 六人餐桌椅	16. 八人餐桌椅
1. 单人床	1	0.75	0.5	0.75	0.75	0.75	0.5	0	0	0	0	0	0.25	0.25	0.25	0.25
2. 双人床	0.75	1	0.5	0.75	0.75	0.75	0.5	0	0	0	0	0	0.25	0.25	0.25	0.25
3. 坐卧两用床	0.5	0.5	1	0.5	0.5	0.5	0.75	0	0	0	0	0	0.25	0.25	0.25	0.25
4. 双层床	0.75	0.75	0.5	1	0.75	0.75	0.5	0	0	0	0	0	0.25	0.25	0.25	0.25
5. 高架床	0.75	0.75	0.5	0.75	1	0.75	0.5	0	0	0	0	0	0.25	0.25	0.25	0.25
6. 婴儿床	0.75	0.75	0.5	0.75	0.75	1	0.5	0	0	0	0	0	0.25	0.25	0.25	0.25
7. 榻榻米	0.5	0.5	0.75	0.5	0.5	0.5	1	0	0	0	0	0	0.25	0.25	0.25	0.25
8. 书桌椅	0	0	0	0	0	0	0	1	0.5	0	0.5	0	0	0	0	0
9. 儿童书桌椅	0	0	0	0	0	0	0	0.5	1	0	0.5	0	0	0	0	0
10. 电竞桌椅	0	0	0	0	0	0	0	0	0	1	0	0.25	0	0	0	0
11. 会议桌椅	0	0	0	0	0	0	0	0.5	0.5	0	1	0	0	0	0	0
12. 茶几	0	0	0	0	0	0	0	0	0	0.25	0	1	0	0	0	0
13. 双人餐桌椅	0.25	0.25	0.25	0.25	0.25	0.25	0.25	0	0	0	0	0	1	0.75	0.75	0.75
14. 四人餐桌椅	0.25	0.25	0.25	0.25	0.25	0.25	0.25	0	0	0	0	0	0.75	1	0.75	0.75
15. 六人餐桌椅	0.25	0.25	0.25	0.25	0.25	0.25	0.25	0	0	0	0	0	0.75	0.75	1	0.75
16. 八人餐桌椅	0.25	0.25	0.25	0.25	0.25	0.25	0.25	0	0	0	0	0	0.75	0.75	0.75	1

注：行为分析可参见5.4.2的表5-19，详表参见附录B。

析其行为内容关联性。单人床的行为内容属于 1.1 就寝，而书桌椅一般属于 2.3 学习，因此二者关联度取值 0。组件级模块的设计参数之间的行为内容类属越接近，其关联强度数值就越大，也就表示这些模块聚集起来形成部件级独立模块的可能性越高。

4. 私密程度关联性设计结构矩阵

根据实态调研情况进行各组件级模块之间私密程度关系的关联强度量化，如表 5-26、表 5-27 所示。以单人床和书柜这两个组件级模块为例分析

私密程度关联度描述 **表 5-26**

私密程度关联强度	强度值	私密程度关联度描述
极强	1.00	同一个模块
较强	0.75	两个模块间私密程度接近，若私密程度值无相差，则取值 0.75
一般	0.50	两个模块间私密程度较为接近，若私密程度值相差 0.25，则取值 0.5
较弱	0.25	两个模块间私密程度关系较远，若私密程度值相差 0.5，则取值 0.25
极弱	0.00	两个模块间基本不存在关联，若私密程度值相差 0.75，则取值 0

私密程度关联性设计结构矩阵 **表 5-27**

关联度取值	1. 单人床	2. 双人床	3. 坐卧两用床	4. 双层床	5. 高架床	6. 婴儿床	7. 榻榻米	8. 书桌椅	9. 儿童书桌椅	10. 电竞桌椅	11. 会议桌椅	12. 茶几	13. 双人餐桌椅	14. 四人餐桌椅	15. 六人餐桌椅	16. 八人餐桌椅
1. 单人床	1	0.75	0.75	0.75	0.75	0.75	0.5	0.25	0.25	0.25	0.25	0	0	0	0	0
2. 双人床	0.75	1	0.75	0.75	0.75	0.75	0.5	0.25	0.25	0.25	0.25	0	0	0	0	0
3. 坐卧两用床	0.75	0.75	1	0.75	0.75	0.75	0.5	0.25	0.25	0.25	0.25	0	0	0	0	0
4. 双层床	0.75	0.75	0.75	1	0.75	0.75	0.5	0.25	0.25	0.25	0.25	0	0	0	0	0
5. 高架床	0.75	0.75	0.75	0.75	1	0.75	0.5	0.25	0.25	0.25	0.25	0	0	0	0	0
6. 婴儿床	0.75	0.75	0.75	0.75	0.75	1	0.5	0.25	0.25	0.25	0.25	0	0	0	0	0
7. 榻榻米	0.5	0.5	0.5	0.5	0.5	0.5	1	0.5	0.5	0.5	0.5	0.25	0.25	0.25	0.25	0.25
8. 书桌椅	0.25	0.25	0.25	0.25	0.25	0.25	0.5	1	0.75	0.75	0.75	0.5	0.5	0.5	0.5	0.5
9. 儿童书桌椅	0.25	0.25	0.25	0.25	0.25	0.25	0.5	0.75	1	0.75	0.75	0.5	0.5	0.5	0.5	0.5
10. 电竞桌椅	0.25	0.25	0.25	0.25	0.25	0.25	0.5	0.75	0.75	1	0.75	0.5	0.5	0.5	0.5	0.5
11. 会议桌椅	0.25	0.25	0.25	0.25	0.25	0.25	0.5	0.75	0.75	0.75	1	0.5	0.5	0.5	0.5	0.5
12. 茶几	0	0	0	0	0	0	0.25	0.5	0.5	0.5	0.5	1	0.75	0.75	0.75	0.75
13. 双人餐桌椅	0	0	0	0	0	0	0.25	0.5	0.5	0.5	0.5	0.75	1	0.75	0.75	0.75
14. 四人餐桌椅	0	0	0	0	0	0	0.25	0.5	0.5	0.5	0.5	0.75	0.75	1	0.75	0.75
15. 六人餐桌椅	0	0	0	0	0	0	0.25	0.5	0.5	0.5	0.5	0.75	0.75	0.75	1	0.75
16. 八人餐桌椅	0	0	0	0	0	0	0.25	0.5	0.5	0.5	0.5	0.75	0.75	0.75	0.75	1

注：私密性分析可参见 5.4.2 的表 5-20；详表参见附录 B。

其私密程度关联性。单人床的私密程度高(取值1),而书柜的私密程度一般(取值0.5),二者关联度取值0.25。组件级模块的设计参数之间的私密程度越接近,其关联强度数值就越大,也就表示这些模块聚集起来形成部件级独立模块的可能性越高。

5. 综合设计结构矩阵

将住宅套内空间模块设计参数之间的关联度进行加权求和所得到的数值为综合关联度。物理空间关联性 s、行为内容关联性 b、私密程度关联性 p,各关联性权重满足 $s+b+p=1$,所得综合设计结构矩阵如表5-28所示。综合设计结构矩阵总表见附录B。

综合关联性设计结构矩阵表(局部) 表5-28

关联度取值	1. 单人床	2. 双人床	3. 坐卧两用床	4. 双层床	5. 高架床	6. 婴儿床	7. 榻榻米	8. 书桌椅	9. 儿童书桌椅	10. 电竞桌椅	11. 会议桌椅	12. 茶几	13. 双人餐桌椅	14. 四人餐桌椅	15. 六人餐桌椅	16. 八人餐桌椅
1. 单人床	1.00	0.67	0.58	0.75	0.75	0.67	0.58	0.33	0.33	0.33	0.08	0.00	0.08	0.08	0.08	0.08
2. 双人床	0.67	1.00	0.67	0.67	0.67	0.75	0.50	0.25	0.25	0.25	0.08	0.00	0.08	0.08	0.08	0.08
3. 坐卧两用床	0.58	0.67	1.00	0.58	0.58	0.67	0.58	0.25	0.25	0.25	0.25	0.17	0.25	0.17	0.17	0.17
4. 双层床	0.75	0.67	0.58	1.00	0.75	0.67	0.58	0.33	0.33	0.33	0.08	0.00	0.08	0.08	0.08	0.08
5. 高架床	0.75	0.67	0.58	0.75	1.00	0.67	0.58	0.33	0.33	0.33	0.08	0.00	0.08	0.08	0.08	0.08
6. 婴儿床	0.67	0.75	0.67	0.67	0.67	1.00	0.50	0.25	0.08	0.08	0.08	0.00	0.08	0.08	0.08	0.08
7. 榻榻米	0.58	0.50	0.58	0.58	0.58	0.50	1.00	0.42	0.42	0.42	0.17	0.08	0.17	0.17	0.17	0.17
8. 书桌椅	0.33	0.25	0.25	0.33	0.33	0.25	0.42	1.00	0.67	0.50	0.42	0.17	0.17	0.17	0.17	0.17
9. 儿童书桌椅	0.33	0.25	0.25	0.33	0.33	0.08	0.42	0.67	1.00	0.50	0.42	0.17	0.17	0.17	0.17	0.17
10. 电竞桌椅	0.33	0.25	0.25	0.33	0.33	0.08	0.42	0.50	0.50	1.00	0.25	0.25	0.17	0.17	0.17	0.17
11. 会议桌椅	0.08	0.08	0.25	0.08	0.08	0.08	0.17	0.42	0.42	0.25	1.00	0.42	0.42	0.33	0.33	0.33
12. 茶几	0.00	0.00	0.17	0.00	0.00	0.00	0.08	0.17	0.17	0.25	0.42	1.00	0.50	0.42	0.42	0.42
13. 双人餐桌椅	0.08	0.08	0.25	0.08	0.08	0.08	0.17	0.17	0.17	0.17	0.42	0.50	1.00	0.67	0.67	0.67
14. 四人餐桌椅	0.08	0.08	0.17	0.08	0.08	0.08	0.17	0.17	0.17	0.17	0.33	0.42	0.67	1.00	0.75	0.75
15. 六人餐桌椅	0.08	0.08	0.17	0.08	0.08	0.08	0.17	0.17	0.17	0.17	0.33	0.42	0.67	0.75	1.00	0.75
16. 八人餐桌椅	0.08	0.08	0.17	0.08	0.08	0.08	0.17	0.17	0.17	0.17	0.33	0.42	0.67	0.75	0.75	1.00

综上所述,对各类组件级模块中的部品部件进行设计结构矩阵分析,包括物理空间关联度、行为内容关联度、私密程度关联度,旨在将其行为的关联性转化为套内空间的聚合指标,为后文组件级模块的聚类分析提供基础数据库。

5.4.3 基于行为关联的组件级模块模糊聚类算法

依据前文所得综合设计结构矩阵的数据，用聚类算法求得各套型面积下的组件级模块聚合方案；通过求解模块度得到不同面积情况下的最佳方案，综合归纳出统一的模块聚合方案；并对其进行适应性评价，以优化部件级模块的组成。

1. 模糊聚类算法

聚类分析是数据处理领域被广泛应用的工具。它可以将数据集划分成集群，使得集群内的数据相似，而集群间的数据不相似。大体上聚类分析采用的算法分为 3 类[1]：基于层次的聚类算法、基于划分的聚类算法、基于密度和网格的聚类算法。本文运用的是一种基于划分的聚类算法，即模糊聚类算法（fuzzy c-means，FCM），它是一种代表性算法，在聚类数据方面具有突出的性能。

[1] 钱卫宁，周傲英．从多角度分析现有聚类算法 [J]. 软件学报，2002（8）：1382-1394.

模糊聚类算法是一种柔性的模糊划分，现已发展成较为实用且广泛应用的聚类算法之一。首先它把聚类问题归结为一种带约束的非线性规划问题，通过优化求解获得数据集的模糊划分；其次通过比较每个对象隶属度的大小，判断其所属族类，使得同族内对象相似度最大，不同族的相似度最小。因此，模糊聚类算法在原理上同模块分解与组合方法十分相似，模块化分解与组合旨在求得内聚度最高的模块，而模块之间的关联度最低，满足模块的独立性要求。

模糊聚类算法的步骤是：

1）初始化。各聚类中心向量集合 V，每个元素有 p 维。设定聚类个数 c（$1 < c < n$），模糊指数 m（$m > 1$），最大迭代数 T，收敛的精度 ε，用随机数初始化隶属度矩阵 $U(0)$：

$X=\{x_1, x_2, \cdots, x_n\}$，$xk \in \mathrm{RP}$；

$V=\{v_1, v_2, \cdots, v_n\} \in \mathrm{RP}$；

$$U=\begin{pmatrix} u_{11}\cdots u_{1c} \\ \cdots \\ u_{n1}\cdots u_{nc} \end{pmatrix}\mathrm{nxc};$$

FCM 的目标函数为：$\mathrm{Jm}(U, V)=\Sigma_{i=1}^{c}\Sigma_{j=1}^{n}\mathrm{u}_{ij}^{m}\mathrm{d}_{ij}^{2}$。

2）优化过程：$t+1 \rightarrow t$；

3）计算类中心：$V_t=F(U_{t-1})$；

4）更新隶属度矩阵：$U_t=G(V_{t-1})$；

5）重复优化过程，直到满足如下条件的终止条件：$t=\mathrm{T}$ or $\| U_t-U_{t-1} \| \leqslant \varepsilon$。

2. 组件级模块聚类分析

根据综合设计结构矩阵，运用模糊聚类算法对不同套内面积家用部品进行聚类。本文采用 MatLab 运行 FCM 算法，如图 5-5 所示。设定 k 为模块聚合的个数，即一个系统中可以耦合出 k 个模块。当 k 取不同值的时候，将得到不同的模块聚合度方案。以小于 $35\mathrm{m}^2$ 的套型为例，当 k 取不同数值时，家用部品的聚合方案如表 5-29 所示。

套型小于 $35m^2$ 的家用部品不同模块聚合方案 **表 5-29**

序号	组件级模块	序号	组件级模块	序号	组件级模块
M1	单人床	M19	茶台	M37	儿童衣柜
M2	双人床	M20	休闲椅	M38	转角衣柜
M3	坐卧两用床	M21	棋牌桌	M39	鞋柜
M4	双层床	M22	沙发椅	M40	立式空调
M5	高架床	M23	双人沙发	M41	洗衣机
M6	婴儿床	M24	三人沙发	M42	迷你洗衣机
M7	榻榻米	M25	多人沙发	M43	单开门冰箱
M8	书桌椅	M26	贵妃沙发	M44	对开门冰箱
M9	儿童书桌椅	M27	沙发床	M45	冰柜
M10	电竞桌椅	M28	电视柜	M46	按摩椅
M11	会议桌椅	M29	餐边柜	M47	钢琴
M12	茶几	M30	展示柜	M48	游戏帐篷
M13	双人餐桌椅	M31	书柜	M49	跑步机
M14	四人餐桌椅	M32	独立储物柜	M50	神龛
M15	六人餐桌椅	M33	床头柜	M51	户外桌椅
M16	八人餐桌椅	M34	平开门衣柜	M52	户外沙发
M17	吧台	M35	滑门衣柜	M53	宠物屋
M18	梳妆台	M36	步入式衣柜	/	/

模块	组件级模块编号	模块	组件级模块编号
1	M12、M20、M22、M24、M28、M30	3	M14、M17、M29、M43
2	M31、M39、M41、M49、M53	4	M2、M8、M18、M32、M33、M34
套型小于 $35m^2$，k=4 时的模块聚合方案 S_1			
1	M8、M18、M32、M34	4	M14、M17、M29、M41、M43
2	M2、M33	5	M20、M31、M39、M49、M53
3	M12、M22、M24、M28、M30	/	/
套型小于 $35m^2$，k=5 时的模块聚合方案 S_2			
1	M12、M22、M24、M28、M30	4	M2、M33
2	M39、M41、M43、M53	5	M20、M31、M49
3	M14、M17、M29	6	M8、M18、M32、M34
套型小于 $35m^2$，k=6 时的模块聚合方案 S_3			

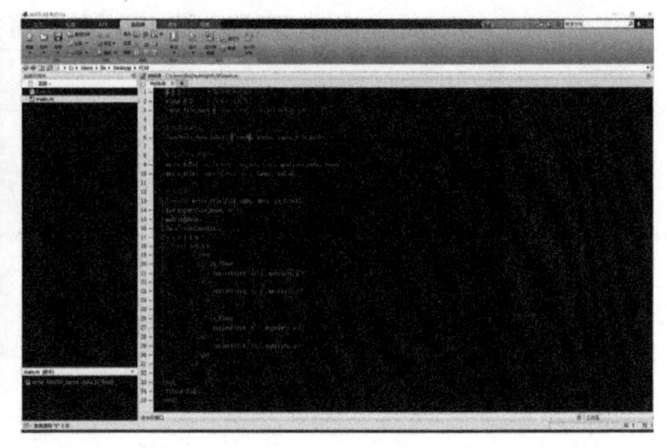

图 5-5 模糊聚类算法界面

3. 部件级模块方案选择

以方案 S_1 为例，计算模块度数值 FM，即独立性最高的模块。首先根据以下公式计算 S_1 模块的总内聚度：

$$\mathrm{Coh}=\frac{\sum_{k=1}^{M}\sum_{j=nk}^{mk}\sum_{i=nk}^{mk}\mathrm{r}(i,j)}{(mk-nk+1)\times 2}=0.598681$$

再根据以下公式计算出 S_1 中两两模块间的总耦合度：

$$\mathrm{Cou}(k,\ p)=\frac{\sum_{i=nk}^{mk}\sum_{j=np}^{mp}\mathrm{r}(i,j)+\sum_{i=np}^{mp}\sum_{j=nk}^{mk}\mathrm{r}(i,j)}{(mk-nk+1)\times(mp-np+1)}=0.285918$$

据此，可得到方案 S_1 的模块度：

FM_{S1}=DCoh−DCou=DCoh/M−DCou/Q=0.598681/4−0.285918/4=0.312762

同理，可通过计算得到 S_1 ~ S_3 的模块度 FM_S，如表 5-30 所示。

套型小于 35m²，模块聚合方案选择 表 5-30

模块度	方案 S_1	方案 S_2	方案 S_3
FM_S	0.312762	0.402583	0.428781

根据模块度准则，最优的模块聚合方案应使模块内聚度尽可能大，模块间耦合度尽可能小，即具备最大的模块度数值。方案 S_3 的模块度数值在所有方案中最大，故选取方案 S_3，即套型面积小于 35m² 可划分出 6 个模块：m1={M12、M22、M24、M28、M30}；m2={M39、M41、M43、M53}；m3={M14、M17、M29}；m4={M2、M33}；m5={M20、M31、M49}；m6={M8、M18、M32、M34}。具体家用部品如表 5-31 所示。

套型小于 35m² 的组件级模块聚合 表 5-31

模块	家用部品
模块 1	茶几、沙发椅、三人沙发、电视柜、展示柜
模块 2	鞋柜、洗衣机、单开门冰箱、宠物屋
模块 3	四人餐桌椅、吧台、餐边柜
模块 4	双人床、床头柜
模块 5	休闲椅、书柜、跑步机
模块 6	书桌椅、梳妆台、独立储物柜、平开门衣柜

同理，用模糊聚类算法可求得各类套型面积的最优模块聚合方案，见附录C。

根据模块度最高的模块聚合方案，以不同面积的套型中出现频率最高的组件级模块聚类为依托，由此分解出初步的通用部件级模块，如表5-32所示，除厨房及卫浴模块外共14种。

部件级模块优化表 **表5-32**

序号	部件级模块	组件级模块
1	睡眠模块	双人床（各类床）、婴儿床
2	学习模块	书桌椅（儿童书桌椅）、书柜
3	工作模块	电竞桌椅（工作台）
4	餐饮模块	四人餐桌椅（各类餐桌）、吧台、餐边柜
5	会客模块	多人沙发（各类沙发）、茶几、展示柜、立式空调
6	社交模块	沙发椅、电视柜
7	换衣模块	独立储物柜、梳妆台、平开门衣柜（各类衣柜）
8	休闲模块	休闲椅（按摩椅）、书柜
9	储藏模块	独立储物柜
10	换鞋模块	鞋柜
11	冷藏模块	单开门冰箱（或双开门冰箱）、冰柜
12	洗衣模块	洗衣机、户外桌椅
13	娱乐模块	钢琴、宠物屋
14	运动模块	跑步机

综上所述，通过模糊聚类算法对组件级模块进行聚类分析，提取高内聚、低耦合的独立部件级模块，以获得可组合优化的功能空间模块，形成打破传统功能用房的通用独立模块。

5.4.4 部件级模块的空间复合

部件级模块的组成除了单个模块之外，还包括具有相似性质的模块空间复合后的集成模块。空间复合对节省模块空间内耗有显著效果，因而有必要研究空间复合的量化算法，将性质相似的部件级模块进一步集成，提高模块内在使用效率。

1. 空间复合策略

住宅套内空间模块分解对空间使用效率尤为重视，模块的独立性体现在其内部系统的精密整合，即所谓的高内聚。空间复合策略是提高住宅套内空间使用效率的有效方法，这一策略来源于哈布瑞肯提出的“开放建筑”理论体系，主要表达将独立封闭单元去掉其边界，增加空间之间的联系，让“小”空间有“大”体验。空间复合的基本原理在于重视复合空间的利用，将性质类似、相互关联紧密的功能空间紧凑排布，利用使用时间差和互相可借用的空间差，将多重空间融合成一个整体，从而大大降低重复面积的占用，提高空间的使用效率和便利性。空间复合包含 3 个方面[1]：

一是空间的借用。空间模块的功能不同通常伴随着其使用时间的不同，利用空间使用的时间差可以借由其他空间模块来突破单个空间模块的局限性，提升空间模块使用的舒适度。例如床模块本身的动作域仅满足“屈膝”尺度，当与衣柜模块组合时，借用衣柜动作域的“下蹲”空间，使得床侧的空间宽度增大，使用更为舒适。

二是空间的多用。将不同的空间模块聚合在一起，使其在同一个空间及同一个时间内承担多种功能。比如许多小户型利用餐桌模块旁边的富余空间增设办公柜和书柜等模块，借用餐桌椅的空间同时满足餐饮聚会、看书学习、工作开会、电子游戏等需求。

三是空间的共享。单个空间模块可被其他模块共享，并起到连接其他模块的作用，增强模块聚合的整体性。以展示柜模块为例，它与电视柜相连的同时与沙发相接，展示柜的柜前空间成了沙发与电视柜共享的空间，3 个模块的通行空间被压缩整合，空闲的功能临时承担共享的交通功能，消除单纯的交通空间，将 3 者紧密相连。

不难看出，空间复合是有意识的空间组合，使得相邻的空间模块可以相互“渗透”，形成流动空间，不仅满足单个模块的使用需求，而且增强了整体模块的功能复合性。空间复合的模块总面积减少的同时，其各个子模块的可利用面积增加，有效提高了空间的使用效率。

部件级模块的空间复合，其“空间”指的是人体动作域部分，转换成二维几何图形上的理解是：部品部件模块为实体（实线），实体与实体图形不可叠加；人体动作域为虚体（虚线），虚体与虚体图形可以叠加，并取其叠加的最大面积为空间复合的最优化，如图 5-6 所示。

[1] 关景．重庆市公共租赁房室内空间模块化设计研究[D]．重庆：重庆大学，2014.

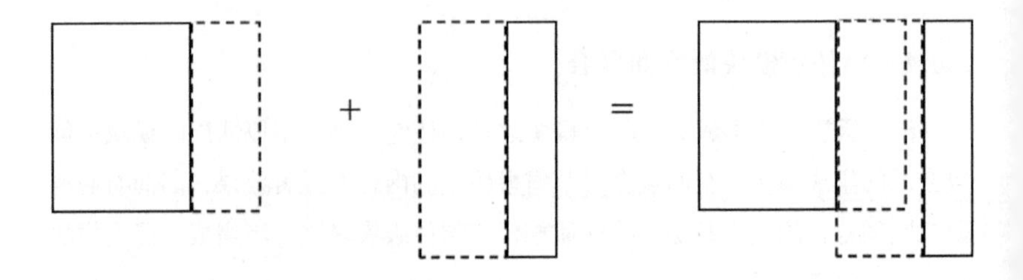

图 5-6 模块空间复合示意

2. 空间复合算法

根据以上规则，可以为部件级模块的空间复合建立基本的算法逻辑，为模块的空间复合最快找到最优解。

算法的目标需求是将多个组件级模块根据聚类分析法组合成部件级模

块，为寻找部件级模块最佳适用性及经济性，提出生成部件级模块的空间最紧凑布局，适用于紧凑型居住空间。

14 个部件级模块中除工作模块、储藏模块、换鞋模块和运动模块仅包含一个组件级模块之外，其他 10 个模块均包含多个组件级模块，对其进行空间复合计算的结果如表 5-33 所示，从中选取面积最小的模块作为最优方案，具体算法的运行步骤参见附录 C。

部件级模块空间复合结果生成示意　　　　表 5-33

模块	图示与面积		
睡眠模块 ❶ 双人床 ❷ 婴儿床	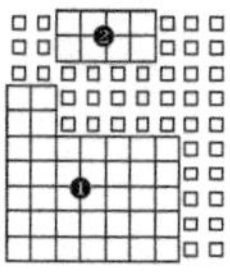	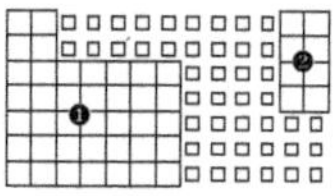	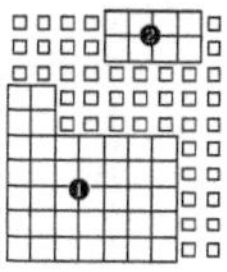
	$8.10m^2$	$8.20m^2$	$8.10m^2$
学习模块 ❶ 书桌椅 ❷ 书柜	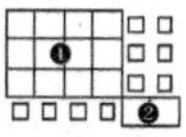	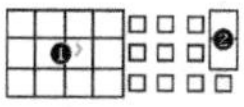	
	$2.16m^2$	$2.16m^2$	
餐饮模块 ❶ 吧台 ❷ 餐边柜 ❸ 四人餐桌	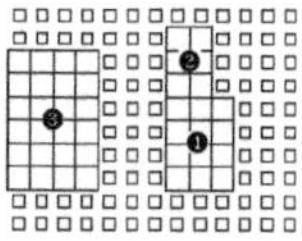	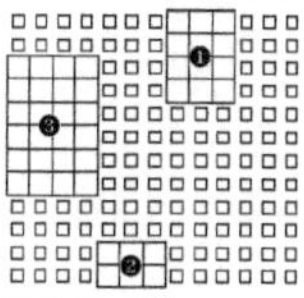	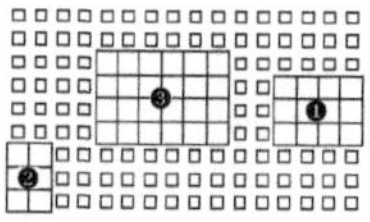
	$11.70m^2$	$14.04m^2$	$12.96m^2$
会客模块 ❶ 多人沙发 ❷ 茶几 ❸ 立式空调 ❹ 展示柜	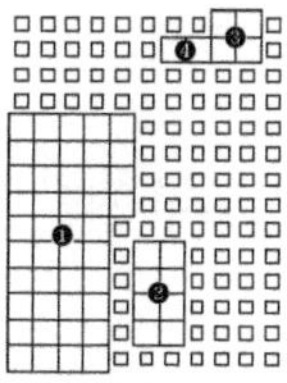	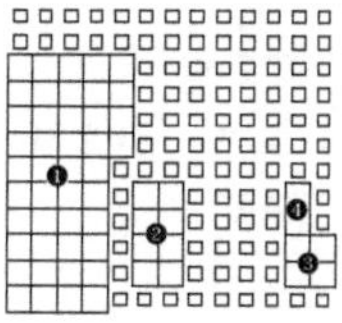	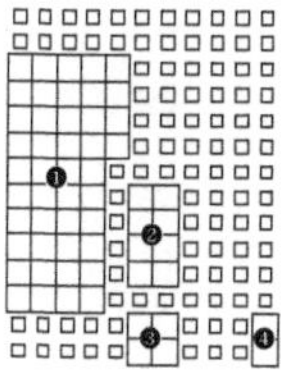
	$13.86m^2$	$14.04m^2$	$13.86m^2$
社交模块 ❶ 沙发椅 ❷ 电视柜	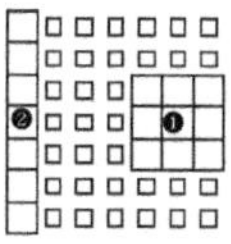	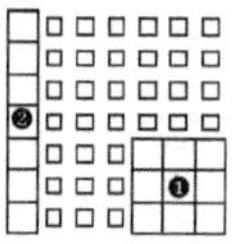	
	$4.41m^2$	$4.41m^2$	
换衣模块 ❶ 储物柜 ❷ 平开门衣柜 ❸ 梳妆台	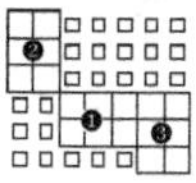	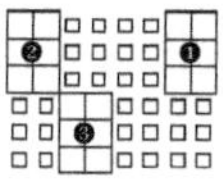	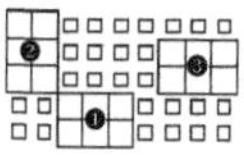
	$4.32m^2$	$3.78m^2$	$4.05m^2$
休闲模块 ❶ 书柜 ❷ 休闲椅	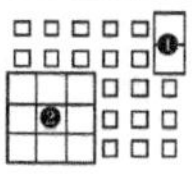	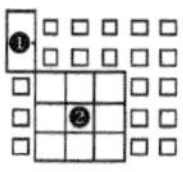	
	$2.70m^2$	$2.70m^2$	

续表

模块	图示与面积	
冷藏模块 ❶ 冰柜 ❷ 单开门冰箱	$2.88m^2$	$3.24m^2$
洗衣模块 ❶ 洗衣机 ❷ 户外桌椅	$8.82m^2$	$9.90m^2$
娱乐模块 ❶ 钢琴 ❷ 宠物屋	$3.15m^2$	$3.60m^2$

综上所述，部件级模块内的空间复合有效利用了空间的叠加区域，提高了模块的使用效率，简化了模块的轮廓，便于模块之间的组合运算。部件级模块作为积木被封装，参与后续的模块组合中去，如图 5-7 所示。至此，住

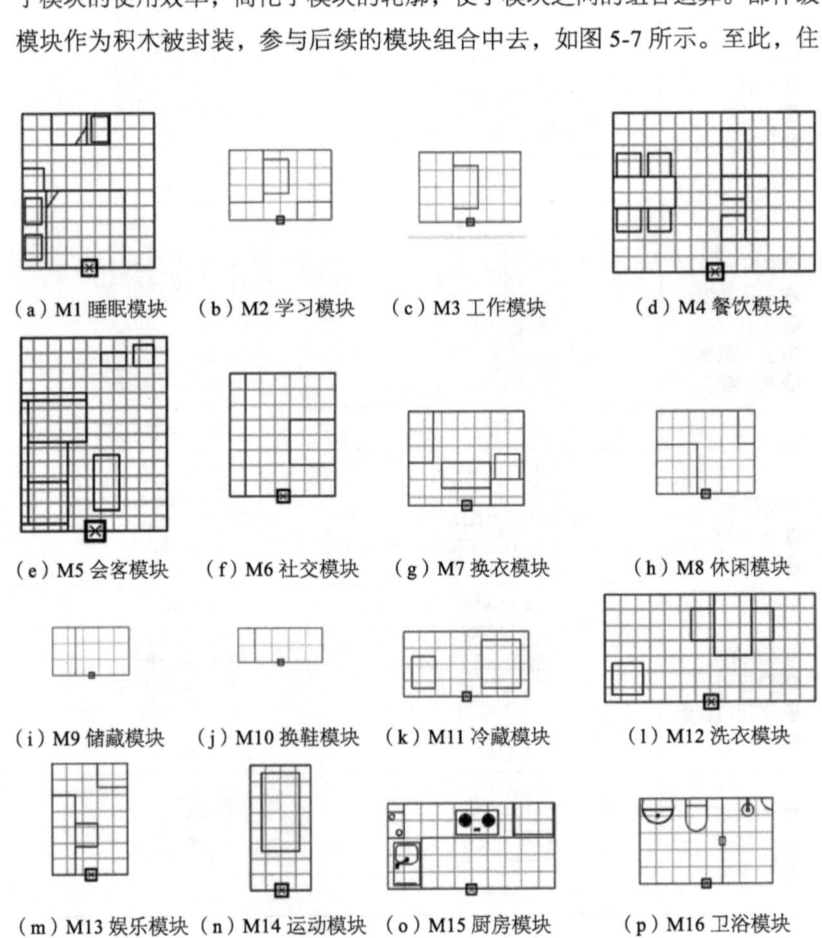

（a）M1 睡眠模块（b）M2 学习模块（c）M3 工作模块（d）M4 餐饮模块
（e）M5 会客模块（f）M6 社交模块（g）M7 换衣模块（h）M8 休闲模块
（i）M9 储藏模块（j）M10 换鞋模块（k）M11 冷藏模块（l）M12 洗衣模块
（m）M13 娱乐模块（n）M14 运动模块（o）M15 厨房模块（p）M16 卫浴模块

图 5-7 典型部件级模块平面尺寸图

宅套内空间模块分解层级建构的最高一级模块基本建构完成，其系统性逻辑得以试验，所得模块有待后续进一步验证与研究。

5.4.5 部件级厨房与卫浴模块

模块化厨房与卫浴是住宅套内空间中的基本功能空间模块，是市场中较为成熟的集成化、标准化模块产品。厨房与卫浴模块是建立在模数标准化、人体工程学和住户使用行为模式上的标准化厨卫产品，对其空间类型的研究有助于填补住宅套内空间部件级模块的空缺。

1. 模块化厨房

模块化厨房是在住宅中进行一体化设计、标准化生产、现场装配式安装的厨房集成模块。

模数协调。作为工业化装配式产品，厨房需要标准化的模数设计，模数协调的应用使得厨房模块与住宅套内空间装配相吻合，促使厨房内空间、设备及管线配套成组。厨房模块空间尺寸以 3M 为模数[1]，与组件级、部件级模块的模数一致，便于模块组合的紧凑空间需求。在 300mm 模数网格内，置入以 30mm 的二级模数网格，用来包括各类组件、零配件、缝隙、公差、界面的深化设计。

[1] 刘洋. 基于模块化理论的钢结构住宅厨卫设计研究[D]. 北京：北京交通大学，2016.

人体工程学。厨房模块内部的尺度和设计要求参考人体工程学，图 5-8 为我国住宅厨房的人体工程学数据。

行为模式。住户在厨房内遵循一定的行为模式或流程，大致是：准备采购、储存、取材、清洗、操作、配餐、烹饪、盛装、用餐、清洗、整理。无论厨房内部格局如何，其空间一般包括 4 个区域：储存区、洗涤区、操作区、烹饪区，各区域的操作因其流程具有连贯性，如图 5-9 所示。

厨房模块空间类型。厨房模块由单一功能模块构成，根据厨房行为模式

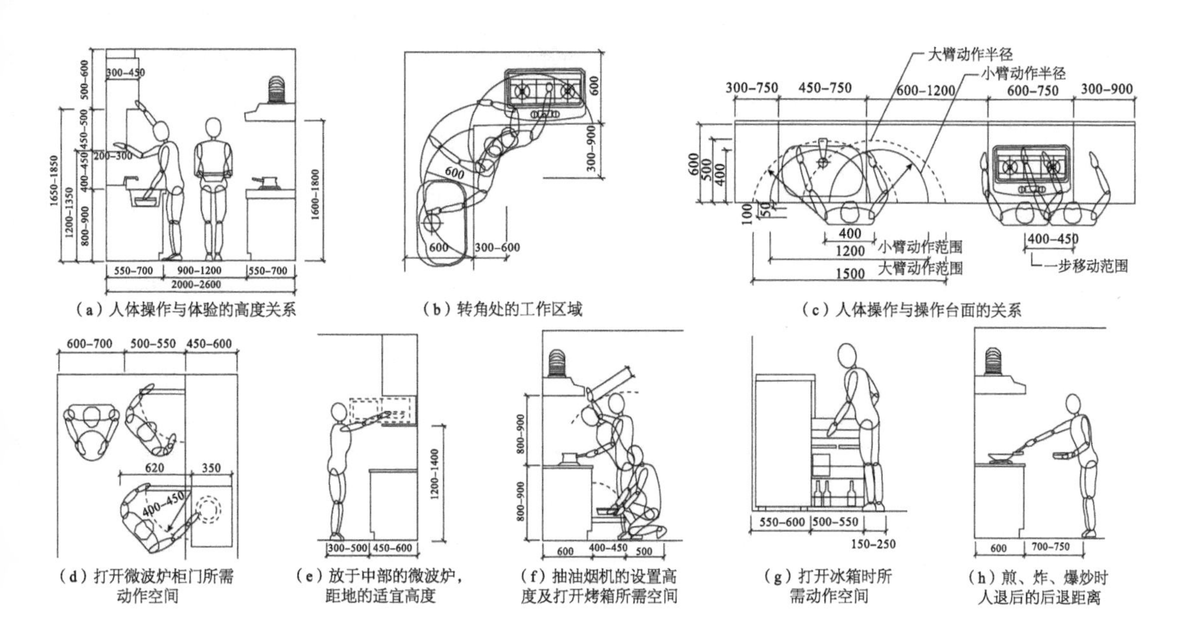

（a）人体操作与体验的高度关系

（b）转角处的工作区域

（c）人体操作与操作台面的关系

（d）打开微波炉柜门所需动作空间

（e）放于中部的微波炉，距地的适宜高度

（f）抽油烟机的设置高度及打开烤箱所需空间

（g）打开冰箱时所需动作空间

（h）煎、炸、爆炒时人退后的后退距离

图 5-8 厨房的人体工程学尺度参考（单位：mm）
图片来源：
周燕珉，邵玉石. 商品住宅厨卫空间设计[M]. 北京：中国建筑工业出版社，2000.

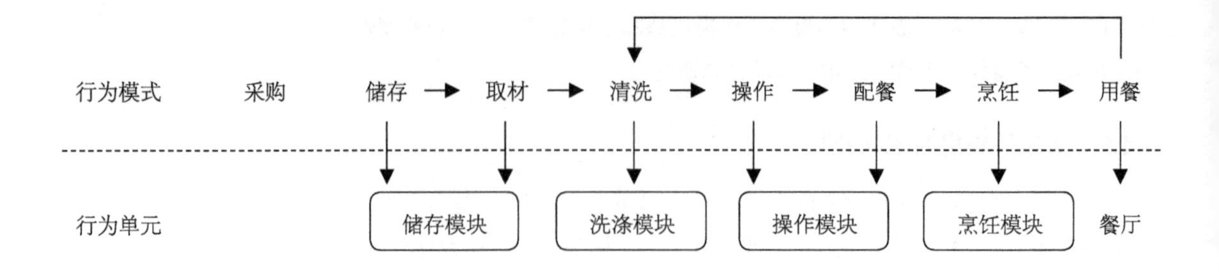

图 5-9 厨房行为模式与功能模块对应分析
图片来源：作者自绘。

的分析，其空间组织模式一般归纳为 4 种类型：一字形、L 字形、H 字形、U 字形。不同部品组合方式的厨房模块平面布局，如图 5-10 所示。

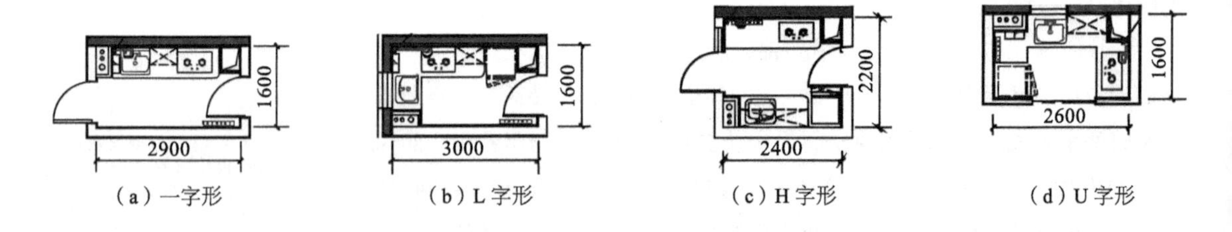

图 5-10 厨房模块的平面布局方式（单位：mm）
图片来源：
惠珂璟．居住空间适应性设计研究：以二孩家庭为例 [D]. 北京：北京建筑大学，2018.

厨房模块的开间较小时，如 1500mm，L 字形厨房优于一字形，而当开间较大，如 2100mm 时，U 字形厨房优于 H 字形。一字形与 H 字形厨房有通向家政阳台的门，其空间复合利用率减小。总而言之，4 种厨房模块类型在面积相同的情况下，一字形布局的厨房模块在集成设备尺寸和储藏空间上不具备优势，在开间和进深都相同的情况下，可被 L 字形布局取代。H 字形和 U 字形厨房模块布局在开间和进深尺寸相同的情况下都有自己的优势，H 字形厨房集成的部品设备较 U 字形厨房要小，但它的储存空间较多，且活动空间较大[1]。

[1] 刘洋．基于模块化理论的钢结构住宅厨卫设计研究 [D]. 北京：北京交通大学，2016.

市面上现成模块化厨房产品的平面形式与尺寸统计，可为本研究的住宅套内空间部件级模块提供直接的模块族群，表 5-34 结合文献数据与市场调研 [包括科逸（COZY）、禧屋（SYSWO）等]，对模块化厨房平面尺寸进行统计与模数优化（3M）。厨房模块平面尺度可总结为：

1）一字形厨房最小面宽为 1500mm，进深一般为 2100 ~ 4200mm，以 300mm 递增；

2）L 字形厨房最小面宽为 1500mm，进深一般为 2400 ~ 3900mm，以 300mm 递增；

3）H 字形厨房最小面宽为 2100mm，进深一般为 1500 ~ 3600mm，以 300mm 递增；

4）U 字形厨房最小面宽为 1500mm，进深一般为 1500 ~ 3900mm，以 300mm 递增。

2. 模块化卫浴

卫浴模块与厨房模块一样，是模块化住宅中的重要组成部分，是住宅套

厨房模块分类及尺寸汇总（单位：mm） **表 5-34**

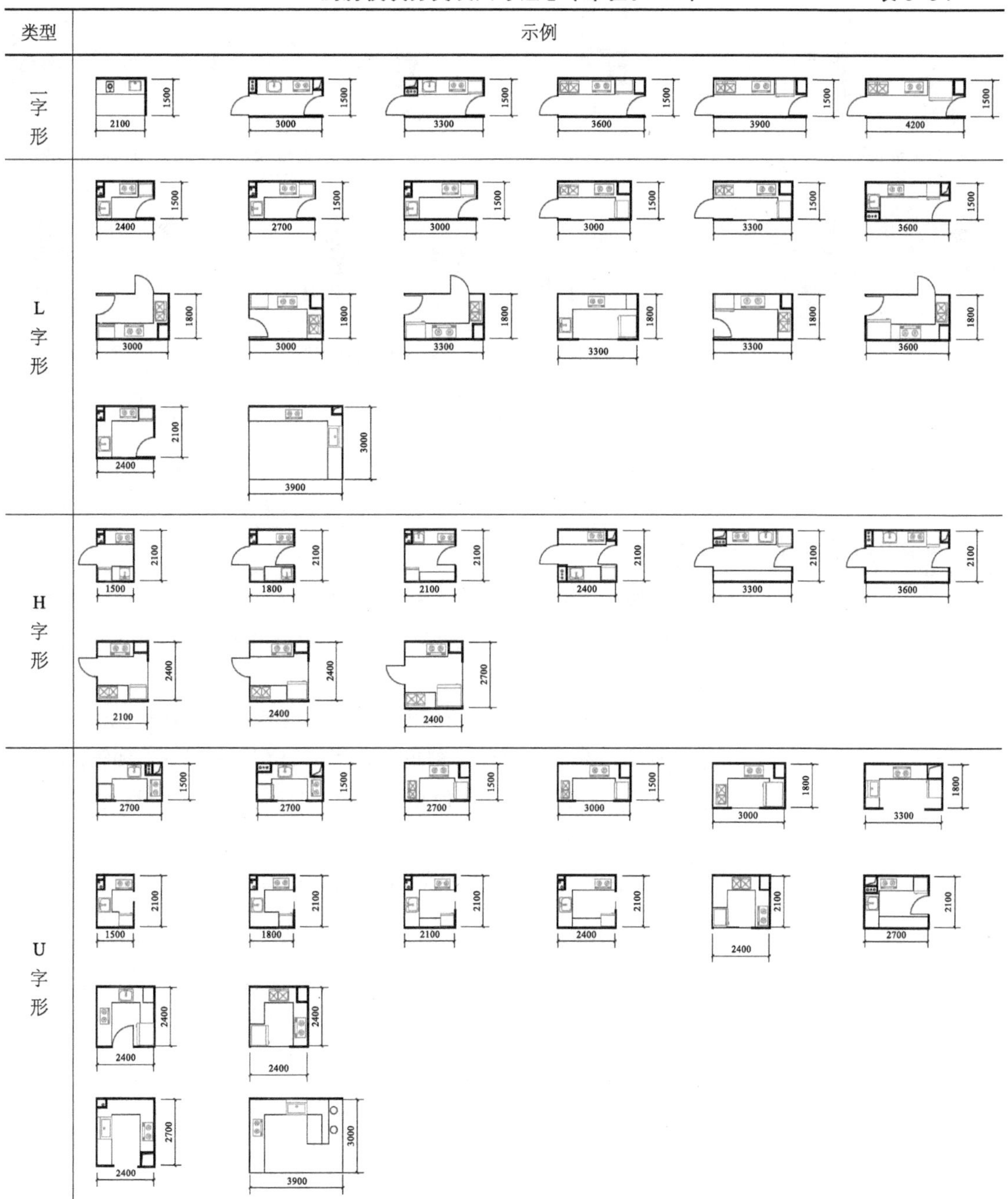

内空间中使用频率最高的区域。我国对整体卫浴的提出是在 2015 年，住房和城乡建设部提出实现卫浴集成化设计、工业化生产，顺应节能减排大趋势。模块化卫浴是将卫浴空间作为一个单独闭合的矩形模块，因而要满足模块化设计规则要求。

模数协调。在卫浴模块中，运用模数可以处理各部品模块之间的尺寸标准化协调问题，以 3M（300mm）为进级单位，建立模块间通用的几何尺寸，

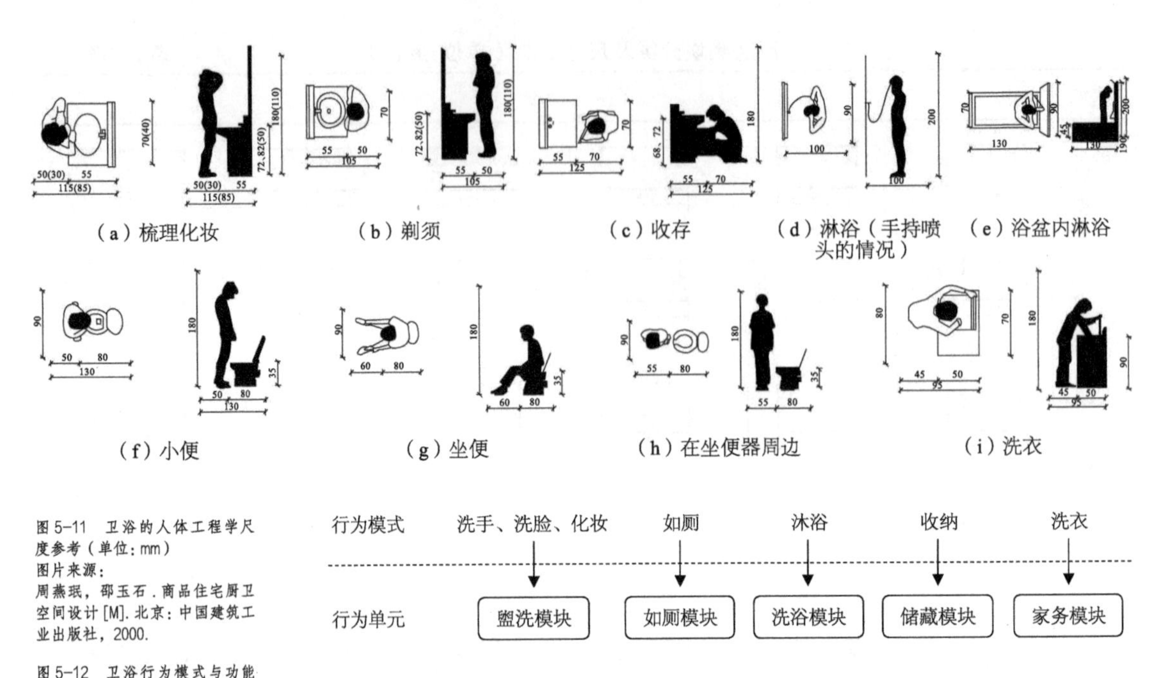

图 5-11 卫浴的人体工程学尺度参考（单位：mm）
图片来源：
周燕珉，邵玉石．商品住宅厨卫空间设计 [M]．北京：中国建筑工业出版社，2000.

图 5-12 卫浴行为模式与功能模块对应分析

以实现模块的标准化、通用化和系列化目标。

人体工程学。图 5-11 为我国住宅卫生间的人体工程学数据，可为卫生间面宽的集约化设计确立标准。

行为模式。住户在卫浴空间内行为活动包括洗手、洗脸、化妆、如厕、沐浴、收纳、洗衣等行为，一般卫浴间内空间构成为盥洗区、如厕区、洗浴区、储藏区、家务区，如图 5-12 所示，为卫浴行为模式与功能模块对应分析。

卫浴模块空间类型。基本卫浴设计常采用 3 种类型：集中型、前室型、分离型，如图 5-13 所示。每种类型中的部品布局包含一字形、L 字形、H 字

图 5-13 卫浴模块的平面布局方式[1]

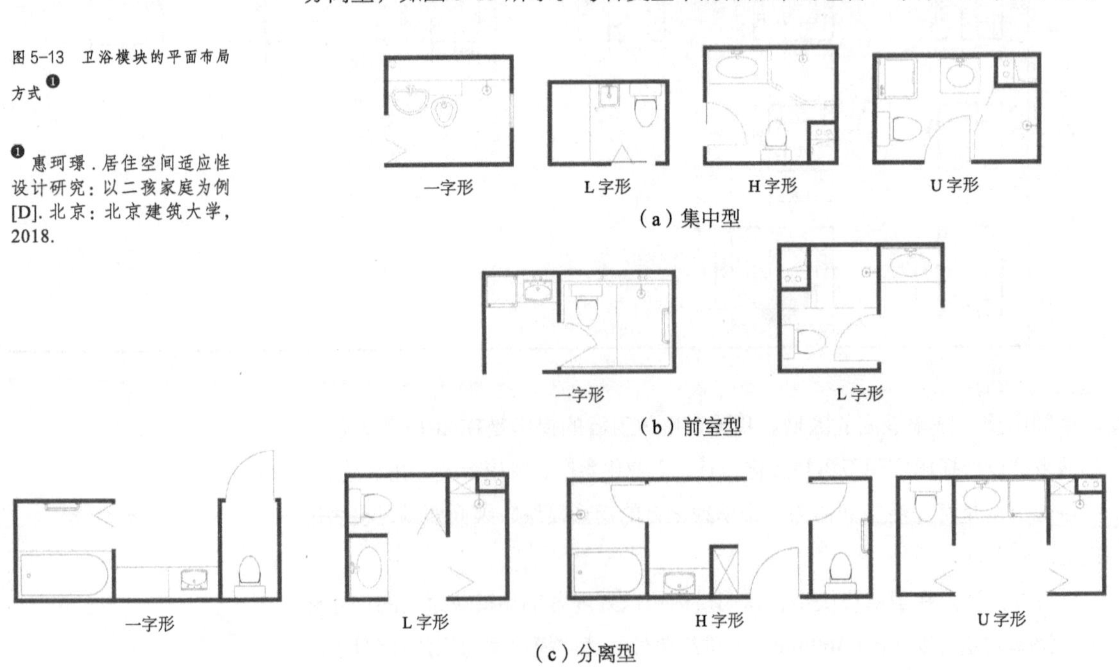

[1] 惠珂璟．居住空间适应性设计研究：以二孩家庭为例 [D]．北京：北京建筑大学，2018.

形和U字形平面布局方式。一般以3～4个行为单元模块为组成要素，如三件式卫浴包括：盥洗模块、如厕模块、洗浴模块，而四件式卫浴则增加了储藏模块/家务模块。

根据对市场较为成熟的卫浴模块产品汇总与统计[包括科逸（COZY）、禧屋（SYSWO）等]，市面上的产品基本以集中式卫浴为主，属于空间利用率最高的模式，表5-35为模块化卫浴平面尺寸以3M为模数的统计结果。

卫浴模块分类及尺寸汇总（单位：mm）　　表5-35

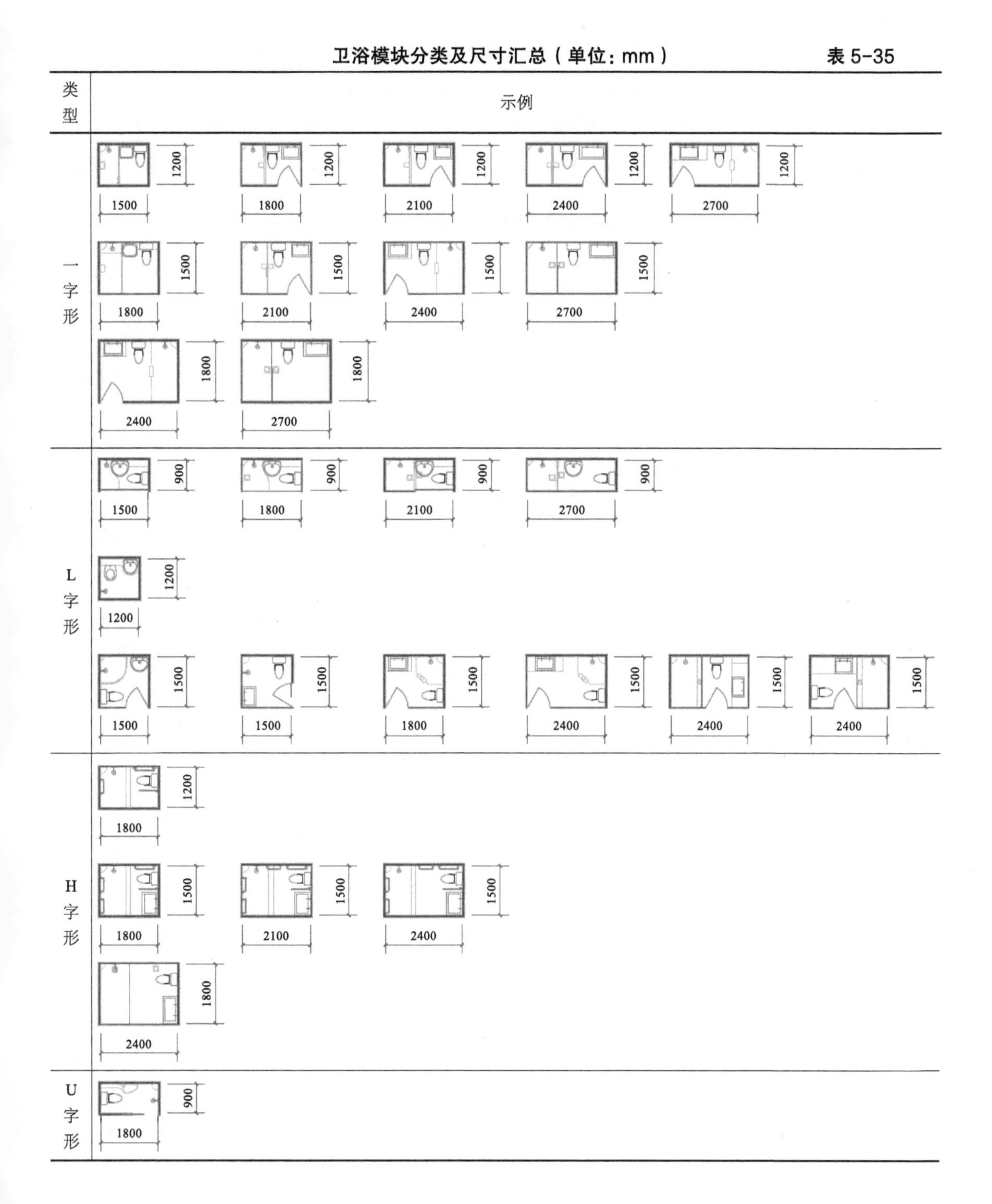

综上所述，模块化厨卫展示了模块化作为标准化与集成化发展的高级形式，模块化厨卫是新型产业化的表现形式，将住宅中功能最烦琐的功能空间以模块形式封装成独立产品，起到简化住宅套内空间系统的作用，以部件级模块的方式参与到后续的模块组合中去。

5.5 基于 BIM 的模块信息库创建

基于 BIM 建筑信息模型技术的模块库的建立，是住宅套内空间模块系统层级信息储存的必要手段，也是提供模块挑选并组合的先进工具。住宅套内空间模块库的创建分为模块分类、模块编码、模块信息库创建与管理 3 个部分[1]。本书基于元件级模块库，以“自下而上”的方式进行组件级、部件级模块库创建。

[1] 崔艳秋，刘畅，赵梓汐，等. 基于 BIM 模块化创建的装配式住宅立面设计研究 [J]. 山东建筑大学学报，2020（4）: 1-10.

5.5.1 各层级模块分类与选择原则

根据住宅套内空间模块分解层级模型，可将套内空间系统自上而下分为“一级类目”“二级类目”“三级类目”“四级类目”。其中“一级类目”指系统级模块，“二级类目”指部件级模块，“三级类目”指组件级模块，“四级类目”指元件级模块。元件级模块的划分以基本家用部品的分类为基准，分为床模块、桌椅模块、沙发模块、柜模块、家电模块，以及其他模块 6 类。按照这种分级类目建立与之对应的空间信息模块库，以提高设计效率和精细化程度，如表 5-36 所示。

各层级模块库创建示意　　表 5-36

总系统						一级类目
		部件 1	部件 2	……	部件 n	二级类目
	组件 1	组件 2	组件 3	……	组件 n	三级类目
元件 1	元件 2	元件 3	元件 4	……	元件 n	四级类目

5.5.2 各层级模块编码标准化创建

建筑模块是信息的载体，信息是建筑空间实现模块化及数字化的前提，信息通过代码的形式在模块间、信息模型间、不同操作平台间完成集成共享[2]。一套完整的编码体系能实现对住宅套内空间信息模型的调整和数据化管理，编码时要遵循以下原则：一是唯一性原则，一个模块对应一个代码；二是合理性原则，即代码应对应模块相应的分类；三是简单性原则，编码的形式应采取少的字符来识别；四是标准化原则，即编码必须使用相同的形式规范。

[2] 王茹，宋楠楠，蔺向明，等. 基于中国建筑信息建模标准框架的建筑信息建模构件标准化研究 [J]. 工业建筑，2016（3）: 179-184.

按照统一的编码原则和结构，把不同对象通过统一的编码规则组织在一起，建立各种对象之间的关系。参考《建筑信息模型分类和编码标准》GB/T 51269—2017，住宅套内空间模块系统的模块编码采取 5 级编码，一共设置 10 位数字，前 8 位分别表示一级类目、二级类目、三级类目、四级类目，后

2 位是五级类目，表示各级类目的部品型号，各级类目之间使用“-”连接编号。以系统级模块为例，为一级类目，编号为 01-00-00-00-00；部件级模块为二级类目，编号为 00-01-00-00-00；组件级模块为三级类目，编号为 00-00-01-00-00；元件级模块为四级类目，编号为 00-00-00-01-00；各级模块型号五级类目编号为 00-00-00-00-01。模块的编码原理符合设计师的层级思维，每一个模块都有其唯一的编码，相当于被分配了唯一的计算机能识别的统一编码规则下的 ID，存储了各种模块的设计信息，有利于快速查找定位，方便调取和替换，如图 5-14 所示。

一级类目（系统级）	二级类目（部件级）	三级类目（组件级）	四级类目（元件级）	五级类目（各级型号）
01 套型	01 部件	01 组件	01 元件	01 型
02 套型	02 部件	02 组件	02 元件	02 型
03 套型	03 部件	03 组件	03 元件	03 型
……	……	……	……	……

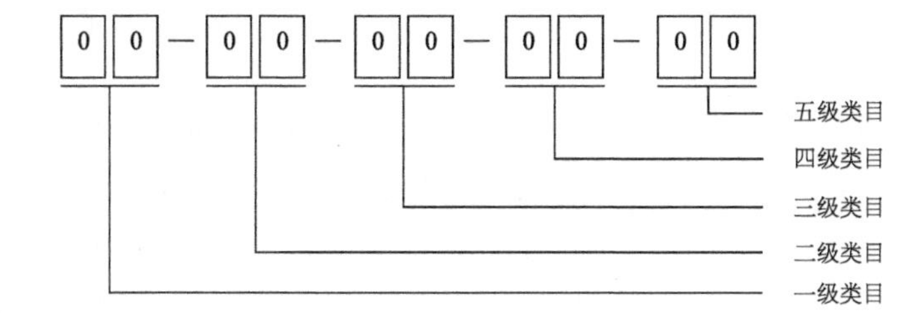

图 5-14 各级模块编码结构图

5.5.3 BIM 模块信息库创建与管理

BIM 技术在住宅套内空间模块化设计中的主要功能是以模块库为前提的信息共享，BIM 信息模型是模块库创建的基础。模块库目前尚无统一定义，大致可以描述为：根据统一标准的信息分类、信息深度的模块信息数据共享及管理平台[1]。模块库需强调信息模型创建的标准化，保证库内各类别模块具有统一的信息属性。整个模块库的创建分以下几步进行：

一是根据模块分解的构成和模块信息，经过添加模块、品种分类、信息复查等过程，对每个模块进行规范化编码。二是层级的轴网确定，主要保证模块平面布置的准确性，表现相应的模数选取和模数协调的标准化。三是模块的几何模型创建，是模块库创建的核心。根据几何信息完成二维模型绘制，也包括二维图纸。在建立模型后，使用“公制常规模型”创建族样本文件，将模块长度和宽度设置为主要参数，如图 5-15 所示。四是模块非几何信息的添加，主要通过参数的形式添加到模块上，根据各层级各类型模块特点的不同，需要添加的非几何信息差别会很大。对住宅套内空间模块而言，典型的非几何信息包括编码信息、实体边界信息、界面信息、门窗

[1] 王茹，宋楠楠，蔺向明，等. 基于中国建筑信息建模标准框架的建筑信息建模构件标准化研究 [J]. 工业建筑，2016（3）：179-184.

图 5-15　模块信息样本界面

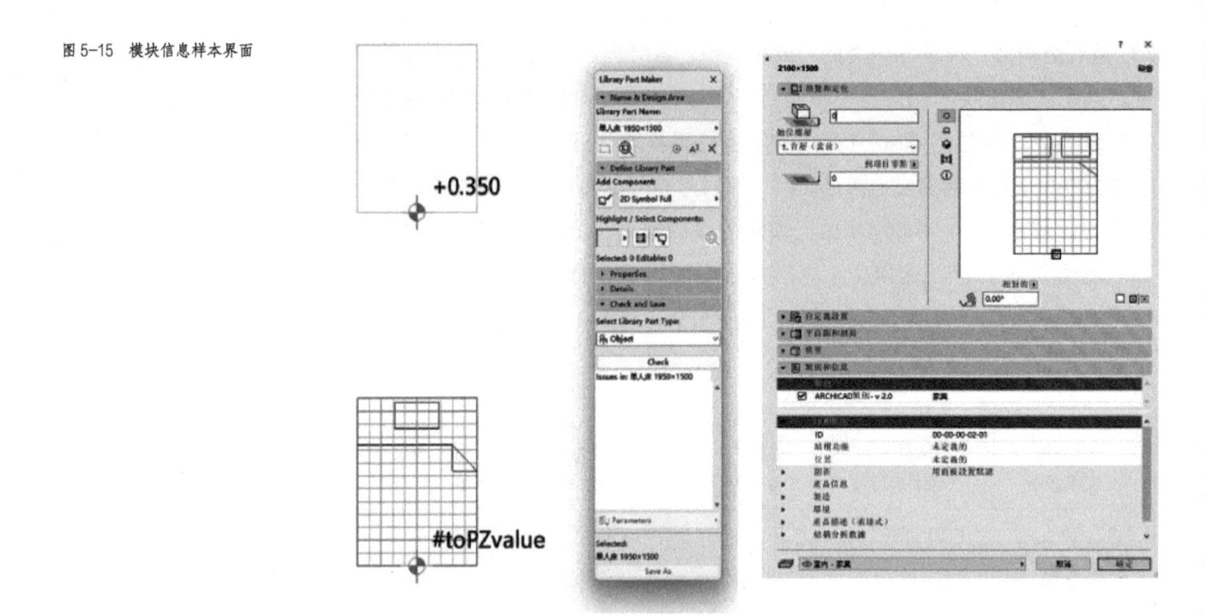

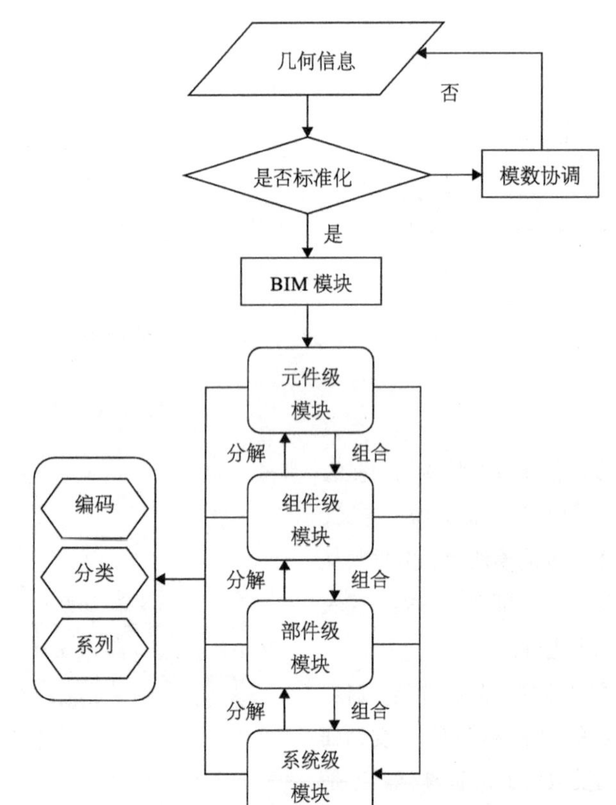

图 5-16　模块库信息的创建流程示意

洞口信息、私密程度信息等关键内容。五是模块信息的复核，是模型创建的最后环节，需要对信息模型的精准性、信息是否合适做进一步验证。

模块库的创建旨在实现模块信息的高效管理。模块库的管理包括模块编码录入、模块信息修改、模块查询及模块添加和删除等功能，从而可更加便捷地管理模块库，形成大数据协作系统，有利于模块随时更新及调取、设计生产协同化、模型的可视化展示及提升设计参与度。

模块库的不同层级模块创建采取自下而上的方式，因此下级模块的变化会导致上级模块相应的改变。模块库信息的创建流程如图 5-16 所示。

5.5.4　元件级模块库

本书使用 ArchiCAD 软件建立住宅套内空间模块库，ArchiCAD 提供基于 BIM 的施工文档解决方案，简化了建筑的建模、文档设计和管理过程，体现高效及科学的文件及模型管理能力。相较 Revit，ArchiCAD 作为 BIM 鼻祖级软件，在制图便利性、尺寸标注、布局布图、兼容性等方面具备优势。基于 ArchiCAD 进行元件级模块库的创建，元件级模块库属于第四级类目，其信息编码方式为 00-00-00-0×-0×。本书绘制完整模块库包含 64 种常见家用部品分类，共310个模块，图5-17、图5-18为部分展示。完整模块库参见附录D。

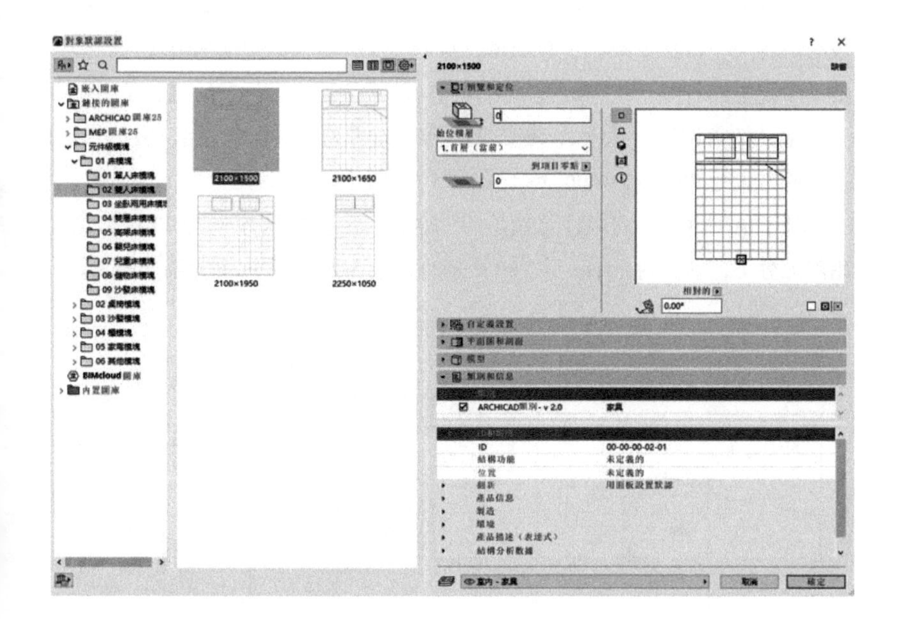

图5-17　元件级模块库之双人床模块库示意

图5-18　元件级模块库创建

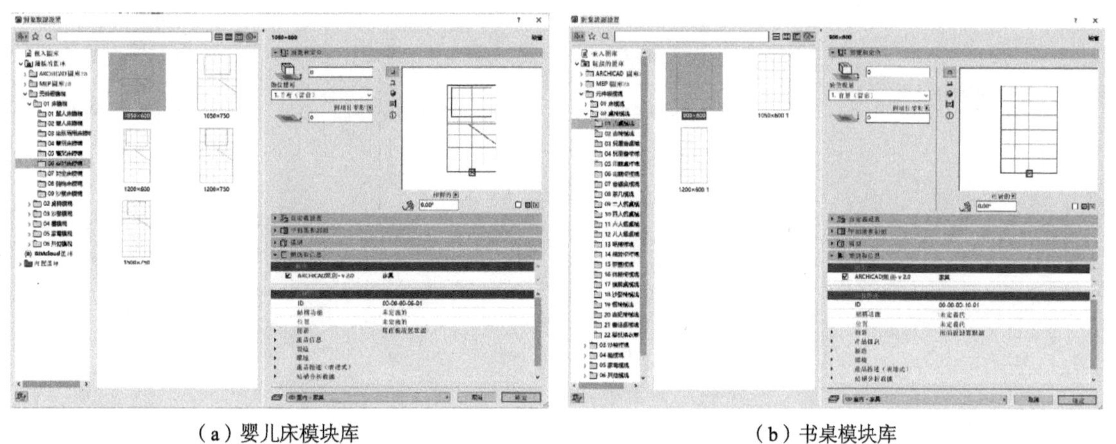

（a）婴儿床模块库

（b）书桌模块库

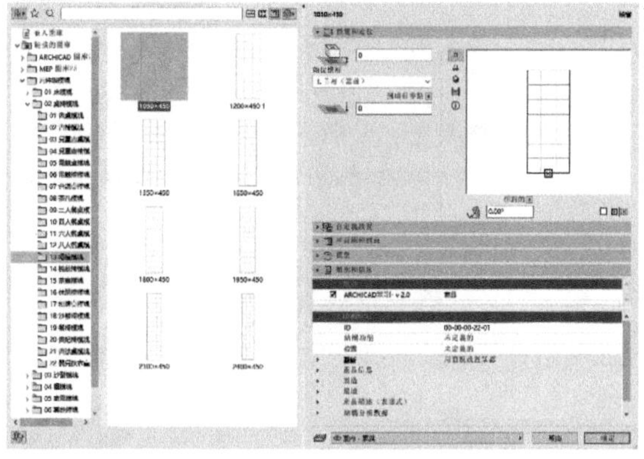

（c）吧台模块库

（d）餐边柜模块库

5.5.5 组件级模块库

住宅的面积可大致划分为紧凑型、普通型、舒适型三种，其目的在于以不同规模的户型及模块来满足不同人群的需求[1]。受篇幅限制，本书将组件级模块各类型按照紧凑型、普通型、舒适型 3 种面积类型提炼模块，减少各类别中型号的种类。组件级模块中其余的部品型号将作为专用模块类型储存于库中，按需调用。基于 ArchiCAD，组件级模块库属于第三级类目，其信息编码方式为 00-00-0×-00-0×，如图 5-19 所示。

基于 ArchiCAD 的组件级模块库的创建，完整模块库包含 60 种常见家用部品分类，参见附录 D，共 180 个模块，图 5-20、图 5-21 为部分展示。

[1] 牛永安．中小户型住宅适应性设计研究 [D]. 郑州：郑州大学，2008.

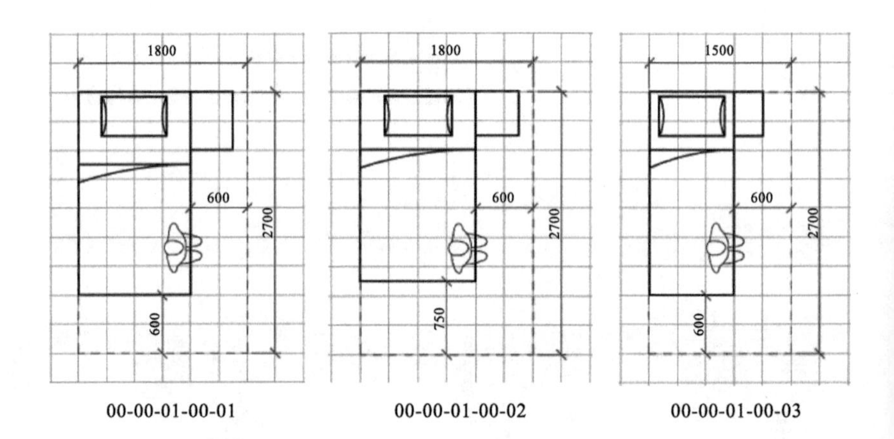

图 5-19 组件级模块编码方式

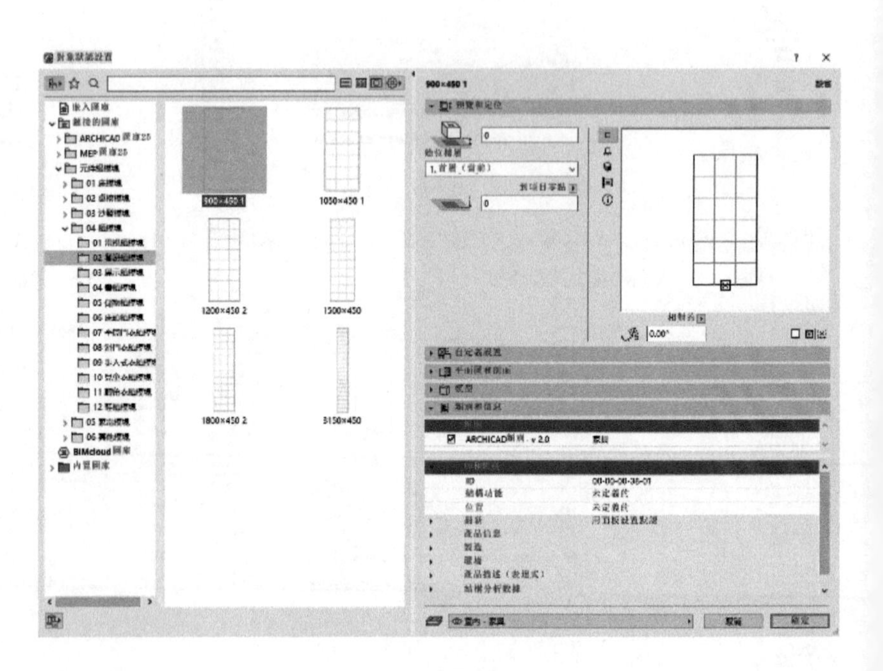

图 5-20 组件级模块库之双人床模块库示意

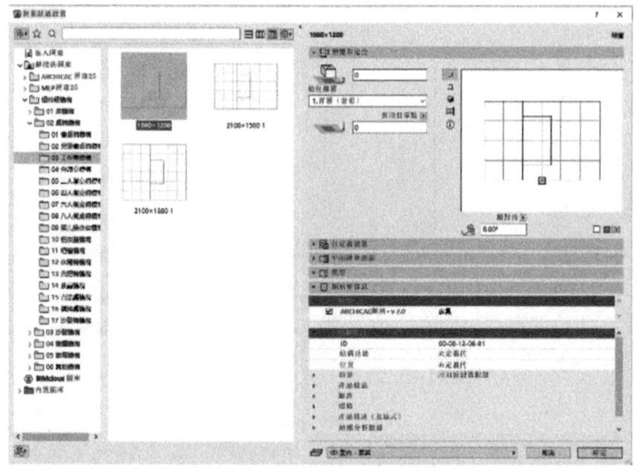

（a）电竞桌（工作台）模块库

（b）四人餐桌模块库

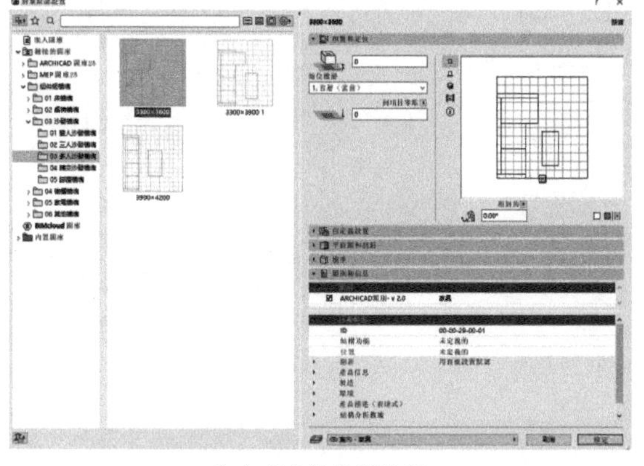

（c）多人沙发模块库

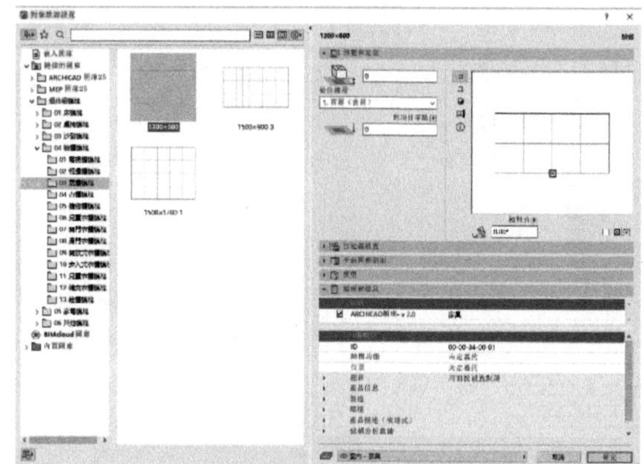

（d）展示柜模块库

图 5-21　组件级模块库创建

5.5.6　部件级模块库

部件级模块是组件级模块组合及复合的结果，共 16 种模块。部件级模块已具备系列化模块的属性，尽管只有 16 种，因其包含的组件级模块可替换而会产生多种组合变化，比如部件级模块 1 包含各类床，各类床又包含不同尺寸，组合的结果将近 50 种。本书仅以代表性组合为例进行模块库创建，起到示意作用，如图 5-22 所示。基于 ArchiCAD，部件级模块库属于第二级类目，其信息编码方式为 00-0X-00-00-0×。

5.6　本章小结

本章为设计方法，在住宅套内空间模块化设计理论的指导下，以基本机制为主导的住宅套内空间模块分解策略（表 5-37）从住宅套内空间模块分解层级建构开始，引入标准化原则与居住行为内在关联为设计规则，将住宅套内空间进行功能分解与层级建构，并提出住宅套内空间“自下而上”递进式映射的模块分解策略，推导出住宅套内空间模块分解层级模型，包括：元件级部品部件、组件级行为单元、部件级功能空间。首先，对家用部品部件的

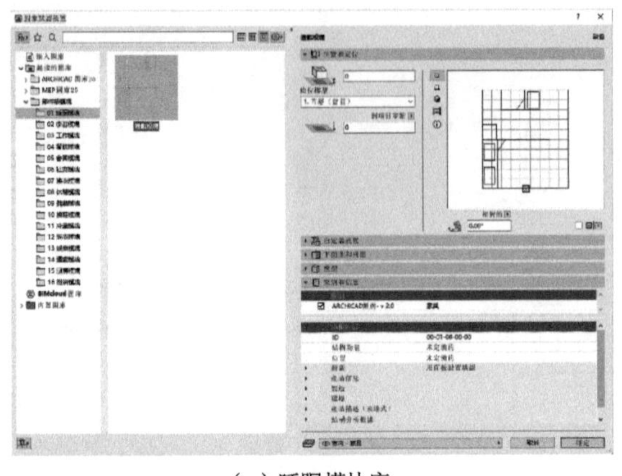

（a）睡眠模块库

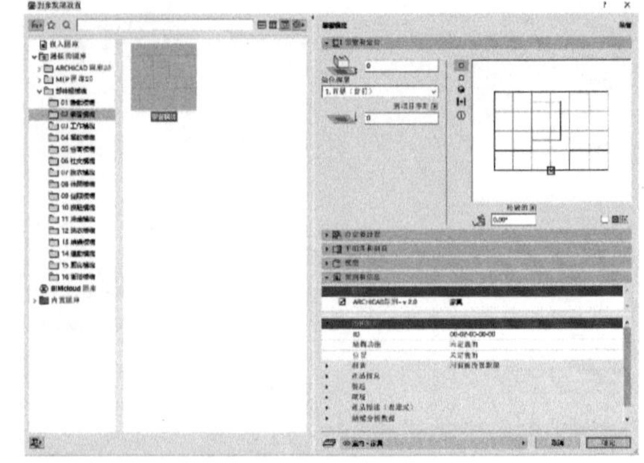

（b）学习模块库

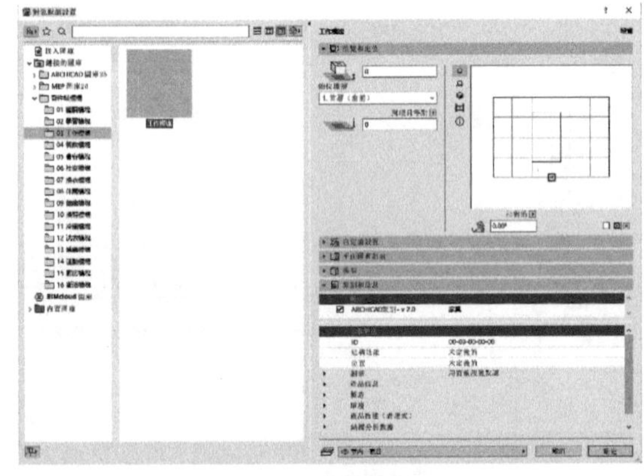

（c）工作模块库

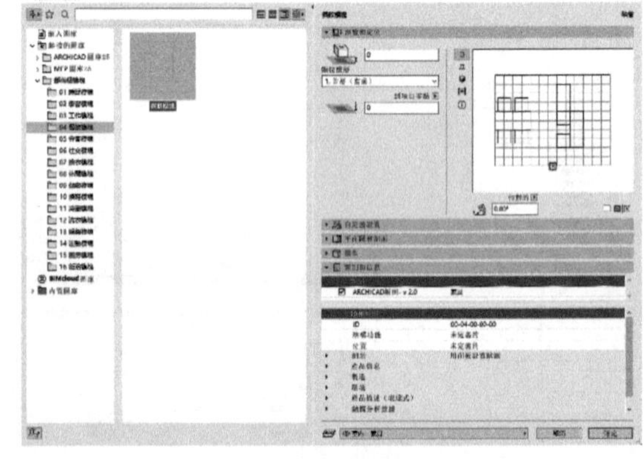

（d）饮食模块库

图 5-22 部件级模块库创建

分类体系及几何尺寸信息进行归纳，形成元件级模块；然后，引入模数协调、人体工程学理论与动作域的标准化原则建立居住行为单元，即组件级模块；接着，依据居住行为内在关联指标，通过聚类分析将组件级模块组合成独立的功能空间，产生典型的部件级模块。最后，基于 BIM 建立各级模块的模块信息库，形成完整的住宅套内空间模块族群。

本章的住宅套内空间模块化分解层级模型为模块“分解—组合”过程提供基本层级结构，为模块分解设计提供基本方法、工具和可操作对象，建立“元件级模块库”“组件级模块库”“部件级模块库”。定量化建构的模块族群提升了模块分解的精细度，也为后续的模块组合提供精准依据。

住宅套内空间模块分解策略 **表 5-37**

设计理论	层级对象	设计规则	模块库
住宅套内空间模块化设计理论	部品部件	/	元件级模块库
	行为单元	模数协调、人体工程学	组件级模块库
	功能空间	居住行为内在关联	部件级模块库

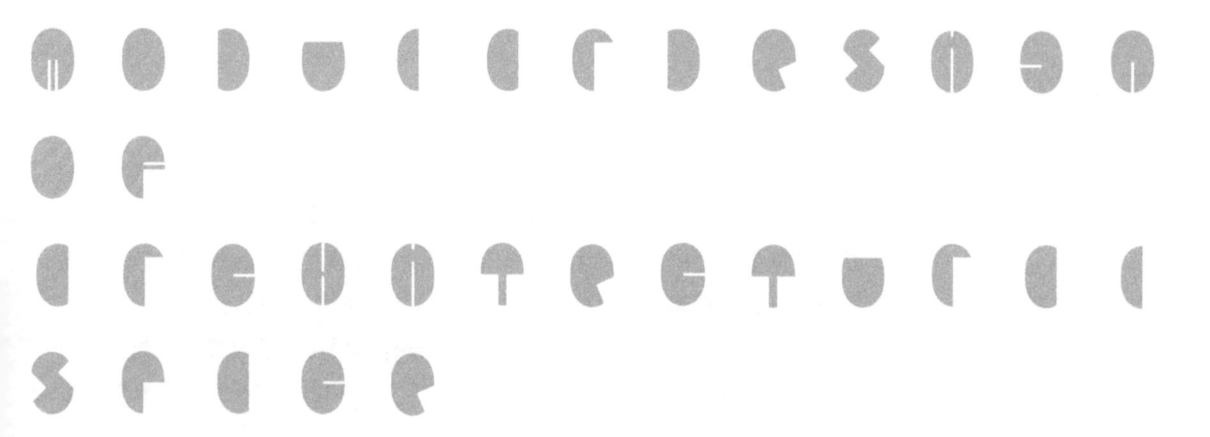

第6章

住宅套内空间模块组合优化模型

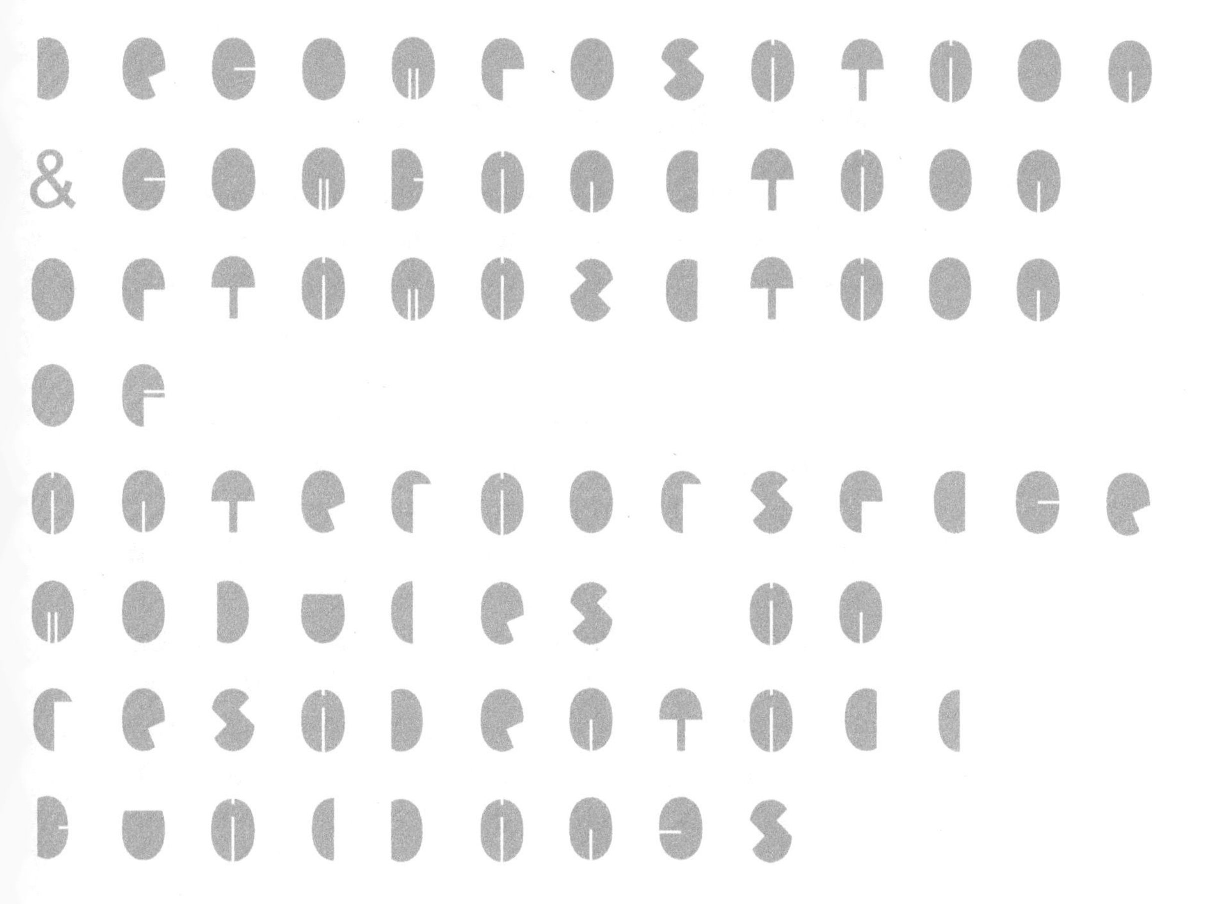

住宅套内空间模块组合需打破经验式空间布局定式，不以范本式套型为依据，细分的模块已不再适用于任何以往标准化套型空间布局模式，在住宅套内空间复杂适应模块化系统理论指导下，亟需建立一套模块自适应与自组织的组合逻辑框架，以便更为科学有效地生成套内空间布局。

本章包含以下几个方面内容：一是以部件级模块和系统级套型为模块组合的两个层级，明确以部件级模块的多样化选择和组合产生系统性套型的适应性为目标；二是对多元居住需求的3方面——家庭人口结构、家庭生命周期、家庭生活方式进行实态调研的数据收集和整理，分析3者与套型结构的关系及影响，为模块组合提供模块选择及组合的依据；三是基于遗传算法建立住宅套内模块组合的约束条件，即算法的拓扑机制，建立针对住宅套内空间规划的模块组合多目标优化算法，将经验式空间规划问题转化成可被计算机理解的量化逻辑；四是运用算法对住宅套内空间模块组合进行单目标极限求解测试、多目标综合求解测试、求解可量化分析及评价、限定边界的模块组合多样性模拟等，由此建立模块组合多目标优化的方案筛选机制，据此，针对多元居住需求主导的模块组合适应性求解提出套型多样化尺度策略、套型灵活转换策略及套型柔性化调整策略，最后再根据测试情况对模块本身进行评估与调整，以期获得更为优化的组合解；五是基于多目标优化算法构建系统级套型产品族平台策略：面向平台的横向系列化模块组合设计，面向变形的纵向系列化模块组合设计，为住宅套内空间模块化设计提供定制化设计方法框架。

6.1 住宅套内空间模块组合层级

根据住宅套内空间模块化理论建构，模块组合与模块分解一样，需要由基本机制建立模块化层级系统。基于标识机制，住宅套内空间模块组合可建立两个层级，自下而上分别以结构、产品为层级属性，两个层级模块基于内部模型机制在刺激响应规则作用下建立互相联动、动态演化的映射关系，由功能空间模块组合形成住宅套型模块并创建部件级、系统级模块库。

如何选择部件级模块的关键在于以多元化需求为刺激条件，包含家庭人口结构、家庭生命周期及家庭生活方式对于部件级模块的类型、数量、尺度的选择，组合成相适应的住宅套型。家庭人口结构对模块组合而言主要表现其套型类型的选择及面积的大小，面向部件级模块类型和数量的选择；家庭生命周期主要影响同一套型内随时间变化而需要进行的部件级模块的增减替换，以最复杂阶段的套内空间需求为依据来组合套型，满足各阶段的使用需求；家庭生活方式针对套内模块组合内在关联模式及专用模块的选择。

综上所述，住宅套内空间模块组合以部件级模块和系统级模块为层级，部件级模块接受多元居住需求规则的刺激，进而组合形成系统级模块，最终完成从组件级模块到系统级模块的完整的住宅套内空间模块化系统演化机制。

6.2　多元居住需求实态调研与分析

本书对住户多元居住需求的调研主要采取问卷调查的方式，调研时间为2021年10月到12月。在线网络投放问卷收到有效问卷245份，线下随机样本问卷收到有效问卷195份。调查问卷分为3个部分，第一部分的调查针对被调查者的基本信息和居住状况，如所在城市、年龄、居住人数、套内建筑面积等，以此确定被调查者的家庭人口结构及家庭生命周期；第二部分是居住行为的调查，了解住户在家用餐、下厨、工作与学习、看电视等行为的频率，以及社交聚会时的行为类型等，以此推测被调查者的家庭生活方式；第三部分是统计被调查者家中家用部品的种类、数量、空间位置和使用频率等，以此了解住户对家用部品的需求。根据问卷采集的信息可对住户的各类家庭人口结构、家庭生命周期、家庭生活方式所需模块进行分析，由此建立部件级模块与系统级模块（住宅套型）的关系。

6.2.1　家庭人口结构

根据家庭人口结构进行分类，分为单人户、两人户、核心1孩户、核心2孩户、核心3孩户（含3孩及以上）、主干1孩户、主干2孩户、主干3孩户（含3孩及以上），对不同家庭人口结构的需求分析体现了住宅套内空间的模块选择灵活性。通过调查问卷的数据分析，采用分类筛选统计得到如图6-1所示的数据，以单人户为例。

家庭人口结构对家用部品需求最直观的影响因素是套内建筑面积，而建筑面积指标亦是住宅套内空间设计的重要指标。由此对各类家庭人口结构与套内建筑面积分类筛选后进行统计归纳，如表6-1所示，并将其进行部件级

家庭结构的居住需求调研数据筛选统计示意　　表6-1

家庭人口结构	套内面积/m^2	人数	居室	家用部品（数字表示数量）
单人	35～50	1	1	双人床1、书桌椅1、茶几1、沙发椅1、电视柜1、餐边柜1、书柜1、平开门衣柜1、鞋柜1、洗衣机1、单开门冰箱1
两人	35～50	2	1	双人床1、书桌椅1、四人餐桌椅1、三人沙发1、电视柜1、书柜2、独立储物柜1、平开门衣柜1、鞋柜1、洗衣机1、单开门冰箱1
核心1孩	76～90	3～4	3	单人床1、双人床1、书桌椅1、儿童书桌椅1、茶几1、六人餐桌椅1、梳妆台1、茶台1、休闲椅2、沙发椅1、多人组合沙发1、电视柜1、餐边柜1、展示柜2、书柜2、独立储物柜2、床头柜3、平开门衣柜2、滑门衣柜1、儿童衣柜1、鞋柜1、立式空调1、洗衣机1、迷你洗衣机1、对开门冰箱1、钢琴1、跑步机1、宠物屋1
核心2孩	120以上	4～5	4	单人床1、双人床2、书桌椅3、儿童书桌椅1、茶几1、八人餐桌椅1、梳妆台1、茶台1、休闲椅2、书法桌1、沙发椅1、多人组合沙发1、电视柜1、餐边柜1、展示柜1、书柜2、独立储物柜3、床头柜6、平开门衣柜4、步入式衣柜1、儿童衣柜2、鞋柜2、立式空调1、洗衣机1、对开门冰箱1、冰柜1、按摩椅2、钢琴1、跑步机1、户外桌椅1、宠物屋1

续表

家庭人口结构	套内面积 /m²	人数	居室	家用部品（数字表示数量）
核心 3 孩及以上	91 ~ 120	5 ~ 6	3	单人床 1、双人床 2、书桌椅 3、茶几 1、六人餐桌椅 1、梳妆台 1、沙发椅 1、多人组合沙发 1、电视柜 1、书柜 2、独立储物柜 3、床头柜 3、平开门衣柜 2、滑门衣柜 2、鞋柜 2、立式空调 1、洗衣机 1、单开门冰箱 1、户外桌椅 1
主干 1 孩	91 ~ 120	5 ~ 6	3	单人床 1、双人床 2、书桌椅 2、茶几 1、六人餐桌椅 1、梳妆台 1、沙发椅 1、多人组合沙发 1、电视柜 1、餐边柜 1、书柜 2、独立储物柜 2、床头柜 4、滑门衣柜 3、鞋柜 1、洗衣机 1、单开门冰箱 1
主干 2 孩	120 以上	5 ~ 7	4	单人床 1、双人床 3、书桌椅 2、儿童书桌椅 1、茶几 1、八人餐桌椅 1、梳妆台 1、休闲椅 4、沙发椅 1、多人组合沙发 1、电视柜 1、餐边柜 1、展示柜 1、书柜 2、独立储物柜 2、床头柜 6、平开门衣柜 1、滑门衣柜 4、鞋柜 1、立式空调 1、洗衣机 1、对开门冰箱 1
主干 3 孩及以上	120 以上	7 ~ 8	3	单人床 1、双人床 3、书桌椅 3、电竞桌椅 1、茶几 1、八人餐桌椅 1、梳妆台 3、休闲椅 5、书法桌 1、沙发椅 1、多人组合沙发 1、电视柜 1、餐边柜 1、展示柜 1、书柜 2、独立储物柜 2、床头柜 4、平开门衣柜 4、鞋柜 2、立式空调 1、洗衣机 1、对开门冰箱 1

部件级模块替换 **表 6-2**

家庭人口结构	套内面积 /m²	人数	居室	部件级模块（* 后面数字表示数量）
单人	35 ~ 50	1	1	M1、M2、M6、M7、M10、M11、M12、M15、M16
两人	35 ~ 50	2	1	M1、M2、M4、M5、M6、M7、M8*2、M9、M10、M11、M12、M15、M16
核心 1 孩	76 ~ 90	3 ~ 4	3	M1*2、M2*2、M4、M5、M6、M7*3、M8*2、M9*2、M10、M11、M12、M13、M14、M15、M16
核心 2 孩	120 以上	4 ~ 5	4	M1*3、M2*4、M4、M5、M6、M7*7、M8*4、M9*3、M10*2、M11、M12、M13、M14、M15、M16*2
核心 3 孩及以上	91 ~ 120	5 ~ 6	3	M1*3、M2*3、M4、M5、M6、M7*4、M8*2、M9*2、M10*2、M11、M12、M15、M16*2
主干 1 孩	91 ~ 120	5 ~ 6	3	M1*3、M2*2、M4、M5、M6、M7*3、M8*2、M9*2、M10、M11、M12、M15、M16*2
主干 2 孩	120 以上	5 ~ 7	4	M1*4、M2*3、M4、M5、M6、M7*5、M8*4、M9*2、M10、M11、M12、M15、M16*3
主干 3 孩及以上	120 以上	7 ~ 8	3	M1*4、M2*2、M4、M5、M6*2、M7*3、M8*2、M9*2、M10、M11、M12、M14、M15、M16*3

注：表中套内面积以最高概率值为代表。

模块转化。表 6-2 是以部件级模块替换的结果，其中套内面积与居室数仅作参考。

综上所述，由实态调研统计的各类家庭人口结构的模块需求体现出动态的模块选择趋势，进而证明功能房设置僵化的局限性。

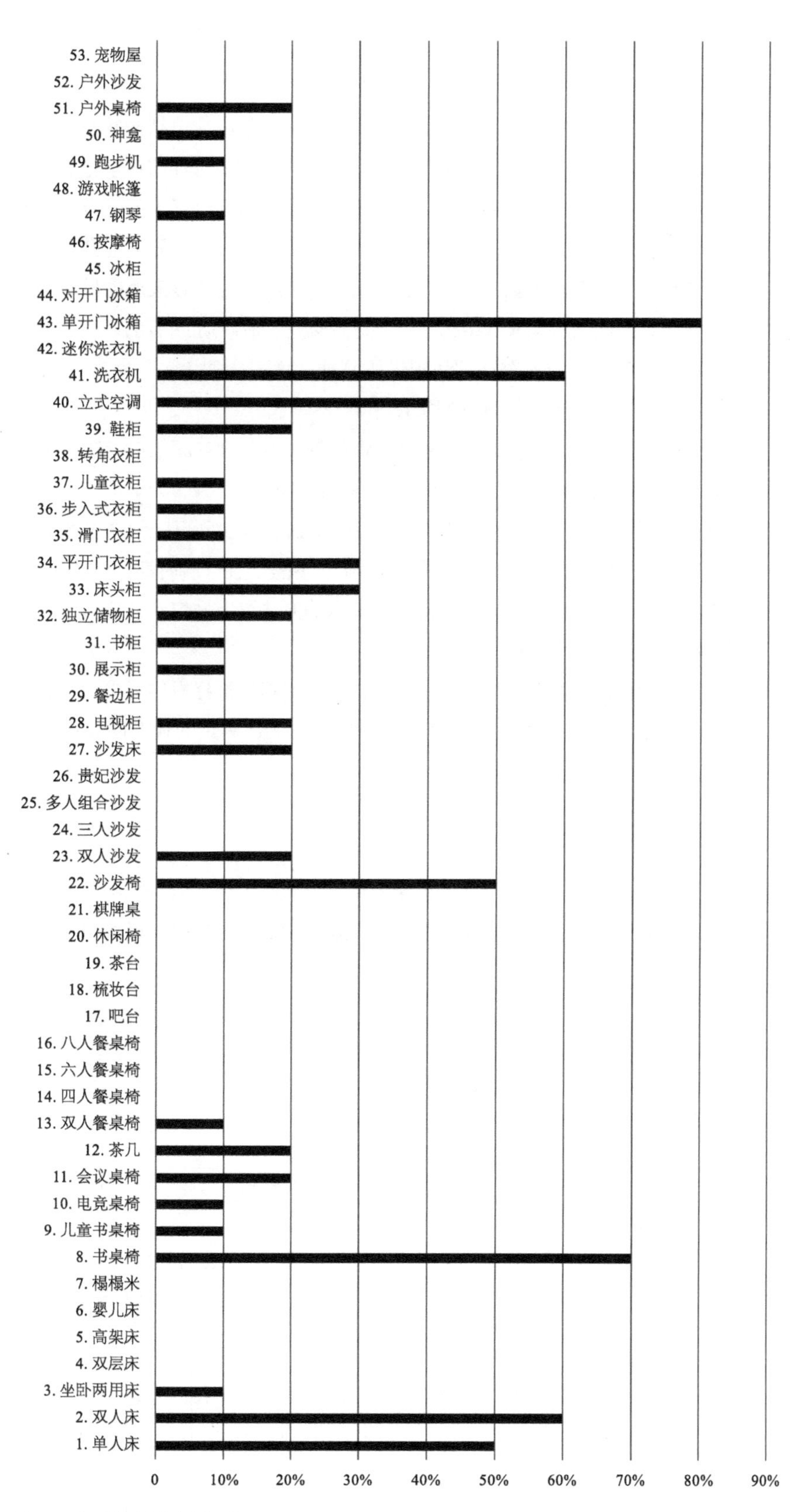

图 6-1　调研数据分类筛选统计示意

6.2.2 家庭生命周期

家庭人口结构变迁与家庭生命周期密不可分，家庭人口结构并非静止不变，不同家庭阶段有不同的家庭结构，因此住户的模块选择需在全生命周期中找寻不同模块组成转化的可能，体现住宅套内空间在时间上的适应性。若以家庭居住需求最为复杂的时期作为套型转换的参照基准，则其他套型的空间适应性迎刃而解。根据家庭人口结构分析可知，核心 2 孩家庭的模块组成最为复杂，因此以这类家庭结构为例，进行家庭生命周期的分析。

核心 2 孩家庭的人数通常呈现以下规律：增长—稳定—收缩[1]。核心 2 孩家庭的套型模块变化如图 6-2 所示。

[1] 惠珂璟．居住空间适应性设计研究：以二孩家庭为例[D]．北京：北京建筑大学，2018.

由图 6-2 可知，核心 2 孩的家庭生命周期一般包含 U2、U4、U5 与 U6，核心 2 孩家庭从形成期到空巢期的住宅套内空间模块以 U2 为基型。在整个家庭生命周期中的空间变化，即 U2 到 U6 的任何阶段都可基于 U2 基型的模块扩充实现不同套型，类似一个模块“插件”系统，便于各时期套型的更替，如图 6-3 所示。这种对于家庭生命周期需求的方法可以推广到其他的家庭人口结构上，这里不作赘述。

综上所述，家庭生命周期为住宅套内空间的模块选择提供了更为动态的视角，以最复杂需求阶段作为套型适应性的参照，满足其他各阶段的套型转化。

6.2.3 家庭生活方式

多元居住需求的第三个要素是家庭生活方式，多数文献研究中关于这部分的内容较为宽泛。本书尝试更为精准地建立家庭生活方式与模块组合的直

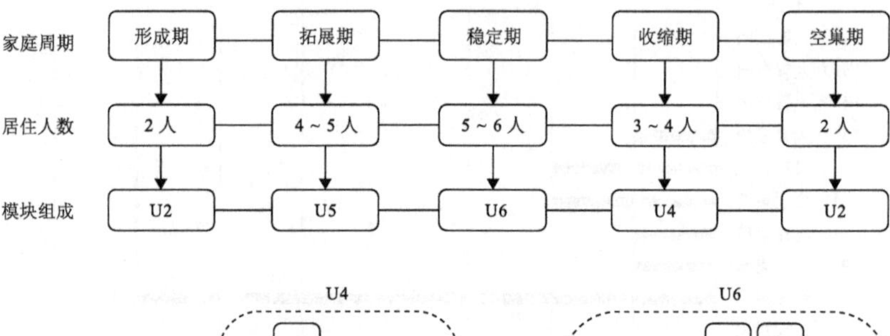

图 6-2 核心 2 孩家庭生命周期需求示意

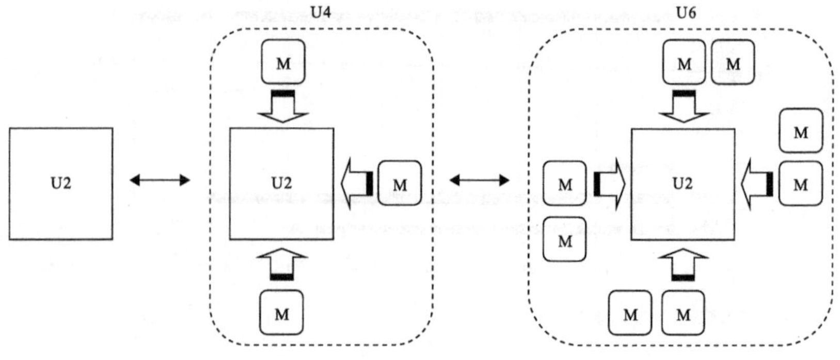

图 6-3 家庭生命周期内模块组合策略示意

不同家庭生活方式下的模块私密程度指标　　表 6-3

模块类型	M1	M2	M3	M4	M5	M6	M7	M8	M9	M10	M11	M12	M13	M14	M15	M16
工作学习型家庭	1	1	1	0	0	0	1	1	0.5	0	0	0	0	0	0	0.5
社会交往型家庭	0.5	0	0	0	0	0	0.5	0	0	0	0	0	0	0	0	0.5
生活休闲型家庭	0.5	0.5	0.5	0.5	0	0.5	0.5	0.5	0.5	0	0	0	0	0.5	0	0.5

注：1 表示该模块所需私密程度强；0.5 表示该模块所需私密程度一般；0 表示该模块所需私密程度弱。

接关系，涉及模块的尺度、数量及私密程度，界定不同家庭生活方式下的模块组合关系。

根据第 4 章对家庭生活方式的论述，分为工作学习型家庭、社会交往型家庭、生活休闲型家庭。将模块私密程度分为 3 档，分别以 1、0.5、0 来表示，对应不同家庭生活方式的套内空间模块取值如表 6-3 所示。

家庭生活方式的不同带来不同“专用”模块的增减，以两人户 U2 的模块为“通用”基型，根据公式：模块组合 = 通用模块 + 专用模块，对 3 类生活方式的家庭作如下安排：

工作学习型：U2=U2+（M2+M8）；

社会交往型：U2=U2+（M6+M13+Mx）；

生活休闲型：U2=U2+（M6+M9+M14）。

对于一般家庭而言，家庭生活方式并不会特别分明，可能包含各种情况的融合，也可能随着家庭生命周期和人口结构变化发生转变。比如一对夫妻在生孩子之前属于社会交往型生活方式，而有了孩子之后转为以工作学习型为主的生活方式。然而这种交替显现的家庭生活方式一般并不长久，一般情况下家庭主流生活方式是恒定的，与家庭核心成员的价值观和性格有关，因而对主要家庭生活方式的提炼是必要的，有助于套内空间的适应性设计。

综上所述，家庭生活方式对模块的选择和模块的组合关系产生影响，家庭生活方式带来的专有模块为套型的多样化和个性化服务，可提升套内空间适应性。

6.3　住宅套内空间模块组合多目标优化模型

住宅套内空间模块组合优化以多元居住需求为设计规则，形成模块组群，然而仅仅将这些模块随机组合是不够的，住宅套内空间设计本身存在一定的约束条件，比如空间复合紧凑度、采光度、共墙面、公私分区等。本研究基于遗传算法，将这些约束条件建立多目标模型，帮助优化模块组合的空间规模和模块排列位置。运用模块组合优化模型针对多元居住需求进行计算机模拟，根据导出的套型结果进行评价，对部件级模块与系统级模块做适宜的修正。

6.3.1 遗传算法

遗传算法（Genetic Algorithm，GA）是由复杂适应系统理论之父约翰·H·霍兰在其论著《自然与人工系统中的适应》（*Adaptation in Nature and Artificial Systems*）中提出的。它借鉴生物遗传与进化规律，模拟基因遗传过程中发生的繁殖、交叉和基因突变现象，对对象进行随机搜索的算法。通过遗传算法对住宅套内空间模块组合进行优化求解，从而提升套内空间规划效率。

图 6-4 遗传算法优化逻辑示意图

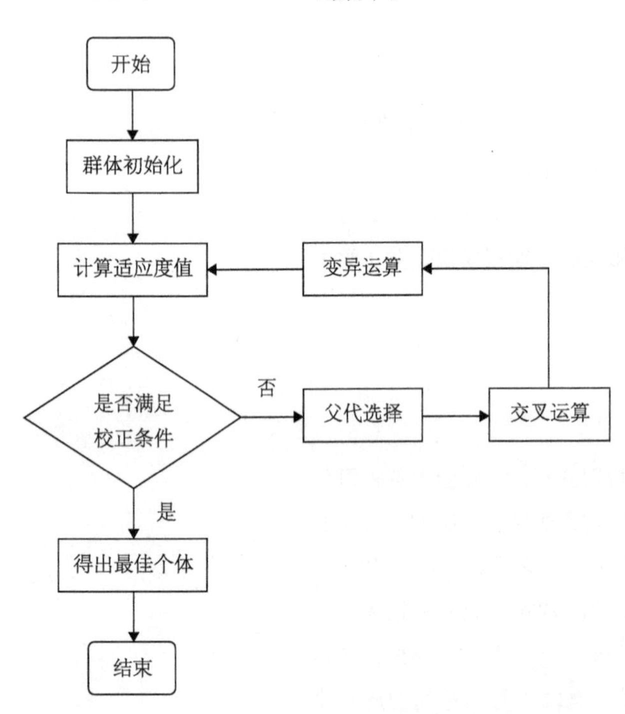

1. 遗传算法原理与过程

遗传算法是一种全局性的概率搜索算法，是对生物的遗传过程及进化过程进行模拟的一种算法。通过遗传操作数之间的遗传、交叉和变异等作用机制来产生新种群，并逐代优化后得到符合目标的最优解。遗传算法的具体过程如图 6-4 所示。

首先需建立一个简化的数学模型来确定编码方式和目标函数；然后将携带信息模型的“染色体”（译码成的向量）进行“基因”（向量的每个元素）编码，包括选择、交叉和变异；接着运行遗传算法，判断相关求解方案是否满足要求，满足则输出结果，不满足则筛选相对符合的方案进行交叉和变异操作，产生新解；最后对新方案再筛选出符合要求的，淘汰不符合的，直至产生满足要求的输出最优结果[1]。

2. 遗传算法的适用范围

遗传算法具备如下特征：一是算法从设定的种群中进行筛选，可快速从已知种群中搜索出有用的信息；二是算法可进行多个目标比选的计算，提供多样化输出结果，过程相对简单；三是算法基于生物进化理论“优胜劣汰”的原理，最终筛选出的个体一般更加满足要求；四是遗传算法的适用面较广，可适用于工程与制造、交通事故分析、气象分析、物流货源分析、金融信贷风险分析等多个领域，并可以实现与多个多种算法的兼容。

遗传算法适用于函数优化、生产调度、自动调动、人工生命、数据采集、组合优化等方面。住宅套内空间模块化设计与遗传算法的关联性在于组合优化

[1] 蔡颢．基于遗传算法的装配式混凝土框架建筑优化研究 [D]. 成都：西南交通大学，2018.

问题得以有效解决。遗传算法面对组合优化问题的不断增加，搜索过程中能自动积累知识，并自适应搜索过程，因此在解决组合优化问题中体现出优越性[1]。

住宅套内空间平面计算机生成算法有许多，大体上可分为3个思路：自下而上（bottom-up）、自上而下（top-down）、参考法（referential）[2]。自下而上的方法操作一套底层小部件，将它们聚合成更大的组织，它具备快速生成不同设计方案的优势。然而对于复杂边界限定内的大尺度设计，自下而上的方法存在其局限性，而自上而下的方法可以填补这一缺失；自上而下的方法可以从环境的几何条件出发，例如场地边界，进行细分，生成不同组织方案；参考法是利用现成建筑及大数据，采取机器学习、神经网络等方法训练计算机将空间组织转换成大量图像进而合成新的空间组织关系。3种方式中与本研究模块化方法紧密关联的是自下而上的方法，该方法也被广泛用于模块化建造领域解决独立构件组装的问题。

自下而上的方法多数采取遗传算法，建立优化目标，比如求套内空间最短墙体长度的空间布局[3]；求最大通风的最紧凑套内空间布局[4]。也有采取进化算法（evolutionary algorithm）求套内空间组织最小空隙值[5]，以及采取主体拓扑查找算法（agent-based topology finding system）将房间尺寸、比例与平面形态建立最优关系[6]。有学者采取模型综合算法（model systhesis algorithm）解决部件的三维整合问题[7]。

对本书而言，遗传算法成为住宅套内空间模块组合优化的强有力工具。与以往从建筑学空间组合形式开展研究不同的是，本书依托遗传算法，将模块组合问题转化成多目标优化问题进行数学描述，提高住宅套内空间模块组合的设计效率及结果精准性，突出其空间标准化、集成度、适应性等算法目标。同时，遗传算法可快速尝试多样化组合，与本研究的目标契合，为住宅套内空间乃至其他模块化建筑组合计算提供可行的应用工具。综上所述，遗传算法适合解决复杂的离散组合优化问题，常用于解决多目标组合求解最优方案，为本研究提供有效技术手段。

6.3.2 住宅套内空间模块组合约束条件

本研究受到启发式装箱算法指标建立的启发，旨在优化模块组织关系和模块排列位置。启发式装箱算法中首先利用BFA算法的“动作空间指标”对模块组合设置共面（对本研究而言就是共墙）数量指标规则，以精准获取合适大小的模块；然后利用BRSA算法的“完全重合度指标”，对齐模块的位置以确保模数的协调；最后利用LWF算法的“包络线平滑度指标”，量化剩余空白空间的平滑程度，促使剩余空间最小。由此可转化出针对住宅套内空间模块组合优化的几个指标：模数紧凑度、平滑度、关联度及采光度。

1. 模数指标

住房套内空间设计需提高设计标准化、模数化意识，提升设计精度[8]。我国住房和城乡建设部发布的《建筑模数协调标准》GB/T 50002—2013，提

[1] 马立肖，王江晴. 遗传算法在组合优化问题中的应用[J]. 计算机工程与科学，2005（27）：72-82.

[2] WEBER R E，MUELLER C，REINHART C. Automated floorplan generation in architectural design：A review of methods and applications[J].Automation in Construction，2022，140（Aug.）：104385.1-104385.13.

[3] ROSENMAN B M A，GERO J S. Evolving designs by generating useful complex gene structures[M]. San Francisco：Morgan Kaufmann，1999.

[4] ROSENMAN M，Case-based evolutionary design[J]. Artificial Intelligence for Engineering Design，Analysis and Manufacturing ：AI EDAM，2000，14（1）：17-29.

[5] INOUE M，TAKAGI H. Layout algorithm for an EC-based room layout planning support system[C]//SMCia 2008 ：IEEE Conference on Soft Computing in Industrial Applications，2008：165-170.

[6] GUO Z，LI B. Evolutionary approach for spatial architecture layout design enhanced by an agent-based topology finding system[J]. Frontiers of Architectural Research，2017（1）：53-62.

[7] MERRELL P，MANOCHA D.Model synthesis：a general procedural modeling algorithm[J]. IEEE Transactions on Visualization and Computer Graphics，2011，17（6）：715-728.

[8] 蓝枫，刘美霞，李小宁，等. 优化保障性住房设计提升居住质量[J]. 城乡建设，2012（3）：19-23.

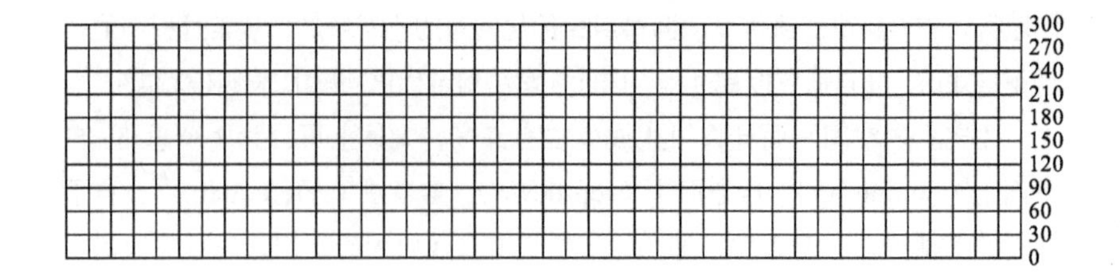

图 6-5　标准化模数网格

到建筑模数的目的在于推进房屋建筑工业化，模数系统适用于一般民用与工业建筑的新建、改建与扩建工程，实现设计、生产、施工、安装的模数协调。在《建筑模数协调标准》GB/T 50002—2013 中规定基本模数为 1M，即 100mm。整个建筑物和建筑部件的基本模数化尺寸应是基本模数的倍数。本书研究的住宅套内空间模块化设计采用国家制定的模数标准，用以协调标准化居住空间模块的尺寸设计以及模块组合的位置关系，选取模数 3M，即 300mm。标准化模数网格如图 6-5 所示。

2. 紧凑度指标

我国人口密度与资源的矛盾决定了发展紧凑型居住模式，倡导集约高效的利用空间的必要性[1]。住宅套内空间紧凑度包括两个方面内涵：一是空间物理属性紧凑高效，减少公摊面积，充分利用套内空间，建立合理的面积指标；二是人与空间互动行为高效，各功能空间联系紧密，流线明确，分区合理，利用空间复合提高套内空间的便捷性。对于模块化设计而言，住宅套内空间紧凑度主要体现在以下 3 个层面。

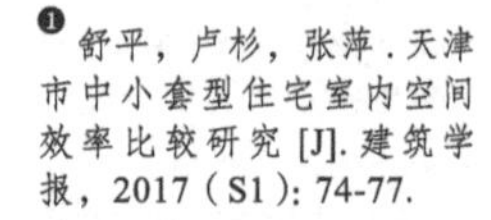
[1] 舒平，卢杉，张萍．天津市中小套型住宅室内空间效率比较研究 [J]. 建筑学报，2017（S1）: 74-77.

1）通用模块的集约化。在针对多元居住需求的模块组合中，通用模块往往包含了多余的部品部件，比如对于单人户而言，睡眠模块中的婴儿床显然是不需要的，因而将其转化为动作域空间，在与其他模块空间复合的过程中释放空间，提高空间紧凑度。

2）模块组合的紧凑度。整体住宅套型紧凑度的衡量可视为模块在空间复合后的总面积 A_1 与各模块净面积之和 A_2 的比值 Q，即 $Q=A_1/A_2$。Q 值越低，表示套内空间紧凑度越高；Q 值越高，表示套内空间紧凑度越低。

3）套型边界矩形面积最小值。住宅套内空间紧凑度反映出对最小套型矩形边界的探索，本研究借助遗传算法寻求各类别模块组合下的套型矩形面积最小值，即图 6-6 中的 $l \times w$ 最小值。

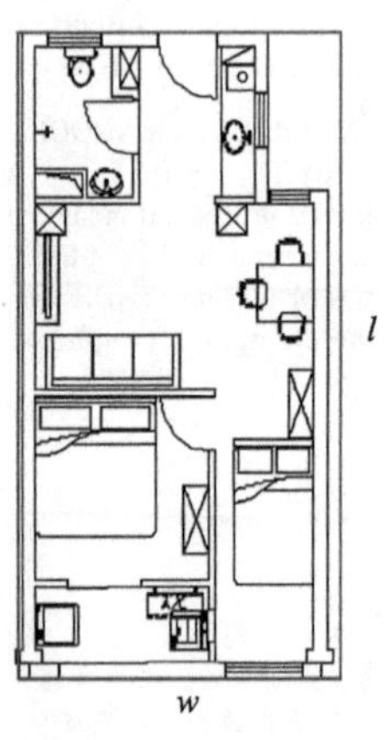

图 6-6　套型边界矩形示意

3. 平滑度指标

我国住宅套型平面通常不是方正平整的矩形，而是凹凸不平的界面。套型正是利用平面的凹凸来组织朝向及通风，使得主要房间至少占据两个朝向的外墙。同时，对于高层几何住宅而言，这种平面的凹凸使得结构外墙具备良好的抗侧刚度和抗扭能力，从而使得不规则框支剪力墙具备更好的抗震性能。然而平面边界的凹凸不是越凹凸越好，过度细碎的凹凸导致朝向及视野的细碎，通风也会更为局部，套内整体采光及通风效果受到极大影响。其次，凹凸程度太大会导致高层住宅局部风压过大，提高了结构的抗剪需求。再者，平面过分凹凸会影响套型之间组合的紧凑度和便捷度，对外观设计的限制也极大。最后，过度凹凸的平面必然导致建造成本的提升，造成土地等资源的浪费。

因此住宅套内空间模块组合优化的一个重要指标用于控制平面边界的凹凸程度，即平滑度。平滑度来源于装箱问题对于物流装箱平整度的描述，即保证模块边界的对齐。住宅平面边界平滑度指标的意义在于解决模块组合时边界对不齐的问题，使套型平面凹凸得到合理的控制，也在一定程度上提高模块组合的紧凑度。

4. 关联度指标

住宅套内空间模块组合最为关键的位置关系在于模块之间的关联度，这也是区别于装箱问题等其他组合优化问题的难点所在。住宅套内各空间组织关系的底层逻辑以往是由功能气泡图控制，然而本书基于居住行为内在机制的模块聚类分析，已将这种气泡图封装在各类部件级模块中，模块之间的耦合度较低，模块不再受功能气泡图的控制，模块组合变得较为自由。

然而，完全无序的模块随机组合带来的一个重大问题是住宅套内空间公共与私密的混杂和互相干扰，对于大多数家庭而言存在严重居住质量问题。因而从家庭生活方式分类出发，需要对各类别模块进行私密程度（安静程度）界定，以此作为模块间的关联指标，促使模块组合时自然地形成公私分区、动静分区。

5. 采光度指标

住宅套内空间需减少对人工照明的依赖，充分利用自然光是可持续的模式，减少环境污染和资源浪费的同时，有利于人的身心健康。衡量宅内采光度的常用指标是窗地比，指的是房间窗户面积与该房间地面面积之比。《民用建筑热工设计规范》GB 50176—2016 规定，不同建筑空间为了保证室内的采光度，窗地比标准都不一样。离地面低于 0.75m 的窗户洞口面积不计入窗地比。住宅的窗地比一般采用：客厅为 1/4，卧室为 1/6，厨房为 1/7，卫生间为 1/12。当房间进深为窗高的 2.5 倍时，单侧采光的房间的最低采光系数所需窗地比为 1/6。本书将套内功能房分解为更小的功能模块，对客厅、卧室、厨房、卫生间等空间的窗地比指标可视为针对会客模块、饮食模块、睡眠模块、学习模块、厨房模块的指标，由此在模块组合过程中需确保这几类模块的窗户面宽值最低，也防止这几类模块所处套型边界处“黑房间”的产生。

6. 模块的界面

住宅套内空间模块组合逃避不了的问题是模块的界面设计。对于住宅套内空间模块界面的讨论存在两方面：一是关于功能空间的维护界面，包括隔墙、隔断、开门位置等；二是关于功能空间流动的界面，探讨模块内部的实体与非实体部分的组织关系。本书聚焦于后者，先解决模块界面的组合动线问题，再对空间维护界面做选择，并且这种选择是可定制的。

住宅套内空间模块中包含部品部件实体及人体动作域空间两部分，模块的界面必然位于动作域空间。在空间复合过程中，模块组合会自主选择动作域空间进行连接组合，通过空间复合使得模块之间界面连接问题得以解决，

图 6-7 模块内部动作域界面连通
❶ 书桌椅
❷ 书柜

然而个别模块内部出现动作域不连通的情况会阻碍模块之间的流线，见图 6-7 左侧模块，书桌椅和书柜的位置迫使动作域分为两部分，因而采取右侧布局更为合适，将动作域打通，从而流通各模块界面。总而言之，各模块的界面位于动作域边界位置，模块内部动作域边界界面需连通。

综上所述，厘清住宅套内空间模块组合的约束条件的目的在于为模块组合遗传算法明确其优化目标，量化其指标及原则，提高住宅套内空间模块组合优化的准确性，最终达到居住空间布局合理、面积紧凑、流线便捷、居住舒适的目标。

6.3.3 住宅套内空间模块组合优化算法

住宅套内空间模块组合优化算法的建立主要包括 3 个方面：算法可视化模块、算法问题设定、算法拓扑机制。算法可视化模块是算法运算及输出结果的呈现方式；算法问题设定目的在于将住宅套内空间模块组合优化的约束条件进行数学化转换；算法拓扑机制将计算机可理解的数学描述及参数变量建构出可行的多目标优化算法。

1. 算法可视化模块

本研究中的算法运行过程与输出结果的呈现方式采取模数网格的图形方式，即算法可视化模块，具体可参见 5.4.4 节的图 5-8。算法可视化模块为模块组合优化算法提供模数关系，便于建立数学关系，成为住宅套内空间模块化设计方案的“雏形”，其模糊性也为方案提供更多灵活性。后文在阐述算法模拟及筛选机制中将大量采取算法可视化模块，便于聚焦设计的关键逻辑及策略，而非具体的方案设计本身。

“可视化模块”是计算机图形语言，其意义在于以下 3 方面：一是实现模数协调，该图形可确保模块移动基于确定的模数；二是凸显行为单元，该图形体现功能房精细到行为单元尺度，并对不同行为单元进行空间复合以实现空间使用效率最大化；三是提升组合多样性，该图形可高效输出不同方案，是具体平面方案的简化图示。

2. 算法问题设定

住宅套内空间模块组合优化需要以下 4 类基本问题设定，即组合优化多目标的数学描述，包括紧凑度、平滑度、关联度及采光度。

1）紧凑度

户型在提供舒适的使用空间的条件下，为减少不必要的面积浪费，将户型中模块的动作域互相复合，提高使用效率，使户型整体面积最小，形成紧凑的平面。如图 6-8 所示，$S_{合2}$ 通过两个模块互相复合，比 $S_{合1}$ 面积更小，因此 $S_{合2}$ 的紧凑度更好。

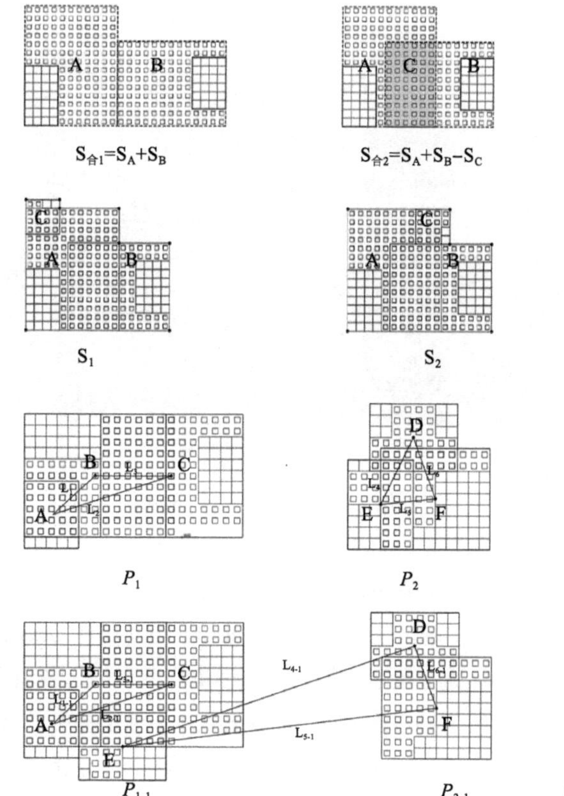

$S_{合1}=S_A+S_B$　　$S_{合2}=S_A+S_B-S_C$

图 6-8　紧凑度分析图

2）平滑度

户型外轮廓需尽可能平整，便于施工建造。因此模块组合时需尽量对齐，整体图形轮廓的转角数量越少则越平滑。如图 6-9 所示，C 模块的位置发生变化时，套型 S_1 与套型 S_2 紧凑度虽相同，S_2 的转角数量（6 个）比 S_1 的转角数量（8 个）少，因此 S_2 的平滑度比 S_1 高。

S_1　　S_2

图 6-9　平滑度分析图

3）关联度

一般住宅套内空间需有特定的公私分区，因而需要将私密度相近的空间关联起来。关联度借由私密功能模块或公共功能模块之间中心点的直线距离之和求得，简言之，关联度与关联空间的 P 距离总长相关，距离数值越小，则相同私密度的空间关联越紧密，空间分区就越理想。如图 6-10 所示，户型模块分为私密程度强（P_1）、私密程度一般（P_2）及私密程度弱（P_3）。根据公式：

P_{1-1}　　P_{2-1}

图 6-10　关联度分析图

$$P=\sum L_{1i}+\sum L_{2i}+\sum L_{3i}\ (i=1,\ 2,\ 3,\ \cdots,\ n)$$

P_1、P_{1-1} 私密程度强，P_2、P_{2-1} 私密程度一般。P_1 与 P_2、P_{1-1} 与 P_{2-1} 两者关联度分别为：

$$P_1=L_1+L_2+L_3;\ P_{1-1}=L_{1-1}+L_{2-1}+L_{3-1}。$$

$$P_2=L_4+L_5+L_6;\ P_{2-1}=L_{4-1}+L_{5-1}+L_{6-1}。$$

$$P_{合1}=P_1+P_2;\ P_{合2}=P_{1-1}+P_{2-1}。$$

由此可见 $P_{合1}$ 比 $P_{合2}$ 距离数值小，因此 $P_{合1}$ 的关联度更好。

4）采光度

采光及通风是保证住宅套内舒适性的重要条件，在模块组合过程中需确保套型外轮廓开窗面宽的最低值，也需保证对采光需求度高的模块处于套型边界，防止“黑房间”的产生。依据窗地比（默认窗高为 2m）客厅为$\frac{1}{6}$~$\frac{1}{4}$，卧室为$\frac{1}{6}$~$\frac{1}{8}$，厨房为$\frac{1}{7}$，卫生间为$\frac{1}{12}$，作为采光度的最低要求。

如图 6-11 所示，S_1 中 A、B、C、D 是分别有采光需求的模块，其中

S_1　　S_2

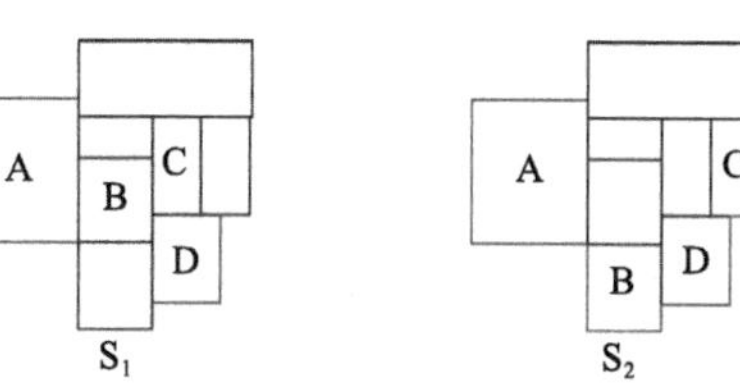

图 6-11　采光度分析图

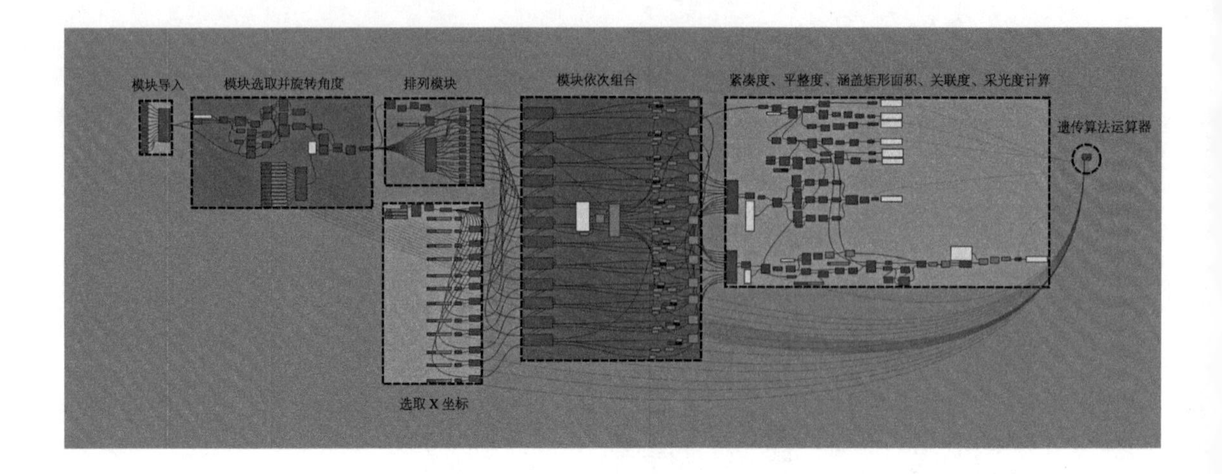

图 6-12 住宅套内空间模块组合优化算法（Grasshopper）

B、C 模块没有受光面，因此 S_1 模块采光度为 50%；而在 S_2 中得到较好改善，采光度为 100%。

3. 算法拓扑机制

基于三维建模软件 Rhino 与其插件 Grasshopper 的参数化平台对各项指标进行参数化控制，使住宅户型在满足各项指标后达到该套型模块组合的最优解。在 Grasshopper 中，将整个多目标算法按步骤进行划分，把各个部件级模块需求输入到控制系统中，控制变量随机组合得到输出值后导入遗传算法模拟器 Octopus 中进行判断，对每次输出值进行筛选，最后得到一系列优化结果，如图 6-12 所示。模块组合优化算法运算的具体步骤参见附录 E。

6.4 住宅套内空间模块组合多目标优化模拟

住宅套内空间模块组合的多目标优化需对方案确立综合评价体系，是对遗传算法多目标筛选的基本机制。在此筛选机制下，测试单目标导向下的模块组合优化的极限可能，以及多目标导向的模块组合多样性，并将方法推广至多元居住需求刺激下的模块组合优化，形成多样化尺度、灵活性转换、柔性化调整的模块组合策略。

6.4.1 模块组合优化方案综合评定

住宅套内空间模块组合优化方案需要一套目标评价体系，用于确保计算机输出结果的可行性。这套评价体系以多目标筛选的方式融入运算过程，形成运算自身的筛选机制，提高输出的准确度与合理度。本节以两人户 U2 为例探寻单目标下的套型极端情况，如最紧凑套型、最方正套型、最佳采光套型等；对比传统 U2 套型，呈现模块组合优化算法在给定矩形轮廓与面积下的大量多样化结果输出，并通过空间句法的量化分析辅以方案的综合评定，判定在特定矩形中模块组合的最优解。

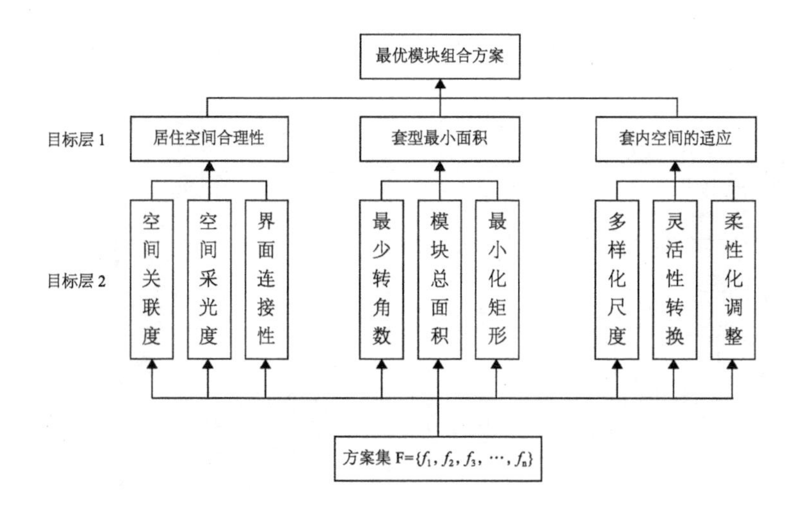

图 6-13 模块组合优化方案目标评价体系

1. 方案的多目标决策

住宅套内空间模块组合方案应考虑的因素繁多，方案的选择不仅取决于紧凑度分析，还应综合考虑经济、便捷、环境、适应性等多种因素，如套型平面形状、空间内在关联度、基本采光与通风性能、套内空间转换灵活性等。这些因素之间存在耦合，对方案的影响具有一定的模糊性[❶]，本书采用的多目标评价体系如图 6-13 所示。

住宅套内空间模块组合多目标优化是一个平衡各项目标，取得综合最佳解决方案的方法。各项目标平衡必然弱化了单项目标导向的最佳结果，单目标的极限优化方案是不应忽略的，它是对住宅套型空间极限求解的尝试。单目标优化的结果必然导致其他目标的无法达成，因此，多目标优化策略的作用在于权衡各项利弊，取得各项更为优异的方案。在此基础上，对多目标优化结果的单目标求解可取得更为精细化筛选的最优解，为住宅套内空间模块组合带来个性化最佳效益。

2. 限定边界的方案多样性特征

对住宅套内空间模块组合的模拟除了多目标优化求解以外，还需要在限定边界的情况下，使用算法进行同一套型外接矩形长宽尺寸内的多目标优化，寻求限定边界内的组合类型总数，探索套型布局转换灵活性的边界和套内空间组织的紧凑度。本节以两人户 U2 套型为例，选取现有普通的 U2 套型平面布局，如图 6-14 所示，以其边界（7m × 8m）为限定，采用算法求解多样化方案，如图 6-15 ~图 6-20 所示，展示算法生成方案的精确度及高效性。在此基础之上，在同一限定边界内置入更多模块，测试算法在有限面积内处理多模块紧凑布局的能力。以此相比传统套型设计，突显模块组合优化算法的集约化设计优势。

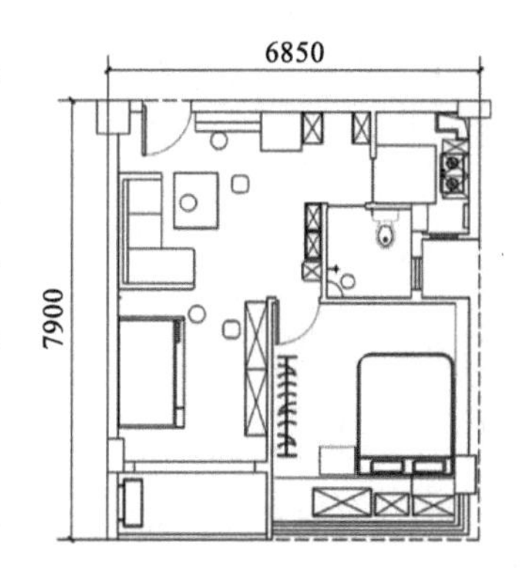

图 6-14 传统典型两人户 U2 套型平面（单位：mm）
图片来源：
陈珊，陈潇楠，刘嘉，等. 深圳公共租赁住房入户调研及居住需求对比 [J]. 南方建筑，2021（5）：77-85.

由以上不同方案的布局方式，不难看出算法输出结果的多样化特征，与图 6-14 的传

❶ 陆海燕. 基于遗传算法和准则法的高层建筑结构优化设计研究 [D]. 大连：大连理工大学，2009.

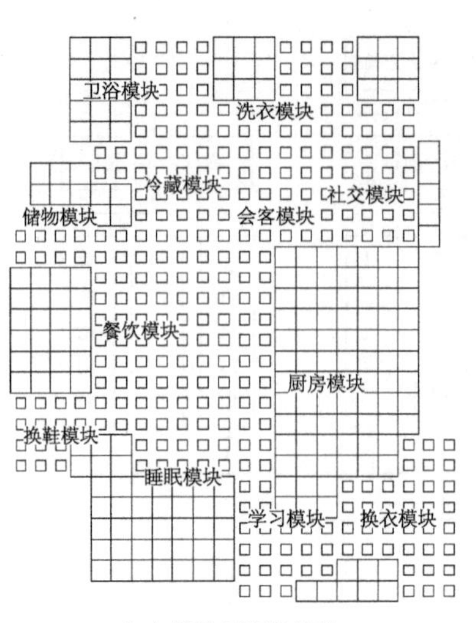

（a）算法可视化模块

（b）平面图

图 6-15　限定边界下的 U2 套型组合多样化方案 1

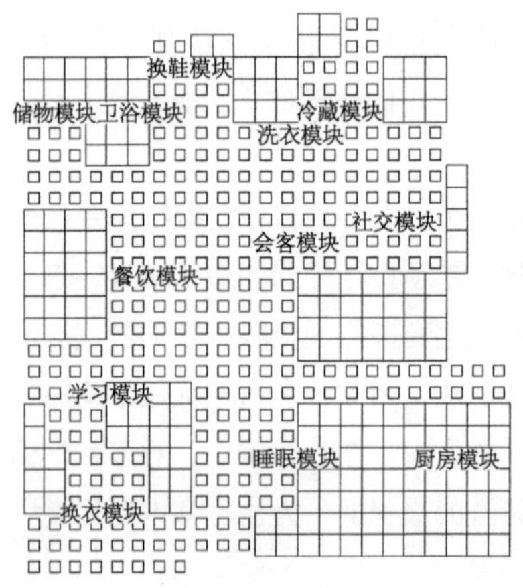

（a）算法可视化模块

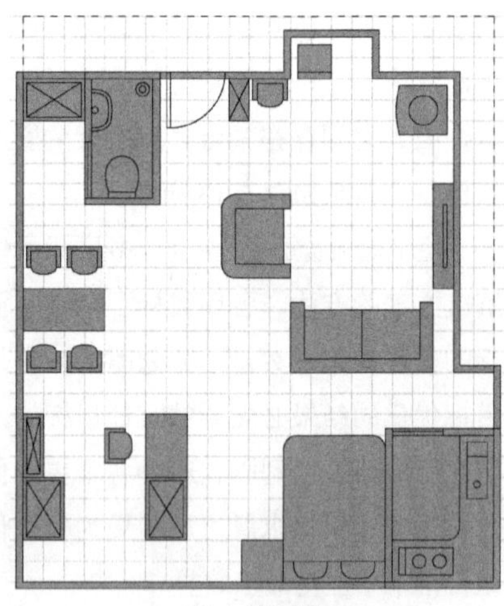

（b）平面图

图 6-16　限定边界下的 U2 套型组合多样化方案 2

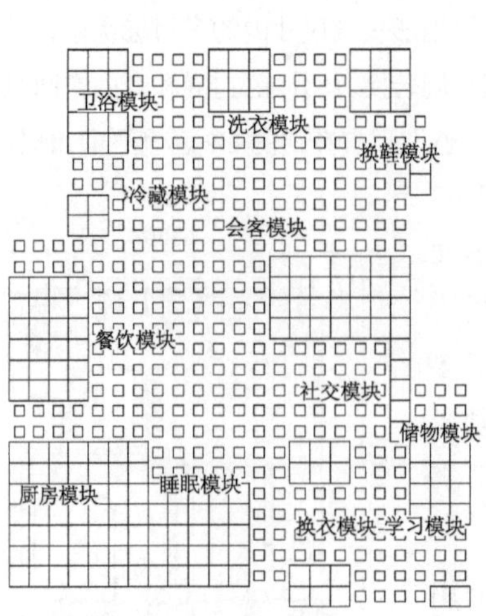

（a）算法可视化模块

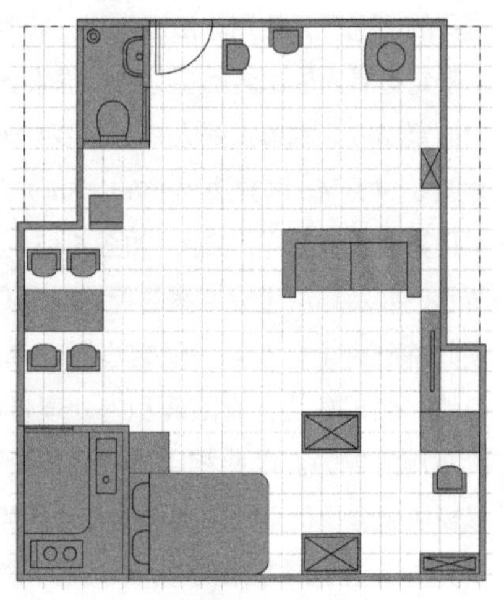

（b）平面图

图 6-17　限定边界下的 U2 套型组合多样化方案 3

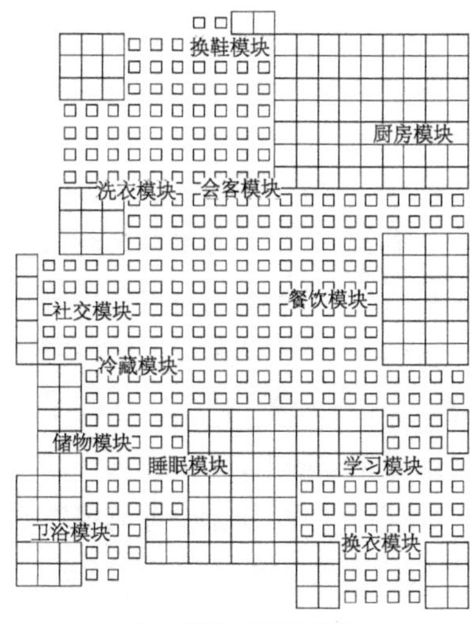

（a）算法可视化模块

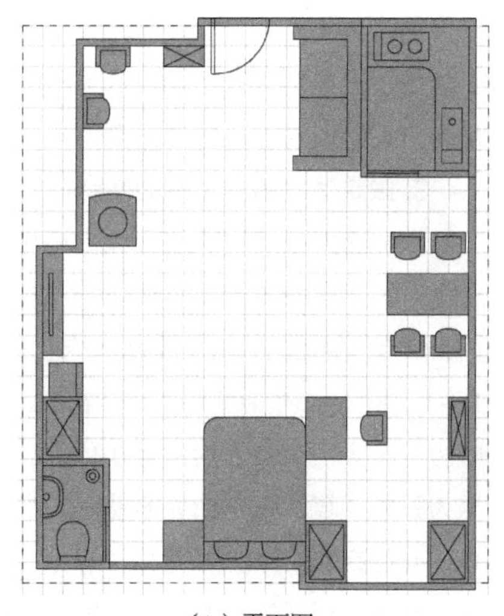

（b）平面图

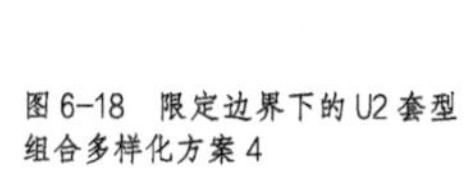

图 6-18　限定边界下的 U2 套型组合多样化方案 4

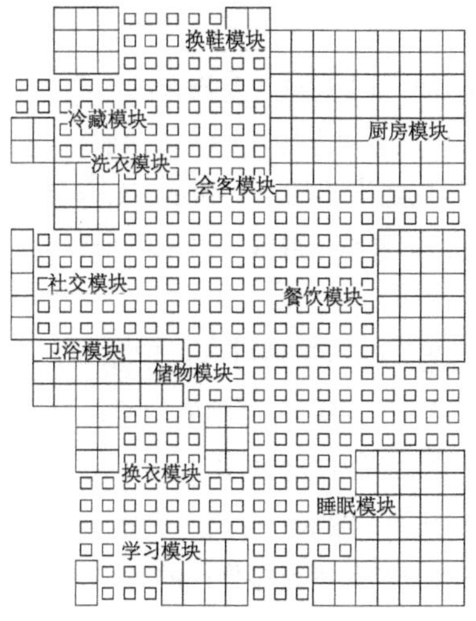

（a）算法可视化模块

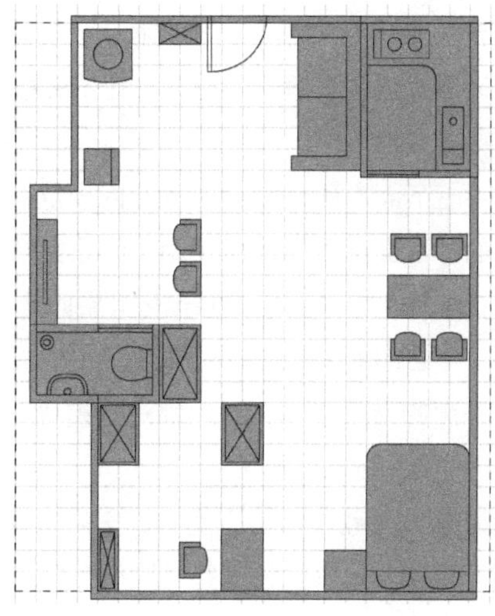

（b）平面图

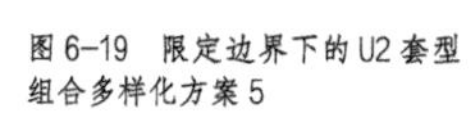

图 6-19　限定边界下的 U2 套型组合多样化方案 5

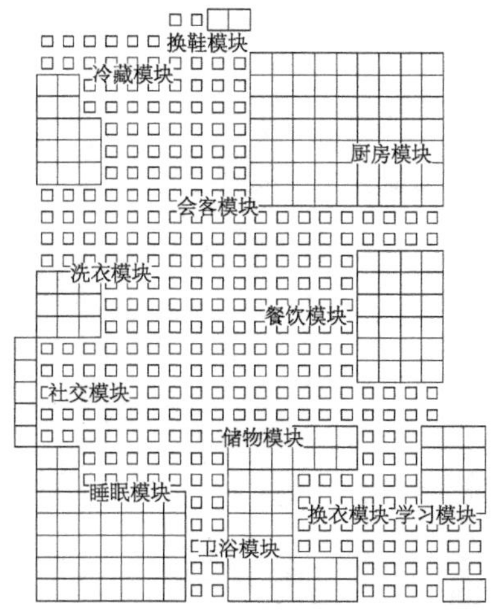

（a）算法可视化模块

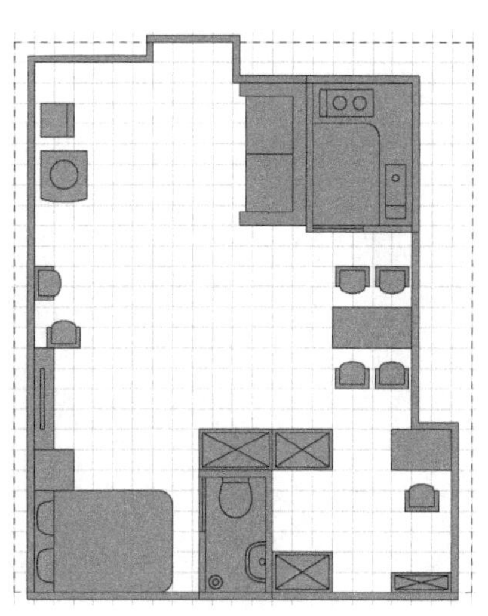

（b）平面图

图 6-20　限定边界下的 U2 套型组合多样化方案 6

统平面布局相比，算法可视化模块及平面布局的个性化优势显而易见，打破了传统“功能房”及“功能气泡图”的思维定式，形成将更精细的模块及定量的组织原理的一体化设计模式。

3. 限定边界的方案集约性特征

住宅套内空间模块组合优化算法不仅能在传统套型边界限定内求解出多样化方案，还能以紧凑的布局能力求解更为集约化的方案。图 6-14 的传统平面布局包含的部品有：1 个双人床、1 个 2 人餐桌、1 个三人沙发、1 个茶几、1 个电视柜、2 个储物柜、2 个衣柜、1 个鞋柜、1 个冰箱、1 个洗衣机、1 个厨房及 1 个卫生间。通过算法优化，在以上部品的基础上，以该平面矩形边界为限定，算法可增加更多模块，例如：1 个学习 / 工作书桌椅（学习模块）、1 个 4 人餐桌（餐饮模块）、1 个电视柜（社交模块）、1 个书柜（休闲模块）等，并得到可行的套型方案，如图 6-21 ~ 图 6-23 所示。

根据以上不同方案的布局方式，不难看出算法输出结果的集约化特征，与图 6-14 的传统平面布局相比，算法的输出方案将更多的家用部品模块紧凑地组合出合理适用的空间，在不失精确度的前提下提升了套内空间的组织效率及弹性。

下面本研究补充对行业内规范，如《〈住宅设计规范〉图示》13J815 中的标准套型平面（图 6-24）的分析与对比，在其承重墙限定范围内用算法进行多样化方案输出，并优化其空间使用率。

由图 6-25 可知，提取《〈住宅设计规范〉图示》13J815 中图示 5.1.2-1 平面的结构墙体，对内部进行模块分解与组合，将原本平面的门厅、厨房、卫生间、卧室、起居室、阳台 6 个功能空间依据行为需求细分为：厨房、洗衣、换鞋、冷藏、储物、换衣、学习、餐饮、卫浴、睡眠、社交、会客 12 个功能模块。用算法将这些模块组合优化后得到更为紧凑且多样化的结果，可节省套内面积 2.43 ~ 5.40m²，节省的面积可置入更多的功能模块，或作为多

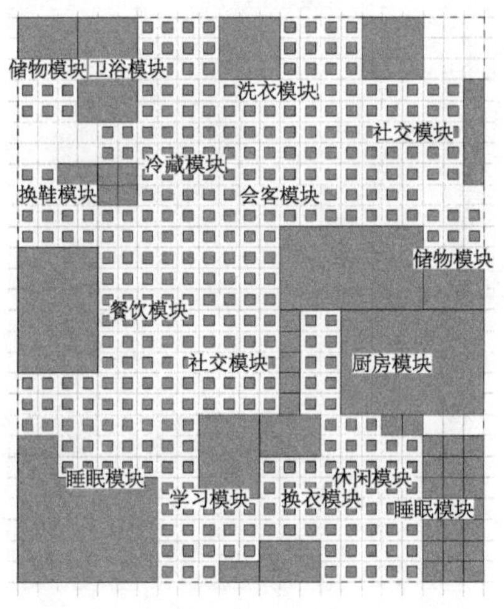

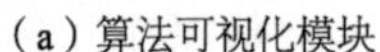
（a）算法可视化模块

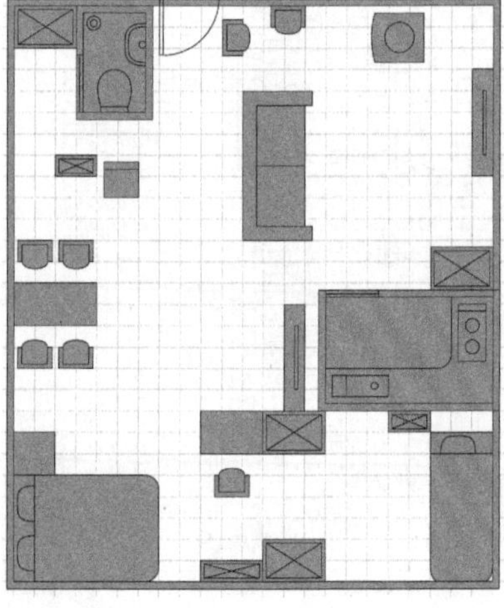
（b）平面图

图 6-21 限定边界下的 U2 套型组合集约化方案 7

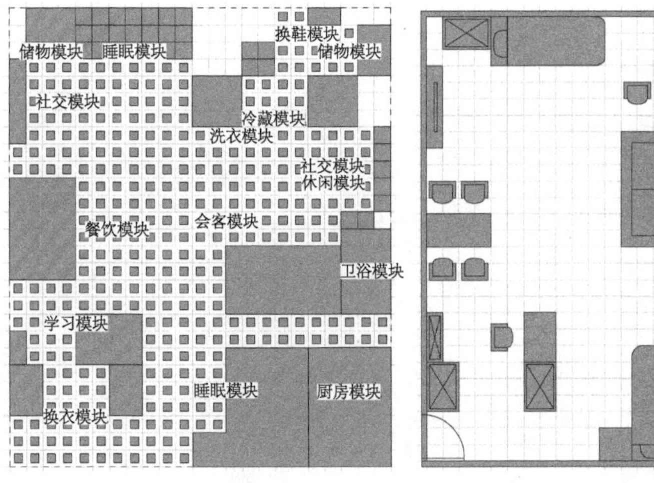

（a）算法可视化模块　　（b）平面图

图 6-22　限定边界下的 U2 套型组合集约化方案 8

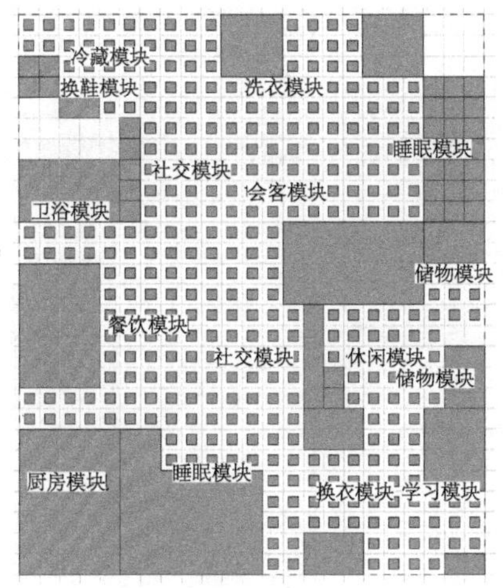

（a）算法可视化模块

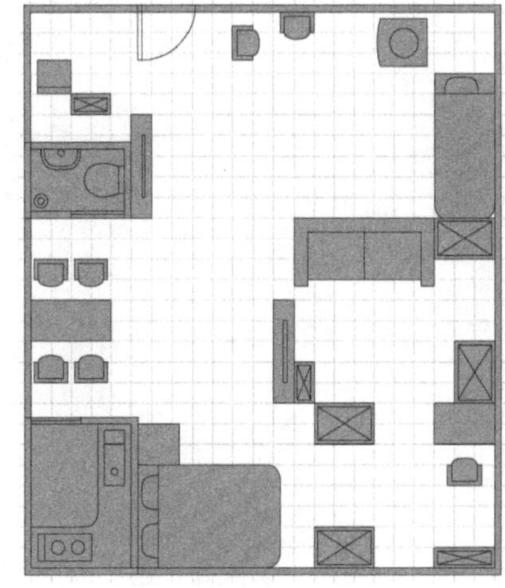

（b）平面图

图 6-23　限定边界下的 U2 套型组合集约化方案 9

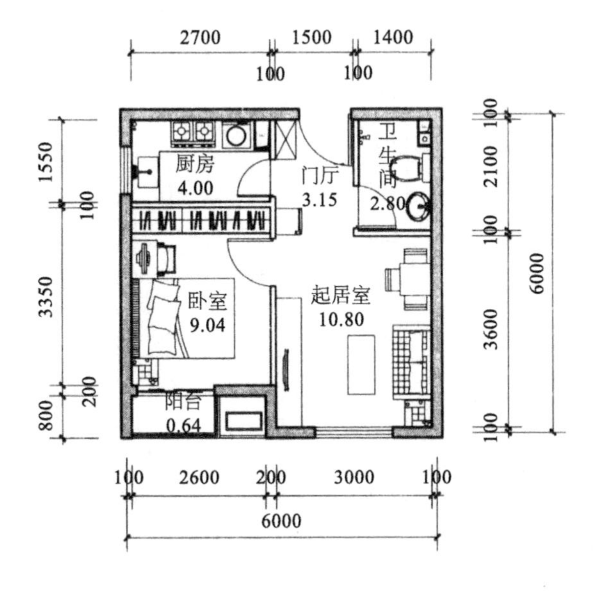

图 6-24　图示 5.1.2-1 套型平面（30.43m²）

注：图中标注尺寸单位为 mm，面积单位为 m²。

图片来源：

国家建筑标准设计图集（13J815）．住宅设计规范 [S]．北京：中国标准出版社，2013.

图 6-25 限定边界下的套型优化方案

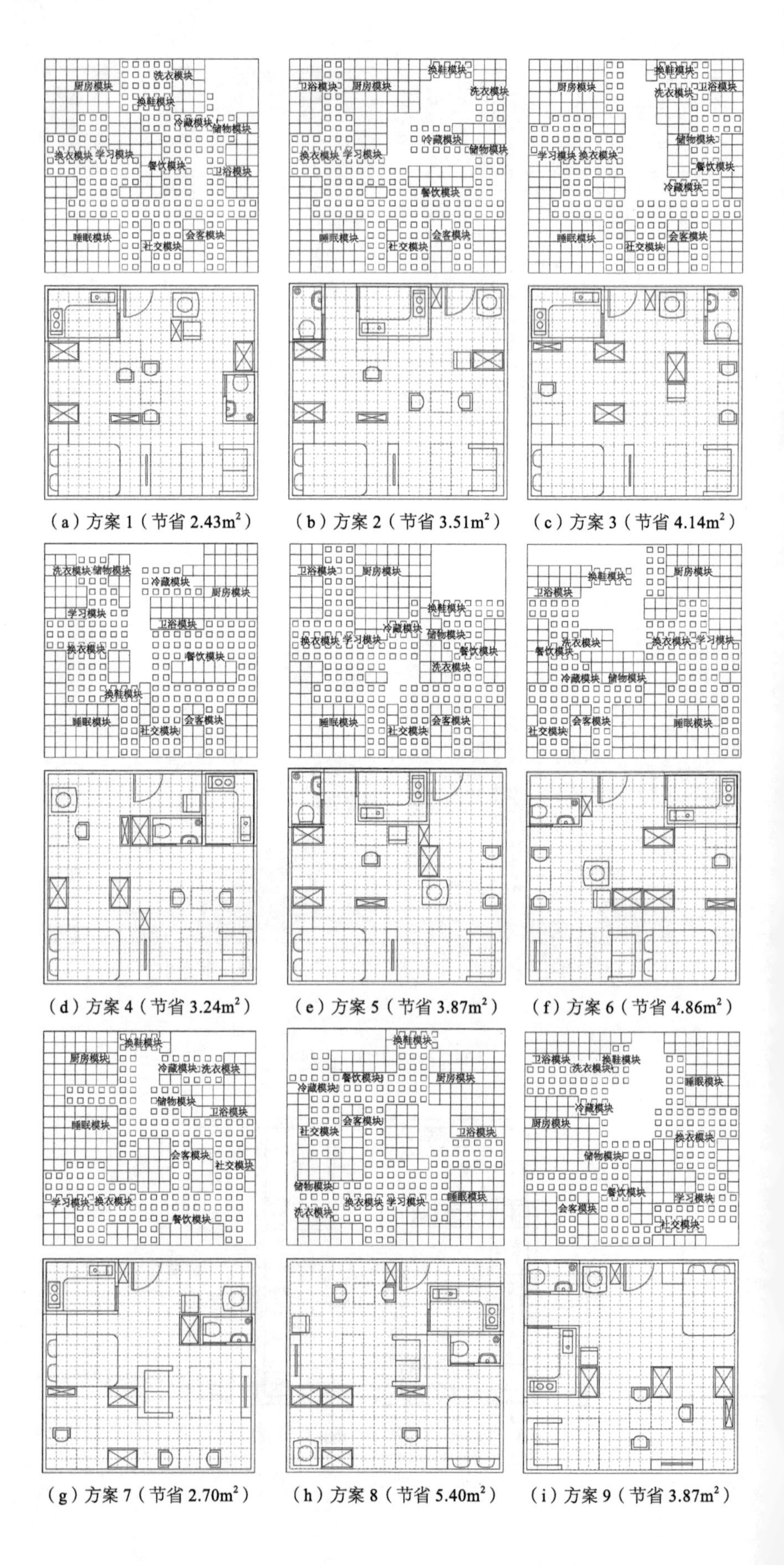

（a）方案 1（节省 2.43m²）

（b）方案 2（节省 3.51m²）

（c）方案 3（节省 4.14m²）

（d）方案 4（节省 3.24m²）

（e）方案 5（节省 3.87m²）

（f）方案 6（节省 4.86m²）

（g）方案 7（节省 2.70m²）

（h）方案 8（节省 5.40m²）

（i）方案 9（节省 3.87m²）

功能间弹性使用。所得平面方案虽然存在一些方面的不合理，然而正是这种“反常”体现了对不同住户需求的响应：住户不想在同一种模式下生活。

综上所述，住宅套内空间模块组合优化方案综合评价体系以若干量化指标为基准，为方案的多目标决策及比选提供精准依据。限定边界的算法旨在展示出模块组合多样性与灵活性，为不同套型边界内部空间模块转换需求提供了基本方法。

6.4.2 评估与修正

为提高住宅套内空间模块组合的综合效益，在聚类算法生成的部件级模块的基础上，模块组合多目标优化模拟后为部件级模块提供了调整和改进的依据。部件级模块的评估和修正是优化套内空间模块组合的重要内容，本书提供基本改进线索，为以后部件级模块持续修正提供基础方法。

1. 问题与改进策略

本书分解出的部件级模块共 16 种，然而从套内空间使用效率的角度，主要存在以下几个问题。

一是重复模块中家具的冗余。比如睡眠模块中包含双人床及婴儿床，当套内出现多个睡眠模块时，婴儿床则重复，因此睡眠模块中的婴儿床可作为预留空间。换衣模块中的梳妆台同理，可在重复多个换衣模块中因需提供，如表 6-3 所示。

二是模块内交通路径的阻隔。比如学习模块的书桌椅和储物柜的对角布置造成了模块内交通的隔绝，影响其与其他模块组合的连接性，因而可将书座椅与储物柜的位置调整，形成连贯的动作域，同样处理方式可用于换衣模块，如表 6-4 所示。

三是对于小套型的家具冗余。比如餐饮模块中的吧台、会客模块中的展示柜与立式空调、社交模块中的休闲椅、洗衣模块中的室外桌椅、冷藏模块

部件级模块的修正 表 6-4

问题	重复模块	内部阻隔	
修正前	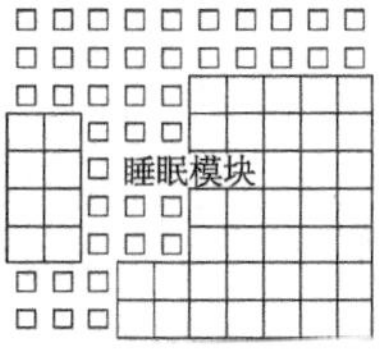 睡眠模块	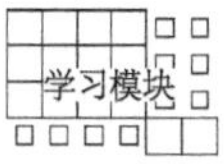 学习模块	 换衣模块
修正后	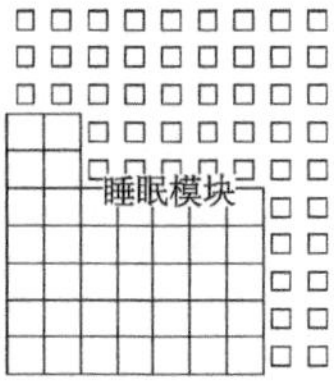 睡眠模块	 学习模块	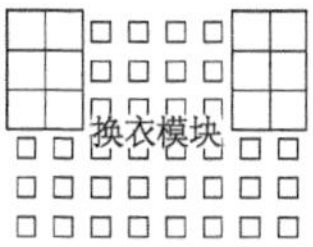 换衣模块

续表

问题	冗余模块		
修正前	会客模块	餐饮模块	冷藏模块
修正后	会客模块	餐饮模块	冷藏模块

中的冰柜等，这些家用部品对于小户型而言会造成面积浪费，因此将这些部品空间替换为动作域或直接去除，可起到集约化作用。

根据以上对部件级模块的分析，改进的策略是将部件级模块中的组件级模块分离出一部分非普适的组件级模块，使其独立，从而产生更多的组件级模块“升级”而来的部件级模块，增加模块组合的适应性。

2. 改进后结果验证

以两人户 U2 套型为例，进行部件级模块修正前后的模块组合优化对比，不难看出修正后的套型空间在套内面积、外接矩形面积、平滑度、关联度等多个指标上呈现明显优化，尤其对于提升空间使用效率有突出优势，节省了近 $20m^2$ 的面积，如图 6-26 所示。

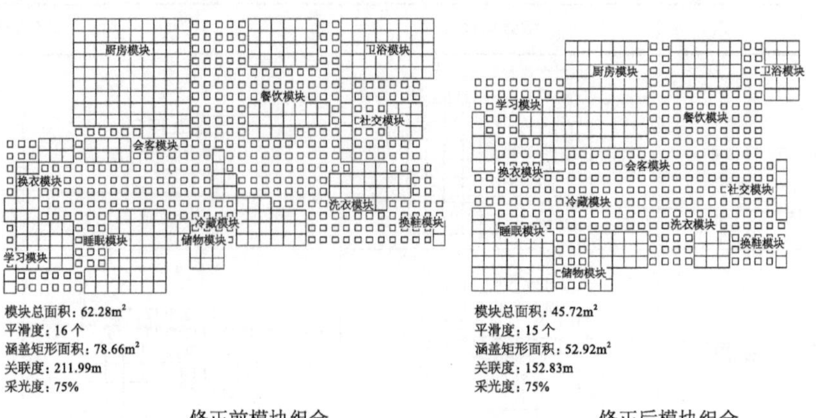

图 6-26　模块修正结果验证

6.5　系统级模块产品族平台创建

批量定制的目标是在接近批量生产所具有的高效和高质量的情况下，设计并制造满足不同用户群体需求的产品，其中的关键技术之一是模块产品族设计[1]。现阶段模块产品族设计分为两个方向：面向平台的设计方法、面向变形的设计方法，这两种方法分别形成横向系列模块组合与纵向系列模块组合，为本书套型模块产品族提供规划体系层面的模块化设计研究途径。

[1] 罗珺怡. 面向可适应性的产品族模块化设计方法[D]. 南昌：华东交通大学，2018.

6.5.1　横向系列模块组合

横向系列模块组合的核心是面向平台的设计方法，这种方法主要针对功能不同的产品变型，即针对多元居住需求的住宅套型，通过向平台增添、删减、替换、修改一个或若干模块，派生出满足住户多元化需求的套内空间，各个结果具有差异性。多元居住需求的适应性可绘制成图 6-27 中的三维坐标，为住户提供定制化选择。

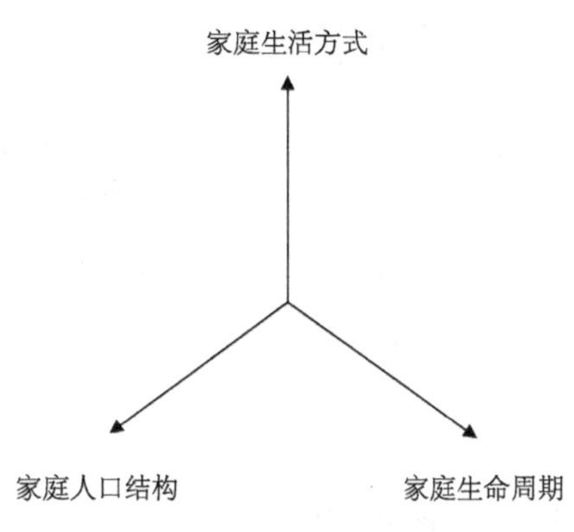

图 6-27　横向系列模块组合多元居住需求选择

6.5.2　纵向系列模块组合

纵向系列模块组合的核心是面向变形的设计方法，通过改变产品平台的参数，即针对住宅套内空间模块的几何参数，通过改变其取值，使产品具有系列化的差异性，形成产品族。住宅套型可分为经济型、标准型和舒适型，分别对应最小模块、中等模块及最大模块，在组件级模块库的创建中已为 3 种尺度创立各自模块，为纵向的套型尺度变形系列化设计提供基础。

6.5.3　套型的可视化界面

为便于理解模块组合自主生成套型与用户的互动情景，图 6-28 展示了示意性的可视化界面：假定用户是一对新婚夫妇，根据他们未来规划可预测他们的家庭生命周期的人口峰值为一孩幼儿阶段，因此以此阶段为参考提供具备弹性的套型，便于适应各阶段不同的模块组合需求。

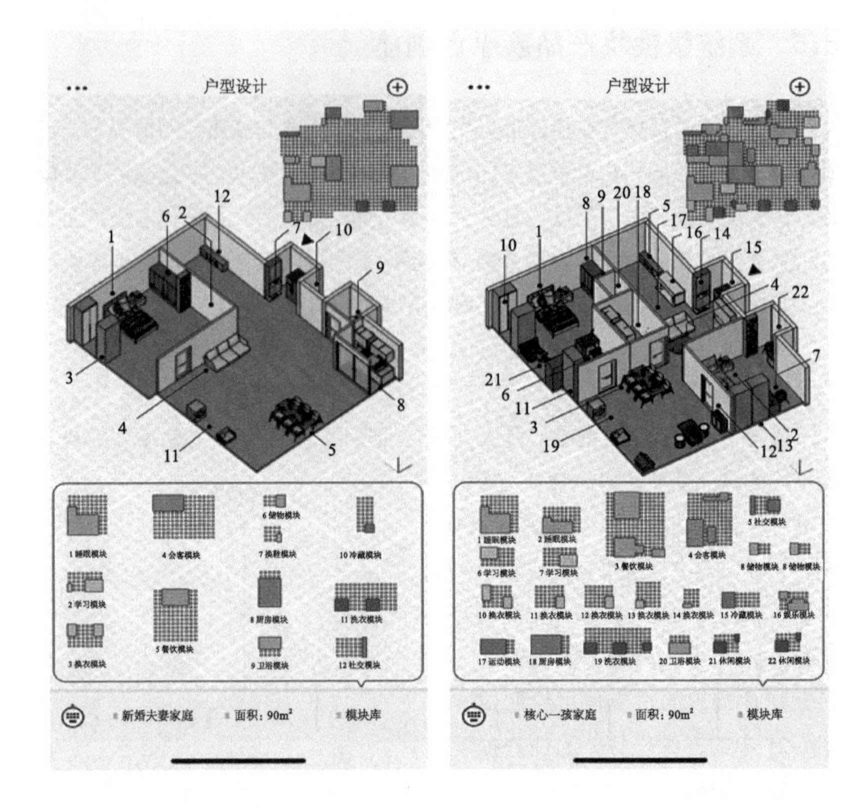

图 6-28 用户可视化界面

6.6 本章小结

本章为设计方法，在住宅套内空间模块化设计理论的指导下，以基本机制为主导的住宅套内空间模块组合策略首先从模块组合层级建构开始，引入多元居住需求作为设计规则，构成对部件级模块选择的主要依据。然后展开对多元居住需求包含的家庭人口结构、家庭生命周期及家庭生活方式 3 方面的实态调研与分析，建立可量化的多元居住需求主导的模块选择。接着，建立住宅套内模块组合约束条件（模数、紧凑度、平滑度、关联度、采光度等）及遗传算法的拓扑机制，构建住宅套内空间模块组合多目标优化模型。同时，采用模块组合多目标优化算法进行模拟，包括模块组合优化方案的评价、限定边界的方案比选与分析、模块的评估与修正。最后，建构系统级套型模块产品族平台，包含横向系列模块组合及纵向系列模块组合，形成完整的自下而上的住宅套内空间模块化设计逻辑建构及具体方法应用。

本章是模块“分解—组合”过程的第二步，是住宅套内空间复杂适应模块化系统理论指导下的模块组合成适应性系统的核心体现，即有限的模块生成无限的产品，强调其不变应万变的逻辑过程与设计机制，而非确定且有限的结果。因而本章的重点并非形成一套定式的最优化套型或最终的平面图标准，而是对住宅套内空间模块组合多目标优化算法的构建，以及对其输出结果的筛选机制及适应性策略的研究，以期得到模块组合的基本逻辑与数据库建立的方法框架，为住宅套内空间模块化设计确立完整的量化方法。

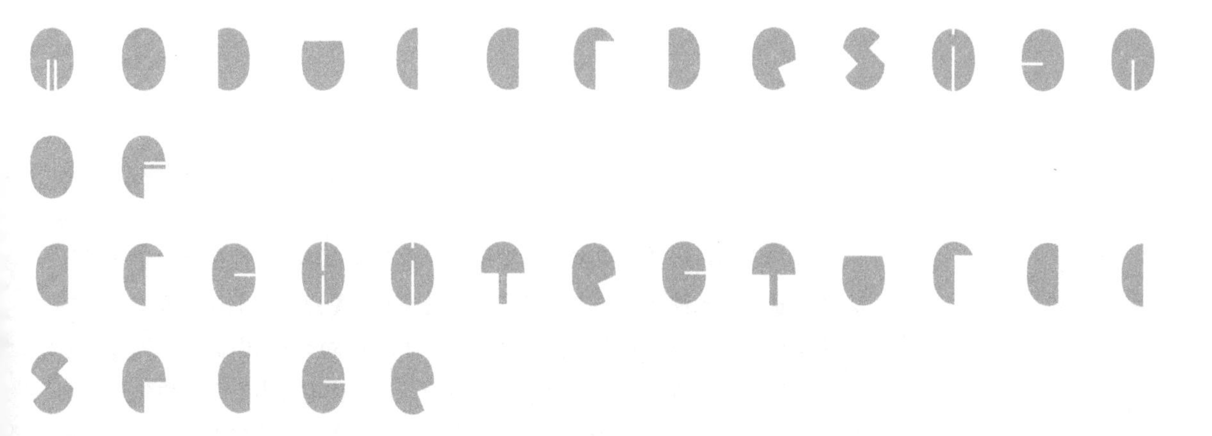

第 7 章

结语

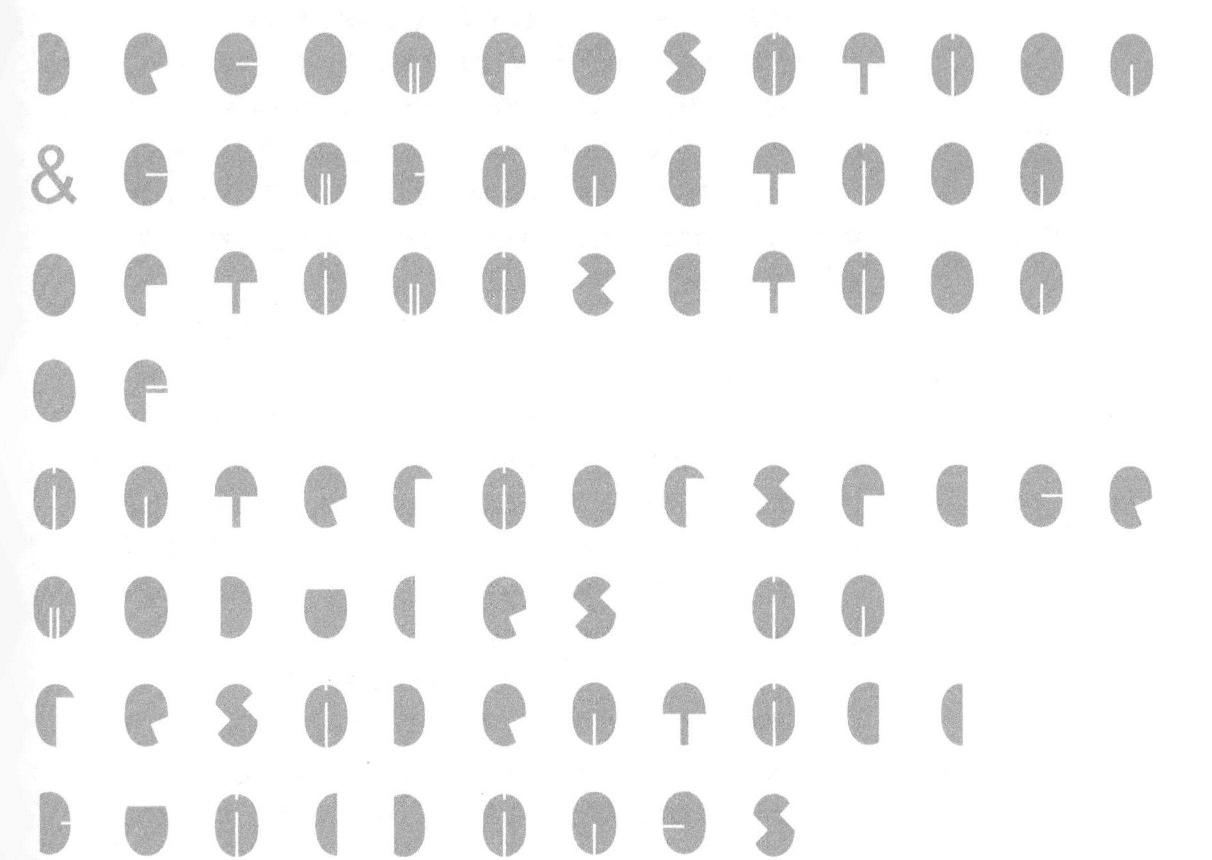

建筑模块化研究是当代建筑设计研究的重要组成部分。住宅套内空间模块化设计研究是建筑模块化设计的一个基本分支，是探讨自下而上的空间模块构建与空间适应性自组织的典型研究对象，是构建一般性建筑模块化设计方法的重要基础性研究。本书以住宅套内空间为基点，归纳住宅模块化的技术史发展与理论脉络；阐述现代模块化设计理论的概念与内涵，引入复杂适应系统理论，提炼所介入理论的基本原理，构建住宅套内空间模块化设计的理论模型；建立基于理论模型的住宅套内空间模块化分解与组合优化的设计框架，提出相应的设计方法。主要研究成果如下：

透过建筑理论中的模块化现象认清建筑向离散化、动态化、系统化发展的规律，揭示模块化建筑的“适应性”本质。在此基础上，引入复杂适应系统理论，为自下而上模块自组织模式提供科学方法，研究提炼出该理论的“刺激响应”规则及“标识、内部模型、积木”3 种机制作为理论原理，总结出“设计规则 + 适应性模块”的理论内涵，建立住宅套内空间复杂适应模块化系统理论模型，并确立了复杂适应模块化“分解 + 组合”的理论框架。

依据理论模型，厘清相应的设计规则：研究面向标准化原则归纳了人体工程学尺度标准及模数协调的基本原则；研究面向居住行为内在关联归纳了 31 种普遍的居住行为内容，及其与 9 种行为发生空间和 9 种居住时态的匹配关系；研究面向多元居住需求总结了 12 种家庭人口结构、5 个家庭生命周期阶段及 3 类家庭生活方式。

研究基于设计规则组建模块数据库，建立模块分解层级：归纳出 57 种常见家居部品，并根据市场调研与模数协调确立了元件级模块 310 种；再结合人体工程学，建构出“部品 + 动作域”的组件级模块 180 种；在此基础上，研究结合问卷调研及图纸分析，收集家用部品的使用空间、行为归类、私密度等数据，建立设计结构矩阵（DSM），所得数据分析导入 Matlab 中进行模糊聚类算法（FCM）分析，最终计算出部件级模块 16 种，给出了通用的高聚合度模块的划分方法。

最后，本书在模块分解得到通用模块后，确立了住宅套内空间模块组合的 5 个约束指标，包括模数、紧凑度、平滑度、关联度及采光度，基于遗传算法构建住宅套内空间模块组合多目标优化算法，并提出方案模拟的筛选和评价方法，以及套型模块产品族平台的创建方法。研究对设计规范中套型平面进行算法输出比对分析，算法通过部件级模块的组合优化给出了更为紧凑、尺度合理、多样灵活的布局方案，解决了一般套型平面适应性不足、精细度不够的问题。研究基于实态调研数据，通过算法统计出不同套内人数对应的套型面积指标，为相关标准制定提供新参考。

综上，本书在以下 4 个方面取得了创新性成果：

一是跨学科建立了住宅套内空间复杂适应模块化系统理论模型及框架，促进建筑模块化理论和知识体系的完善。为建筑模块化设计提出了更为科学理性的设计方法论，拓展出计算性设计在建筑模块领域的一个新的理论方向。

二是改变了住宅套内空间设计的思维模式，把原本“功能房”推进到从居住行为模式出发的基础模块设计。以居住行为时空关联为量化指标，运用模糊聚类算法生成指向行为场所的空间模块，细化了研究对象，减小了颗粒度，提高了设计精度。

三是将制造业模块化领域的设计结构矩阵及模糊聚类算法等技术进行转化应用，提出针对空间模块分解与重组的科学方法，提高了设计的准确度。

四是搭建了住宅套内空间模块组合多目标优化算法，基于遗传算法构建了完整的住宅套内空间模块组合的约束指标集及筛选机制，大大提升了住宅套型方案的生产速度、准确度及适应性。算法面向模块的自组织逻辑建构，提供了计算机辅助设计的基本运行逻辑框架，促进人脑的设计模式向着人机交互及计算机性设计转化，为实现未来计算机软件开发和人工智能设计提供技术支撑。

限于本书篇幅与研究时间，尚存以下3个方面有待后续研究：

一是为住宅套内空间开辟新模块，丰富模块数据库并研究模块的优化及检验方法。未来的课题可将研究范围拓宽，针对住宅的不同类型、服务的特殊人群、不同地域的气候差异与风土人情、不同地域的经济差异与生活理念等，深入“以人为本”的理念，更为细致和具体地研究各类情况所导致的需求差异，开辟新模块类型，以实现住宅模块化的全面发掘。

二是对住宅套内空间模块组合多目标优化算法的逻辑架构的优化及更新。算法的优化一方面将延展到三维立体层面的空间组织，更重要的是，为消除复杂限定边界、空间流线规则等设计及方法的缺陷，将结合宏观支配法与机器图像学习的参考法，引入更多制约条件及变量，对模块组合算法进行更全面的升级。

三是将本研究针对住宅套内空间的模块化设计理论框架及技术路线拓展到其他建筑类型的应用型研究。对于整体人居环境的构建而言，模块化设计方法都有其实际功效，本研究所引申出的课题可以延展到建筑公共空间、城市公共空间、城市基础设施、城市设计及规划层面等，为从微观到宏观地构建城市模块化设计提供系统性解决思路。

附录 A 模块部品平面统计

A1 元件级模块部品平面统计

A1.1 桌椅类基本部品

种类	部品平面几何图示	尺寸：长 × 宽（mm）
书桌	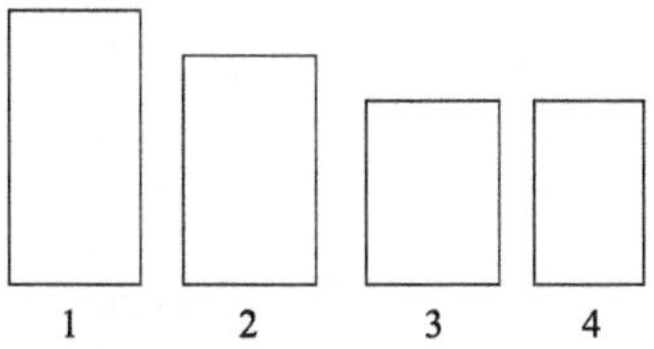 1 2 3 4	1. 1200×600 2. 1000×600 3. 800×600 4. 800×500
书椅	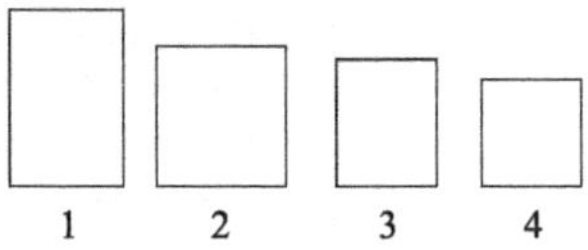 1 2 3 4	1. 780×530 2. 620×590 3. 560×460 4. 470×450
儿童书桌	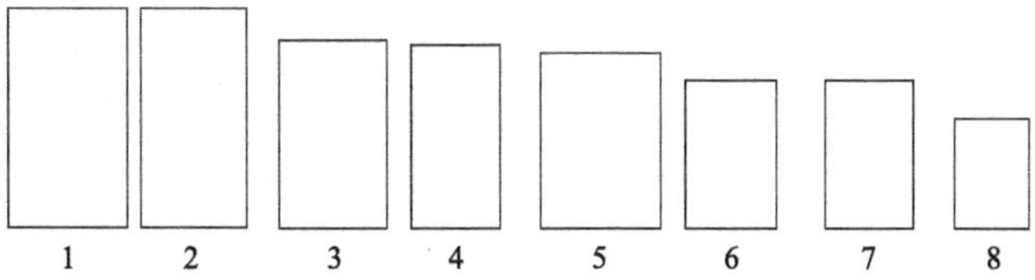 1 2 3 4 5 6 7 8	1. 1200×680 2. 1200×600 3. 1020×610 4. 1000×500 5. 950×680 6. 800×520 7. 800×500 8. 600×520
儿童书椅	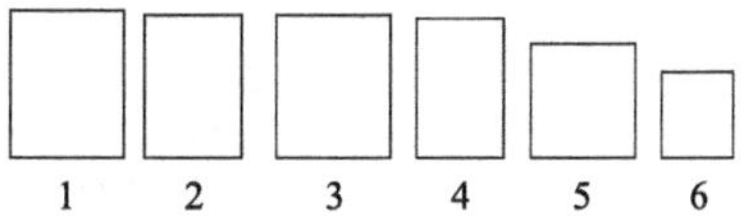 1 2 3 4 5 6	1. 650×530 2. 630×440 3. 620×520 4. 610×400 5. 500×475 6. 380×340
电竞椅	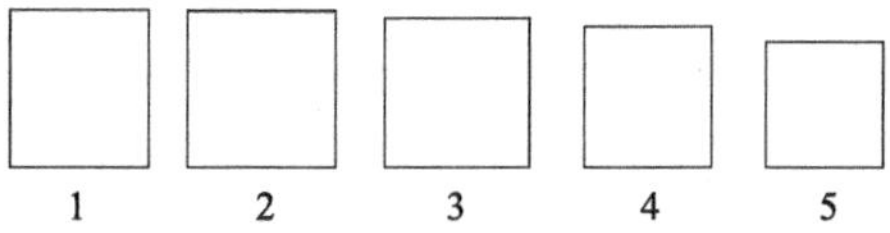 1 2 3 4 5	1. 550×540 2. 620×580 3. 660×660 4. 690×680 5. 700×640
电竞桌	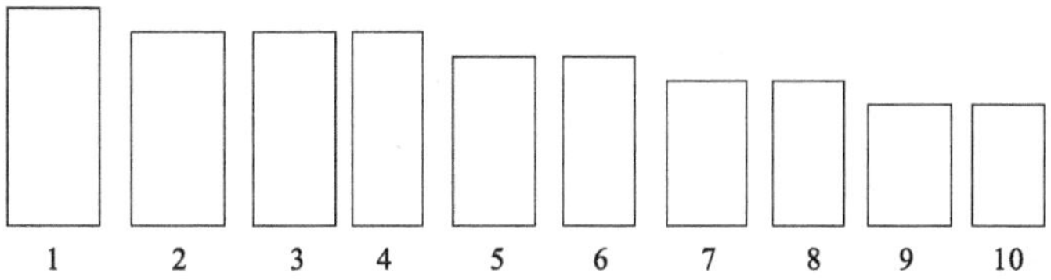 1 2 3 4 5 6 7 8 9 10	1. 1800×800 2. 1600×800 3. 1600×700 4. 1600×600 5. 1400×700 6. 1400×600 7. 1200×700 8. 1200×600 9. 1000×700 10. 1200×600
茶几	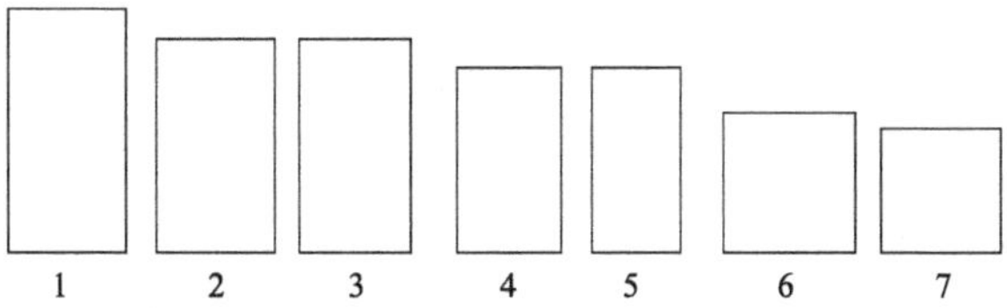 1 2 3 4 5 6 7	1. 1580×800 2. 1380×800 3. 1380×750 4. 1200×700 5. 1200×600 6. 900×900 7. 800×800

续表

种类	部品平面几何图示	尺寸：长 × 宽（mm）
双人餐桌	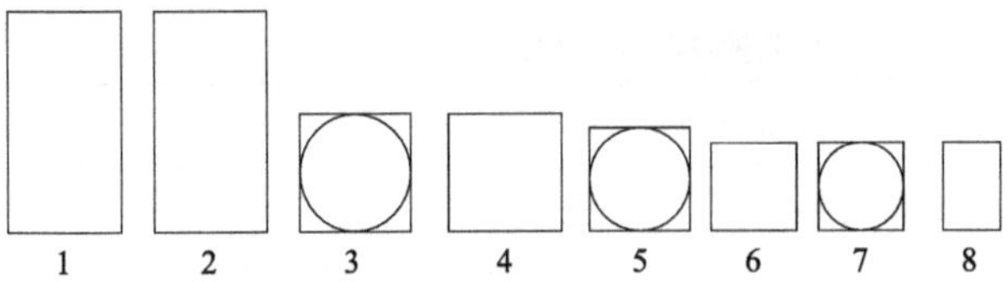 1 2 3 4 5 6 7 8	1. 1500 × 800 2. 1200 × 800 3. 800 × 800 4. 800 × 800 5. 700 × 700 6. 600 × 600 7. 600 × 600 8. 600 × 400
四人餐桌	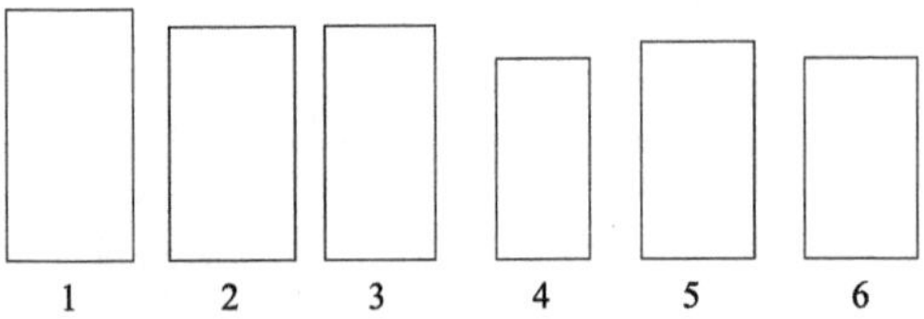 1 2 3 4 5 6	1. 1500 × 800 2. 1400 × 800 3. 1400 × 700 4. 1200 × 600 5. 1300 × 700 6. 1200 × 700
六人餐桌	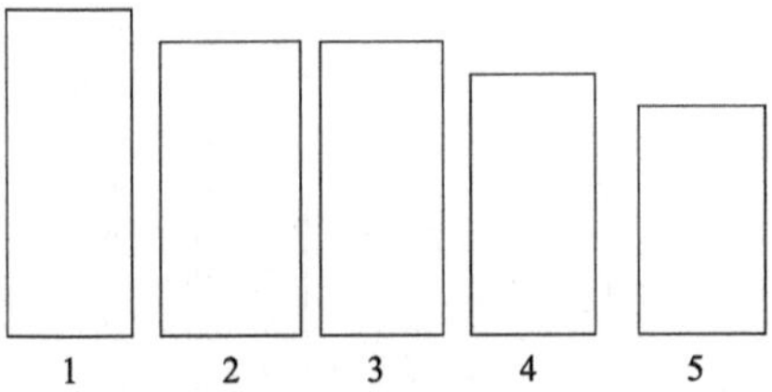 1 2 3 4 5	1. 2000 × 800 2. 1800 × 900 3. 1800 × 800 4. 1600 × 800 5. 1400 × 800
八人餐桌	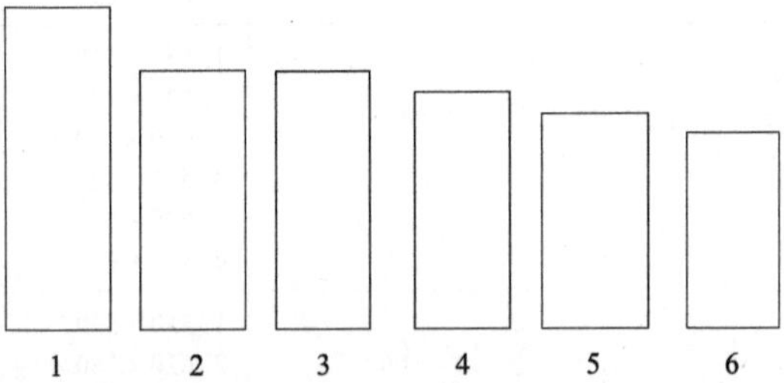 1 2 3 4 5 6	1. 3000 × 900 2. 2400 × 900 3. 2400 × 800 4. 2200 × 800 5. 2000 × 900 6. 1800 × 800
餐椅	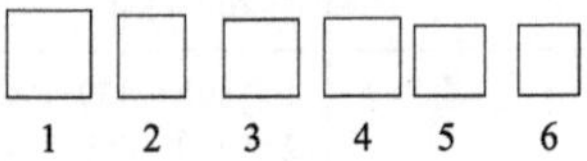 1 2 3 4 5 6	1. 550 × 510 2. 520 × 430 3. 500 × 590 4. 500 × 500 5. 450 × 450 6. 440 × 400
婴儿 换衣台	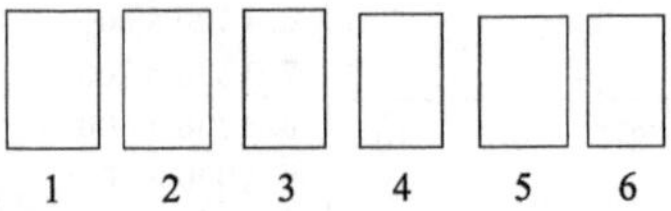 1 2 3 4 5 6	1. 860 × 580 2. 860 × 550 3. 860 × 540 4. 850 × 540 5. 830 × 570 6. 820 × 500
梳妆柜	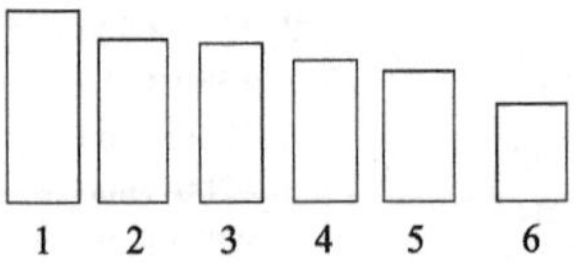 1 2 3 4 5 6	1. 1200 × 450 2. 1000 × 450 3. 980 × 400 4. 880 × 400 5. 800 × 450 6. 600 × 450

续表

种类	部品平面几何图示	尺寸：长 × 宽（mm）
吧台	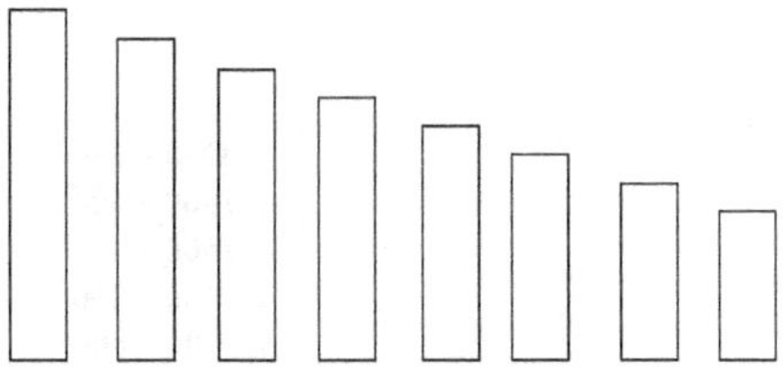 1 2 3 4 5 6 7 8	1. 2400×400 2. 2200×400 3. 2000×400 4. 1800×400 5. 1600×400 6. 1400×400 7. 1200×400 8. 1000×400
休闲椅	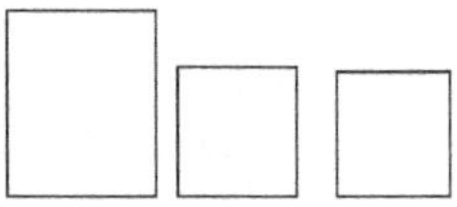 1 2 3	1. 1150×930 2. 800×760 3. 760×700
贵妃椅	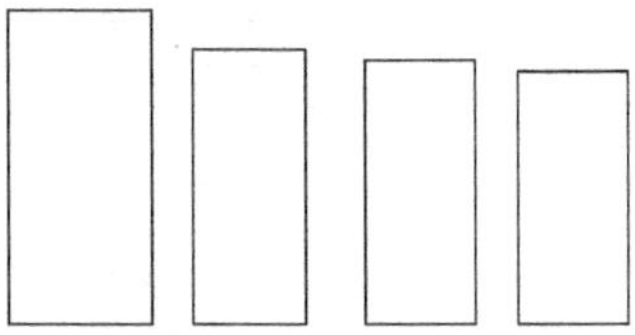 1 2 3 4	1. 1950×900 2. 1700×730 3. 1620×690 4. 1560×700
会议桌	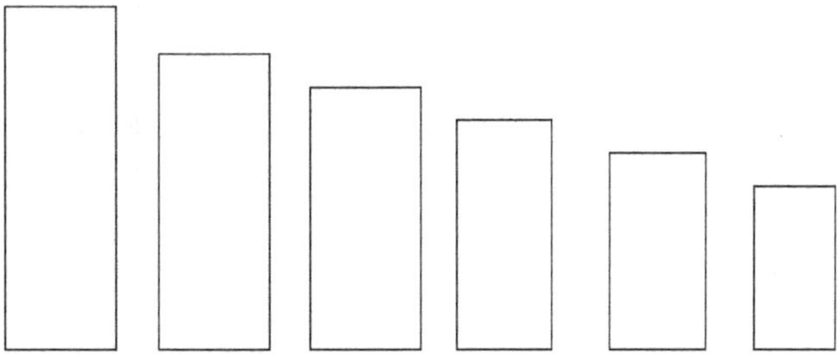 1 2 3 4 5 6	1. 4800×1400 2. 3600×1400 3. 3200×1400 4. 2800×1200 5. 2400×1200 6. 2000×1000

A1.2 柜类基本部品

种类	部品平面几何图示	尺寸：长 × 宽（mm）
电视柜	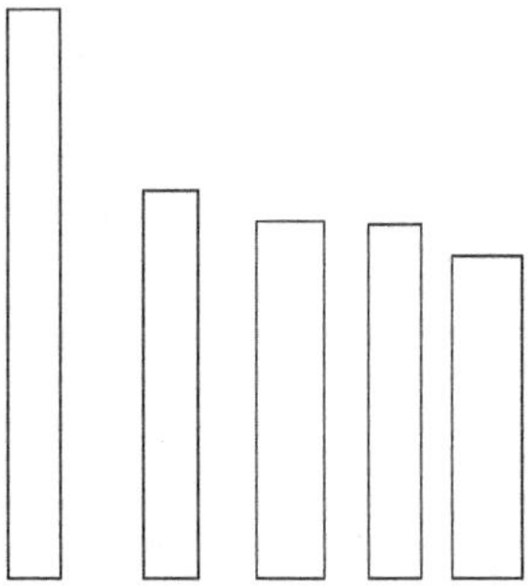 1 2 3 4 5	1. 3180×300 2. 2180×300 3. 2000×400 4. 1980×300 5. 1800×400

续表

种类	部品平面几何图示	尺寸：长 × 宽（mm）
餐边柜	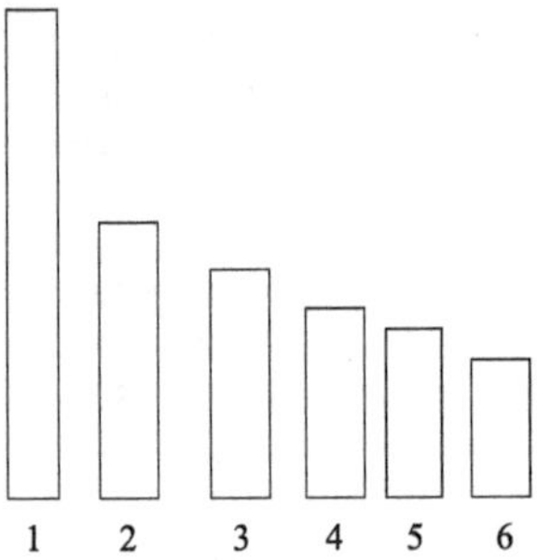 1 2 3 4 5 6	1. 3200 × 350 2. 1800 × 400 3. 1500 × 400 4. 1250 × 400 5. 1100 × 400 6. 900 × 400
展柜	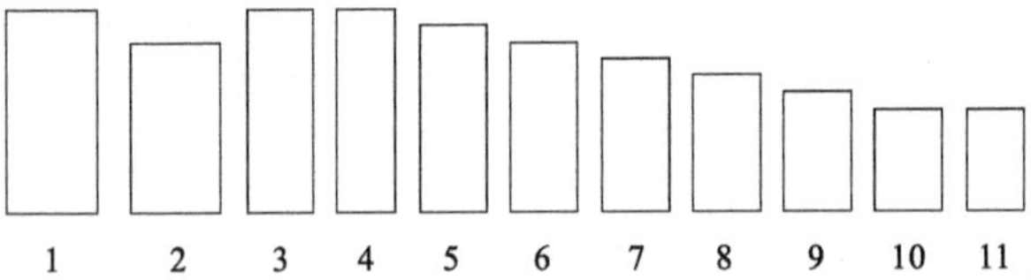 1 2 3 4 5 6 7 8 9 10 11	1. 1200 × 550 2. 1000 × 550 3. 1200 × 400 4. 1200 × 350 5. 1100 × 400 6. 1000 × 400 7. 900 × 400 8. 800 × 400 9. 700 × 400 10. 600 × 400 11. 600 × 350
书柜	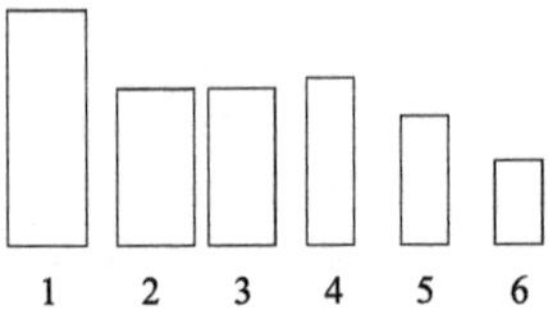 1 2 3 4 5 6	1. 1200 × 400 2. 800 × 400 3. 800 × 350 4. 855 × 245 5. 655 × 245 6. 455 × 245
独立储物柜	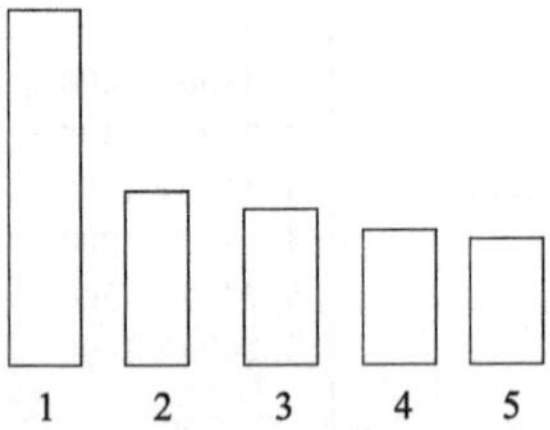 1 2 3 4 5	1. 2000 × 400 2. 970 × 360 3. 880 × 430 4. 760 × 430 5. 700 × 430
床头柜	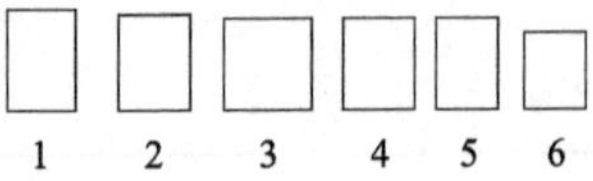 1 2 3 4 5 6	1. 550 × 370 2. 500 × 400 3. 490 × 490 4. 480 × 400 5. 480 × 350 6. 410 × 350
儿童衣柜	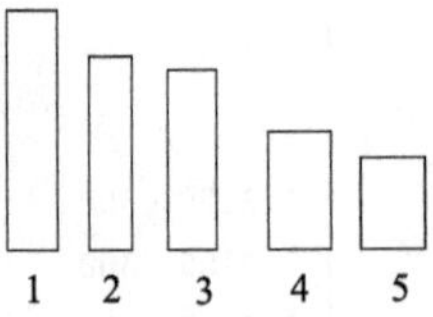 1 2 3 4 5	1. 1490 × 315 2. 1200 × 300 3. 1120 × 315 4. 730 × 420 5. 560 × 420
平开门衣柜	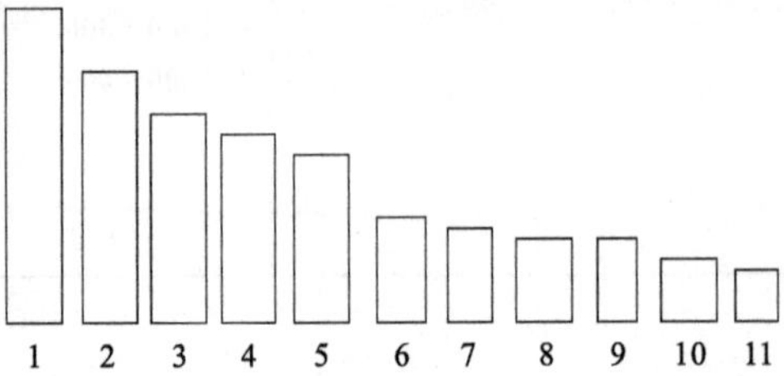 1 2 3 4 5 6 7 8 9 10 11	1. 3000 × 535 2. 2400 × 535 3. 2000 × 535 4. 1800 × 535 5. 1600 × 535 6. 1000 × 500 7. 900 × 450 8. 800 × 535 9. 800 × 400 10. 600 × 535 11. 500 × 430

续表

种类	部品平面几何图示	尺寸：长 × 宽（mm）
滑门衣柜	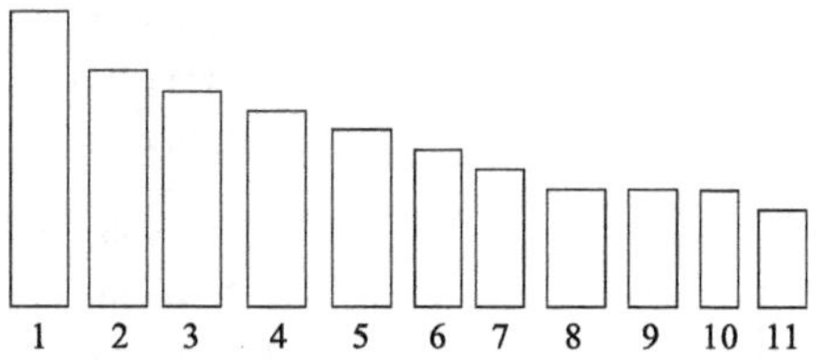 1 2 3 4 5 6 7 8 9 10 11	1. 3000 × 600 2. 2400 × 600 3. 2200 × 600 4. 2000 × 600 5. 1800 × 600 6. 1600 × 500 7. 1400 × 500 8. 1200 × 600 9. 1200 × 500 10. 1200 × 400 11. 1000 × 500
开放式衣柜	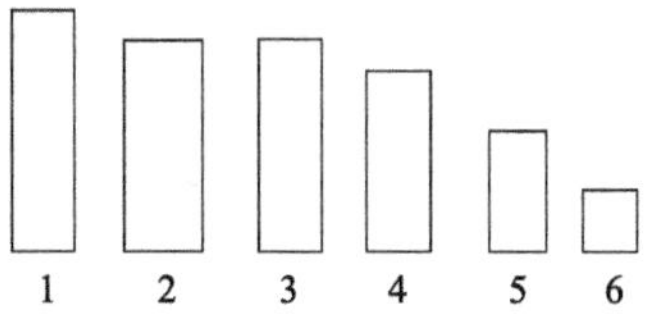 1 2 3 4 5 6	1. 1600 × 450 2. 1400 × 530 3. 1400 × 450 4. 1200 × 450 5. 800 × 400 6. 400 × 400
步入式衣柜	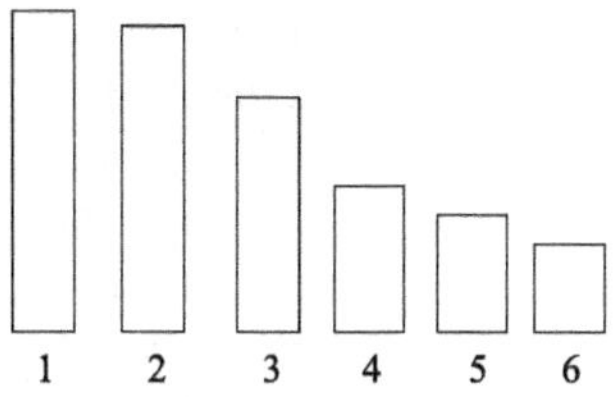 1 2 3 4 5 6	1. 2200 × 450 2. 2100 × 450 3. 1600 × 450 4. 1000 × 500 5. 800 × 500 6. 600 × 500
儿童衣柜	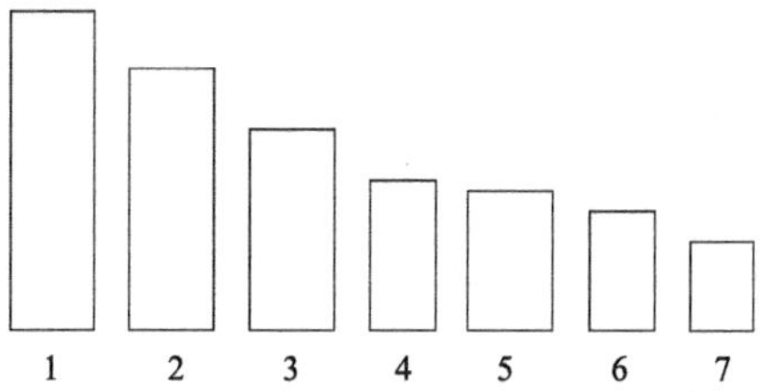 1 2 3 4 5 6 7	1. 2140 × 585 2. 1740 × 585 3. 1340 × 585 4. 1000 × 450 5. 940 × 585 6. 800 × 450 7. 600 × 450
转角衣柜	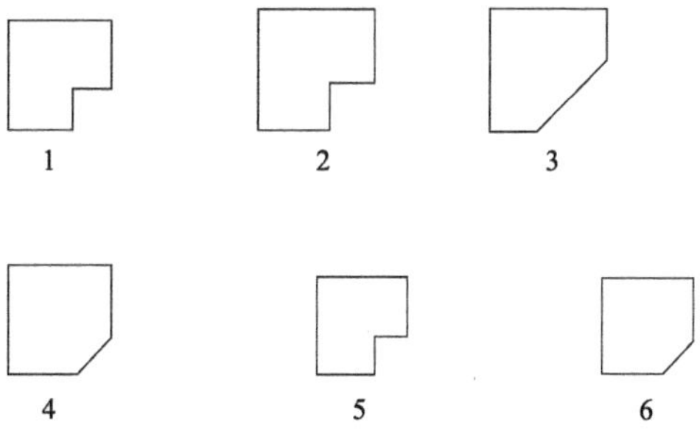 1 2 3 4 5 6	1. 900 × 900 2. 1000 × 1000 3. 1000 × 1000 4. 900 × 900 5. 800 × 800 6. 800 × 800
鞋柜	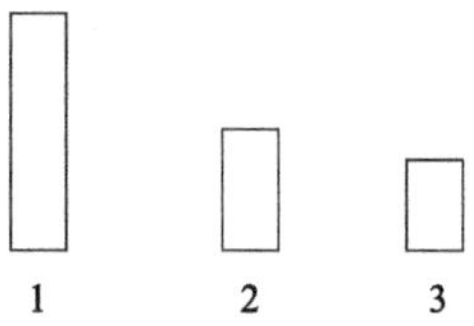 1 2 3	1. 1200 × 300 2. 600 × 300 3. 450 × 300

A1.3 沙发类基本部品

种类	部品平面几何图示	尺寸：长 × 宽（mm）
双人沙发	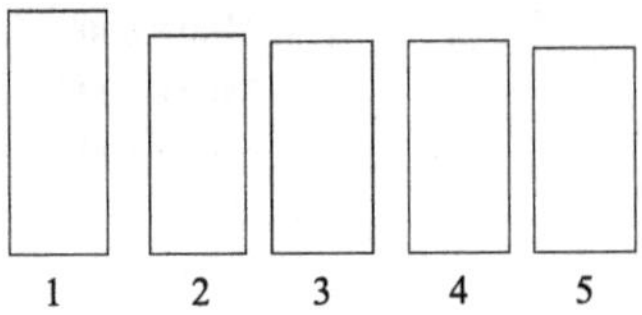 1 2 3 4 5	1. 2280 × 950 2. 2050 × 940 3. 1990 × 970 4. 1980 × 990 5. 1920 × 990
三人沙发	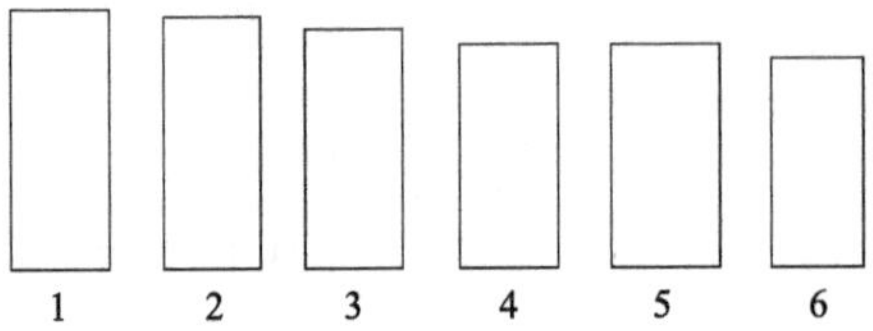 1 2 3 4 5 6	1. 2610 × 980 2. 2550 × 980 3. 2410 × 980 4. 2270 × 980 5. 2250 × 1050 6. 2110 × 880
带贵妃椅/多人沙发	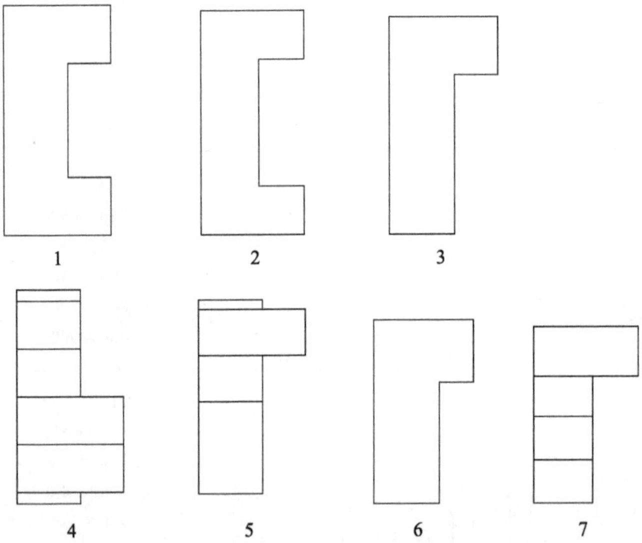 1 2 3 4 5 6 7	1. 3690 × 1640 2. 3600 × 1580 3. 3490 × 1640 4. 3390 × 1640 5. 3220 × 1640 6. 2910 × 1510 7. 2800 × 1580
转角沙发	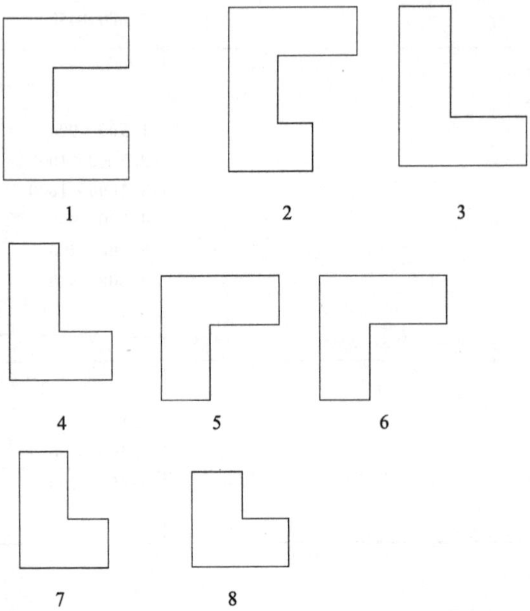 1 2 3 4 5 6 7 8	1. 3270 × 2490 2. 3300 × 1640 3. 2490 × 3190 4. 2750 × 2050 5. 2490 × 2350 6. 2490 × 2490 7. 2350 × 1790 8. 1920 × 1920

续表

种类	部品平面几何图示	尺寸：长 × 宽（mm）
脚凳	1 2 3 4 5 6	1. 1000×800 2. 980×730 3. 820×620 4. 770×650 5. 620×620 6. 600×400

A1.4 家电类基本部品

种类	部品平面几何图示	尺寸：长 × 宽（mm）
柜式空调	1 2 3 4 5	1. 550×352 2. 510×490 3. 510×315 4. 486×306 5. 407×377
洗衣机	1 2 3 4 5 6	1. 780×450 2. 745×449 3. 730×680 4. 713×668 5. 580×570 6. 570×550
迷你洗衣机	1 2 3 4 5 6	1. 360×340 2. 354×326 3. 330×330 4. 290×290 5. 255×225 6. 210×210
烘干机	1 2 3 4	1. 727×670 2. 711×683 3. 638×596 4. 637×596
单开门冰箱	1 2 3 4 5	1. 700×600 2. 650×600 3. 644×545 4. 620×544 5. 586×480
对开门冰箱	1 2 3 4 5	1. 920×720 2. 911×636 3. 910×643 4. 910×658 5. 750×743

续表

种类	部品平面几何图示	尺寸：长 × 宽（mm）
冰柜	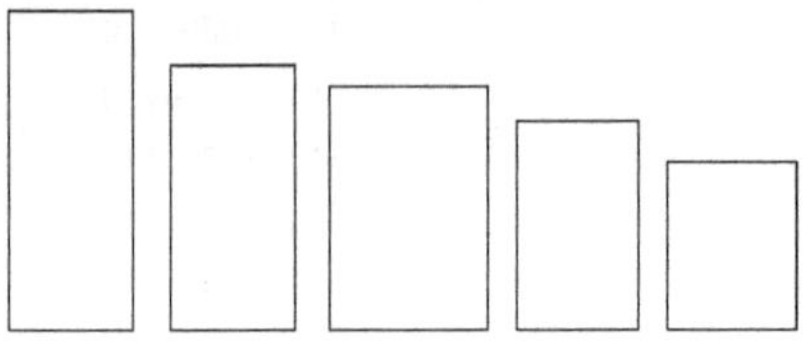 1 2 3 4 5	1. 1750×700 2. 1450×700 3. 1335×900 4. 1330×700 5. 920×720
按摩椅	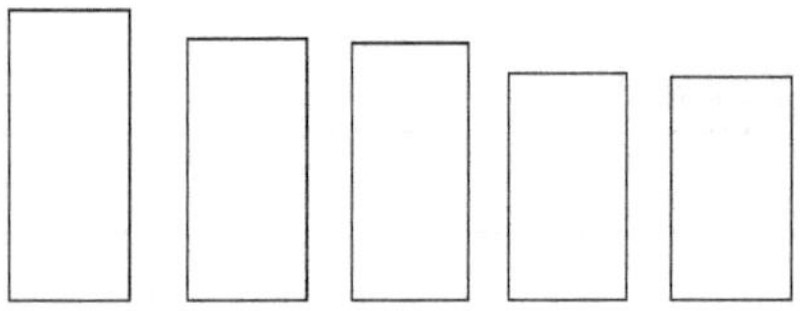 1 2 3 4 5	1. 1800×750 2. 1620×760 3. 1600×740 4. 1400×730 5. 1380×760

A1.5 其他类基本部品

种类	部品平面几何图示	尺寸：长 × 宽（mm）
钢琴	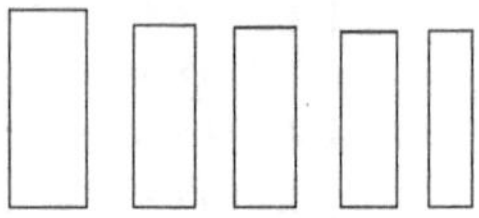 1 2 3 4 5	1. 1530×610 2. 1410×90 3. 1400×480 4. 1370×470 5. 1370×360
游戏帐篷	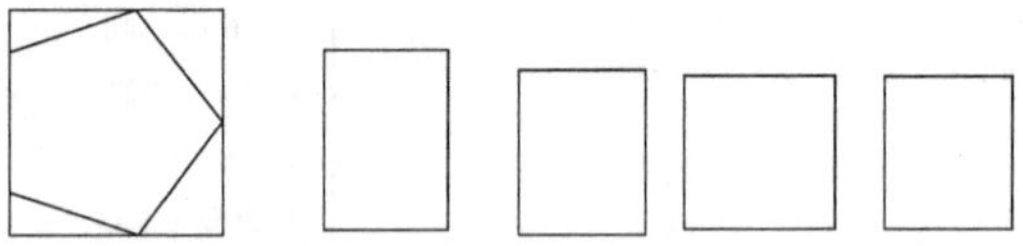 1 2 3 4 5	1. 1790×1690 2. 1400×1000 3. 1300×1000 4. 1200×1200 5. 1200×1000
壁炉	 1 2 3 4 5 6	1. 1530×610 2. 1100×250 3. 1000×260 4. 800×260 5. 730×440 6. 702×297
跑步机	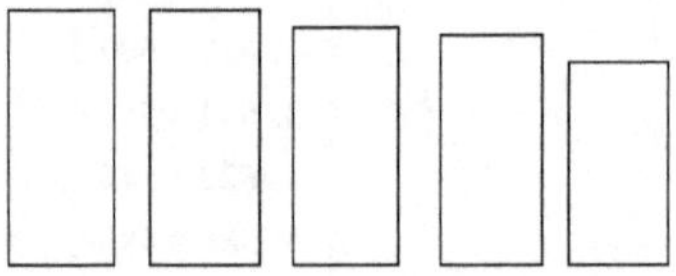 1 2 3 4 5	1. 1985×855 2. 1970×875 3. 1850×865 4. 1795×810 5. 1489×772
神龛	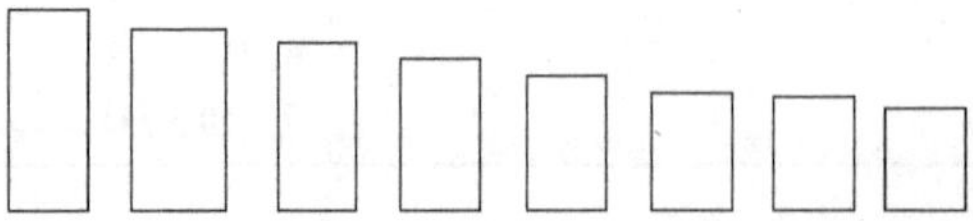 1 2 3 4 5 6 7 8	1. 1200×480 2. 1080×580 3. 1000×480 4. 900×480 5. 800×480 6. 700×480 7. 680×480 8. 600×480

续表

种类	部品平面几何图示	尺寸：长 × 宽（mm）
户外桌	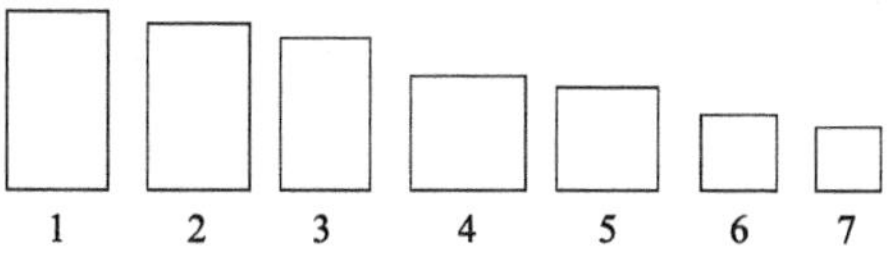 1 2 3 4 5 6 7	1. 1400 × 800 2. 1300 × 800 3. 1200 × 700 4. 900 × 900 5. 800 × 800 6. 600 × 600 7. 500 × 500
户外椅	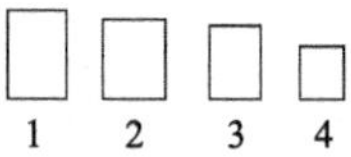 1 2 3 4	1. 680 × 410 2. 610 × 510 3. 560 × 410 4. 400 × 350
户外沙发	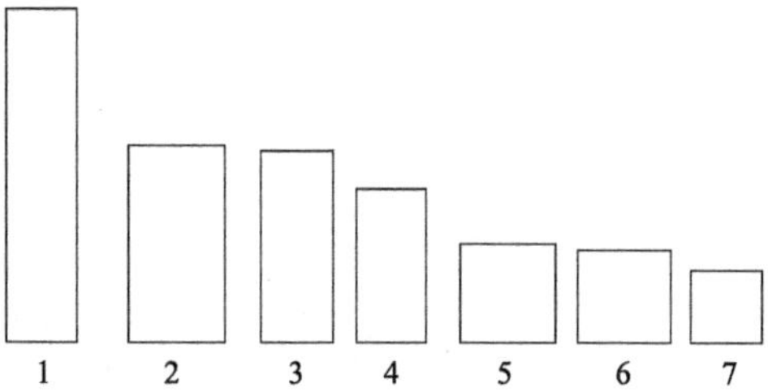 1 2 3 4 5 6 7	1. 3200 × 700 2. 1900 × 950 3. 1850 × 700 4. 1450 × 700 5. 950 × 950 6. 900 × 900 7. 700 × 700
宠物屋	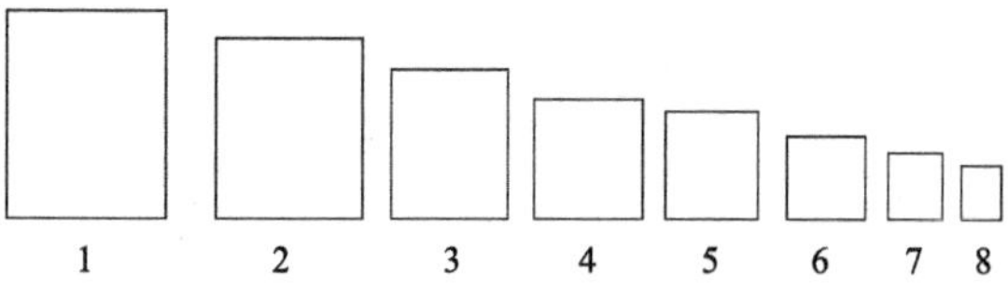 1 2 3 4 5 6 7 8	1. 1720 × 1360 2. 1500 × 1250 3. 1240 × 1000 4. 990 × 920 5. 880 × 770 6. 690 × 660 7. 560 × 450 8. 450 × 330

A2 组件级模块部品平面统计

床类（单位：cm）

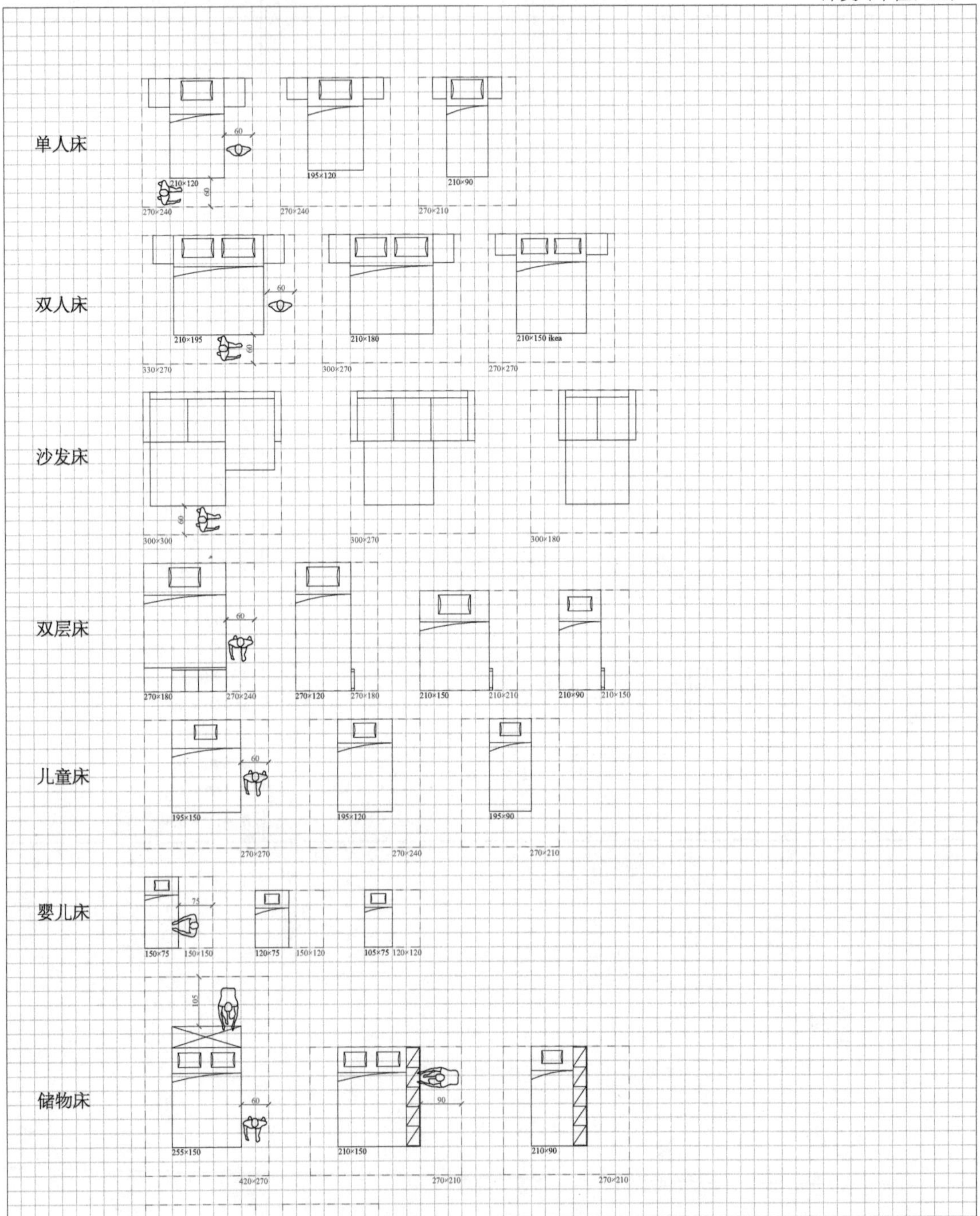

单人床
60
210×120
60
270×240
195×120
270×240
210×90
270×210

双人床
60
210×195
60
330×270
210×180
300×270
210×150 ikea
270×270

沙发床
60
300×300
300×270
300×180

双层床
60
270×180
270×240
270×120
270×180
210×150
210×210
210×90
210×150

儿童床
60
195×150
270×270
195×120
270×240
195×90
270×210

婴儿床
75
150×75
150×150
120×75
150×120
105×75
120×120

储物床
105
60
255×150
420×270
90
210×150
270×210
210×90
270×210

坐卧两用床
60
240×180
360×240
240×150
360×210
210×180
330×240

高架床
60
255×150
270×210
225×150
240×210
210×135
210×180

沙发类（单位：cm）

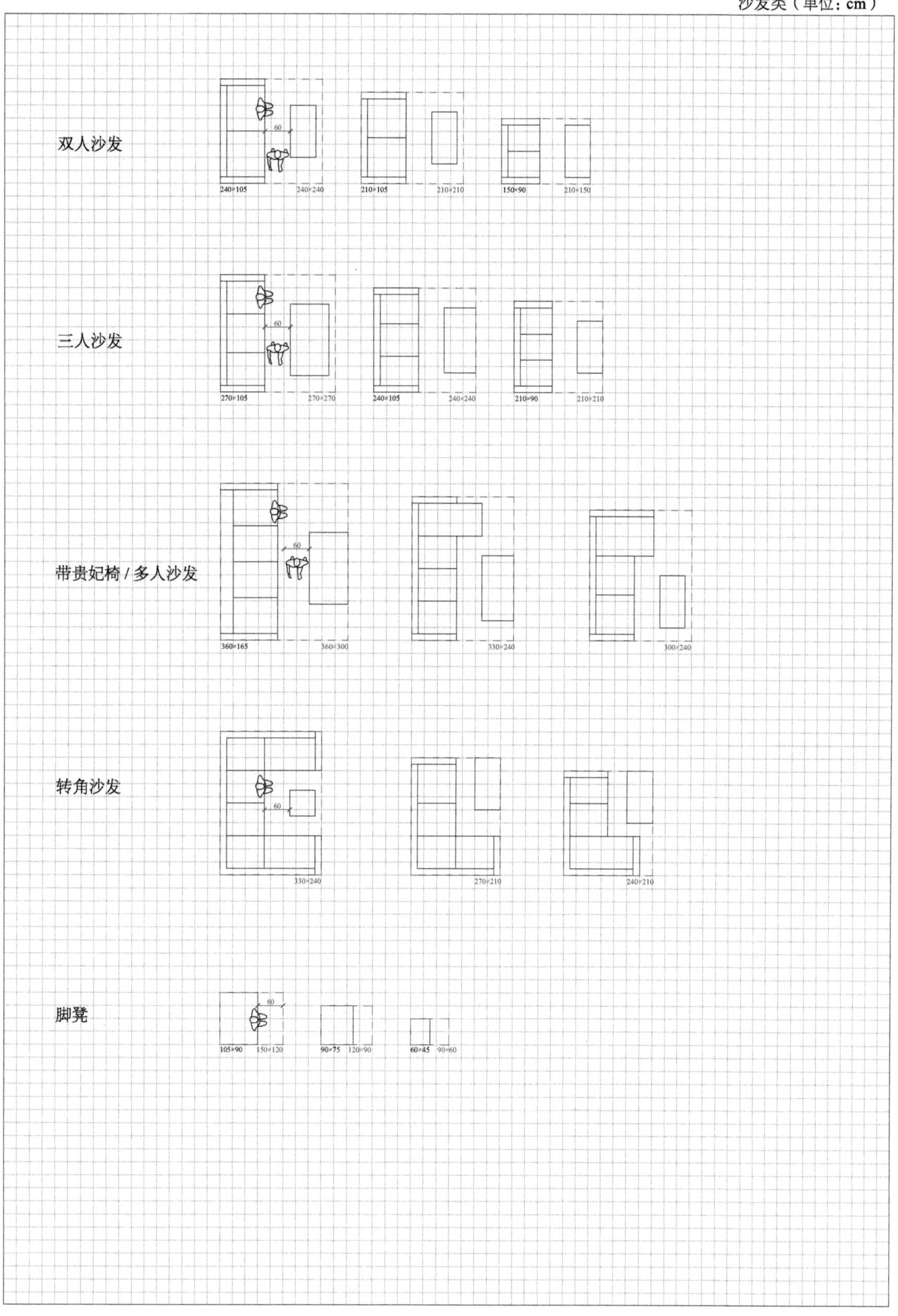
双人沙发
60
240×105
240×240
210×105
210×210
150×90
210×150
三人沙发
60
270×105
270×270
240×105
240×240
210×90
210×210
带贵妃椅 / 多人沙发
60
360×165
360×300
330×240
300×240
转角沙发
60
330×240
270×210
240×210
脚凳
60
105×90
150×120
90×75
120×90
60×45
90×60

桌椅类（单位：cm）

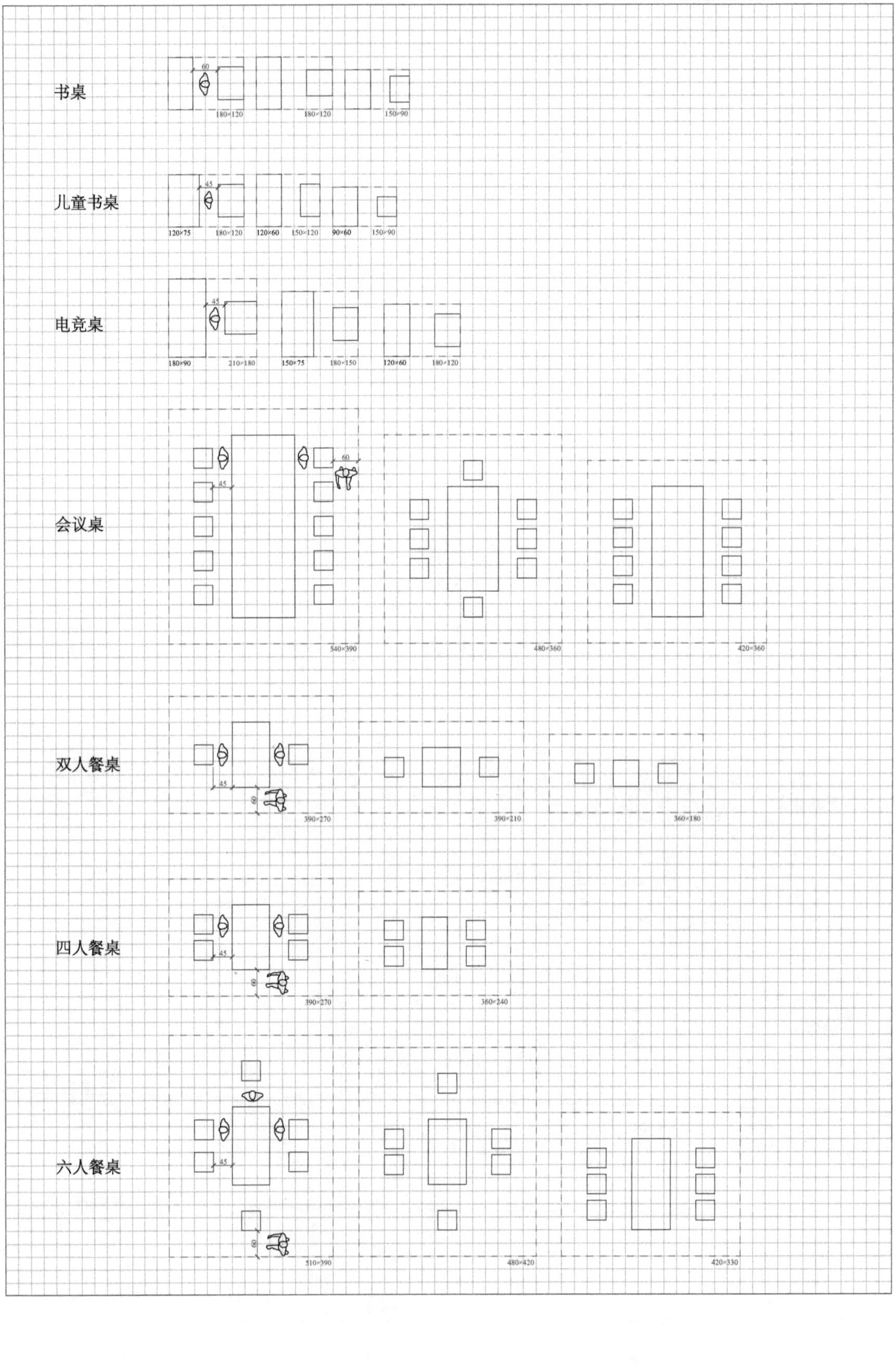

书桌

60
180×120
180×120
150×90

儿童书桌

45
120×75
180×120
120×60
150×120
90×60
150×90

电竞桌

45
180×90
210×180
150×75
180×150
120×60
180×120

会议桌

60
45
540×390
480×360
420×360

双人餐桌

45
60
390×270
390×210
360×180

四人餐桌

45
60
390×270
360×240

六人餐桌

45
60
510×390
480×420
420×330

桌椅类（单位：cm）

八人以上餐桌

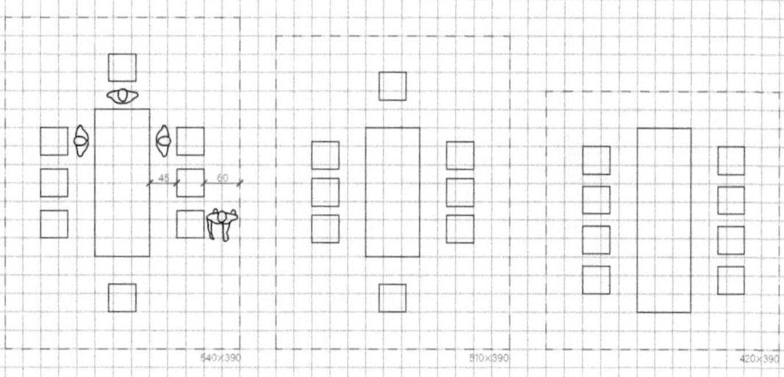

45 60

540×390 510×390 420×390

婴儿换衣台

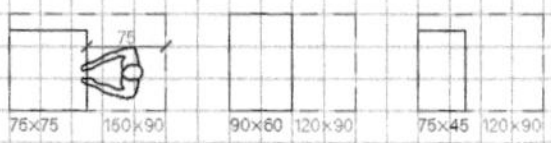

75

75×75 150×90 90×60 120×90 75×45 120×90

梳妆台

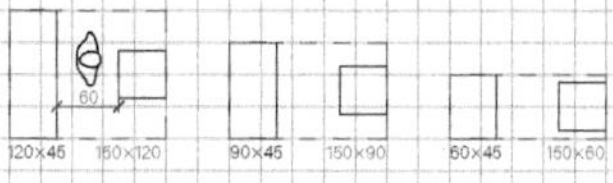

60

120×45 150×120 90×45 150×90 60×45 150×60

吧台

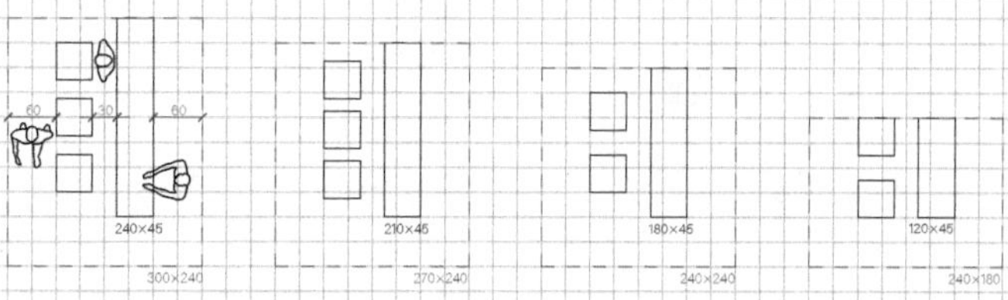

60 30 60

240×45 300×240 210×45 270×240 180×45 240×240 120×45 240×180

休闲椅

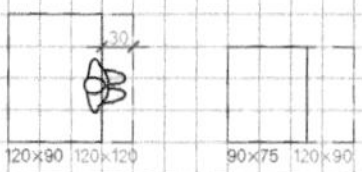

30

120×90 120×120 90×75 120×90

贵妃椅

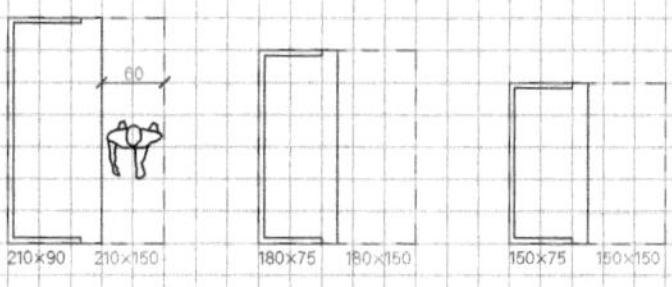

60

210×90 210×150 180×75 180×150 150×75 150×150

桌椅类（单位：cm）

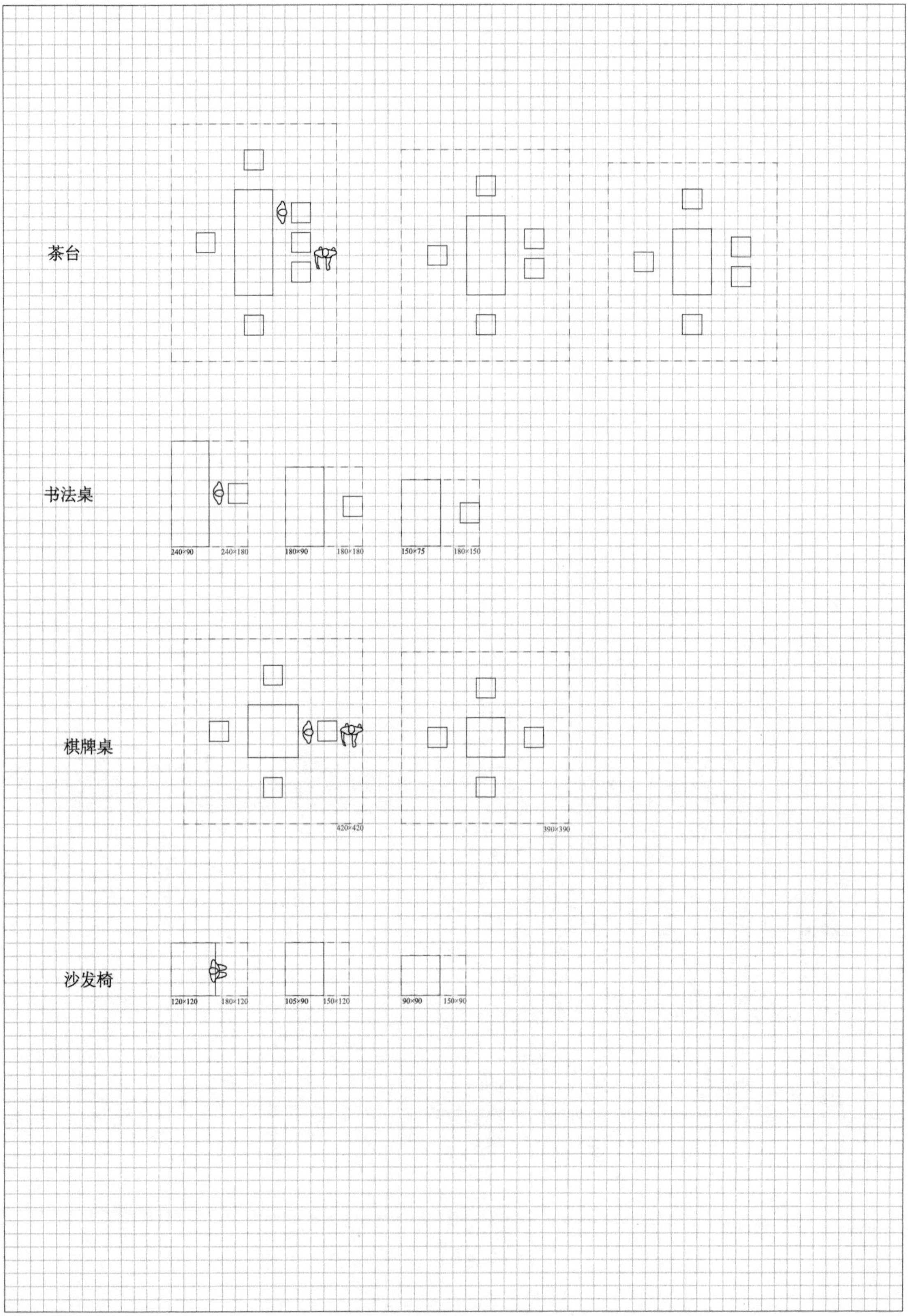

茶台

书法桌

240×90 240×180 180×90 180×180 150×75 180×150

棋牌桌

420×420 390×390

沙发椅

120×120 180×120 105×90 150×120 90×90 150×90

橱柜类（单位：cm）

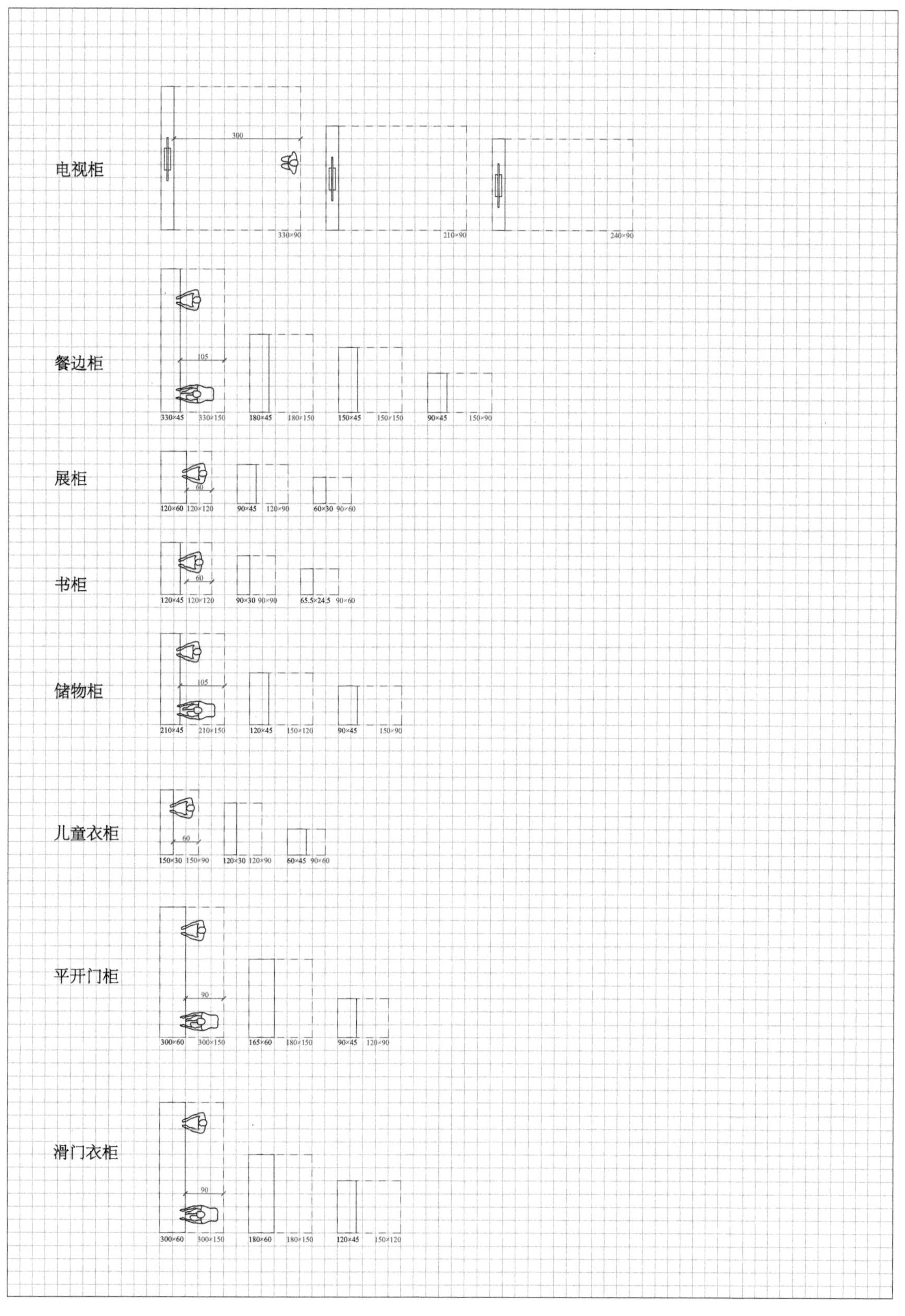
电视柜
300
330×90
210×90
240×90
餐边柜
105
330×45
330×150
180×45
180×150
150×45
150×150
90×45
150×90
展柜
60
120×60
120×120
90×45
120×90
60×30
90×60
书柜
60
120×45
120×120
90×30
90×90
65.5×24.5
90×60
储物柜
105
210×45
210×150
120×45
150×120
90×45
150×90
儿童衣柜
60
150×30
150×90
120×30
120×90
60×45
90×60
平开门柜
90
300×60
300×150
165×60
180×150
90×45
120×90
滑门衣柜
90
300×60
300×150
180×60
180×150
120×45
150×120

橱柜类（单位：cm）

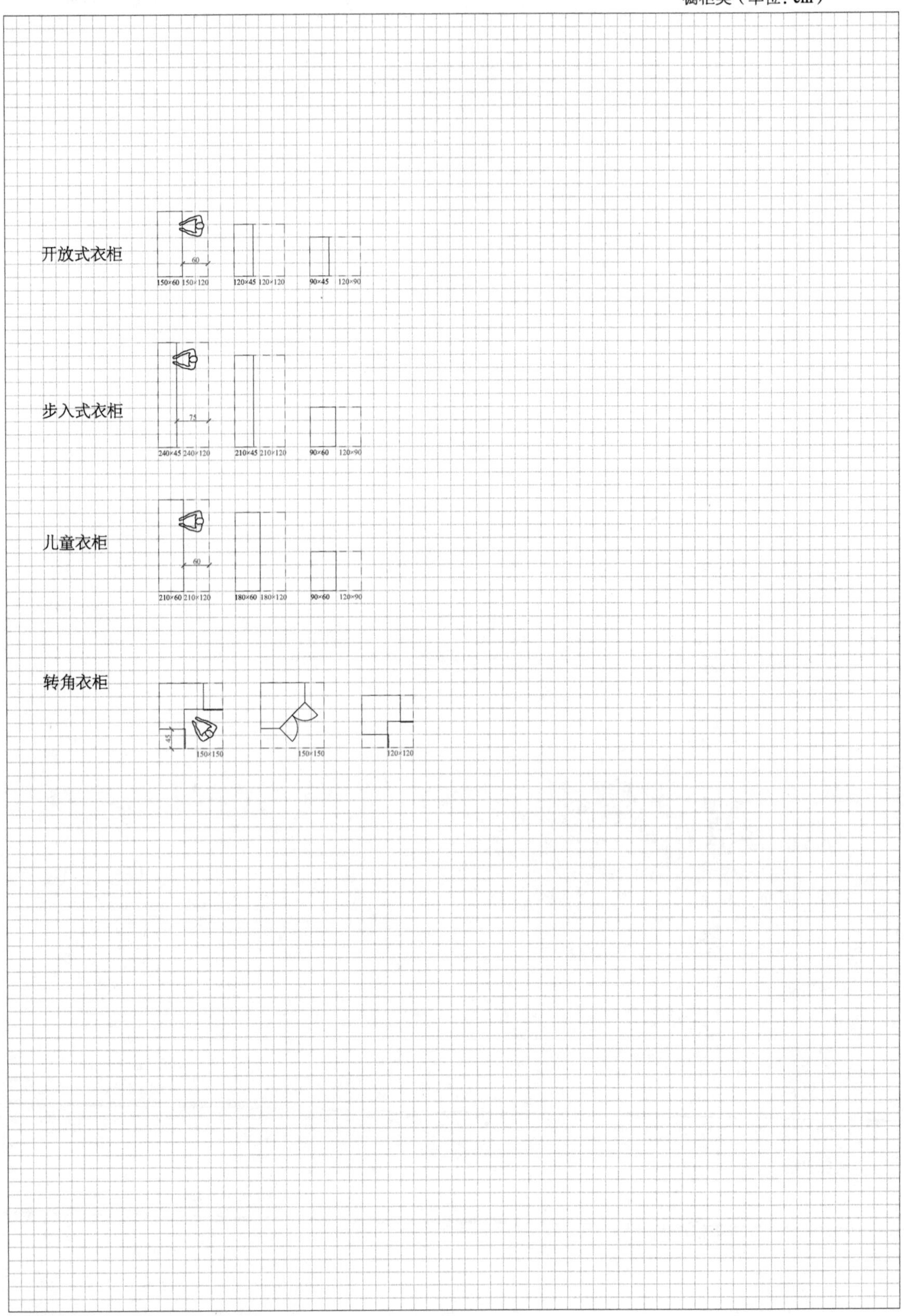
开放式衣柜
60
150×60
150×120
120×45
120×120
90×45
120×90
步入式衣柜
75
240×45
240×120
210×45
210×120
90×60
120×90
儿童衣柜
60
210×60
210×120
180×60
180×120
90×60
120×90
转角衣柜
45
150×150
150×150
120×120

家电类（单位：cm）

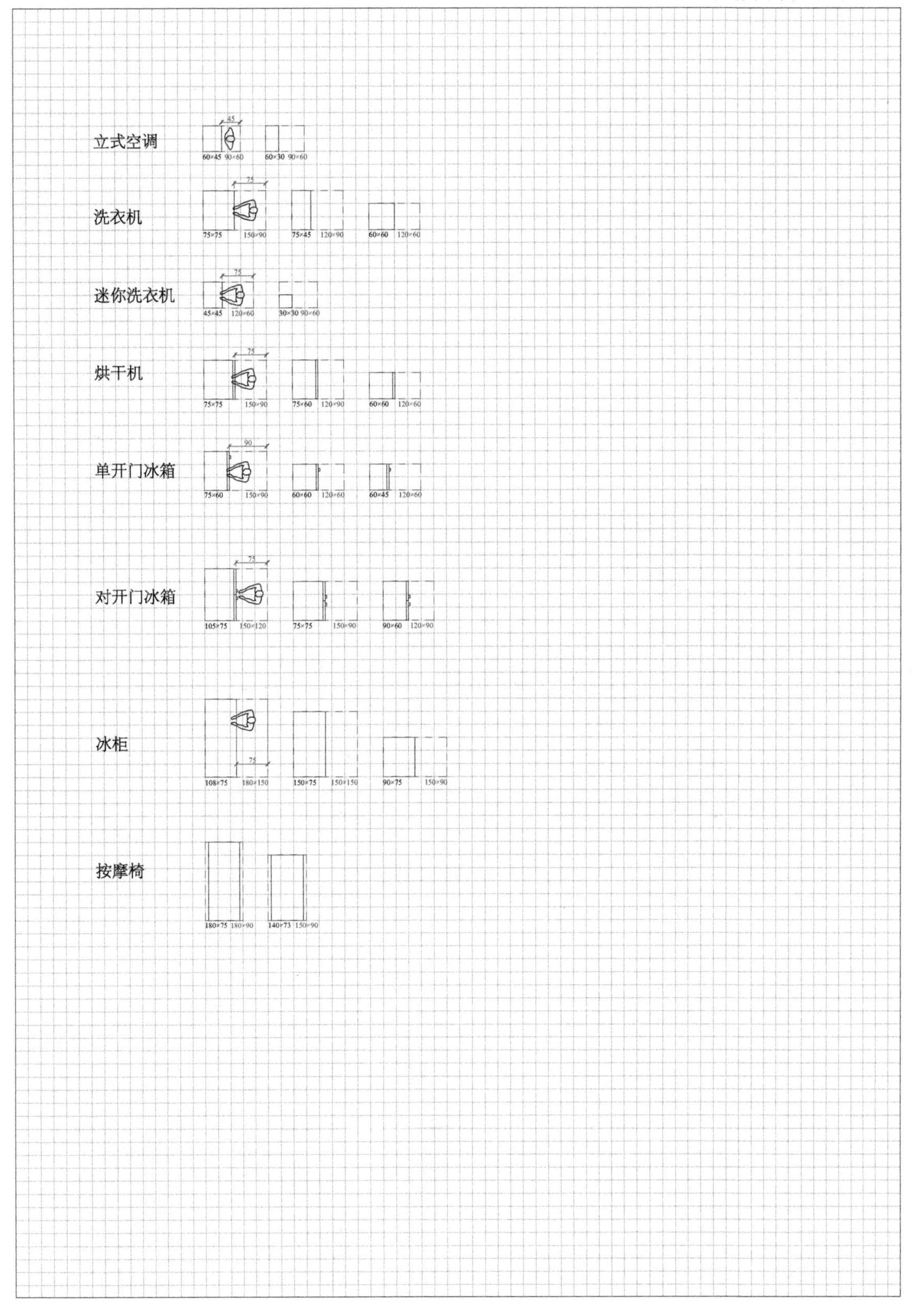
立式空调
45
60×45 90×60
60×30 90×60
洗衣机
75
75×75 150×90
75×45 120×90
60×60 120×60
迷你洗衣机
75
45×45 120×60
30×30 90×60
烘干机
75
75×75 150×90
75×60 120×90
60×60 120×60
单开门冰箱
90
75×60 150×90
60×60 120×60
60×45 120×60
对开门冰箱
75
105×75 150×120
75×75 150×90
90×60 120×90
冰柜
75
108×75 180×150
150×75 150×150
90×75 150×90
按摩椅
180×75 180×90
140×73 150×90

其他类（单位：cm）

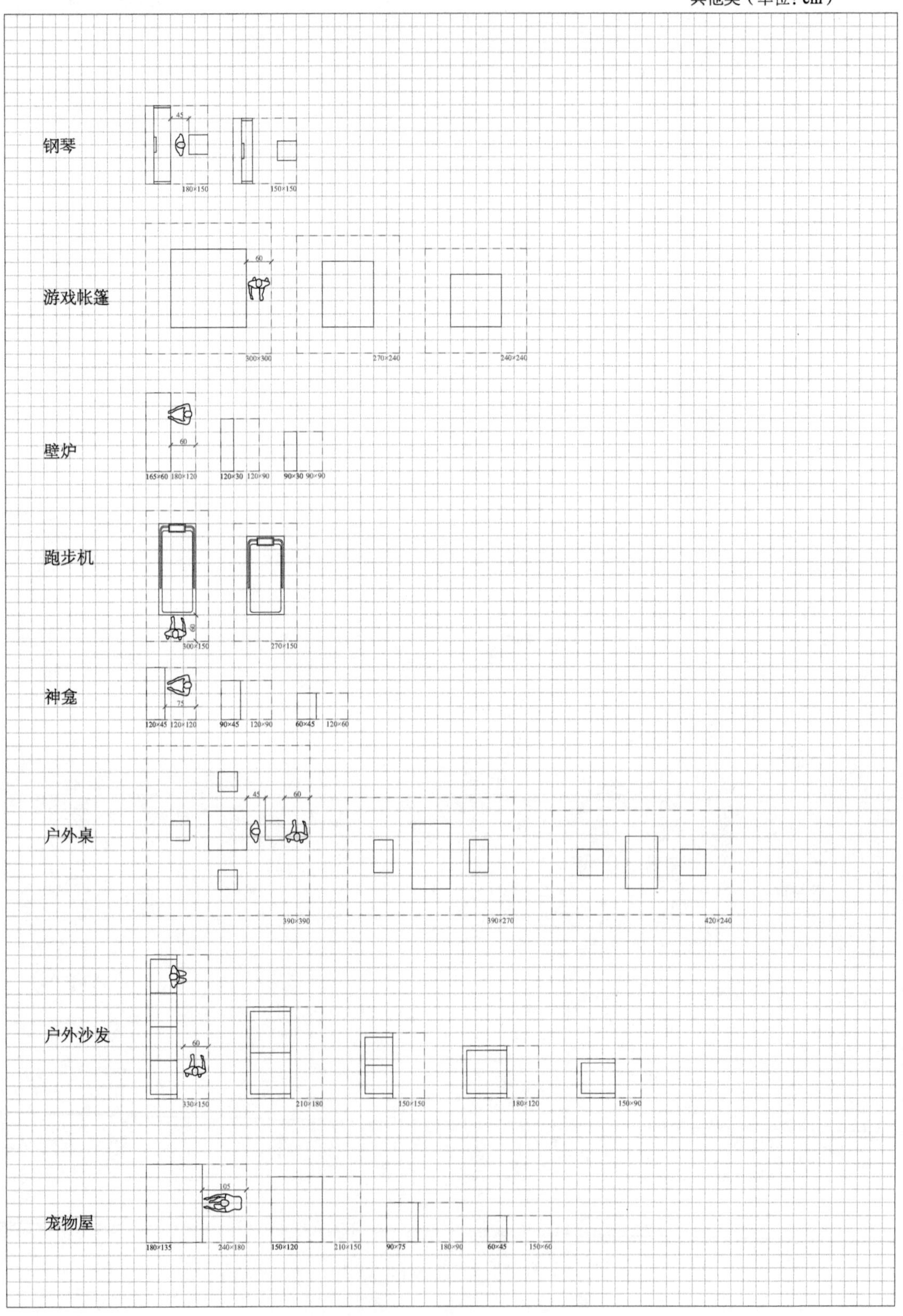
钢琴
45
180×150
150×150
游戏帐篷
60
300×300
270×240
240×240
壁炉
60
165×60
180×120
120×30
120×90
90×30
90×90
跑步机
300×150
270×150
神龛
75
120×45
120×120
90×45
120×90
60×45
120×60
户外桌
45
60
390×390
390×270
420×240
户外沙发
60
330×150
210×180
150×150
180×120
150×90
宠物屋
105
180×135
240×180
150×120
210×150
90×75
180×90
60×45
150×60

附录 B　家用部品调查统计及关联性设计结构矩阵

B1　调查问卷有关家用部品的统计

空间编号

A. 客厅 B. 餐厅 C. 厨房 D. 主卧 E. 儿童房 F. 老人房 G. 客房 H. 书房 I. 阳台 J. 卫生间

家具		件数	空间编号	使用频率
床	单人床			□日数次 □周数次 □月数次 □年数次 □几乎不
	双人床			□日数次 □周数次 □月数次 □年数次 □几乎不
	坐卧两用床			□日数次 □周数次 □月数次 □年数次 □几乎不
	双层床			□日数次 □周数次 □月数次 □年数次 □几乎不
	高架床			□日数次 □周数次 □月数次 □年数次 □几乎不
	婴儿床			□日数次 □周数次 □月数次 □年数次 □几乎不
	榻榻米			□日数次 □周数次 □月数次 □年数次 □几乎不
桌椅	书桌椅			□日数次 □周数次 □月数次 □年数次 □几乎不
	儿童书桌			□日数次 □周数次 □月数次 □年数次 □几乎不
	电竞桌椅			□日数次 □周数次 □月数次 □年数次 □几乎不
	会议桌			□日数次 □周数次 □月数次 □年数次 □几乎不
	茶几			□日数次 □周数次 □月数次 □年数次 □几乎不
	双人餐桌椅			□日数次 □周数次 □月数次 □年数次 □几乎不
	四人餐桌椅			□日数次 □周数次 □月数次 □年数次 □几乎不
	六人餐桌椅			□日数次 □周数次 □月数次 □年数次 □几乎不
	八人餐桌椅			□日数次 □周数次 □月数次 □年数次 □几乎不
	吧台			□日数次 □周数次 □月数次 □年数次 □几乎不
	婴儿换衣桌			□日数次 □周数次 □月数次 □年数次 □几乎不
	梳妆台			□日数次 □周数次 □月数次 □年数次 □几乎不
	茶台			□日数次 □周数次 □月数次 □年数次 □几乎不
	休闲椅			□日数次 □周数次 □月数次 □年数次 □几乎不
	书法桌			□日数次 □周数次 □月数次 □年数次 □几乎不
	棋牌桌			□日数次 □周数次 □月数次 □年数次 □几乎不
沙发	沙发椅			□日数次 □周数次 □月数次 □年数次 □几乎不
	双人沙发			□日数次 □周数次 □月数次 □年数次 □几乎不
	三人沙发			□日数次 □周数次 □月数次 □年数次 □几乎不
……	……			……

详细问卷参见：https：//www.wjx.cn/vm/rXsYh7b.aspx

B2 户型平面图中所含家用部品统计 [5][142]

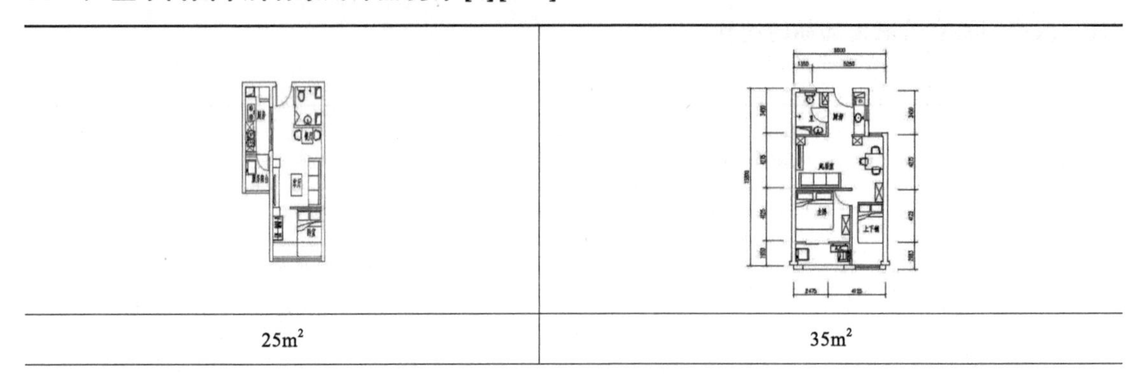

25m²	35m²

35m²（含）以下户型统计：
双人床 1 个、双层床 1 个、三人沙发 1 个、衣柜 1 个、储物柜 1 个、电视柜 1 个、双人餐桌 1 个。

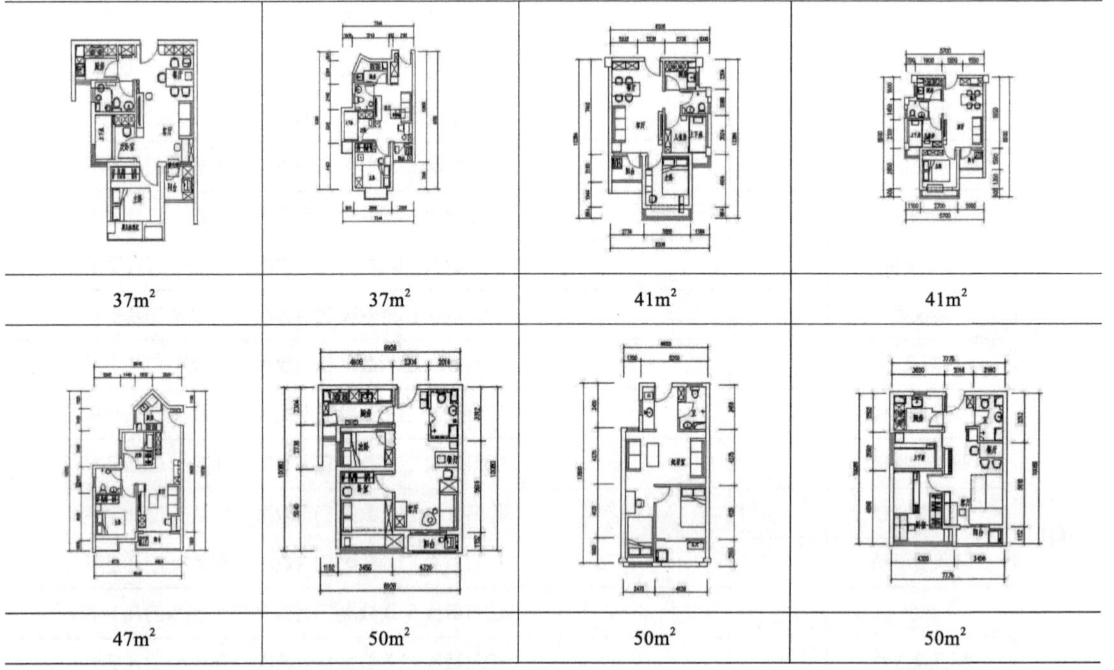

37m²	37m²	41m²	41m²
47m²	50m²	50m²	50m²

35 ~ 51m² 以下户型统计：
双人床 1 个、双层床 1 个、三人沙发 1 个、衣柜 2 个、储物柜 2 个、电视柜 1 个、四人餐桌 1 个、书柜 1 个。

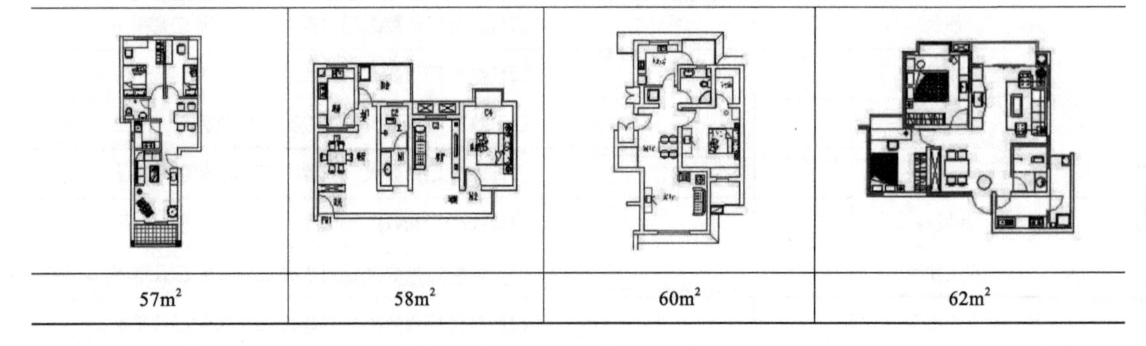

57m²	58m²	60m²	62m²

续表

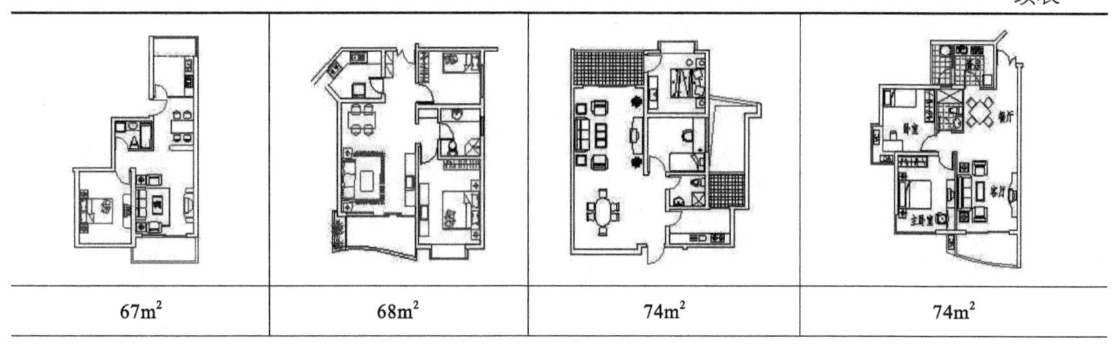

67m^2	68m^2	74m^2	74m^2

51～75m^2统计：
单人床1个、双人床1个、双层床1个、沙发椅1个、三人沙发1个、衣柜2个、储物柜3个、床头柜2个、书桌椅1个、工作台1个、梳妆台1个、电视柜1个、茶几1个、四人餐桌1个。

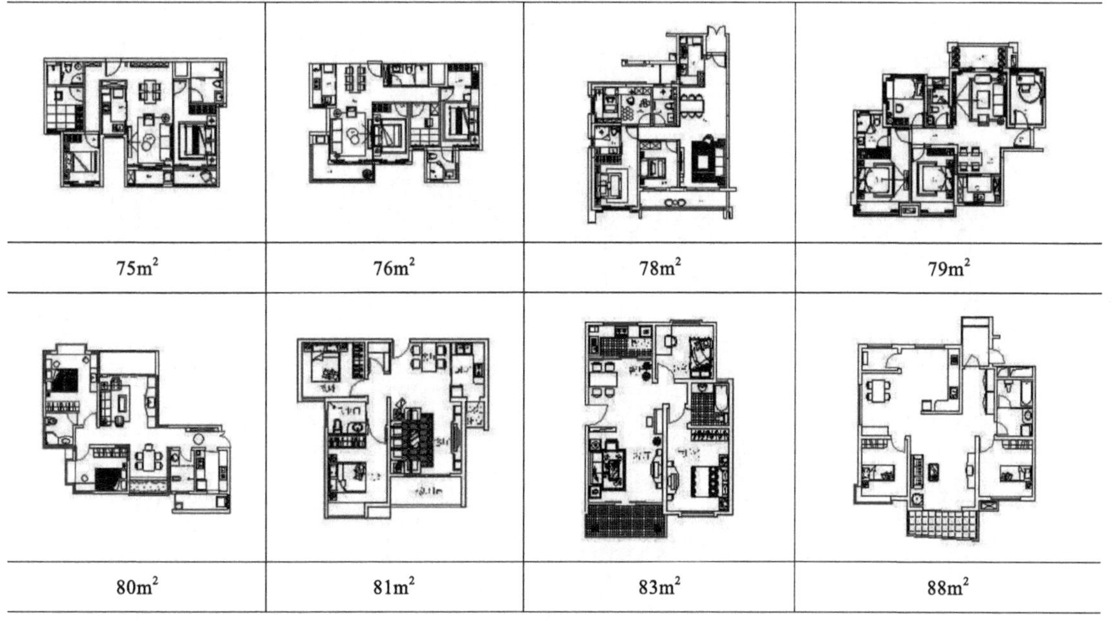

75m^2	76m^2	78m^2	79m^2
80m^2	81m^2	83m^2	88m^2

75～90m^2统计：
双人床2个、双层床1个、沙发椅2个、三人沙发1个、衣柜2个、储物柜2个、床头柜4个、书桌椅2个、工作台1个、梳妆台1个、电视柜1个、茶几1个、四人餐桌1个。

B3 物理空间关联性设计结构矩阵

	1 单人床	2 双人床	3 坐卧两用床	4 双层床	5 高架床	6 婴儿床	7 榻榻米	8 书桌椅	9 儿童书桌椅	10 电竞桌椅	11 会议桌椅	12 茶几	13 二人餐桌椅	14 四人餐桌椅	15 六人餐桌椅	16 八人餐桌椅	17 吧台	18 梳妆台	19 茶台	20 休闲椅	21 棋牌桌	22 沙发椅	23 双人沙发	24 三人沙发	25 多人组合沙发	26 贵妃沙发	27 沙发床	28 电视柜	29 餐边柜	30 展示柜	31 书柜	32 独立储物柜	33 床头柜	34 平开门衣柜	35 滑门衣柜	36 步入式衣柜	37 儿童衣柜	38 转角衣柜	39 鞋柜	40 立式空调	41 洗衣机	42 迷你洗衣机	43 单开门冰箱	44 对开门冰箱	45 冰柜	46 按摩椅	47 钢琴	48 游戏帐篷	49 跑步机	50 神龛	51 户外桌椅	52 户外沙发	53 宠物屋
1 单人床	1	0.5	0.5	0.75	0.75	0.5	0.75	0.75	0.75	0.75	0	0	0	0	0	0	0	0.5	0.25	0.25	0.25	0.25	0.25	0.25	0	0	0	0	0	0	0.25	0.5	0.5	0.5	0.5	0.5	0.75	0.75	0	0.25	0	0	0	0	0	0	0.5	0	0	0	0	0	0
2 双人床	0.5	1	0.75	0.5	0.5	0.75	0.5	0.5	0.5	0.5	0	0	0	0	0	0	0	0.75	0.5	0.5	0.25	0.5	0.5	0.5	0	0	0	0	0	0	0.5	0.5	0.75	0.75	0.75	0.75	0.5	0.5	0	0.5	0	0	0	0	0	0	0.5	0	0	0	0	0	0
3 坐卧两用床	0.5	0.75	1	0.5	0.5	0.75	0.5	0.5	0.5	0.5	0.5	0.5	0.5	0.25	0.25	0.25	0.5	0.75	0.5	0.5	0.5	0.5	0.5	0.5	0.5	0.5	0.5	0.5	0.25	0.5	0.5	0.5	0.75	0.75	0.75	0.75	0.5	0.5	0.5	0.5	0	0.25	0.25	0.25	0.25	0.5	0.5	0.5	0.5	0.5	0	0	0
4 双层床	0.75	0.5	0.5	1	0.75	0.5	0.75	0.75	0.75	0.75	0	0	0	0	0	0	0	0.5	0.25	0.25	0	0.25	0.25	0.25	0	0	0	0	0	0	0.25	0.5	0.5	0.5	0.5	0.5	0.75	0.75	0	0.25	0	0	0	0	0	0	0.5	0	0	0	0	0	0
5 高架床	0.75	0.5	0.5	0.75	1	0.5	0.75	0.75	0.75	0.75	0	0	0	0	0	0	0	0.5	0.25	0.25	0	0.25	0.25	0.25	0	0	0	0	0	0	0.25	0.5	0.5	0.5	0.5	0.5	0.75	0.75	0	0.25	0	0	0	0	0	0	0.5	0	0	0	0	0	0
6 婴儿床	0.5	0.75	0.75	0.5	0.5	1	0.5	0.5	0	0	0	0	0	0	0	0	0	0.75	0.5	0.5	0	0.5	0.5	0.5	0	0	0	0	0	0	0.5	0.5	0.75	0.75	0.75	0.75	0	0	0	0.5	0	0	0	0	0	0	0.5	0	0	0	0	0	0
7 榻榻米	0.75	0.5	0.5	0.75	0.75	0.5	1	0.75	0.75	0.75	0	0	0	0	0	0	0	0.5	0.25	0.25	0.25	0.25	0.25	0.25	0	0	0	0	0	0	0.25	0.5	0.5	0.5	0.5	0.5	0.75	0.75	0	0.25	0	0	0	0	0	0	0.5	0	0	0	0	0	0
8 书桌椅	0.75	0.5	0.5	0.75	0.75	0.5	0.75	1	0.75	0.75	0	0	0	0	0	0	0	0.5	0.25	0.25	0.25	0.25	0.25	0.25	0	0	0	0	0	0	0.25	0.5	0.5	0.5	0.5	0.5	0.75	0.75	0	0.25	0	0	0	0	0	0	0.5	0	0	0	0	0	0
9 儿童书桌椅	0.75	0.5	0.5	0.75	0.75	0	0.75	0.75	1	0.75	0	0	0	0	0	0	0	0.5	0	0	0	0	0	0	0	0	0	0	0	0	0	0.5	0.5	0.5	0.5	0.5	0.75	0.75	0	0	0	0	0	0	0	0	0.5	0	0	0	0	0	0
10 电竞桌椅	0.75	0.5	0.5	0.75	0.75	0	0.75	0.75	0.75	1	0	0	0	0	0	0	0	0.5	0	0	0	0	0	0	0	0	0	0	0	0	0	0.5	0.5	0.5	0.5	0.5	0.75	0.75	0	0	0	0	0	0	0	0	0.5	0	0	0	0	0	0
11 会议桌椅	0	0	0.5	0	0	0	0	0	0	0	1	0.75	0.75	0.5	0.5	0.5	0.75	0	0.75	0.75	0.75	0.75	0.75	0.75	0.75	0.75	0.75	0.75	0.5	0.75	0.5	0.75	0	0	0	0	0	0	0.75	0.75	0	0.5	0.5	0.5	0.5	0.75	0.75	0.75	0.75	0.75	0	0	0
12 茶几	0	0	0.5	0	0	0	0	0	0	0	0.75	1	0.75	0.5	0.5	0.5	0.75	0	0.75	0.75	0.75	0.75	0.75	0.75	0.75	0.75	0.75	0.75	0.5	0.75	0.5	0.75	0	0	0	0	0	0	0.75	0.75	0	0.5	0.5	0.5	0.5	0.75	0.75	0.75	0.75	0.75	0	0	0
13 二人餐桌椅	0	0	0.5	0	0	0	0	0	0	0	0.75	0.75	1	0.5	0.5	0.5	0.75	0	0.75	0.75	0.75	0.75	0.75	0.75	0.75	0.75	0.75	0.75	0.5	0.75	0.5	0.75	0	0	0	0	0	0	0.75	0.75	0	0.5	0.5	0.5	0.5	0.75	0.75	0.75	0.75	0.75	0	0	0
14 四人餐桌椅	0	0	0.25	0	0	0	0	0	0	0	0.5	0.5	0.5	1	0.75	0.75	0.5	0	0.5	0.5	0.5	0.5	0.5	0.5	0.5	0.5	0.5	0.5	0.75	0.5	0.25	0.5	0	0	0	0	0	0	0.5	0.5	0	0.25	0.5	0.5	0.25	0.5	5	0.5	0.5	0.5	0	0	0
15 六人餐桌椅	0	0	0.25	0	0	0	0	0	0	0	0.5	0.5	0.5	0.75	1	0.75	0.5	0	0.5	0.5	0.5	0.5	0.5	0.5	0.5	0.5	0.5	0.5	0.75	0.5	0.25	0.5	0	0	0	0	0	0	0.5	0.5	0	0.25	0.5	0.5	0.25	0.5	0.5	0.5	0.5	0.5	0	0	0
16 八人餐桌椅	0	0	0.25	0	0	0	0	0	0	0	0.5	0.5	0.5	0.75	0.75	1	0.5	0	0.5	0.5	0.5	0.5	0.5	0.5	0.5	0.5	0.5	0.5	0.75	0.5	0.25	0.5	0	0	0	0	0	0	0.5	0.5	0	0.25	0.5	0.5	0.25	0.5	0.5	0.5	0.5	0.5	0	0	0
17 吧台	0	0	0.5	0	0	0	0	0	0	0	0.75	0.75	0.75	0.5	0.5	0.5	1	0	0.75	0.75	0.75	0.75	0.75	0.75	0.75	0.75	0.75	0.75	0.75	0.75	0.5	0.75	0	0	0	0	0	0	0.75	0.75	0	0.5	0.5	0.5	0.5	0.75	0.75	0.75	0.75	0.75	0	0	0
18 梳妆台	0.5	0.75	0.75	0.5	0.5	0.75	0.5	0.5	0.5	0.5	0	0	0	0	0	0	0	1	0.5	0.5	0	0.5	0.5	0.5	0	0	0	0	0	0	0.5	0.5	0.75	0.75	0.75	0.75	0.5	0.5	0	0.5	0.25	0	0	0	0	0	0.5	0	0	0	0	0	0
19 茶台	0.25	0.5	0.5	0.25	0.25	0.5	0.25	0.25	0	0	0.75	0.75	0.75	0.5	0.5	0.5	0.75	0.5	1	0.75	0.75	0.75	0.75	0.75	0.75	0.75	0.75	0.75	0.5	0.75	0.5	0.75	0.25	0.25	0.25	0.25	0	0	0.75	0.75	0	0.5	0.5	0.5	0.5	0.75	0.75	0.75	0.75	0.75	0	0	0
20 休闲椅	0.25	0.5	0.5	0.25	0.25	0.5	0.25	0.25	0	0	0.75	0.75	0.75	0.5	0.5	0.5	0.75	0.5	0.75	1	0.75	0.75	0.75	0.75	0.75	0.75	0.75	0.75	0.5	0.75	0.5	0.75	0.25	0.25	0.25	0.25	0	0	0.75	0.75	0.5	0.5	0.5	0.5	0.5	0.75	0.75	0.75	0.75	0.75	0.5	0.5	0.5
21 棋牌桌	0.25	0.25	0.5	0	0	0	0.25	0.25	0	0	0.75	0.75	0.75	0.5	0.5	0.5	0.75	0	0.75	0.75	1	0.75	0.75	0.75	0.75	0.75	0.75	0.75	0.5	0.75	0.5	0.75	0	0	0	0	0	0	0.75	0.75	0	0.5	0.5	0.5	0.5	0.75	0.75	0.75	0.75	0.75	0	0	0
22 沙发椅	0.25	0.5	0.5	0.25	0.25	0.5	0.25	0.25	0	0	0.75	0.75	0.75	0.5	0.5	0.5	0.75	0.5	0.75	0.75	0.75	1	0.75	0.75	0.75	0.75	0.75	0.75	0.5	0.75	0.5	0.75	0.5	0.5	0.5	0.5	0	0	0.75	0.75	0	0.5	0.5	0.5	0.5	0.75	0.75	0.75	0.75	0.75	0	0	0
23 双人沙发	0.25	0.5	0.5	0.25	0.25	0.5	0.25	0.25	0	0	0.75	0.75	0.75	0.5	0.5	0.5	0.75	0.5	0.75	0.75	0.75	0.75	1	0.75	0.75	0.75	0.75	0.75	0.5	0.75	0.5	0.75	0.5	0.5	0.5	0.5	0	0	0.75	0.75	0	0.5	0.5	0.5	0.5	0.75	0.75	0.75	0.75	0.75	0	0	0
24 三人沙发	0.25	0.5	0.5	0.25	0.25	0.5	0.25	0.25	0	0	0.75	0.75	0.75	0.5	0.5	0.5	0.75	0.5	0.75	0.75	0.75	0.75	0.75	1	0.75	0.75	0.75	0.75	0.5	0.75	0.5	0.75	0.5	0.5	0.5	0.5	0	0	0.75	0.75	0	0.5	0.5	0.5	0.5	0.75	0.75	0.75	0.75	0.75	0	0	0
25 多人组合沙发	0	0	0.5	0	0	0	0	0	0	0	0.75	0.75	0.75	0.5	0.5	0.5	0.75	0	0.75	0.75	0.75	0.75	0.75	0.75	1	0.75	0.75	0.75	0.5	0.75	0.5	0.75	0	0	0	0	0	0	0.75	0.75	0	0.5	0.5	0.5	0.5	0.75	0.75	0.75	0.75	0.75	0	0	0
26 贵妃沙发	0	0	0.5	0	0	0	0	0	0	0	0.75	0.75	0.75	0.5	0.5	0.5	0.75	0	0.75	0.75	0.75	0.75	0.75	0.75	0.75	1	0.75	0.75	0.5	0.75	0.5	0.75	0	0	0	0	0	0	0.75	0.75	0	0.5	0.5	0.5	0.5	0.75	0.75	0.75	0.75	0.75	0	0	0
27 沙发床	0	0	0.5	0	0	0	0	0	0	0	0.75	0.75	0.75	0.5	0.5	0.5	0.75	0	0.75	0.75	0.33	0.75	0.75	0.75	0.75	0.75	1	0.75	0.5	0.75	0.5	0.75	0	0	0	0	0	0	0.75	0.75	0	0.5	0.5	0.5	0.5	0.75	0.75	0.75	0.75	0.75	0	0	0
28 电视柜	0	0	0.5	0	0	0	0	0	0	0	0.75	0.75	0.75	0.5	0.5	0.5	0.75	0	0.75	0.75	0.75	0.75	0.75	0.75	0.75	0.75	0.75	1	0.5	0.75	0.5	0.75	0	0	0	0	0	0	0.75	0.75	0	0.5	0.5	0.5	0.5	0.75	0.75	0.75	0.75	0.75	0	0	0
29 餐边柜	0	0	0.25	0	0	0	0	0	0	0	0.5	0.5	0.5	0.75	0.75	0.75	0.5	0	0.5	0.5	0.5	0.5	0.5	0.5	0.5	0.5	0.5	0.5	1	0.5	0.25	0.5	0	0	0	0	0	0	0.5	0.5	0	0.25	0.5	0.5	0.5	0.5	0.5	0.5	0.5	0.5	0	0	0
30 展示柜	0	0	0.5	0	0	0	0	0	0	0	0.75	0.75	0.75	0.5	0.5	0.5	0.75	0	0.75	0.75	0.75	0.75	0.75	0.75	0.75	0.75	0.75	0.75	0.5	1	0.5	0.75	0	0	0	0	0	0	0.75	0.75	0	0.5	0.5	0.5	0.5	0.75	0.75	0.75	0.75	0.75	0	0	0
31 书柜	0.25	0.5	0.5	0.25	0.25	0.5	0.25	0.25	0	0	0.5	0.5	0.5	0.25	0.25	0.25	0.5	0.5	0.5	0.5	0.5	0.5	0.5	0.5	0.5	0.5	0.5	0.5	0.25	0.5	1	0.5	0.5	0.5	0.5	0.5	0	0	0.5	0.5	0	0.25	0.25	0.25	0.25	0.5	0.5	0.5	0.5	0.5	0	0	0
32 独立储物柜	0.5	0.5	0.5	0.5	0.5	0.5	0.5	0.5	0.5	0.5	0.75	0.75	0.75	0.5	0.5	0.5	0.75	0.5	0.75	0.75	0.75	0.75	0.75	0.75	0.75	0.75	0.75	0.75	0.5	0.75	0.5	1	0.5	0.5	0.5	0.5	0.5	0.5	0.75	0.75	0	0.5	0.5	0.5	0.5	0.75	0.75	0.75	0.75	0.75	0	0	0
33 床头柜	0.5	0.75	0.75	0.5	0.5	0.75	0.5	0.5	0.5	0.5	0	0	0	0	0	0	0	0.75	0.25	0.25	0	0.5	0.5	0.5	0	0	0	0	0	0	0.5	0.5	1	0.75	0.75	0.75	0.5	0.5	0	0.5	0	0	0	0	0	0	0.5	0.0	0	0	0	0	0
34 平开门衣柜	0.5	0.75	0.75	0.5	0.5	0.75	0.5	0.5	0.5	0.5	0	0	0	0	0	0	0	0.75	0.25	0.25	0	0.5	0.5	0.5	0	0	0	0	0	0	0.5	0.5	0.75	1	0.75	0.75	0.5	0.5	0	0.5	0	0	0	0	0	0	0.5	0	0	0	0	0	0
35 滑门衣柜	0.5	0.75	0.75	0.5	0.5	0.75	0.5	0.5	0.5	0.5	0	0	0	0	0	0	0	0.75	0.25	0.25	0	0.5	0.5	0.5	0	0	0	0	0	0	0.5	0.5	0.75	0.75	1	0.75	0.5	0.5	0	0.5	0	0	0	0	0	0	0.5	0	0	0	0	0	0
36 步入式衣柜	0.5	0.75	0.75	0.5	0.5	0.75	0.5	0.5	0.5	0.5	0	0	0	0	0	0	0	0.75	0.25	0.25	0	0.5	0.5	0.5	0	0	0	0	0	0	0.5	0.5	0.75	0.75	0.75	1	0.5	0.5	0.5	0.5	0	0	0	0	0	0	0.5	0	0	0	0	0	0
37 儿童衣柜	0.75	0.5	0.5	0.75	0.75	0	0.75	0.75	0.75	0.75	0	0	0	0	0	0	0	0.5	0	0	0	0	0	0	0	0	0	0	0	0	0	0.5	0.5	0.5	0.5	0.5	1	0.75	0	0	0	0	0	0	0	0	0.5	0	0	0	0	0	0
38 转角衣柜	0.75	0.5	0.5	0.75	0.75	0	0.75	0.75	0.75	0.75	0	0	0	0	0	0	0	0.5	0	0	0	0	0	0	0	0	0	0	0	0	0	0.5	0.5	0.5	0.5	0.5	0.75	1	0	0	0	0	0	0	0	0	0.5	0	0	0	0	0	0
39 鞋柜	0	0	0.5	0	0	0	0	0	0	0	0.75	0.75	0.75	0.5	0.5	0.5	0.75	0	0.75	0.75	0.75	0.75	0.75	0.75	0.75	0.75	0.75	0.75	0.5	0.75	0.5	0.75	0	0	0	0	0	0	1	0.75	0.5	0.5	0.5	0.5	0.5	0.75	0.75	0.75	0.75	0.75	0.5	0.5	0.5
40 立式空调	0.25	0.5	0.5	0.25	0.25	0.5	0.25	0.25	0	0	0.75	0.75	0.75	0.5	0.5	0.5	0.75	0.5	0.75	0.75	0.75	0.75	0.75	0.75	0.75	0.75	0.75	0.75	0.5	0.75	0.5	0.75	0.5	0.5	0.5	0.5	0	0	0.75	1	0	0.5	0.5	0.5	0.5	0.75	0.75	0.75	0.75	0.75	0	0	0
41 洗衣机	0	0	0	0	0	0	0	0	0	0	0	0	0	0	0	0	0	0.25	0	0.5	0	0	0	0	0	0	0	0	0	0	0	0	0	0	0	0	0	0	0.5	0	1	0.75	0	0	0	0	0	0	0.5	0	0.75	0.75	0.75
42 迷你洗衣机	0	0	0.25	0	0	0	0	0	0	0	0.5	0.5	0.5	0.25	0.25	0.25	0.5	0	0.5	0.5	0.5	0.5	0.5	0.5	0.5	0.5	0.5	0.5	0.25	0.5	0.25	0.5	0	0	0	0	0	0	0.5	0.5	0.75	1	0.25	0.25	0.25	0.5	0.5	0.5	0.5	0.5	0.75	0.75	0.75
43 单开门冰箱	0	0	0.25	0	0.0	0	0	0	0	0	0.5	0.5	0.5	0.5	0.5	0.5	0.5	0	0.5	0.5	0.5	0.5	0.5	0.5	0.5	0.5	0.5	0.5	0.5	0.5	0.25	0.5	0	0	0	0	0	0	0.5	0.42	0	0.25	1	0.75	0.75	0.5	0.5	0.5	0.5	0.5	0.17	0	0
44 对开门冰箱	0	0	0.25	0	0	0	0	0	0	0	0.5	0.5	0.5	0.5	0.5	0.5	0.5	0	0.5	0.5	0.5	0.5	0.5	0.5	0.5	0.5	0.5	0.5	0.5	0.5	0.25	0.5	0	0	0	0	0	0	0.5	0.42	0	0.25	0.75	1	0.75	0.5	0.5	0.5	0.5	0.5	0	0	0
45 冰柜	0	0	0.25	0	0	0	0	0	0	0	0.5	0.5	0.5	0.25	0.25	0.25	0.5	0	0.5	0.5	0.5	0.5	0.5	0.5	0.5	0.5	0.5	0.5	0.5	0.5	0.25	0.5	0	0	0	0	0	0	0.5	0.5	0	0.25	0.75	0.75	1	0.5	0.5	0.5	0.5	0.5	0	0	0
46 按摩椅	0	0	0.5	0	0	0	0	0	0	0	0.75	0.75	0.75	0.5	0.5	0.5	0.75	0	0.75	0.75	0.75	0.75	0.75	0.75	0.75	0.75	0.75	0.75	0.5	0.75	0.5	0.75	0	0	0	0	0	0	0.75	0.75	0	0.5	0.5	0.5	0.5	1	0.75	0.75	0.75	0.75	0	0	0
47 钢琴	0.5	0.5	0.5	0.5	0.5	0.5	0.5	0.5	0.5	0.5	0.75	0.75	0.75	0.5	0.5	0.5	0.75	0.5	0.75	0.75	0.75	0.75	0.75	0.75	0.75	0.75	0.75	0.75	0.5	0.75	0.5	0.75	0.5	0.5	0.5	0.5	0.5	0.5	0.75	0.75	0	0.5	0.5	0.5	0.5	0.75	1	0.75	0.75	0.75	0	0	0
48 游戏帐篷	0	0	0.5	0	0	0	0	0	0	0	0.75	0.75	0.75	0.5	0.5	0.5	0.75	0	0.75	0.75	0.75	0.75	0.75	0.75	0.75	0.75	0.42	0.75	0.5	0.75	0.5	0.75	0	0	0	0	0	0	0.75	0.75	0	0.5	0.5	0.5	0.5	0.75	0.75	1	0.75	0.75	0	0	0
49 跑步机	0	0	0.5	0	0	0	0	0	0	0	0.75	0.75	0.75	0.5	0.5	0.5	0.75	0	0.75	0.75	0.75	0.75	0.75	0.75	0.75	0.75	0.42	0.75	0.5	0.75	0.5	0.75	0	0	0	0	0	0.17	0.75	0.75	0.5	0.5	0.5	0.5	0.5	0.75	0.75	0.75	1	0.75	0.5	0.5	0.5
50 神龛	0	0	0.5	0	0	0	0	0	0	0	0.75	0.75	0.75	0.5	0.5	0.5	0.75	0	0.75	0.75	0.75	0.75	0.75	0.75	0.75	0.75	0.75	0.75	0.5	0.75	0.5	0.75	0	0	0	0	0	0	0.75	0.75	0	0.5	0.5	0.5	0.5	0.75	0.75	0.75	0.75	1	0	0	0
51 户外桌椅	0	0	0	0	0	0	0	0	0	0	0	0	0	0	0	0	0	0	0	0.5	0	0	0	0	0	0	0	0	0	0	0	0	0	0	0	0	0	0	0.5	0	0.75	0.75	0	0	0	0	0	0	0.5	0	1	0.75	0.75
52 户外沙发	0	0	0	0	0	0	0	0	0	0	0	0	0	0	0	0	0	0	0	0.5	0	0	0	0	0	0	0	0	0	0	0	0	0	0	0	0	0	0	0.5	0	0.75	0.75	0	0	0	0	0	0	0.5	0	0.75	1	0.75
53 宠物屋	0	0	0	0	0	0	0	0	0	0	0	0	0	0	0	0	0	0	0	0.5	0	0	0	0	0	0	0	0	0	0	0	0	0	0	0	0	0	0	0.5	0	0.75	0.75	0	0	0	0	0	0	0.5	0	0.75	0.75	1

B4 行为内容关联性设计结构矩阵

	1 单人床	2 双人床	3 坐卧两用床	4 双层床	5 高架床	6 婴儿床	7 榻榻米	8 书桌椅	9 儿童书桌椅	10 电竞桌椅	11 会议桌椅	12 茶几	13 二人餐桌椅	14 四人餐桌椅	15 六人餐桌椅	16 八人餐桌椅	17 吧台	18 梳妆台	19 茶台	20 休闲椅	21 棋牌桌	22 沙发椅	23 双人沙发	24 三人沙发	25 多人组合沙发	26 贵妃沙发
1 单人床	1	0.75	0.5	0.75	0.75	0.75	0.5	0	0	0	0	0	0.25	0.25	0.25	0.25	0.25	0	0	0	0	0	0	0	0	0
2 双人床	0.75	1	0.75	0.75	0.75	0.75	0.5	0	0	0	0	0	0.25	0.25	0.25	0.25	0.25	0	0	0	0	0	0	0	0	0
3 坐卧两用床	0.5	0.5	1	0.5	0.5	0.5	0.75	0	0	0	0	0	0.25	0.25	0.25	0.25	0.25	0	0	0	0	0	0	0	0	0
4 双层床	0.75	0.75	0.5	1	0.75	0.75	0.5	0	0	0	0	0	0.25	0.25	0.25	0.25	0.25	0	0	0	0	0	0	0	0	0
5 高架床	0.75	0.75	0.5	0.75	1	0.75	0.5	0	0	0	0	0	0.25	0.25	0.25	0.25	0.25	0	0	0	0	0	0	0	0	0
6 婴儿床	0.75	0.75	0.5	0.75	0.75	1	0.5	0	0	0	0	0	0.25	0.25	0.25	0.25	0.25	0	0	0	0	0	0	0	0	0
7 榻榻米	0.5	0.5	0.75	0.5	0.5	0.5	1	0	0	0	0	0	0.25	0.25	0.25	0.25	0.25	0	0	0	0	0	0	0	0	0
8 书桌椅	0	0	0	0	0	0	0	1	0.5	0	0.5	0	0	0	0	0	0	0.25	0	0	0	0	0	0	0	0
9 儿童书桌椅	0	0	0	0	0	0	0	0.5	1	0	0.5	0	0	0	0	0	0	0.25	0	0	0	0	0	0	0	0
10 电竞桌椅	0	0	0	0	0	0	0	0	0	1	0	0.25	0	0	0	0	0	0	0.25	0.5	0.25	0.5	0.5	0.5	0.25	0.5
11 会议桌椅	0	0	0	0	0	0	0	0.5	0.5	0	1	0	0	0	0	0	0	0.25	0	0	0	0	0	0	0	0
12 茶几	0	0	0	0	0	0	0	0	0	0.25	0	1	0	0	0	0	0	0	0.75	0	0.5	0.25	0.25	0.25	0.75	0.25
13 二人餐桌椅	0.25	0.25	0.25	0.25	0.25	0.25	0.25	0	0	0	0	0	1	0.75	0.75	0.75	0.5	0	0	0	0	0	0	0	0	0
14 四人餐桌椅	0.25	0.25	0.25	0.25	0.25	0.25	0.25	0	0	0	0	0	0.75	1	0.75	0.75	0.5	0	0	0	0	0	0	0	0	0
15 六人餐桌椅	0.25	0.25	0.25	0.25	0.25	0.25	0.25	0	0	0	0	0	0.75	0.75	1	0.75	0.5	0	0	0	0	0	0	0	0	0
16 八人餐桌椅	0.25	0.25	0.25	0.25	0.25	0.25	0.25	0	0	0	0	0	0.75	0.75	0.75	1	0.5	0	0	0	0	0	0	0	0	0
17 吧台	0.25	0.25	0.25	0.25	0.25	0.25	0.25	0	0	0	0	0	0.5	0.5	0.5	0.5	1	0	0	0	0	0	0	0	0	0
18 梳妆台	0	0	0	0	0	0	0	0.25	0.25	0	0.25	0	0	0	0	0	0	1	0	0	0	0	0	0	0	0
19 茶台	0	0	0	0	0	0	0	0	0	0.25	0	0.75	0	0	0	0	0	0	1	0.25	0.5	0.25	0.25	0.25	0.75	0.25
20 休闲椅	0	0	0	0	0	0	0	0	0	0.5	0	0.25	0	0	0	0	0	0	0.25	1	0.25	0.5	0.5	0.5	0.25	0.5
21 棋牌桌	0	0	0	0	0	0	0	0	0	0.25	0	0.5	0	0	0	0	0	0	0.5	0.25	1	0.25	0.25	0.25	0.5	0.25
22 沙发椅	0	0	0	0	0	0	0	0	0	0.5	0	0.25	0	0	0	0	0	0	0.25	0.5	0.25	1	0.75	0.75	0.25	0.75
23 双人沙发	0	0	0	0	0	0	0	0	0	0.5	0	0.25	0	0	0	0	0	0	0.25	0.5	0.25	0.75	1	0.75	0.25	0.75
24 三人沙发	0	0	0	0	0	0	0	0	0	0.5	0	0.25	0	0	0	0	0	0	0.25	0.5	0.25	0.75	0.75	1	0.25	0.75
25 多人组合沙发	0	0	0	0	0	0	0	0	0	0.25	0	0.75	0	0	0	0	0	0	0.75	0.25	0.5	0.25	0.25	0.25	1	0.25
26 贵妃沙发	0	0	0	0	0	0	0	0	0	0.5	0	0.25	0	0	0	0	0	0	0.25	0.5	0.25	0.75	0.75	0.75	0.25	1
27 沙发床	0.5	0.5	0.75	0.5	0.5	0.5	0.75	0	0	0	0	0	0.25	0.25	0.25	0.25	0.25	0	0	0	0	0	0	0	0	0
28 电视柜	0	0	0.25	0	0	0	0	0	0	0.5	0	0.25	0	0	0	0	0	0	0.25	0.5	0.25	0.75	0.75	0.75	0.25	0.75
29 餐边柜	0.25	0.25	0.25	0.25	0.25	0.25	0.25	0	0	0	0	0	0.75	0.75	0.75	0.75	0.5	0	0	0	0	0	0	0	0	0
30 展示柜	0	0	0	0	0	0	0	0	0	0.25	0	0.5	0	0	0	0	0	0	0.5	0.25	0.5	0.25	0.25	0.25	0.5	0.25
31 书柜	0	0	0	0	0	0	0	0	0	0.5	0	0.25	0	0	0	0	0	0	0.25	0.75	0.25	0.5	0.5	0.5	0.25	0.5
32 独立储物柜	0	0	0	0	0	0	0	0.25	0.25	0	0.25	0	0	0	0	0	0	0.25	0	0	0	0	0	0	0	0
33 床头柜	0.75	0.75	0.5	0.75	0.75	0.75	0.5	0	0	0	0	0	0.25	0.25	0.25	0.25	0.25	0	0	0	0	0	0	0	0	0
34 平开门衣柜	0	0	0	0	0	0	0	0.25	0.25	0	0.25	0	0	0	0	0	0	0.25	0	0	0	0	0	0	0	0
35 滑门衣柜	0	0	0	0	0	0	0	0.25	0.25	0	0.25	0	0	0	0	0	0	0.25	0	0	0	0	0	0	0	0
36 步入式衣柜	0	0	0	0	0	0	0	0.25	0.25	0	0.25	0	0	0	0	0	0	0.25	0	0	0	0	0	0	0	0
37 儿童衣柜	0	0	0	0	0	0	0	0.25	0.25	0	0.25	0	0	0	0	0	0	0.25	0	0	0	0	0	0	0	0
38 转角衣柜	0	0	0	0	0	0	0	0.25	0.25	0	0.25	0	0	0	0	0	0	0.25	0	0	0	0	0	0	0	0
39 鞋柜	0	0	0	0	0	0	0	0.25	0.25	0	0.25	0	0	0	0	0	0	0.25	0	0	0	0	0	0	0	0
40 立式空调	0	0	0	0	0	0	0	0	0	0.25	0	0.75	0	0	0	0	0	0	0.75	0.25	0.5	0.25	0.25	0.25	0.75	0.25
41 洗衣机	0	0	0	0	0	0	0	0.25	0.25	0	0.25	0	0	0	0	0	0	0.25	0	0	0	0	0	0	0	0
42 迷你洗衣机	0	0	0	0	0	0	0	0.25	0.25	0	0.25	0	0	0	0	0	0	0.25	0	0	0	0	0	0	0	0
43 单开门冰箱	0	0	0	0	0	0	0	0.25	0.25	0	0.25	0	0	0	0	0	0	0.25	0	0	0	0	0	0	0	0
44 对开门冰箱	0	0	0	0	0	0	0	0.25	0.25	0	0.25	0	0	0	0	0	0	0.25	0	0	0	0	0	0	0	0
45 冰柜	0	0	0	0	0	0	0	0.25	0.25	0	0.25	0	0	0	0	0	0	0.25	0	0	0	0	0	0	0	0
46 按摩椅	0.5	0.5	0.75	0.5	0.5	0.5	0.75	0	0	0	0	0	0.25	0.25	0.25	0.25	0.25	0	0	0	0	0	0	0	0	0
47 钢琴	0	0	0	0	0	0	0	0	0	0.5	0	0.25	0	0	0	0	0	0	0.25	0.5	0.25	0.75	0.75	0.75	0.25	0.25
48 游戏帐篷	0	0	0	0	0	0	0	0.25	0.25	0	0.25	0	0	0	0	0	0	0.25	0	0	0	0	0	0	0	0
49 跑步机	0	0	0	0	0	0	0	0	0	0.5	0	0.25	0	0	0	0	0	0	0.25	0.5	0.25	0.75	0.75	0.75	0.25	0.75
50 神龛	0	0	0	0	0	0	0	0	0	0.25	0	0.25	0	0	0	0	0	0	0.25	0.25	0.25	0.25	0.25	0.25	0.25	0.25
51 户外桌椅	0	0	0	0	0	0	0	0	0	0.25	0	0.75	0	0	0	0	0	0	0.75	0.25	0.5	0.25	0.25	0.25	0.75	0.25
52 户外沙发	0	0	0	0	0	0	0	0	0	0.25	0	0.75	0	0	0	0	0	0	0.75	0.25	0.5	0.25	0.25	0.25	0.75	0.25
53 宠物屋	0	0	0	0	0	0	0	0	0	0.5	0	0.25	0	0	0	0	0	0	0.25	0.5	0.25	0.75	0.75	0.75	0.25	0.75

	27 沙发床	28 电视柜	29 餐边柜	30 展示柜	31 书柜	32 独立储物柜	33 床头柜	34 平开门衣柜	35 滑门衣柜	36 步入式衣柜	37 儿童衣柜	38 转角衣柜	39 鞋柜	40 立式空调	41 洗衣机	42 迷你洗衣机	43 单开门冰箱	44 对开门冰箱	45 冰柜	46 按摩椅	47 钢琴	48 游戏帐篷	49 跑步机	50 神龛	51 户外桌椅	52 户外沙发	53 宠物屋
1 单人床	0.5	0	0.25	0	0	0	0.75	0	0	0	0	0	0	0	0	0	0	0	0	0.5	0	0	0	0	0	0	0
2 双人床	0.5	0	0.25	0	0	0	0.75	0	0	0	0	0	0	0	0	0	0	0	0	0.5	0	0	0	0	0	0	0
3 坐卧两用床	0.75	0	0.25	0	0	0	0.5	0	0	0	0	0	0	0	0	0	0	0	0	0.75	0	0	0	0	0	0	0
4 双层床	0.5	0	0.25	0	0	0	0.75	0	0	0	0	0	0	0	0	0	0	0	0	0.5	0	0	0	0	0	0	0
5 高架床	0.5	0	0.25	0	0	0	0.75	0	0	0	0	0	0	0	0	0	0	0	0	0.5	0	0	0	0	0	0	0
6 婴儿床	0.5	0	0.25	0	0	0	0.75	0	0	0	0	0	0	0	0	0	0	0	0	0.5	0	0	0	0	0	0	0
7 榻榻米	0.75	0	0.25	0	0	0	0.5	0	0	0	0	0	0	0	0	0	0	0	0	0.75	0	0	0	0	0	0	0
8 书桌椅	0	0	0	0	0	0.25	0	0.25	0.25	0.25	0.25	0.25	0.25	0	0.25	0.25	0.25	0.25	0.25	0	0	0.25	0	0	0	0	0
9 儿童书桌椅	0	0	0	0	0	0.25	0	0.25	0.25	0.25	0.25	0.25	0.25	0	0.25	0.25	0.25	0.25	0.25	0	0	0.25	0	0	0	0	0
10 电竞桌椅	0	0.5	0	0.25	0.5	0	0	0	0	0	0	0	0	0.25	0	0	0	0	0	0	0.5	0	0.5	0.25	0.25	0.25	0.5
11 会议桌椅	0	0	0	0	0	0.25	0	0.25	0.25	0.25	0.25	0.25	0.25	0	0.25	0.25	0.25	0.25	0.25	0	0	0.25	0	0	0	0	0
12 茶几	0	0.25	0	0.5	0.25	0	0	0	0	0	0	0	0	0.75	0	0	0	0	0	0	0.25	0	0.25	0.25	0.75	0.75	0.25
13 二人餐桌椅	0.25	0	0.75	0	0	0	0.25	0	0	0	0	0	0	0	0	0	0	0	0	0.25	0	0	0	0	0	0	0
14 四人餐桌椅	0.25	0.5	0.75	0	0	0	0.25	0	0	0	0	0	0	0	0	0	0	0	0	0.25	0	0	0	0	0	0	0
15 六人餐桌椅	0.25	0.5	0.75	0	0	0	0.25	0	0	0	0	0	0	0	0	0	0	0	0	0.25	0	0	0	0	0	0	0
16 八人餐桌椅	0.25	0.5	0.75	0	0	0	0.25	0	0	0	0	0	0	0	0	0	0	0	0	0.25	0	0	0	0	0	0	0
17 吧台	0.25	0	0.5	0	0	0	0.25	0	0	0	0	0	0	0	0	0	0	0	0	0.25	0	0	0	0	0	0	0
18 梳妆台	0	0	0	0	0	0.25	0	0.25	0.25	0.25	0.25	0.25	0.25	0	0.25	0.25	0.25	0.25	0.25	0	0	0.25	0	0	0	0	0
19 茶台	0	0.25	0	0.5	0.25	0	0	0	0	0	0	0	0	0.75	0	0	0	0	0	0	0.25	0	0.25	0.25	0.75	0.75	0.25
20 休闲椅	0	0.5	0	0.25	0.75	0	0	0	0	0	0	0	0	0.25	0	0	0	0	0	0	0.5	0	0.5	0.25	0.25	0.25	0.5
21 棋牌桌	0	0.25	0.5	0.5	0.25	0	0	0	0	0	0	0	0	0.5	0	0	0	0	0	0	0.25	0	0.25	0.25	0.5	0.5	0.25
22 沙发椅	0	0.75	0.5	0.25	0.5	0	0	0	0	0	0	0	0	0.25	0	0	0	0	0	0	0.75	0	0.75	0.25	0.25	0.25	0.75
23 双人沙发	0	0.75	0	0.25	0.5	0	0	0	0	0	0	0	0	0.25	0	0	0	0	0	0	0.75	0	0.75	0.25	0.25	0.25	0.75
24 三人沙发	0	0.75	0	0.25	0.5	0	0	0	0	0	0	0	0	0.25	0	0	0	0	0	0	0.75	0	0.75	0.25	0.25	0.25	0.75
25 多人组合沙发	0	0.25	0	0.5	0.25	0	0	0	0	0	0	0	0	0.75	0	0	0	0	0	0	0.25	0	0.25	0.25	0.75	0.75	0.25
26 贵妃沙发	0	0.75	0	0.25	0.5	0	0	0	0	0	0	0	0	0.25	0	0	0	0	0	0	0.75	0	0.75	0.25	0.25	0.25	0.75
27 沙发床	1	0	0.25	0	0	0	0.5	0	0	0	0	0	0	0	0	0	0	0	0	0.75	0	0	0	0	0	0	0
28 电视柜	0	1	0	0.25	0.5	0	0	0	0	0	0	0	0	0.25	0	0	0	0	0	0	0.75	0	0.75	0.25	0.25	0.25	0.75
29 餐边柜	0.25	0	1	0	0	0	0.25	0	0	0	0	0	0	0	0	0	0	0	0	0.25	0	0	0	0	0	0	0
30 展示柜	0	0.25	0	1	0.25	0	0	0	0	0	0	0	0	0.5	0	0	0	0	0	0	0.25	0	0.25	0.25	0.5	0.5	0.25
31 书柜	0	0.5	0	0.25	1	0	0	0	0	0	0	0	0	0.25	0	0	0	0	0	0	0.5	0	0.5	0.25	0.25	0.25	0.5
32 独立储物柜	0	0	0	0	0	1	0	0.75	0.75	0.75	0.75	0.75	0.25	0	0.5	0.5	0.5	0.5	0.5	0	0	0.5	0	0	0	0	0
33 床头柜	0.5	0	0.25	0	0	0	1	0	0	0	0	0	0	0	0	0	0	0	0	0.5	0	0	0	0	0	0	0
34 平开门衣柜	0	0	0	0	0	0.75	0	1	0.75	0.75	0.75	0.75	0.25	0	0.5	0.5	0.5	0.5	0.5	0	0	0.5	0	0	0	0	0
35 滑门衣柜	0	0	0	0	0	0.75	0	0.75	1	0.75	0.75	0.75	0.25	0	0.5	0.5	0.5	0.5	0.5	0	0	0.5	0	0	0	0	0
36 步入式衣柜	0	0	0	0	0	0.75	0	0.75	0.75	1	0.75	0.75	0.25	0	0.5	0.5	0.5	0.5	0.5	0	0	0.5	0	0	0	0	0
37 儿童衣柜	0	0	0	0	0	0.75	0	0.75	0.75	0.75	1	0.75	0.25	0	0.5	0.5	0.5	0.5	0.5	0	0	0.5	0	0	0	0	0
38 转角衣柜	0	0	0	0	0	0.75	0	0.75	0.75	0.75	0.75	1	0.25	0	0.5	0.5	0.5	0.5	0.5	0	0	0.5	0	0	0	0	0
39 鞋柜	0	0	0	0	0	0.25	0	0.25	0.25	0.25	0.25	0.25	1	0	0.25	0.25	0.25	0.25	0.25	0	0	0.25	0	0	0	0	0
40 立式空调	0	0.25	0	0.5	0.25	0	0	0	0	0	0	0	0	1	0	0	0	0	0	0	0.75	0	0.25	0.25	0.75	0.75	0.25
41 洗衣机	0	0	0	0	0	0.5	0	0.5	0.5	0.5	0.5	0.5	0.25	0	1	0.5	0.5	0.5	0.5	0	0	0.5	0	0	0	0	0
42 迷你洗衣机	0	0	0	0	0	0.5	0	0.5	0.5	0.5	0.5	0.5	0.25	0	0.5	1	0.5	0.5	0.5	0	0	0.5	0	0	0	0	0
43 单开门冰箱	0	0	0	0	0	0.5	0	0.5	0.5	0.5	0.5	0.5	0.25	0	0.5	0.5	1	0.5	0.5	0	0	0.5	0	0	0	0	0
44 对开门冰箱	0	0	0	0	0	0.5	0	0.5	0.5	0.5	0.5	0.5	0.25	0	0.5	0.5	0.5	1	0.5	0	0	0.5	0	0	0	0	0
45 冰柜	0	0	0	0	0	0.5	0	0.5	0.5	0.5	0.5	0.5	0.25	0	0.5	0.5	0.5	0.5	1	0	0	0.5	0	0	0	0	0
46 按摩椅	0.75	0	0.25	0	0	0	0.5	0	0	0	0	0	0	0	0	0	0	0	0	1	0	0	0	0	0	0	0
47 钢琴	0	0.75	0	0.25	0.5	0	0	0	0	0	0	0	0	0.25	0	0	0	0	0	0	1	0	0.75	0.25	0.25	0.25	0.75
48 游戏帐篷	0	0	0	0	0	0.5	0	0.5	0.5	0.5	0.5	0.5	0.25	0	0.5	0.5	0.5	0.5	0.5	0	0	1	0	0	0	0	0
49 跑步机	0	0.75	0	0.25	0.5	0	0	0	0	0	0	0	0	0.25	0	0	0	0	0	0	0.75	0	1	0.25	0.25	0.25	0.75
50 神龛	0	0.25	0	0.25	0.25	0	0	0	0	0	0	0	0	0.25	0	0	0	0	0	0	0.25	0	0.25	1	0.25	0.25	0.25
51 户外桌椅	0	0.25	0	0.5	0.25	0	0	0	0	0	0	0	0	0.75	0	0	0	0	0	0	0.25	0	0.25	0.25	1	0.75	0.25
52 户外沙发	0	0.25	0	0.5	0.25	0	0	0	0	0	0	0	0	0.75	0	0	0	0	0	0	0.25	0	0.25	0.25	0.75	1	0.25
53 宠物屋	0	0.75	0	0.25	0.5	0	0	0	0	0	0	0	0	0.25	0	0	0	0	0	0	0.75	0	0.75	0.25	0.25	0.25	1

B5 私密程度关联性设计结构矩阵

	1 单人床	2 双人床	3 坐卧两用床	4 双层床	5 高架床	6 婴儿床	7 榻榻米	8 书桌椅	9 儿童书桌椅	10 电竞桌椅	11 会议桌椅	12 茶几	13 二人餐桌椅	14 四人餐桌椅	15 六人餐桌椅	16 八人餐桌椅	17 吧台	18 梳妆台	19 茶台	20 休闲椅	21 棋牌桌	22 沙发椅	23 双人沙发	24 三人沙发	25 多人组合沙发	26 贵妃沙发
1 单人床	1	0.75	0.75	0.75	0.75	0.75	0.5	0.25	0.25	0.25	0.25	0	0	0	0	0	0	0.5	0	0.25	0	0	0	0	0	0
2 双人床	0.75	1	0.75	0.75	0.75	0.75	0.5	0.25	0.25	0.25	0.25	0	0	0	0	0	0	0.5	0	0.25	0	0	0	0	0	0
3 坐卧两用床	0.75	0.75	1	0.75	0.75	0.75	0.5	0.25	0.25	0.25	0.25	0	0	0	0	0	0	0.5	0	0.25	0	0	0	0	0	0
4 双层床	0.75	0.75	0.75	1	0.75	0.75	0.5	0.25	0.25	0.25	0.25	0	0	0	0	0	0	0.5	0	0.25	0	0	0	0	0	0
5 高架床	0.75	0.75	0.75	0.75	1	0.75	0.5	0.25	0.25	0.25	0.25	0	0	0	0	0	0	0.5	0	0.25	0	0	0	0	0	0
6 婴儿床	0.75	0.75	0.75	0.75	0.75	1	0.5	0.25	0.25	0.25	0.25	0	0	0	0	0	0	0.5	0	0.25	0	0	0	0	0	0
7 榻榻米	0.5	0.5	0.5	0.5	0.5	0.5	1	0.5	0.5	0.5	0.5	0.25	0.25	0.25	0.25	0.25	0.25	0.75	0.25	0.5	0.25	0.25	0.25	0.25	0.25	0.25
8 书桌椅	0.25	0.25	0.25	0.25	0.25	0.25	0.5	1	0.75	075	0.75	0.5	0.5	0.5	0.5	0.5	0.5	0.5	0.5	0.75	0.5	0.5	0.5	0.5	0.5	0.5
9 儿童书桌椅	0.25	0.25	0.25	0.25	0.25	0.25	0.5	0.75	1	0.75	0.75	0.5	0.5	0.5	0.5	0.5	0.5	0.5	0.5	0.75	0.5	0.5	0.5	0.5	0.5	0.5
10 电竞桌椅	0.25	0.25	0.25	0.25	0.25	0.25	0.5	0.75	0.75	1	0.75	0.5	0.5	0.5	0.5	0.5	0.5	0.5	0.5	0.75	0.5	0.5	0.5	0.5	0.5	0.5
11 会议桌椅	0.25	0.25	0.25	0.25	0.25	0.25	0.5	0.75	0.75	0.75	1	0.5	0.5	0.5	0.5	0.5	0.5	0.5	0.5	0.75	0.5	0.5	0.5	0.5	0.5	0.5
12 茶几	0	0	0	0	0	0	0.25	0.5	0.5	0.5	0.5	1	0.75	0.75	0.75	0.75	0.75	0.25	0.75	0.5	0.75	0.75	0.75	0.75	0.75	0.75
13 二人餐桌椅	0	0	0	0	0	0	0.25	0.5	0.5	0.5	0.5	0.75	1	0.75	0.75	0.75	0.75	0.25	0.75	0.5	0.75	0.75	0.75	0.75	0.75	0.75
14 四人餐桌椅	0	0	0	0	0	0	0.25	0.5	0.5	0.5	0.5	0.75	0.75	1	0.75	0.75	0.75	0.25	0.75	0.5	0.75	0.75	0.75	0.75	0.75	0.75
15 六人餐桌椅	0	0	0	0	0	0	0.25	0.5	0.5	0.5	0.5	0.75	0.75	0.75	1	0.75	0.75	0.25	0.75	0.5	0.75	0.75	0.75	0.75	0.75	0.75
16 八人餐桌椅	0	0	0	0	0	0	0.25	0.5	0.5	0.5	0.5	0.75	0.75	0.75	0.75	1	0.75	0.25	0.75	0.5	0.75	0.75	0.75	0.75	0.75	0.75
17 吧台	0	0	0	0	0	0	0.25	0.5	0.5	0.5	0.5	0.75	0.75	0.75	0.75	0.75	1	0.25	0.75	0.0	0.75	0.75	0.75	0.75	0.75	0.75
18 梳妆台	0.5	0.5	0.5	0.5	0.5	0.5	0.75	0.5	0.5	0.5	0.5	0.25	0.25	0.25	0.25	0.25	0.25	1	0.25	0.5	0.25	0.25	0.25	0.25	0.25	0.25
19 茶台	0	0	0	0	0	0	0.25	0.5	0.5	0.5	0.5	0.75	0.75	0.75	0.75	0.75	0.75	0.25	1	0.25	0.75	0.75	0.75	0.75	0.75	0.75
20 休闲椅	0.25	0.25	0.25	0.25	0.25	0.25	0.5	0.75	0.75	0.75	0.75	0.5	0.5	0.5	0.5	0.5	0.5	0.5	0.5	1	0.5	0.5	0.5	0.5	0.5	0.5
21 棋牌桌	0	0	0	0	0	0	0.25	0.5	0.5	0.5	0.5	0.75	0.75	0.75	0.75	0.75	0.75	0.25	0.75	0.5	1	0.75	0.75	0.75	0.75	0.25
22 沙发椅	0	0	0	0	0	0	0.25	0.5	0.5	0.5	0.5	0.75	0.75	0.75	0.75	0.75	0.75	0.25	0.75	0.5	0.75	1	0.75	0.75	0.75	0.75
23 双人沙发	0	0	0	0	0	0	0.25	0.5	0.5	0.5	0.5	0.75	0.75	0.75	0.75	0.75	0.75	0.25	0.75	0.5	0.25	0.75	1	0.75	0.75	0.75
24 三人沙发	0	0	0	0	0	0	0.25	0.5	0.5	0.5	0.5	0.75	0.75	0.75	0.75	0.75	0.75	0.25	0.75	0.5	0.75	0.75	0.75	1	0.75	0.75
25 多人组合沙发	0	0	0	0	0	0	0.25	0.5	0.5	0.25	0.5	0.75	0.75	0.75	0.75	0.75	0.75	0.25	0.75	0.5	0.75	0.75	0.75	0.75	1	0.75
26 贵妃沙发	0	0	0	0	0	0	0.25	0.5	0.5	0.5	0.5	0.75	0.75	0.75	0.75	0.75	0.75	0.25	0.75	0.5	0.75	0.75	0.75	0.75	0.75	1
27 沙发床	0.5	0.5	0.5	0.5	0.5	0.5	0.75	0.5	0.5	0.5	0.5	0.25	0.25	0.25	0.25	0.25	0.25	0.75	0.25	0.5	0.25	0.25	0.25	0.25	0.25	0.25
28 电视柜	0	0	0	0	0	0	0.25	0.5	0.5	0.5	0.5	0.75	0.75	0.75	0.75	0.75	0.75	0.25	0.75	0.5	0.75	0.75	0.75	0.75	0.75	0.75
29 餐边柜	0	0	0	0	0	0	0.25	0.5	0.5	0.5	0.5	0.75	0.75	0.75	0.75	0.75	0.75	0.25	0.75	0.5	0.75	0.75	0.75	0.75	0.75	0.75
30 展示柜	0	0	0	0	0	0	0.25	0.5	0.5	0.5	0.5	0.75	0.75	0.75	0.75	0.75	0.75	0.25	0.75	0.5	0.75	0.75	0.75	0.75	0.75	0.75
31 书柜	0.25	0.25	0.25	0.25	0.25	0.25	0.5	0.75	0.75	0.75	0.75	0.5	0.5	0.5	0.5	0.5	0.5	0.5	0.5	0.75	0.25	0.5	0.5	0.5	0.5	0.5
32 独立储物柜	0.5	0.5	0.5	0.5	0.5	0.5	0.75	0.5	0.5	0.5	0.5	0.25	0.25	0.25	0.25	0.25	0.25	0.25	0.25	0.5	0.25	0.25	0.25	0.25	0.25	0.25
33 床头柜	0.5	0.5	0.5	0.5	0.5	0.5	0.75	0.5	0.5	0.5	0.5	0.25	0.25	0.25	0.25	0.25	0.25	0.75	0.25	0.5	0.25	0.25	0.25	0.25	0.25	0.25
34 平开门衣柜	0.5	0.5	0.5	0.5	0.5	0.5	0.75	0.5	0.5	0.5	0.5	0.25	0.25	0.25	0.25	0.25	0.25	0.75	0.25	0.5	0.25	0.25	0.25	0.25	0.25	0.25
35 滑门衣柜	0.5	0.5	0.5	0.5	0.5	0.5	0.75	0.5	0.5	0.5	0.5	0.25	0.25	0.25	0.25	0.25	0.25	0.75	0.25	0.5	0.25	0.25	0.25	0.25	0.25	0.25
36 步入式衣柜	0.5	0.5	0.5	0.5	0.5	0.5	0.75	0.5	0.5	0.5	0.5	0.25	0.25	0.25	0.25	0.25	0.25	0.75	0.25	0.5	0.25	0.25	0.25	0.25	0.25	0.25
37 儿童衣柜	0.5	0.5	0.5	0.5	0.5	0.5	0.75	0.5	0.5	0.5	0.5	0.25	0.25	0.25	0.25	0.25	0.25	0.75	0.25	0.5	0.25	0.25	0.25	0.25	0.25	0.25
38 转角衣柜	0.5	0.5	0.5	0.5	0.5	0.5	0.75	0.5	0.5	0.5	0.5	0.25	0.25	0.25	0.25	0.25	0.25	0.75	0.25	0.5	0.25	0.25	0.25	0.25	0.25	0.25
39 鞋柜	0.25	0.25	0.25	0.25	0.25	0.25	0.5	0.75	0.75	0.75	0.75	0.5	0.5	0.5	0.5	0.5	0.5	0.5	0.5	0.75	0.5	0.5	0.5	0.5	0.5	0.5
40 立式空调	0	0	0	0	0	0	0.25	0.5	0.5	0.5	0.5	0.75	0.75	0.75	0.75	0.75	0.75	0.25	0.75	0.5	0.75	0.75	0.75	0.75	0.75	0.25
41 洗衣机	0	0	0	0	0	0	0.25	0.25	0.25	0.5	0.5	0.75	0.75	0.75	0.75	0.75	0.75	0.25	0.75	0.5	0.75	0.75	0.75	0.75	0.75	0.75
42 迷你洗衣机	0	0	0	0	0	0	0.25	0.25	0.25	0.5	0.5	0.75	0.75	0.75	0.75	0.75	0.75	0.25	0.75	0.5	0.75	0.75	0.75	0.75	0.75	0.75
43 单开门冰箱	0	0	0	0	0	0	0.25	0.5	0.5	0.5	0.5	0.75	0.75	0.75	0.75	0.75	0.75	0.25	0.75	0.5	0.75	0.75	0.75	0.75	0.75	0.75
44 对开门冰箱	0	0	0	0	0	0	0.25	0.5	0.5	0.5	0.5	0.75	0.75	0.75	0.75	0.75	0.75	0.25	0.75	0.5	0.75	0.75	0.75	0.75	0.75	0.75
45 冰柜	0	0	0	0	0	0	0.25	0.5	0.5	0.5	0.5	0.75	0.75	0.75	0.75	0.75	0.75	0.25	0.75	0.5	0.75	0.75	0.75	0.75	0.75	0.75
46 按摩椅	0.25	0.25	0.25	0.25	0.25	0.25	0.5	0.75	0.75	0.75	0.75	0.25	0.25	0.25	0.25	0.25	0.25	0.5	0.25	0.75	0.25	0.25	0.25	0.25	0.25	0.25
47 钢琴	0.25	0.25	0.25	0.25	0.25	0.25	0.5	0.75	0.75	0.75	0.75	0.25	0.25	0.25	0.25	0.25	0.25	0.5	0.25	0.75	0.25	0.25	0.25	0.25	0.25	0.25
48 游戏帐篷	0.25	0.25	0.25	0.25	0.25	0.25	0.5	0.75	0.75	0.75	0.75	0.25	0.25	0.25	0.25	0.25	0.25	0.5	0.25	0.75	0.25	0.25	0.25	0.25	0.25	0.25
49 跑步机	0.25	0.25	0.25	0.25	0.25	0.25	0.5	0.75	0.75	0.75	0.75	0.25	0.25	0.25	0.25	0.25	0.25	0.5	0.25	0.75	0.25	0.25	0.25	0.25	0.25	0.75
50 神龛	0.25	0.25	0.25	0.25	0.25	0.25	0.5	0.75	0.75	0.75	0.75	0.25	0.25	0.25	0.25	0.25	0.25	0.5	0.25	0.75	0.25	0.25	0.25	0.25	0.25	0.25
51 户外桌椅	0	0	0	0	0	0	0	0.25	0.25	0.25	0.25	0.5	0.5	0.5	0.5	0.5	0.5	0	0.5	0.25	0.5	0.5	0.5	0.5	0.5	0.5
52 户外沙发	0	0	0	0	0	0	0	0.25	0.25	0.25	0.25	0.5	0.5	0.5	0.5	0.5	0.5	0	0.5	0.25	0.5	0.5	0.5	0.5	0.5	0.5
53 宠物屋	0	0	0	0	0	0	0.25	0.5	0.5	0.5	0.5	0.75	0.75	0.75	0.75	0.75	0.75	0.25	0.75	0.5	0.75	0.75	0.75	0.75	0.75	0.75

	27 沙发床	28 电视柜	29 餐边柜	30 展示柜	31 书柜	32 独立储物柜	33 床头柜	34 平开门衣柜	35 滑门衣柜	36 步入式衣柜	37 儿童衣柜	38 转角衣柜	39 鞋柜	40 立式空调	41 洗衣机	42 迷你洗衣机	43 单开门冰箱	44 对开门冰箱	45 冰柜	46 按摩椅	47 钢琴	48 游戏帐篷	49 跑步机	50 神龛	51 户外桌椅	52 户外沙发	53 宠物屋
1 单人床	0.5	0	0	0	0.25	0.5	0.5	0.5	0.5	0.5	0.5	0.5	0.25	0	0	0	0	0	0	0.25	0.25	0.25	0.25	0.25	0	0	0
2 双人床	0.5	0	0	0	0.25	0.5	0.5	0.5	0.5	0.5	0.5	0.5	0.25	0	0	0	0	0	0	0.25	0.25	0.25	0.25	0.25	0	0	0
3 坐卧两用床	0.5	0	0	0	0.25	0.5	0.5	0.5	0.5	0.5	0.5	0.5	0.25	0	0	0	0	0	0	0.25	0.25	0.25	0.25	0.25	0	0	0
4 双层床	0.5	0	0	0	0.25	0.5	0.5	0.5	0.5	0.5	0.5	0.5	0.25	0	0	0	0	0	0	0.25	0.25	0.25	0.25	0.25	0	0	0
5 高架床	0.5	0	0	0	0.25	0.5	0.5	0.5	0.5	0.5	0.5	0.5	0.25	0	0	0	0	0	0	0.25	0.25	0.25	0.25	0.25	0	0	0
6 婴儿床	0.5	0	0	0	0.25	0.5	0.5	0.5	0.5	0.5	0.5	0.5	0.25	0	0	0	0	0	0	0.25	0.25	0.25	0.25	0.25	0	0	0
7 榻榻米	0.75	0.25	0.25	0.25	0.5	0.75	0.75	0.75	0.75	0.75	0.75	0.75	0.5	0.25	0.25	0.25	0.25	0.25	0.25	0.5	0.5	0.5	0.5	0.5	0	0	0.25
8 书桌椅	0.5	0.5	0.5	0.5	0.75	0.5	0.5	0.5	0.5	0.5	0.5	0.5	0.75	0.5	0.5	0.5	0.5	0.5	0.5	0.75	0.75	0.75	0.75	0.75	0.25	0.25	0.5
9 儿童书桌椅	0.5	0.5	0.5	0.5	0.75	0.5	0.5	0.5	0.5	0.5	0.5	0.5	0.75	0.5	0.5	0.5	0.5	0.5	0.5	0.75	0.75	0.75	0.75	0.75	0.25	0.25	0.5
10 电竞桌椅	0.5	0.5	0.5	0.5	0.75	0.5	0.5	0.5	0.5	0.5	0.5	0.5	0.75	0.5	0.5	0.5	0.5	0.5	0.5	0.75	0.75	0.75	0.75	0.75	0.25	0.25	0.5
11 会议桌椅	0.5	0.5	0.5	0.5	0.75	0.5	0.5	0.5	0.5	0.5	0.5	0.5	0.75	0.5	0.5	0.5	0.5	0.5	0.5	0.75	0.75	0.75	0.75	0.75	0.25	0.25	0.5
12 茶几	0.25	0.75	0.75	0.75	0.5	0.25	0.25	0.25	0.25	0.25	0.25	0.25	0.5	0.75	0.75	0.75	0.75	0.75	0.75	0.25	0.25	0.25	0.25	0.25	0.5	0.5	0.75
13 二人餐桌椅	0.25	0.75	0.75	0.75	0.5	0.25	0.25	0.25	0.25	0.25	0.25	0.25	0.5	0.75	0.75	0.75	0.75	0.75	0.75	0.25	0.25	0.25	0.25	0.25	0.5	0.5	0.75
14 四人餐桌椅	0.25	0.75	0.75	0.75	0.5	0.25	0.25	0.25	0.25	0.25	0.25	0.25	0.5	0.75	0.75	0.75	0.75	0.75	0.75	0.25	0.25	0.25	0.25	0.25	0.5	0.5	0.75
15 六人餐桌椅	0.25	0.75	0.75	0.75	0.5	0.25	0.25	0.25	0.25	0.25	0.25	0.25	0.5	0.75	0.75	0.75	0.75	0.75	0.75	0.25	0.25	0.25	0.25	0.25	0.5	0.5	0.75
16 八人餐桌椅	0.25	0.75	0.75	0.75	0.5	0.25	0.25	0.25	0.25	0.25	0.25	0.25	0.5	0.75	0.75	0.75	0.75	0.75	0.75	0.25	0.25	0.25	0.25	0.25	0.5	0.5	0.75
17 吧台	0.25	0.75	0.75	0.75	0.5	0.25	0.25	0.25	0.25	0.25	0.25	0.25	0.5	0.75	0.75	0.75	0.75	0.75	0.75	0.25	0.25	0.25	0.25	0.25	0.5	0.5	0.75
18 梳妆台	0.75	0.25	0.25	0.25	0.5	0.75	0.75	0.75	0.75	0.75	0.75	0.75	0.5	0.25	0.25	0.25	0.25	0.25	0.25	0.5	0.5	0.5	0.5	0.5	0	0	0.25
19 茶台	0.25	0.75	0.75	0.75	0.5	0.25	0.25	0.25	0.25	0.25	0.25	0.25	0.5	0.75	0.75	0.75	0.75	0.75	0.75	0.25	0.25	0.25	0.25	0.25	0.5	0.5	0.75
20 休闲椅	0.5	0.5	0.5	0.5	0.75	0.5	0.5	0.5	0.5	0.5	0.5	0.5	0.75	0.5	0.5	0.5	0.5	0.5	0.5	0.75	0.75	0.75	0.75	0.75	0.25	0.25	0.5
21 棋牌桌	0.25	0.75	0.75	0.75	0.5	0.25	0.25	0.25	0.25	0.25	0.25	0.25	0.5	0.75	0.75	0.75	0.75	0.75	0.75	0.25	0.25	0.25	0.25	0.25	0.5	0.5	0.75
22 沙发椅	0.25	0.75	0.75	0.75	0.5	0.25	0.25	0.25	0.25	0.25	0.25	0.25	0.5	0.25	0.75	0.75	0.75	0.75	0.75	0.25	0.25	0.25	0.25	0.25	0.5	0.5	0.75
23 双人沙发	0.25	0.75	0.75	0.75	0.5	0.25	0.25	0.25	0.25	0.25	0.25	0.25	0.5	0.75	0.75	0.75	0.75	0.75	0.75	0.25	0.25	0.25	0.25	0.25	0.5	0.5	0.75
24 三人沙发	0.25	0.75	0.75	0.75	0.5	0.25	0.25	0.25	0.25	0.25	0.25	0.25	0.5	0.75	0.75	0.75	0.75	0.75	0.75	0.25	0.25	0.25	0.25	0.25	0.5	0.5	0.75
25 多人组合沙发	0.25	0.75	0.75	0.75	0.5	0.25	0.25	0.25	0.25	0.25	0.25	0.25	0.5	0.75	0.75	0.75	0.75	0.75	0.75	0.25	0.25	0.25	0.25	0.25	0.5	0.5	0.75
26 贵妃沙发	0.25	0.75	0.75	0.75	0.5	0.25	0.25	0.25	0.25	0.25	0.25	0.25	0.5	0.25	0.75	0.75	0.75	0.75	0.75	0.25	0.25	0.25	0.25	0.25	0.5	0.5	0.75
27 沙发床	1	0.25	0.25	0.25	0.5	0.75	0.75	0.75	0.75	0.75	0.75	0.75	0.5	0.25	0.25	0.25	0.75	0.75	0.25	0.5	0.5	0.5	0.5	0.5	0	0	0.25
28 电视柜	0.25	1	0.75	0.75	0.5	0.25	0.25	0.25	0.25	0.25	0.25	0.25	0.5	0.75	0.75	0.75	0.75	0.75	0.75	0.25	0.25	0.25	0.25	0.25	0.5	0.5	0.75
29 餐边柜	0.25	0.75	1	0.75	0.5	0.25	0.25	0.25	0.25	0.25	0.25	0.25	0.5	0.75	0.75	0.75	0.75	0.75	0.75	0.25	0.25	0.25	0.25	0.25	0.5	0.5	0.75
30 展示柜	0.25	0.75	0.75	1	0.5	0.25	0.25	0.25	0.25	0.25	0.25	0.25	0.5	0.75	0.75	0.75	0.75	0.75	0.75	0.25	0.25	0.25	0.25	0.25	0.5	0.5	0.75
31 书柜	0.5	0.5	0.5	0.5	1	0.5	0.5	0.5	0.5	0.5	0.5	0.5	0.75	0.5	0.5	0.5	0.5	0.5	0.5	0.75	0.75	0.75	0.75	0.75	0.25	0.25	0.5
32 独立储物柜	0.75	0.25	0.25	0.25	0.5	1	0.75	0.75	0.75	0.75	0.75	0.75	0.5	0.25	0.25	0.25	0.25	0.25	0.25	0.5	0.5	0.5	0.5	0.5	0	0	0.25
33 床头柜	0.75	0.25	0.25	0.25	0.5	0.75	1	0.75	0.75	0.75	0.75	0.75	0.5	0.25	0.25	0.25	0.25	0.25	0.25	0.5	0.5	0.5	0.5	0.5	0	0	0.25
34 平开门衣柜	0.75	0.25	0.25	0.25	0.5	0.75	0.75	1	0.75	0.75	0.75	0.75	0.5	0.25	0.25	0.25	0.25	0.25	0.25	0.5	0.5	0.5	0.5	0.5	0	0	0.25
35 滑门衣柜	0.75	0.25	0.25	0.25	0.5	0.75	0.75	0.75	1	0.75	0.75	0.75	0.5	0.25	0.25	0.25	0.25	0.25	0.25	0.5	0.5	0.5	0.5	0.5	0	0	0.25
36 步入式衣柜	0.75	0.25	0.25	0.25	0.5	0.75	0.75	0.75	0.75	1	0.75	0.75	0.5	0.25	0.25	0.25	0.25	0.25	0.25	0.5	0.5	0.5	0.5	0.5	0	0	0.25
37 儿童衣柜	0.75	0.25	0.25	0.25	0.5	0.75	0.75	0.75	0.75	0.75	1	0.75	0.5	0.25	0.25	0.25	0.25	0.25	0.25	0	0.5	0.5	0.5	0.5	0	0	0.25
38 转角衣柜	0.75	0.25	0.25	0.25	0.5	0.75	0.75	0.75	0.75	0.75	0.75	1	0.5	0.25	0.25	0.25	0.25	0.25	0.25	0.5	0.5	0.5	0.5	0.5	0	0	0.25
39 鞋柜	0.5	0.5	0.5	0.5	0.75	0.5	0.5	0.5	0.5	0.5	0.5	0.5	1	0.5	0.5	0.5	0.5	0.5	0.5	0.75	0.75	0.75	0.75	0.75	0.25	0.25	0.5
40 立式空调	0.25	0.75	0.75	0.75	0.5	0.25	0.25	0.25	0.25	0.25	0.25	0.25	0.5	1	0.75	0.75	0.75	0.75	0.75	0.25	0.75	0.25	0.25	0.25	0.5	0.5	0.75
41 洗衣机	0.25	0.75	0.75	0.75	0.5	0.25	0.25	0.25	0.25	0.25	0.25	0.25	0.5	0.75	1	0.75	0.75	0.75	0.75	0.25	0.25	0.25	0.25	0.25	0.5	0.5	0.75
42 迷你洗衣机	0.25	0.75	0.75	0.75	0.5	0.25	0.25	0.25	0.25	0.25	0.25	0.25	0.5	0.75	0.75	1	0.75	0.75	0.75	0.25	0.25	0.25	0.25	0.25	0.5	0.5	0.75
43 单开门冰箱	0.25	0.75	0.75	0.75	0.5	0.25	0.25	0.25	0.25	0.25	0.25	0.25	0.5	0.75	0.75	0.75	1	0.75	0.75	0.25	0.25	0.25	0.25	0.25	0.5	0.5	0.75
44 对开门冰箱	0.25	0.75	0.75	0.75	0.5	0.25	0.25	0.25	0.25	0.25	0.25	0.25	0.5	0.75	0.75	0.75	0.75	1	0.75	0.25	0.25	0.25	0.25	0.25	0.5	0.5	0.75
45 冰柜	0.25	0.75	0.75	0.75	0.5	0.25	0.25	0.25	0.25	0.25	0.25	0.25	0.5	0.75	0.75	0.75	0.75	0.75	1	0.25	0.25	0.25	0.25	0.25	0.5	0.5	0.75
46 按摩椅	0.5	0.25	0.25	0.25	0.75	0.5	0.5	0.5	0.5	0.5	0.5	0.5	0.75	0.25	0.25	0.25	0.25	0.25	0.25	1	0.75	0.75	0.75	0.75	0.25	0.25	0.5
47 钢琴	0.5	0.25	0.25	0.25	0.75	0.5	0.5	0.5	0.5	0.5	0.5	0.5	0.75	0.25	0.25	0.25	0.25	0.25	0.25	0.75	1	0.75	0.75	0.75	0.25	0.25	0.5
48 游戏帐篷	0.5	0.25	0.25	0.25	0.75	0.5	0.5	0.5	0.5	0.5	0.5	0.5	0.75	0.25	0.25	0.25	0.25	0.25	0.25	0.75	0.75	1	0.75	0.75	0.25	0.25	0.5
49 跑步机	0.5	0.25	0.25	0.25	0.75	0.5	0.5	0.5	0.5	0.5	0.5	0.5	0.75	0.25	0.25	0.25	0.25	0.25	0.25	0.75	0.75	0.75	1	0.75	0.25	0.25	0.5
50 神龛	0.5	0.25	0.25	0.25	0.75	0.5	0.5	0.5	0.5	0.5	0.5	0.5	0.75	0.25	0.25	0.25	0.25	0.25	0.25	0.75	0.75	0.75	0.25	1	0.25	0.25	0.5
51 户外桌椅	0	0.5	0.5	0.5	0.25	0	0	0	0	0	0	0	0.25	0.5	0.5	0.5	0.5	0.5	0.5	0.25	0.25	0.25	0.25	0.25	1	0.75	0.5
52 户外沙发	0	0.5	0.5	0.5	0.25	0	0	0	0	0	0	0	0.25	0.5	0.5	0.5	0.5	0.5	0.5	0.25	0.25	0.25	0.25	0.25	0.75	1	0.5
53 宠物屋	0.25	0.75	0.75	0.75	0.5	0.25	0.25	0.25	0.25	0.25	0.25	0.25	0.5	0.75	0.75	0.75	0.75	0.75	0.75	0.5	0.5	0.5	0.5	0.5	0.5	0.5	1

B6 综合关联性设计结构矩阵总表

	1 单人床	2 双人床	3 坐卧两用床	4 双层床	5 高架床	6 婴儿床	7 榻榻米	8 书桌椅	9 儿童书桌椅	10 电竞桌椅	11 会议桌椅	12 茶几	13 二人餐桌椅	14 四人餐桌椅	15 六人餐桌椅	16 八人餐桌椅	17 吧台	18 梳妆台	19 茶台	20 休闲椅	21 棋牌桌	22 沙发椅	23 双人沙发	24 三人沙发	25 多人组合沙发	26 贵妃沙发
1 单人床	1.00	0.67	0.58	0.75	0.75	0.67	0.58	0.33	0.33	0.33	0.08	0.00	0.08	0.08	0.08	0.08	0.08	0.33	0.08	0.17	0.08	0.08	0.08	0.08	0.00	0.00
2 双人床	0.67	1.00	0.67	0.67	0.67	0.75	0.50	0.25	0.25	0.25	0.08	0.00	0.08	0.08	0.08	0.08	0.08	0.42	0.17	0.25	0.08	0.17	0.17	0.17	0.00	0.00
3 坐卧两用床	0.58	0.67	1.00	0.58	0.58	0.67	0.58	0.25	0.25	0.25	0.25	0.17	0.25	0.17	0.17	0.17	0.25	0.42	0.17	0.25	0.17	0.17	0.17	0.17	0.17	0.17
4 双层床	0.75	0.67	0.58	1.00	0.75	0.67	0.58	0.33	0.33	0.33	0.08	0.00	0.08	0.08	0.08	0.08	0.08	0.33	0.08	0.17	0.00	0.08	0.08	0.08	0.00	0.00
5 高架床	0.75	0.67	0.58	0.75	1.00	0.67	0.58	0.33	0.33	0.33	0.08	0.00	0.08	0.08	0.08	0.08	0.08	0.33	0.08	0.17	0.00	0.08	0.08	0.08	0.00	0.00
6 婴儿床	0.67	0.75	0.67	0.67	0.67	1.00	0.50	0.25	0.08	0.08	0.08	0.00	0.08	0.08	0.08	0.08	0.08	0.42	0.17	0.25	0.00	0.17	0.17	0.17	0.00	0.00
7 榻榻米	0.58	0.50	0.58	0.58	0.58	0.50	1.00	0.42	0.42	0.42	0.17	0.08	0.17	0.17	0.17	0.17	0.17	0.42	0.17	0.25	0.17	0.17	0.17	0.17	0.08	0.08
8 书桌椅	0.33	0.25	0.25	0.33	0.33	0.25	0.42	1.00	0.67	0.50	0.42	0.17	0.17	0.17	0.17	0.17	0.17	0.42	0.25	0.33	0.25	0.25	0.25	0.25	0.17	0.17
9 儿童书桌椅	0.33	0.25	0.25	0.33	0.33	0.08	0.42	0.67	1.00	0.50	0.42	0.17	0.17	0.17	0.17	0.17	0.17	0.42	0.17	0.25	0.17	0.17	0.17	0.17	0.17	0.17
10 电竞桌椅	0.33	0.25	0.25	0.33	0.33	0.08	0.42	0.50	0.50	1.00	0.25	0.25	0.17	0.17	0.17	0.17	0.17	0.33	0.25	0.42	0.25	0.33	0.33	0.33	0.25	0.33
11 会议桌椅	0.08	0.08	0.25	0.08	0.08	0.08	0.17	0.42	0.42	0.25	1.00	0.42	0.42	0.33	0.33	0.33	0.42	0.25	0.42	0.50	0.42	0.42	0.42	0.42	0.42	0.42
12 茶几	0.00	0.00	0.17	0.00	0.00	0.00	0.08	0.17	0.17	0.25	0.42	1.00	0.50	0.42	0.42	0.42	0.50	0.08	0.75	0.50	0.67	0.58	0.58	0.58	0.75	0.58
13 二人餐桌椅	0.08	0.08	0.25	0.08	0.08	0.08	0.17	0.17	0.17	0.17	0.42	0.50	1.00	0.67	0.67	0.67	0.67	0.08	0.50	0.42	0.50	0.50	0.50	0.50	0.50	0.50
14 四人餐桌椅	0.08	0.08	0.17	0.08	0.08	0.08	0.17	0.17	0.17	0.17	0.33	0.42	0.67	1.00	0.75	0.75	0.58	0.08	0.42	0.33	0.42	0.42	0.42	0.42	0.42	0.42
15 六人餐桌椅	0.08	0.08	0.17	0.08	0.08	0.08	0.17	0.17	0.17	0.17	0.33	0.42	0.67	0.75	1.00	0.75	0.58	0.08	0.42	0.33	0.42	0.42	0.42	0.42	0.42	0.42
16 八人餐桌椅	0.08	0.08	0.17	0.08	0.08	0.08	0.17	0.17	0.17	0.17	0.33	0.42	0.67	0.75	0.75	1.00	0.58	0.08	0.42	0.33	0.42	0.42	0.42	0.42	0.42	0.42
17 吧台	0.08	0.08	0.25	0.08	0.08	0.08	0.17	0.17	0.17	0.17	0.42	0.50	0.67	0.58	0.58	0.58	1.00	0.08	0.50	0.42	0.50	0.50	0.50	0.50	0.50	0.50
18 梳妆台	0.33	0.42	0.42	0.33	0.33	0.42	0.42	0.42	0.42	0.33	0.25	0.08	0.08	0.08	0.08	0.08	0.08	1.00	0.25	0.33	0.08	0.25	0.25	0.25	0.08	0.08
19 茶台	0.08	0.17	0.17	0.08	0.08	0.17	0.17	0.25	0.17	0.25	0.42	0.75	0.50	0.42	0.42	0.42	0.50	0.25	1.00	0.50	0.67	0.58	0.58	0.58	0.75	0.58
20 休闲椅	0.17	0.25	0.25	0.17	0.17	0.25	0.25	0.33	0.25	0.42	0.50	0.50	0.42	0.33	0.33	0.33	0.42	0.33	0.50	1.00	0.50	0.58	0.58	0.58	0.50	0.58
21 棋牌桌	0.08	0.08	0.17	0.00	0.00	0.00	0.17	0.25	0.17	0.25	0.42	0.67	0.50	0.42	0.42	0.42	0.50	0.08	0.67	0.50	1.00	0.58	0.58	0.58	0.67	0.58
22 沙发椅	0.08	0.17	0.17	0.08	0.08	0.17	0.17	0.25	0.17	0.33	0.42	0.58	0.50	0.42	0.42	0.42	0.50	0.25	0.58	0.58	0.58	1.00	0.75	0.75	0.58	0.75
23 双人沙发	0.08	0.17	0.17	0.08	0.08	0.17	0.17	0.25	0.17	0.33	0.42	0.58	0.50	0.42	0.42	0.42	0.50	0.25	0.58	0.58	0.58	0.75	1.00	0.75	0.58	0.75
24 三人沙发	0.08	0.17	0.17	0.08	0.08	0.17	0.17	0.25	0.17	0.33	0.42	0.58	0.50	0.42	0.42	0.42	0.50	0.25	0.58	0.58	0.58	0.75	0.75	1.00	0.58	0.75
25 多人组合沙发	0.00	0.00	0.17	0.00	0.00	0.00	0.08	0.17	0.17	0.25	0.42	0.75	0.50	0.42	0.42	0.42	0.50	0.08	0.75	0.50	0.67	0.58	0.58	0.58	1.00	0.58
26 贵妃沙发	0.00	0.00	0.17	0.00	0.00	0.00	0.08	0.17	0.17	0.33	0.42	0.58	0.50	0.42	0.42	0.42	0.50	0.08	0.58	0.58	0.58	0.75	0.75	0.75	0.58	1.00
27 沙发床	0.33	0.33	0.58	0.33	0.33	0.33	0.50	0.17	0.17	0.17	0.42	0.33	0.42	0.33	0.33	0.33	0.42	0.25	0.33	0.42	0.33	0.33	0.33	0.33	0.33	0.33
28 电视柜	0.00	0.00	0.17	0.00	0.00	0.00	0.08	0.17	0.17	0.33	0.42	0.58	0.50	0.42	0.42	0.42	0.50	0.08	0.58	0.58	0.58	0.75	0.75	0.75	0.58	0.75
29 餐边柜	0.08	0.08	0.17	0.08	0.08	0.08	0.17	0.17	0.17	0.17	0.33	0.42	0.67	0.75	0.75	0.75	0.58	0.08	0.42	0.33	0.42	0.42	0.42	0.42	0.42	0.42
30 展示柜	0.00	0.00	0.17	0.00	0.00	0.00	0.08	0.17	0.17	0.25	0.42	0.67	0.50	0.42	0.42	0.42	0.50	0.08	0.67	0.50	0.67	0.58	0.58	0.58	0.67	0.58
31 书柜	0.17	0.25	0.25	0.17	0.17	0.25	0.25	0.33	0.25	0.42	0.42	0.42	0.33	0.25	0.25	0.25	0.33	0.33	0.42	0.67	0.42	0.50	0.50	0.50	0.42	0.50
32 独立储物柜	0.33	0.33	0.33	0.33	0.33	0.33	0.42	0.42	0.42	0.33	0.50	0.33	0.33	0.25	0.25	0.25	0.33	0.50	0.33	0.42	0.33	0.33	0.33	0.33	0.33	0.33
33 床头柜	0.58	0.67	0.58	0.58	0.58	0.67	0.58	0.33	0.33	0.33	0.17	0.08	0.17	0.17	0.17	0.17	0.17	0.50	0.17	0.25	0.08	0.25	0.25	0.25	0.08	0.08
34 平开门衣柜	0.33	0.42	0.42	0.33	0.33	0.42	0.42	0.42	0.42	0.33	0.25	0.08	0.08	0.08	0.08	0.08	0.08	0.58	0.17	0.25	0.08	0.25	0.25	0.25	0.08	0.08
35 滑门衣柜	0.33	0.42	0.42	0.33	0.33	0.42	0.42	0.42	0.42	0.33	0.25	0.08	0.08	0.08	0.08	0.08	0.08	0.58	0.17	0.25	0.08	0.25	0.25	0.25	0.08	0.08
36 步入式衣柜	0.33	0.42	0.42	0.33	0.33	0.42	0.42	0.42	0.42	0.33	0.25	0.08	0.08	0.08	0.08	0.08	0.08	0.58	0.17	0.25	0.08	0.25	0.25	0.25	0.08	0.08
37 儿童衣柜	0.42	0.33	0.33	0.42	0.42	0.17	0.50	0.50	0.50	0.42	0.25	0.08	0.08	0.08	0.08	0.08	0.08	0.50	0.08	0.17	0.08	0.08	0.08	0.08	0.08	0.08
38 转角衣柜	0.42	0.33	0.33	0.42	0.42	0.17	0.50	0.50	0.50	0.42	0.25	0.08	0.08	0.08	0.08	0.08	0.08	0.50	0.08	0.17	0.08	0.08	0.08	0.08	0.08	0.08
39 鞋柜	0.08	0.08	0.25	0.08	0.08	0.08	0.17	0.33	0.33	0.25	0.58	0.42	0.42	0.33	0.33	0.33	0.42	0.25	0.42	0.50	0.42	0.42	0.42	0.42	0.42	0.42
40 立式空调	0.08	0.17	0.17	0.08	0.08	0.17	0.17	0.25	0.17	0.25	0.42	0.75	0.50	0.42	0.42	0.42	0.50	0.25	0.75	0.50	0.67	0.58	0.58	0.58	0.75	0.58
41 洗衣机	0.00	0.00	0.00	0.00	0.00	0.00	0.08	0.25	0.25	0.17	0.25	0.25	0.25	0.25	0.25	0.25	0.25	0.25	0.25	0.33	0.25	0.25	0.25	0.25	0.25	0.25
42 迷你洗衣机	0.00	0.00	0.08	0.00	0.00	0.00	0.08	0.25	0.25	0.17	0.42	0.42	0.42	0.33	0.33	0.33	0.42	0.17	0.42	0.33	0.42	0.42	0.42	0.42	0.42	0.42
43 单开门冰箱	0.00	0.00	0.08	0.00	0.00	0.00	0.08	0.25	0.25	0.17	0.42	0.42	0.42	0.42	0.42	0.42	0.42	0.17	0.42	0.33	0.42	0.42	0.42	0.42	0.42	0.42
44 对开门冰箱	0.00	0.00	0.08	0.00	0.00	0.00	0.08	0.25	0.25	0.17	0.42	0.42	0.42	0.42	0.42	0.42	0.42	0.17	0.42	0.33	0.42	0.42	0.42	0.42	0.42	0.42
45 冰柜	0.00	0.00	0.08	0.00	0.00	0.00	0.08	0.25	0.25	0.17	0.42	0.42	0.42	0.33	0.33	0.33	0.42	0.17	0.42	0.33	0.42	0.42	0.42	0.42	0.42	0.42
46 按摩椅	0.25	0.25	0.50	0.25	0.25	0.25	0.42	0.25	0.25	0.25	0.50	0.33	0.42	0.33	0.33	0.33	0.42	0.17	0.33	0.50	0.33	0.33	0.33	0.33	0.33	0.33
47 钢琴	0.25	0.25	0.25	0.25	0.25	0.25	0.33	0.42	0.42	0.58	0.50	0.42	0.33	0.25	0.25	0.25	0.33	0.33	0.42	0.67	0.42	0.58	0.58	0.58	0.42	0.58
48 游戏帐篷	0.08	0.08	0.25	0.08	0.08	0.08	0.17	0.33	0.33	0.25	0.58	0.33	0.33	0.25	0.25	0.25	0.33	0.25	0.33	0.50	0.33	0.33	0.33	0.33	0.33	0.33
49 跑步机	0.08	0.08	0.25	0.08	0.08	0.08	0.17	0.25	0.25	0.42	0.50	0.42	0.33	0.25	0.25	0.25	0.33	0.17	0.42	0.67	0.42	0.58	0.58	0.58	0.42	0.58
50 神龛	0.08	0.08	0.25	0.08	0.08	0.08	0.17	0.25	0.25	0.33	0.50	0.42	0.33	0.25	0.25	0.25	0.33	0.17	0.42	0.58	0.42	0.42	0.42	0.42	0.42	0.42
51 户外桌椅	0.00	0.00	0.00	0.00	0.00	0.00	0.00	0.08	0.08	0.17	0.08	0.42	0.17	0.17	0.17	0.17	0.17	0.00	0.42	0.33	0.33	0.25	0.25	0.25	0.42	0.25
52 户外沙发	0.00	0.00	0.00	0.00	0.00	0.00	0.00	0.08	0.08	0.17	0.08	0.42	0.17	0.17	0.17	0.17	0.17	0.00	0.42	0.33	0.33	0.25	0.25	0.25	0.42	0.25
53 宠物屋	0.00	0.00	0.00	0.00	0.00	0.00	0.08	0.17	0.17	0.33	0.17	0.33	0.25	0.25	0.25	0.25	0.25	0.08	0.33	0.50	0.33	0.50	0.50	0.50	0.33	0.50

	27 沙发床	28 电视柜	29 餐边柜	30 展示柜	31 书柜	32 独立储物柜	33 床头柜	34 平开门衣柜	35 滑门衣柜	36 步入式衣柜	37 儿童衣柜	38 转角衣柜	39 鞋柜	40 立式空调	41 洗衣机	42 迷你洗衣机	43 单开门冰箱	44 对开门冰箱	45 冰柜	46 按摩椅	47 钢琴	48 游戏帐篷	49 跑步机	50 神龛	51 户外桌椅	52 户外沙发	53 宠物屋
1 单人床	0.33	0.00	0.08	0.00	0.17	0.33	0.58	0.33	0.33	0.33	0.42	0.42	0.08	0.08	0.00	0.00	0.00	0.00	0.00	0.25	0.25	0.08	0.08	0.08	0.00	0.00	0.00
2 双人床	0.33	0.00	0.08	0.00	0.25	0.33	0.67	0.42	0.42	0.42	0.33	0.33	0.08	0.17	0.00	0.00	0.00	0.00	0.00	0.25	0.25	0.08	0.08	0.08	0.00	0.00	0.00
3 坐卧两用床	0.58	0.17	0.17	0.17	0.25	0.33	0.58	0.42	0.42	0.42	0.33	0.33	0.25	0.17	0.00	0.08	0.08	0.08	0.08	0.50	0.25	0.25	0.25	0.25	0.00	0.00	0.00
4 双层床	0.33	0.00	0.08	0.00	0.17	0.33	0.58	0.33	0.33	0.33	0.42	0.42	0.08	0.08	0.00	0.00	0.00	0.00	0.00	0.25	0.25	0.08	0.08	0.08	0.00	0.00	0.00
5 高架床	0.33	0.00	0.08	0.00	0.17	0.33	0.58	0.33	0.33	0.33	0.42	0.42	0.08	0.08	0.00	0.00	0.00	0.00	0.00	0.25	0.25	0.08	0.08	0.08	0.00	0.00	0.00
6 婴儿床	0.33	0.00	0.08	0.00	0.25	0.33	0.67	0.42	0.42	0.42	0.17	0.17	0.08	0.17	0.00	0.00	0.00	0.00	0.00	0.25	0.25	0.08	0.08	0.08	0.00	0.00	0.00
7 榻榻米	0.50	0.08	0.17	0.08	0.25	0.42	0.58	0.42	0.42	0.42	0.50	0.50	0.17	0.17	0.08	0.08	0.08	0.08	0.08	0.42	0.33	0.17	0.17	0.17	0.00	0.00	0.08
8 书桌椅	0.17	0.17	0.17	0.17	0.33	0.42	0.33	0.42	0.42	0.42	0.50	0.50	0.33	0.25	0.25	0.25	0.25	0.25	0.25	0.25	0.42	0.33	0.25	0.25	0.08	0.08	0.17
9 儿童书桌椅	0.17	0.17	0.17	0.17	0.25	0.42	0.33	0.42	0.42	0.42	0.50	0.50	0.33	0.17	0.25	0.25	0.25	0.25	0.25	0.25	0.42	0.33	0.25	0.25	0.08	0.08	0.17
10 电竞桌椅	0.17	0.33	0.17	0.25	0.42	0.33	0.33	0.33	0.33	0.33	0.42	0.42	0.25	0.25	0.17	0.17	0.17	0.17	0.17	0.25	0.58	0.25	0.42	0.33	0.17	0.17	0.33
11 会议桌椅	0.42	0.42	0.33	0.42	0.42	0.50	0.17	0.25	0.25	0.25	0.25	0.25	0.58	0.42	0.25	0.42	0.42	0.42	0.42	0.50	0.50	0.58	0.50	0.50	0.08	0.08	0.17
12 茶几	0.33	0.58	0.42	0.67	0.42	0.33	0.08	0.08	0.08	0.08	0.08	0.08	0.42	0.75	0.25	0.42	0.42	0.42	0.42	0.33	0.42	0.33	0.42	0.42	0.42	0.42	0.33
13 二人餐桌椅	0.42	0.50	0.67	0.50	0.33	0.33	0.17	0.08	0.08	0.08	0.08	0.08	0.42	0.50	0.25	0.42	0.42	0.42	0.42	0.42	0.33	0.33	0.33	0.33	0.17	0.17	0.25
14 四人餐桌椅	0.33	0.42	0.75	0.42	0.25	0.25	0.17	0.08	0.08	0.08	0.08	0.08	0.33	0.42	0.25	0.33	0.42	0.42	0.33	0.33	0.25	0.25	0.25	0.25	0.17	0.17	0.25
15 六人餐桌椅	0.33	0.42	0.75	0.42	0.25	0.25	0.17	0.08	0.08	0.08	0.08	0.08	0.33	0.42	0.25	0.33	0.42	0.42	0.33	0.33	0.25	0.25	0.25	0.25	0.17	0.17	0.25
16 八人餐桌椅	0.33	0.42	0.75	0.42	0.25	0.25	0.17	0.08	0.08	0.08	0.08	0.08	0.33	0.42	0.25	0.33	0.42	0.42	0.33	0.33	0.25	0.25	0.25	0.25	0.17	0.17	0.25
17 吧台	0.42	0.50	0.58	0.50	0.33	0.33	0.17	0.08	0.08	0.08	0.08	0.08	0.42	0.50	0.25	0.42	0.42	0.42	0.42	0.42	0.33	0.33	0.33	0.33	0.17	0.17	0.25
18 梳妆台	0.25	0.08	0.08	0.08	0.33	0.50	0.50	0.58	0.58	0.58	0.50	0.50	0.25	0.25	0.25	0.17	0.17	0.17	0.17	0.17	0.33	0.25	0.17	0.17	0.00	0.00	0.08
19 茶台	0.33	0.58	0.42	0.67	0.42	0.33	0.17	0.17	0.17	0.17	0.08	0.08	0.42	0.75	0.25	0.42	0.42	0.42	0.42	0.33	0.42	0.33	0.42	0.42	0.42	0.42	0.33
20 休闲椅	0.42	0.58	0.33	0.50	0.67	0.42	0.25	0.25	0.25	0.25	0.17	0.17	0.50	0.50	0.33	0.33	0.33	0.33	0.33	0.50	0.67	0.50	0.67	0.58	0.33	0.33	0.50
21 棋牌桌	0.33	0.58	0.42	0.67	0.42	0.33	0.08	0.08	0.08	0.08	0.08	0.08	0.42	0.67	0.25	0.42	0.42	0.42	0.42	0.33	0.42	0.33	0.42	0.42	0.33	0.33	0.33
22 沙发椅	0.33	0.75	0.42	0.58	0.50	0.33	0.25	0.25	0.25	0.25	0.08	0.08	0.42	0.58	0.25	0.42	0.42	0.42	0.42	0.33	0.58	0.33	0.58	0.42	0.25	0.25	0.50
23 双人沙发	0.33	0.75	0.42	0.58	0.50	0.33	0.25	0.25	0.25	0.25	0.08	0.08	0.42	0.58	0.25	0.42	0.42	0.42	0.42	0.33	0.58	0.33	0.58	0.42	0.25	0.25	0.50
24 三人沙发	0.33	0.75	0.42	0.58	0.50	0.33	0.25	0.25	0.25	0.25	0.08	0.08	0.42	0.58	0.25	0.42	0.42	0.42	0.42	0.33	0.58	0.33	0.58	0.42	0.25	0.25	0.50
25 多人组合沙发	0.33	0.58	0.42	0.67	0.42	0.33	0.08	0.08	0.08	0.08	0.08	0.08	0.42	0.75	0.25	0.42	0.42	0.42	0.42	0.33	0.42	0.33	0.42	0.42	0.42	0.42	0.33
26 贵妃沙发	0.33	0.75	0.42	0.58	0.50	0.33	0.08	0.08	0.08	0.08	0.08	0.08	0.42	0.58	0.25	0.42	0.42	0.42	0.42	0.33	0.58	0.33	0.58	0.42	0.25	0.25	0.50
27 沙发床	1.00	0.33	0.33	0.33	0.33	0.50	0.42	0.25	0.25	0.25	0.25	0.25	0.42	0.33	0.08	0.25	0.25	0.25	0.25	0.67	0.42	0.42	0.42	0.42	0.00	0.00	0.08
28 电视柜	0.33	1.00	0.42	0.58	0.50	0.33	0.08	0.08	0.08	0.08	0.08	0.08	0.42	0.58	0.25	0.42	0.42	0.42	0.42	0.33	0.58	0.33	0.58	0.42	0.25	0.25	0.50
29 餐边柜	0.33	0.42	1.00	0.42	0.25	0.25	0.17	0.08	0.08	0.08	0.08	0.08	0.33	0.42	0.25	0.33	0.42	0.42	0.42	0.33	0.25	0.25	0.25	0.25	0.17	0.17	0.25
30 展示柜	0.33	0.58	0.42	1.00	0.42	0.33	0.08	0.08	0.08	0.08	0.08	0.08	0.42	0.67	0.25	0.42	0.42	0.42	0.42	0.33	0.42	0.33	0.42	0.42	0.33	0.33	0.33
31 书柜	0.33	0.50	0.25	0.42	1.00	0.33	0.33	0.33	0.33	0.33	0.17	0.17	0.42	0.42	0.17	0.25	0.25	0.25	0.25	0.42	0.58	0.42	0.58	0.50	0.17	0.17	0.33
32 独立储物柜	0.50	0.33	0.25	0.33	0.33	1.00	0.42	0.67	0.67	0.67	0.67	0.67	0.50	0.33	0.25	0.42	0.42	0.42	0.42	0.42	0.42	0.58	0.42	0.42	0.00	0.00	0.08
33 床头柜	0.42	0.08	0.17	0.08	0.33	0.42	1.00	0.50	0.50	0.50	0.42	0.42	0.17	0.25	0.08	0.08	0.08	0.08	0.08	0.33	0.33	0.17	0.17	0.17	0.00	0.00	0.08
34 平开门衣柜	0.25	0.08	0.08	0.08	0.33	0.67	0.50	1.00	0.75	0.75	0.67	0.67	0.25	0.25	0.25	0.25	0.25	0.25	0.25	0.17	0.33	0.33	0.17	0.17	0.00	0.00	0.08
35 滑门衣柜	0.25	0.08	0.08	0.08	0.33	0.67	0.50	0.75	1.00	0.75	0.67	0.67	0.25	0.25	0.25	0.25	0.25	0.25	0.25	0.17	0.33	0.33	0.17	0.17	0.00	0.00	0.08
36 步入式衣柜	0.25	0.08	0.08	0.08	0.33	0.67	0.50	0.75	0.75	1.00	0.67	0.67	0.25	0.25	0.25	0.25	0.25	0.25	0.25	0.17	0.33	0.33	0.17	0.17	0.00	0.00	0.08
37 儿童衣柜	0.25	0.08	0.08	0.08	0.17	0.67	0.42	0.67	0.67	0.67	1.00	0.75	0.25	0.08	0.25	0.25	0.25	0.25	0.25	0.17	0.33	0.33	0.17	0.17	0.00	0.00	0.08
38 转角衣柜	0.25	0.08	0.08	0.08	0.17	0.67	0.42	0.67	0.67	0.67	0.75	1.00	0.25	0.08	0.25	0.25	0.25	0.25	0.25	0.17	0.33	0.33	0.17	0.17	0.00	0.00	0.08
39 鞋柜	0.42	0.42	0.33	0.42	0.42	0.50	0.17	0.25	0.25	0.25	0.25	0.25	1.00	0.42	0.42	0.42	0.42	0.42	0.42	0.50	0.50	0.58	0.50	0.50	0.25	0.25	0.33
40 立式空调	0.33	0.58	0.42	0.67	0.42	0.33	0.25	0.25	0.25	0.25	0.08	0.08	0.42	1.00	0.25	0.42	0.42	0.42	0.42	0.33	0.42	0.33	0.42	0.42	0.42	0.42	0.33
41 洗衣机	0.08	0.25	0.25	0.25	0.17	0.25	0.08	0.25	0.25	0.25	0.25	0.25	0.42	0.25	1.00	0.67	0.42	0.42	0.42	0.08	0.08	0.25	0.25	0.08	0.42	0.42	0.50
42 迷你洗衣机	0.25	0.42	0.33	0.42	0.25	0.42	0.08	0.25	0.25	0.25	0.25	0.25	0.42	0.42	0.67	1.00	0.50	0.50	0.50	0.25	0.25	0.42	0.25	0.25	0.42	0.42	0.50
43 单开门冰箱	0.25	0.42	0.42	0.42	0.25	0.42	0.08	0.25	0.25	0.25	0.25	0.25	0.42	0.42	0.42	0.50	1.00	0.67	0.67	0.25	0.25	0.42	0.25	0.25	0.17	0.17	0.25
44 对开门冰箱	0.25	0.42	0.42	0.42	0.25	0.42	0.08	0.25	0.25	0.25	0.25	0.25	0.42	0.42	0.42	0.50	0.67	1.00	0.67	0.25	0.25	0.42	0.25	0.25	0.17	0.17	0.25
45 冰柜	0.25	0.42	0.42	0.42	0.25	0.42	0.08	0.25	0.25	0.25	0.25	0.25	0.42	0.42	0.42	0.50	0.67	0.67	1.00	0.25	0.25	0.42	0.25	0.25	0.17	0.17	0.25
46 按摩椅	0.67	0.33	0.33	0.33	0.42	0.42	0.33	0.17	0.17	0.17	0.17	0.17	0.50	0.33	0.08	0.25	0.25	0.25	0.25	1.00	0.50	0.50	0.50	0.50	0.08	0.08	0.17
47 钢琴	0.42	0.58	0.25	0.42	0.58	0.42	0.33	0.33	0.33	0.33	0.33	0.33	0.50	0.42	0.08	0.25	0.25	0.25	0.25	0.50	1.00	0.50	0.75	0.58	0.17	0.17	0.42
48 游戏帐篷	0.42	0.33	0.25	0.33	0.42	0.58	0.17	0.33	0.33	0.33	0.33	0.33	0.58	0.33	0.25	0.42	0.42	0.42	0.42	0.50	0.50	1.00	0.50	0.50	0.08	0.08	0.17
49 跑步机	0.42	0.58	0.25	0.42	0.58	0.42	0.17	0.17	0.17	0.17	0.17	0.17	0.50	0.42	0.25	0.25	0.25	0.25	0.25	0.50	0.75	0.50	1.00	0.58	0.33	0.33	0.58
50 神龛	0.42	0.42	0.25	0.42	0.50	0.42	0.17	0.17	0.17	0.17	0.17	0.17	0.50	0.42	0.08	0.25	0.25	0.25	0.25	0.50	0.58	0.50	0.58	1.00	0.17	0.17	0.25
51 户外桌椅	0.00	0.25	0.17	0.33	0.17	0.00	0.00	0.00	0.00	0.00	0.00	0.00	0.25	0.42	0.42	0.42	0.17	0.17	0.17	0.08	0.17	0.08	0.33	0.17	1.00	0.75	0.50
52 户外沙发	0.00	0.25	0.17	0.33	0.17	0.00	0.00	0.00	0.00	0.00	0.00	0.00	0.25	0.42	0.42	0.42	0.17	0.17	0.17	0.08	0.17	0.08	0.33	0.17	0.75	1.00	0.50
53 宠物屋	0.08	0.50	0.25	0.33	0.33	0.08	0.08	0.08	0.08	0.08	0.08	0.08	0.33	0.33	0.50	0.50	0.25	0.25	0.25	0.17	0.42	0.17	0.58	0.25	0.50	0.50	1.00

附录 C　模块聚合方案比选及空间复合算法步骤

C1 各类套型面积的模块聚合方案比选

模块	组件级模块编号	模块	组件级模块编号
1	M26、M28	5	M15、M29
2	M43、M45	6	M12、M19、M25、M30
3	M41、M51、M53	7	M1、M2、M33
4	M8、M18、M32、M34	8	M20、M31、M39、M47、M49
套型 35 ~ 50m^2，k=8 时的模块聚合方案 S_1，模块度为 0.483040			
1	M12、M19、M25、M30	6	M20、M31、M39、M47、M49
2	M26、M28	7	M1、M2、M33
3	M15、M29	8	M8
4	M43、M45	9	M18、M32、M34
5	M41、M51、M53		
套型 35 ~ 50m^2，k=9 时的模块聚合方案 S_2，模块度为 0.526286			
1	M20、M31	6	M51、M53
2	M12、M19、M25、M30	7	M47、M49
3	M41、M43、M45	8	M8、M18、M32、M34
4	M15、M29	9	M26、M28
5	M39	10	M1、M2、M33
套型 35 ~ 50m^2，k=10 时的模块聚合方案 S_3，模块度为 0.495332			
1	M11、M39、M46	6	M15、M29、M43、M45
2	M22、M26、M28	7	M10
3	M41、M42、M51	8	M12、M19、M25、M30、M40
4	M18、M32、M34、M35、M36	9	M1、M2、M6、M33
5	M20、M31、M47、M49	10	M8、M9
套型 51 ~ 75m^2，k=10 时的模块聚合方案 S_1，模块度为 0.47712			
1	M32、M34、M35、M36	7	M1、M2、M6、M33
2	M11、M39、M46	8	M15、M29
3	M18	9	M41、M42、M51
4	M20、M31、M47、M49	10	M43、M45
5	M12、M19、M25、M30、M40	11	M8、M9、M10
6	M22、M26、M28		
套型 51 ~ 75m^2，k=11 时的模块聚合方案 S_2，模块度为 0.505454			
1	M8、M9、M10	4	M20、M31、M49
2	M11、M39、M46	5	M22、M26、M28
3	M47	6	M15、M29

续表

模块	组件级模块编号	模块	组件级模块编号
7	M12、M10、M25、M30、M40	10	M1、M2、M6
8	M18、M32、M34、M35、M36	11	M41、M42、M51
9	M43、M45	12	M33
套型 51 ~ 75m^2，k=12 时的模块聚合方案 S_3，模块度为 0.501498			
1	M20、M39、M47、M49	7	M41、M42、M51、M53
2	M32、M34、M36、M37	8	M1、M2、M3、M4、M33
3	M8、M9、M10	9	M22、M23、M26、M28
4	M18	10	M31、M46
5	M44、M45	11	M16、M17、M29
6	M12、M19、M21、M25、M30、M40		
套型 76 ~ 90m^2，k=11 时的模块聚合方案 S_1，模块度为 0.475654			
1	M22、M23、M26、M28	7	M39、M46
2	M32、M34、M36、M37	8	M1、M2、M3、M4、M33
3	M18	9	M16、M17、M29
4	M42、M44、M45	10	M41、M51、M53
5	M8、M9、M10	11	M20、M31、M49
6	M47	12	M12、M19、M21、M25、M30、M40
套型 76 ~ 90m^2，k=12 时的模块聚合方案 S_2，模块度为 0.480587			
1	M1、M2、M4	7	M39、M46
2	M16、M17、M29	8	M22、M23、M26、M28
3	M44、M45	9	M20、M31、M49
4	M12、M21、M25、M30	10	M47
5	M41、M42、M51、M53	11	M3、M33
6	M19、M40		
套型 76 ~ 90m^2，k=13 时的模块聚合方案 S_3，模块度为 0.475959			
1	M31	7	M12、M19、M25、M30、M40
2	M22、M26、M28	8	M16、M17、M29
3	M39	9	M46、M50
4	M41、M42、M51、M53	10	M20、M47、M49
5	M2、M4	11	M8、M9、M18、M32、M34、M35、M36
6	M33	12	M44、M45
套型 91 ~ 120m^2，k=12 时的模块聚合方案 S_1，模块度为 0.514946			
1	M31	5	M8、M9
2	M44、M45	6	M41、M42、M51、M53
3	M17	7	M18、M32、M34、M35、M36
4	M39、M46	8	M12、M19、M25、M30、M40

续表

模块	组件级模块编号	模块	组件级模块编号
9	M22、M26、M28	12	M20、M47、M49、M50
10	M2、M4	13	M33
11	M16、M29		
套型 91 ~ 120m², k=13 时的模块聚合方案 S_2，模块度为 0.530166			
1	M12、M19、M25、M30、M40	8	M32、M34、M35、M36
2	M39	9	M47、M49
3	M18	10	M8
4	M2、M4、M33	11	M16、M17、M29
5	M41、M42、M51、M53	12	M46、M50
6	M20、M31	13	M9
7	M44、M45	14	M22、M26、M28
套型 91 ~ 120m², k=14 时的模块聚合方案 S_3，模块度为 0.539023			
1	M44、M45	7	M1、M2、M4、M33
2	M39、M46	8	M16、M17、M29
3	M10	9	M22、M26、M28
4	M51、M52、M53	10	M12、M19、M25、M30、M40
5	M41、M42	11	M18、M32、M34、M36
6	M20、M31、M49		
套型 > 120m², k=13 时的模块聚合方案 S_1，模块度为 0.514105			
1	M47	8	M39
2	M16、M17、M29	9	M44、M45
3	M8、M10	10	M18、M32、M34、M36
4	M51、M52、M53	11	M1、M2、M4、M33
5	M46	12	M20、M31、M49
6	M9	13	M41、M42
7	M22、M26、M28	14	M12、M19、M25、M30、M40
套型 > 120m², k=14 时的模块聚合方案 S_2，模块度为 0.534679			
1	M20、M49	9	M51、M52、M53
2	M47	10	M12、M25、M30
3	M41、M42	11	M22、M26、M28
4	M19、M40	12	M1、M2、M4、M33
5	M31	13	M18
6	M8、M9、M10	14	M39、M46
7	M16、M17、M29	15	M44、M45
8	M32、M34、M36		
套型 > 120m², k=15 时的模块聚合方案 S_3，模块度为 0.518971			

C2 空间复合算法步骤

第一步：通过采集组件级模块图像，读取图像信息。为了区分不同组件级模块与动作域部分，采用像素信息对比法。白色为组件级模块，代表数字 1；黑色为动作域，代表数字 0。以此生成图形，如图 C1 所示，以户外桌椅为例，大方块为组件级模块，小方块为动作域。

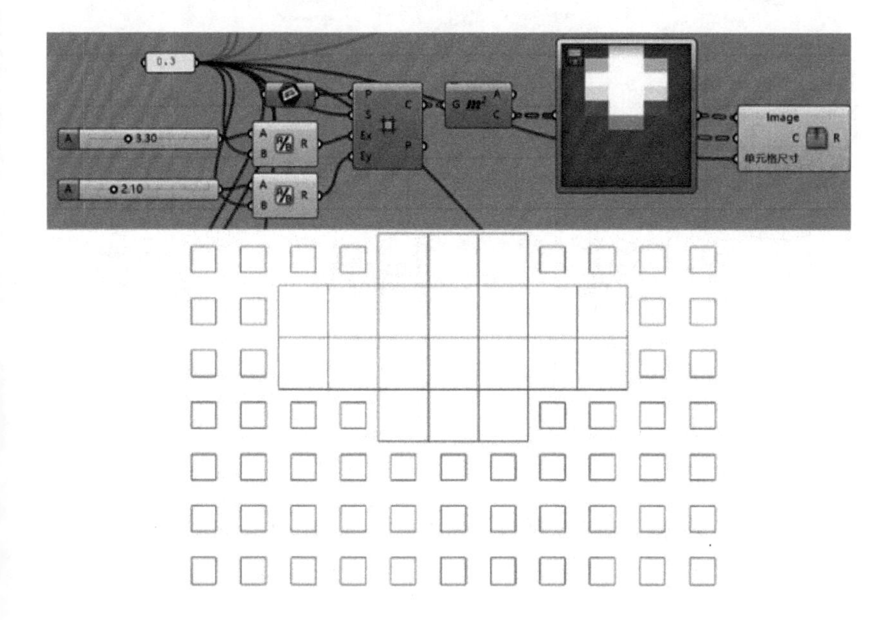

图 C1 空间复合的图像转译

第二步：为了增强随机性，各个组件级模块以 90° 为倍数随机旋转、以 3M=300mm 为模数随机移动组合。

第三步：组合后的部件级模块需判断组件级模块是否有重叠部分，需分情况考虑：第一种情况为组件级模块有重叠部分，若重叠部分仅为动作域，则判定为否，输出结果；若重叠部分既有动作域，也有组件级模块，则判定为是，重新循环；若重叠部分仅为组件级模块，则判定为是，重新循环。第二种情况为组件级模块无重叠部分，则判定为否，输出结果。

下面介绍基于紧凑型的部件级模块优化方法。

为体现紧凑型空间，提出两个目标：面积小且转角小的多目标优化问题。运用 Octopus 插件进行遗传算法分析优化。本次设置主要参数值如下：精英值（Elitism）为 0.5、突变概率（Mutation Probability）为 0.2、突变率（Mutation Rate）为 0.9、交叉率（Crossover Rate）为 0.8、每代数量（Population Size）为 100、代数（Max. Generations）为 50。

经运算分析，如图 C2（a）所示，在三维坐标系中，每个小方块都是计算出的数值结果。其中深红色方块代表帕累托前沿解（多目标求解），浅红色方块代表精英解，这两种方块是优化后的结果。而黄色方块是历史解，会随机产生且不符合优化方向的结果值。最终优化分析的若干解，根据数

图 C2　部件级模块空间复合结果生成算法

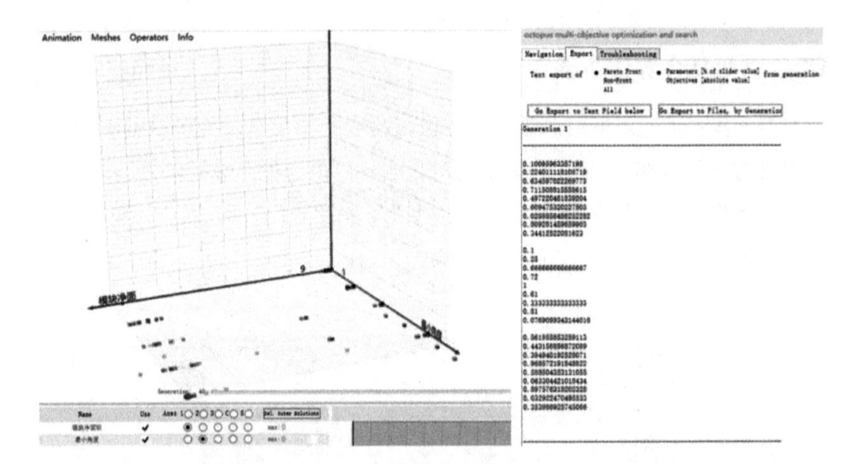

（a）算法分析优化界面

换衣模块
1. 独立储物柜
2. 平开门衣柜
3. 梳妆台

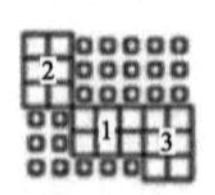

优选方案
矩形面积：4.32m²
模块面积：2.70m²

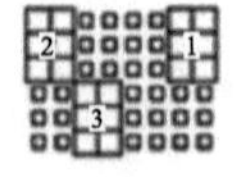

矩形面积：3.78m²
模块面积：2.88m²

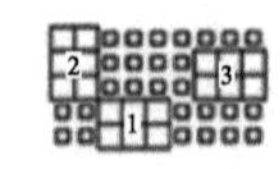

矩形面积：4.05m²
模块面积：2.70m²

（b）部件级模块多方案比选

据代入生成方案变量值中，即可得到优化后的若干个部件级模块空间，如图 C2（b）所示。

附录 D 模块库

D1 元件级模块库

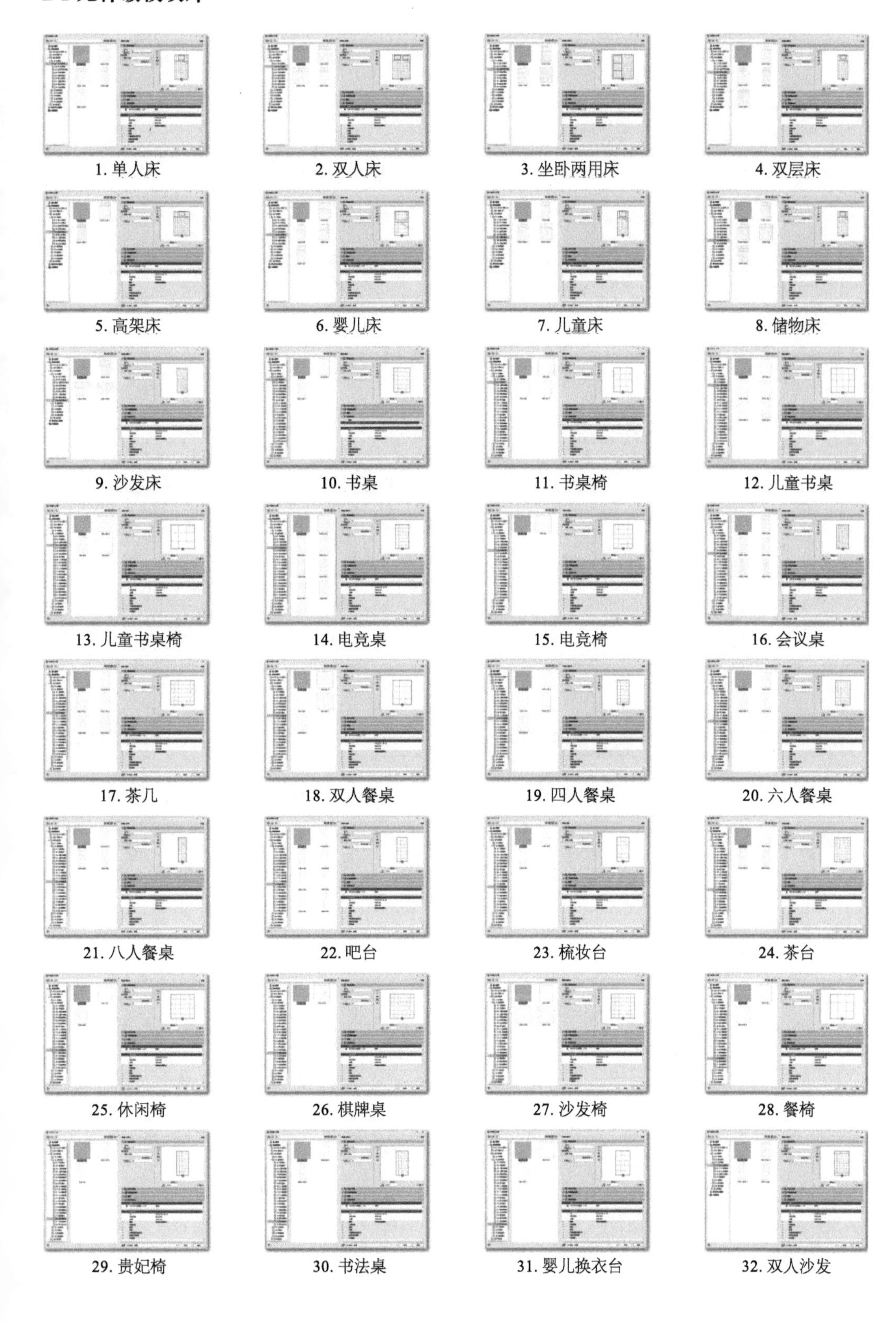

1. 单人床 2. 双人床 3. 坐卧两用床 4. 双层床
5. 高架床 6. 婴儿床 7. 儿童床 8. 储物床
9. 沙发床 10. 书桌 11. 书桌椅 12. 儿童书桌
13. 儿童书桌椅 14. 电竞桌 15. 电竞椅 16. 会议桌
17. 茶几 18. 双人餐桌 19. 四人餐桌 20. 六人餐桌
21. 八人餐桌 22. 吧台 23. 梳妆台 24. 茶台
25. 休闲椅 26. 棋牌桌 27. 沙发椅 28. 餐椅
29. 贵妃椅 30. 书法桌 31. 婴儿换衣台 32. 双人沙发

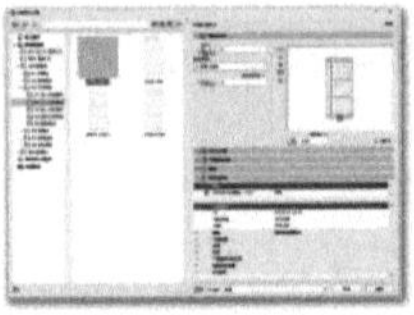

33. 三人沙发

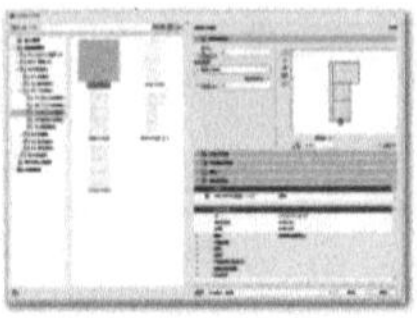

34. 多人组合沙发

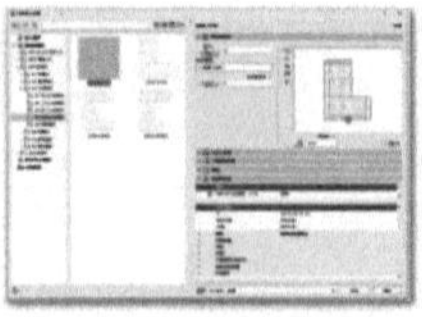

35. 转角沙发

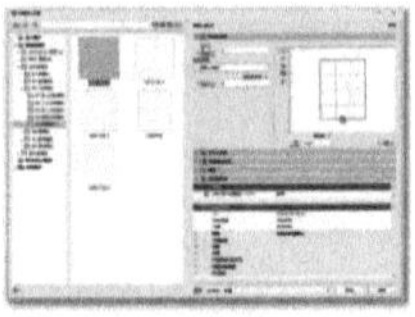

36. 脚凳

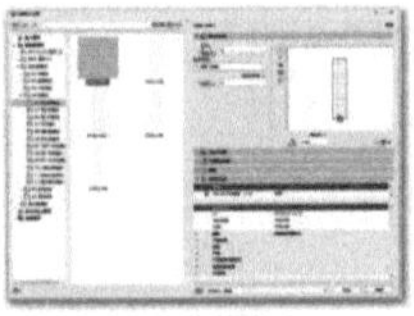

37. 电视柜

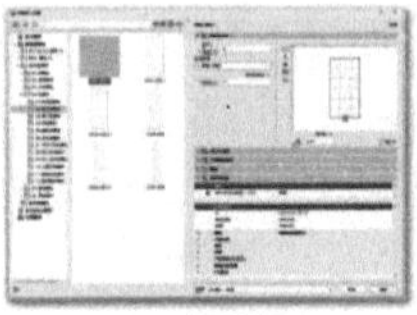

38. 餐边柜

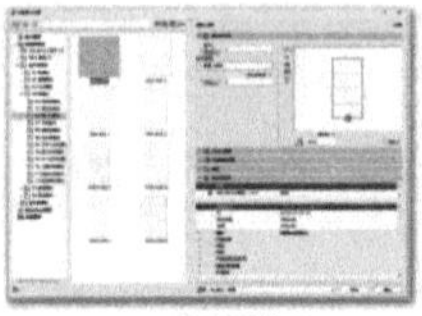

39. 展示柜

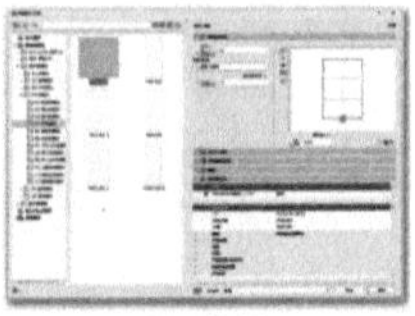

40. 书柜

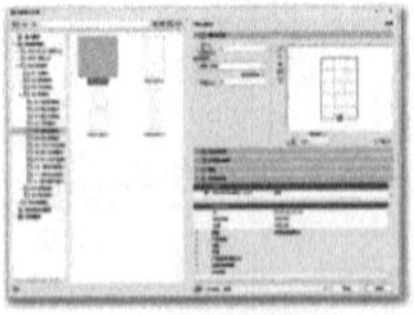

41. 储物柜

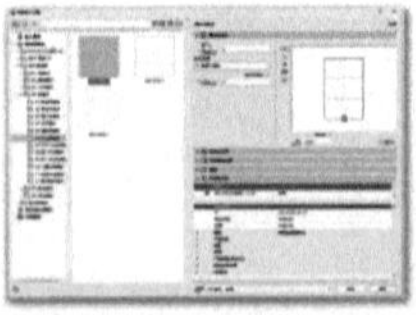

42. 床头柜

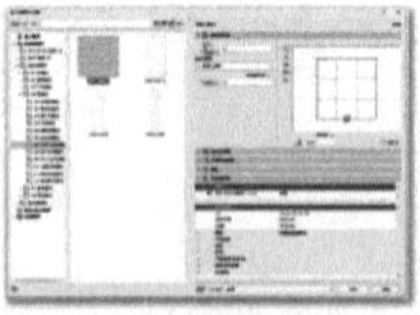

43. 平开门衣柜

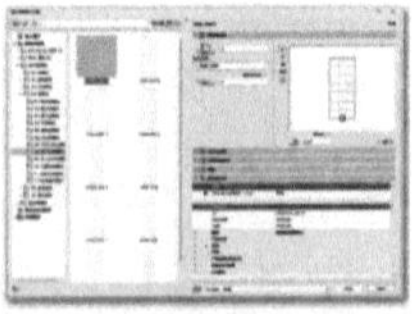

44. 滑门衣柜

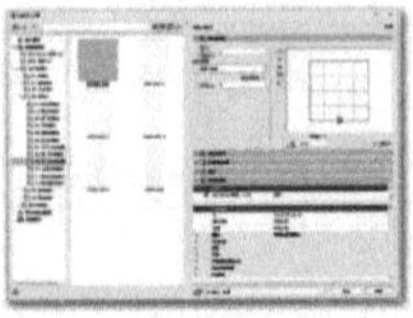

45. 步入式衣柜

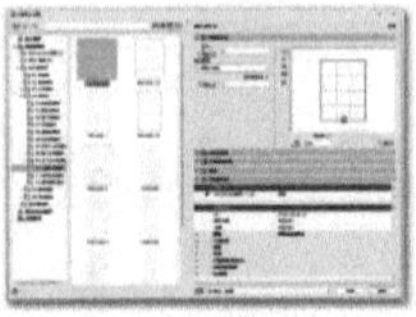

46. 儿童衣柜

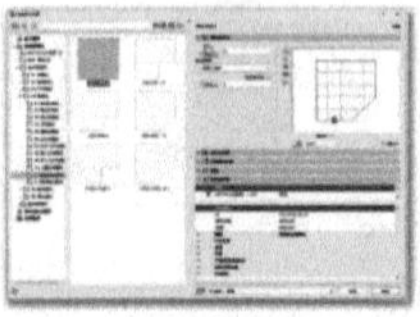

47. 转角衣柜

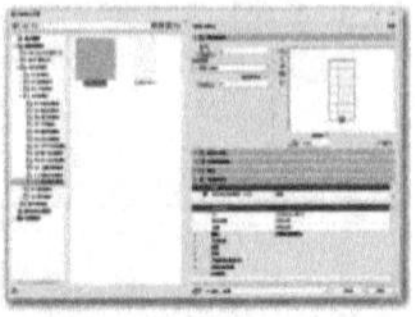

48. 鞋柜

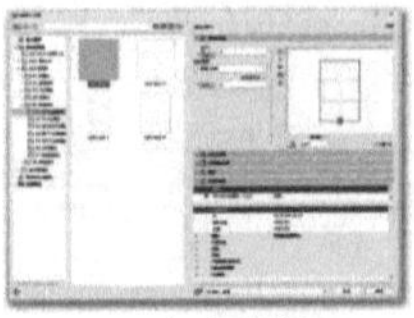

49. 立式空调

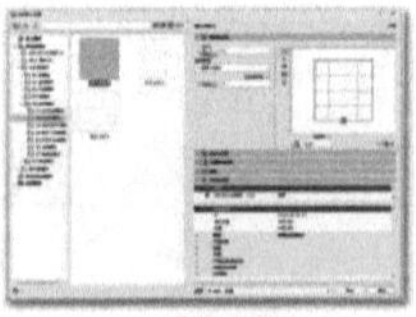

50. 洗衣机

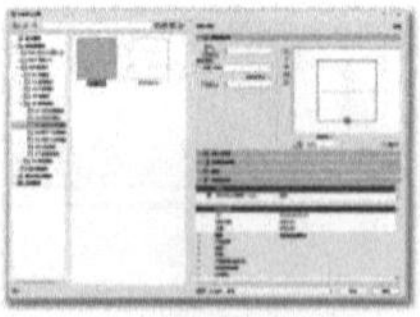

51. 迷你洗衣机

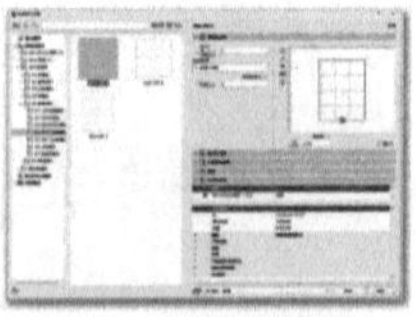

52. 单开门衣柜

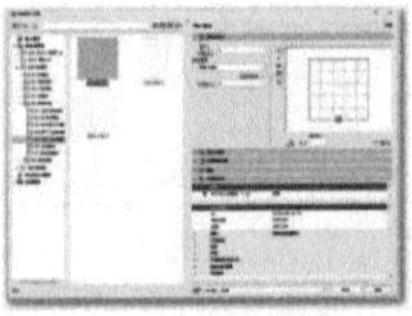

53. 对开门冰箱

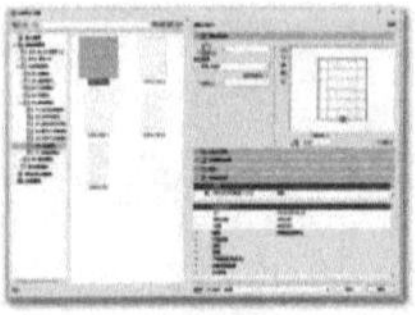

54. 冰柜

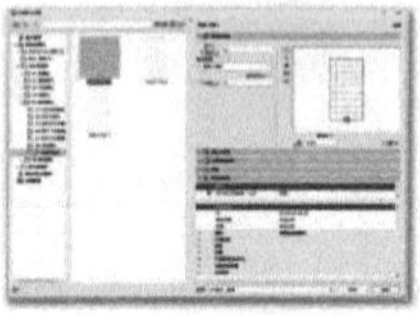

55. 按摩椅

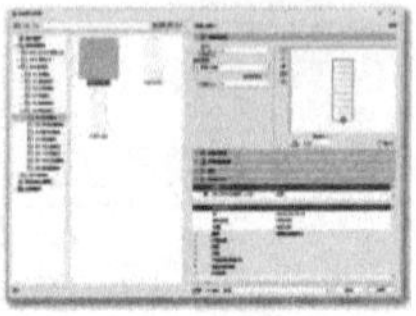

56. 钢琴

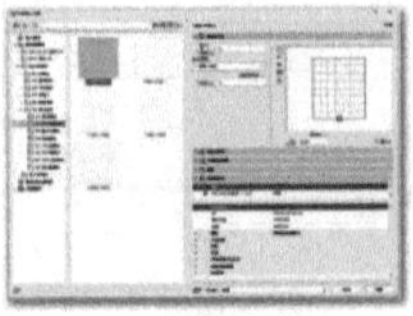

57. 游戏帐篷

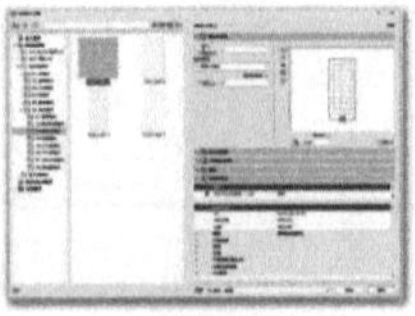

58. 跑步机

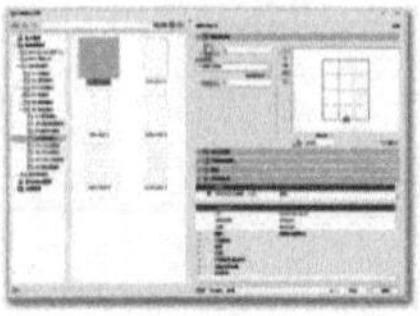

59. 神龛

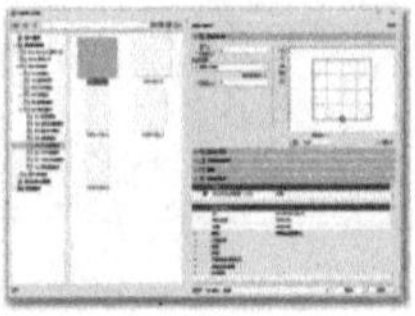

60. 户外桌

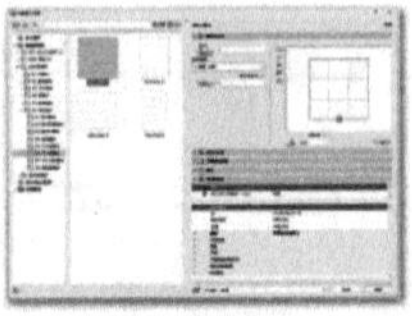

61. 户外椅

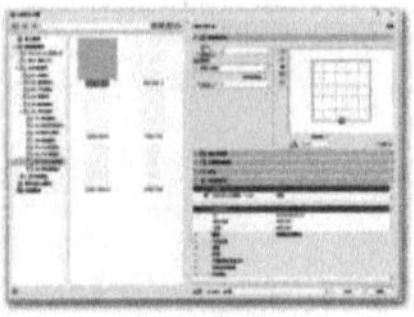

62. 户外沙发

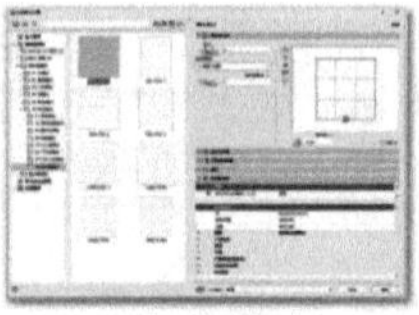

63. 宠物屋

D2 组件级模块库

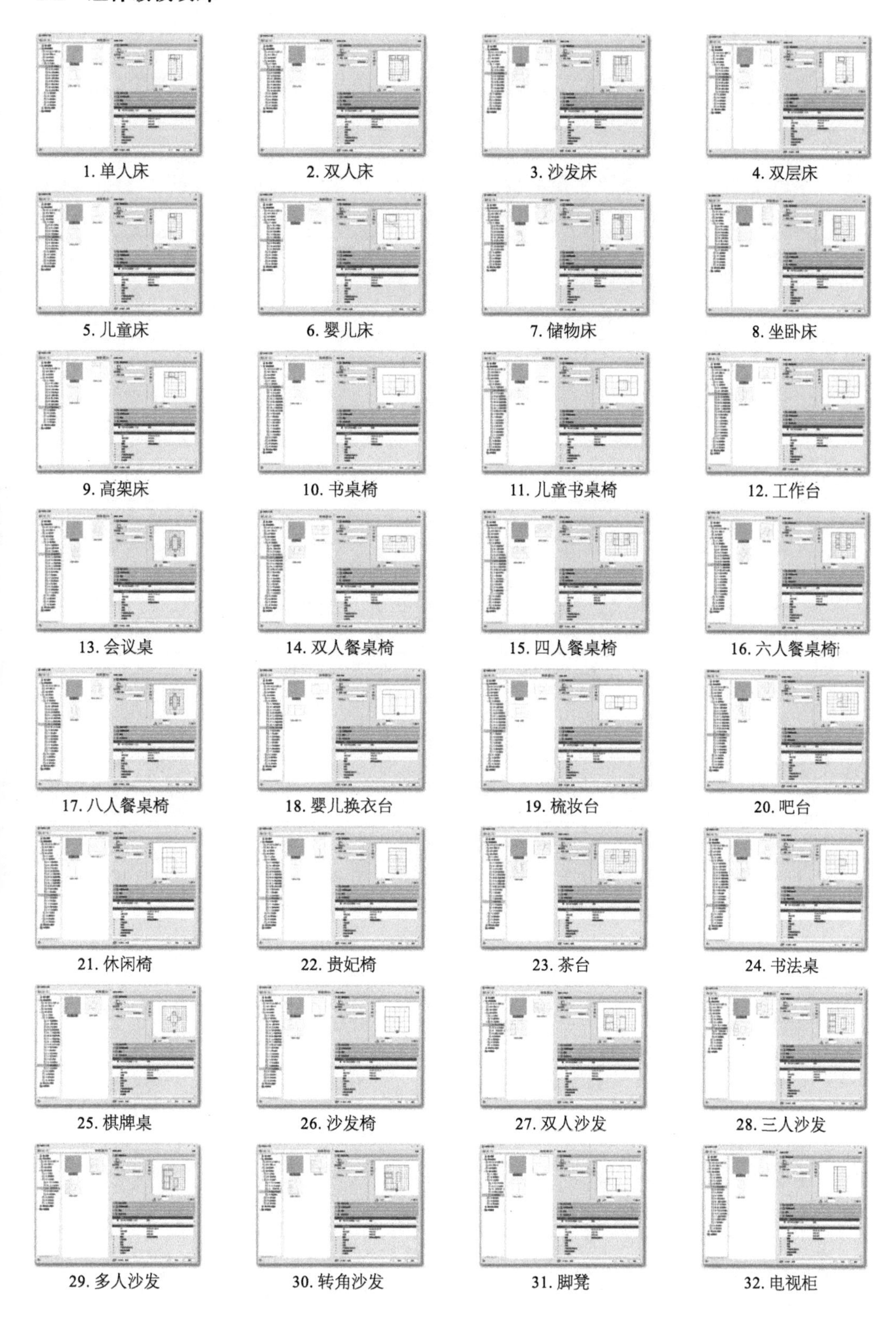

1. 单人床 2. 双人床 3. 沙发床 4. 双层床
5. 儿童床 6. 婴儿床 7. 储物床 8. 坐卧床
9. 高架床 10. 书桌椅 11. 儿童书桌椅 12. 工作台
13. 会议桌 14. 双人餐桌椅 15. 四人餐桌椅 16. 六人餐桌椅
17. 八人餐桌椅 18. 婴儿换衣台 19. 梳妆台 20. 吧台
21. 休闲椅 22. 贵妃椅 23. 茶台 24. 书法桌
25. 棋牌桌 26. 沙发椅 27. 双人沙发 28. 三人沙发
29. 多人沙发 30. 转角沙发 31. 脚凳 32. 电视柜

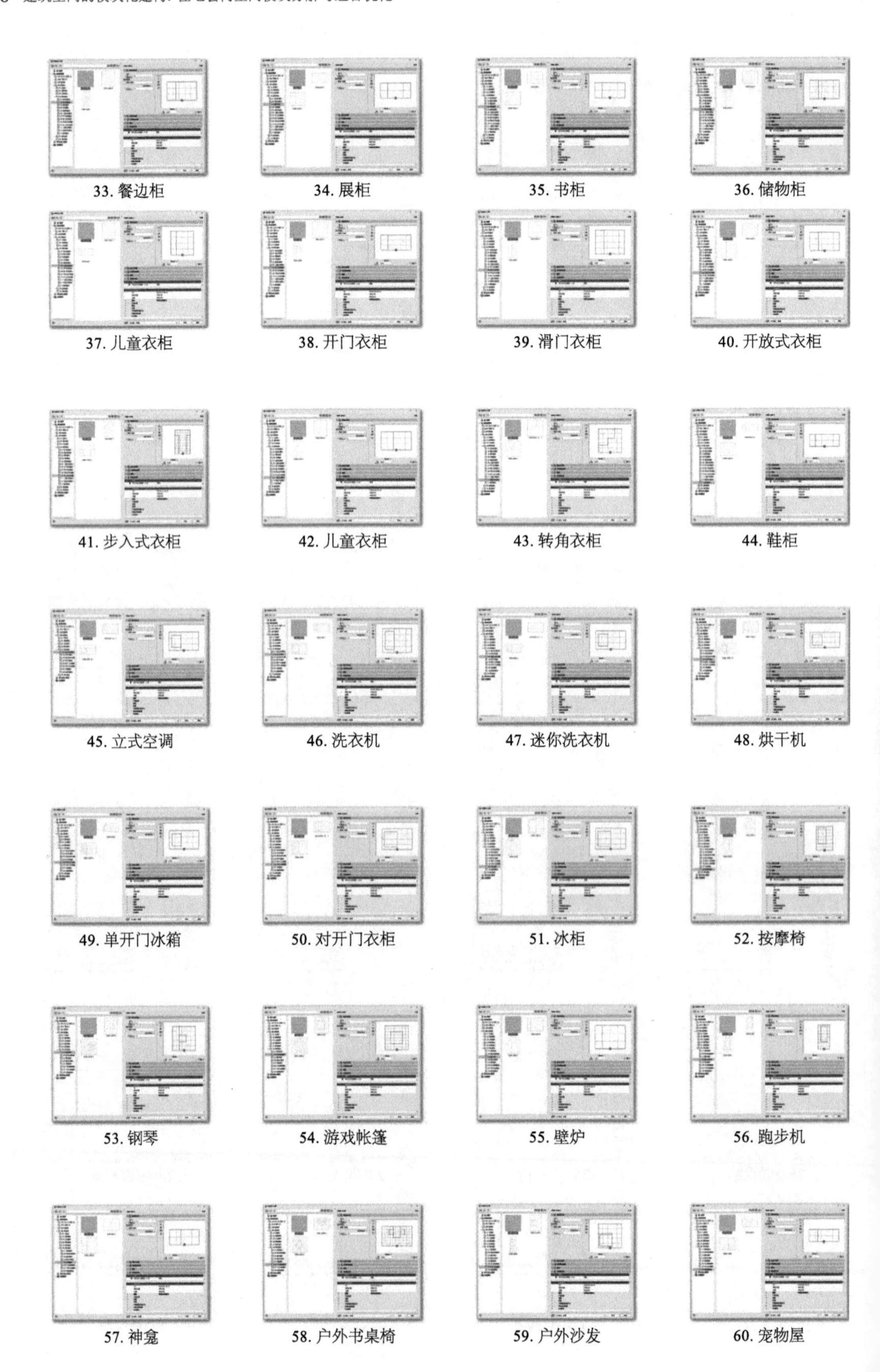
33. 餐边柜
34. 展柜
35. 书柜
36. 储物柜
37. 儿童衣柜
38. 开门衣柜
39. 滑门衣柜
40. 开放式衣柜
41. 步入式衣柜
42. 儿童衣柜
43. 转角衣柜
44. 鞋柜
45. 立式空调
46. 洗衣机
47. 迷你洗衣机
48. 烘干机
49. 单开门冰箱
50. 对开门衣柜
51. 冰柜
52. 按摩椅
53. 钢琴
54. 游戏帐篷
55. 壁炉
56. 跑步机
57. 神龛
58. 户外书桌椅
59. 户外沙发
60. 宠物屋

附录 E　模块组合多目标优化算法步骤

步骤 1：模块导入：通过采集模块的图像信息，为了区分不同模块中的实体模型与动作域，采用像素信息对比法。白色为实体模型，黑色为动作域。以户外桌椅为例，最终形成模块形式如图 E1 所示。

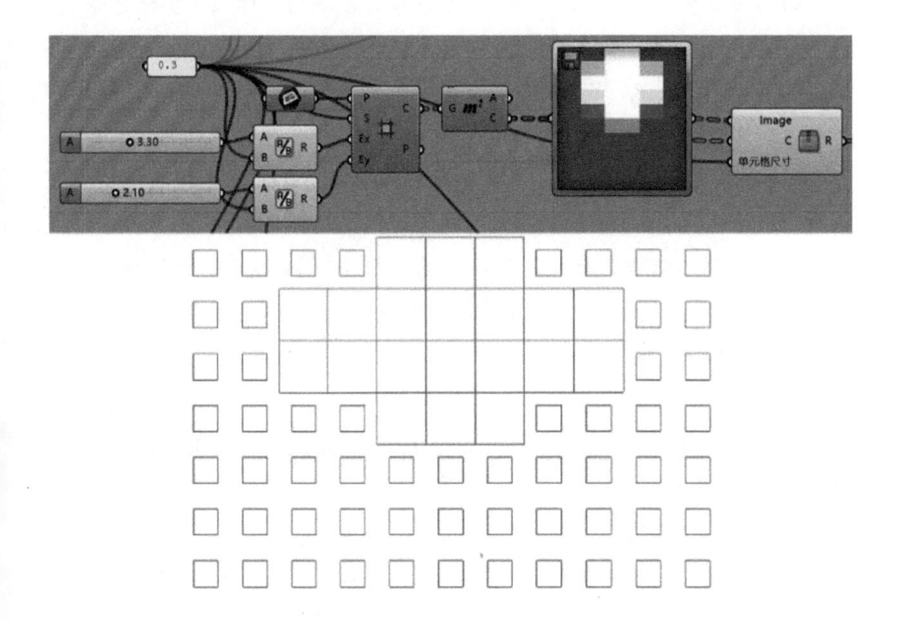

图 E1　住宅套内空间模块展示

步骤 2：模块选取及旋转角度：为了提高模块选取时的随机性，将模块排列顺序打散，并使模块围绕自身中心点旋转（角度为 0°、90°、180°、270°），如图 E2 所示。此步操作由计算机算法控制变量。

步骤 3：模块选取 *X* 轴坐标及模块依次组合：此步操作由计算机算法控制变量，需外加输入模块个数。如：

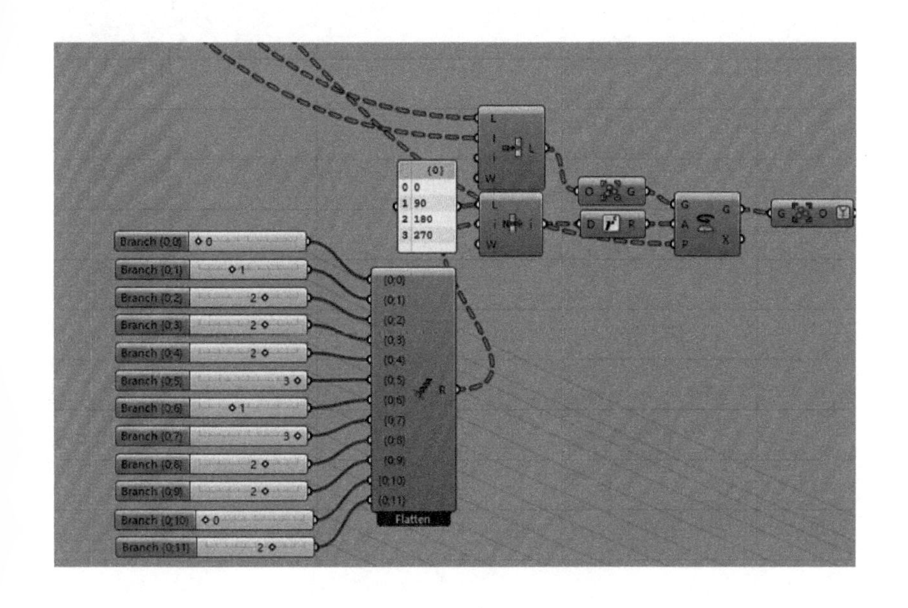

图 E2　住宅套内空间模块旋转角度设定

1 号模块 A（长：L_1，宽：W_1）选择 X 轴为 X_1，即其停止坐标系中位置为（X_1，Y_1）。由在步骤 1 中得到的模块实体模块及动作域信息，即可得到整个模块每个方格信息点坐标。

2 号模块 B（长：L_2，宽：W_2）选择 X 轴为 X_2，此时需判断 X_2 的实体模块是否处于 1 号模块的实体模块 X 轴区间之中。若是，则取 2 号模块实体模块与动作域 Y 坐标之差 $Y_{\Delta 2}$，和 1 号模块实体模块与动作域 Y 坐标之差 $Y_{\Delta 1}$ 之间的最小值，来进行 2 号模块 B 的落位坐标计算。即若 $Y_{\Delta 2}$ 小则 2 号模块 B 落位坐标为（X_2，Y_1-$Y_{\Delta 2}$）；若 $Y_{\Delta 1}$ 小则 2 号模块 B 落位坐标为（X_2，Y_1-$Y_{\Delta 1}$）。若 X_2 不处于 1 号模块 X 轴区间之中，则取其坐标为（X_2，Y_2）。

3 号模块 C（长：L_3，宽：W_3）选择 X 轴为 X_3，此时需判断 X_3 的实体模块是否处于 1 号、2 号模块的实体模块总 X 轴区间之中。若是，则取 3 号模块实体模块与动作域 Y 坐标之差 $Y_{\Delta 3}$，和 1 号、2 号模块实体模块与动作域 Y 坐标之差的和 $Y_{\Delta(1+2)}$ 之间的最小值，来进行 3 号模块 C 的落位坐标计算。即若 $Y_{\Delta 3}$ 小则 3 号模块 C 落位坐标为（X_3，Y_1-$Y_{\Delta 3}$），如 $Y_{\Delta(1+2)}$ 小则 3 号模块 C 落位坐标为（X_3，Y_1-$Y_{\Delta(1+2)}$）。如 X_3 不处于 1 号、2 号模块的实体模块总 X 轴区间之中，则取其坐标为（X_3，Y_3），以此类推……如图 E3、图 E4 所示。

步骤 4：基于多目标优化，使建筑性能（紧凑度、平整度、关联度、采光度）达到最优解，并自动导出方案数据，呈现方案平面。此步操作时基于遗传算法模拟器 Octopus，需输入主要参数值如图 E5 所示：精英值（Elitism）

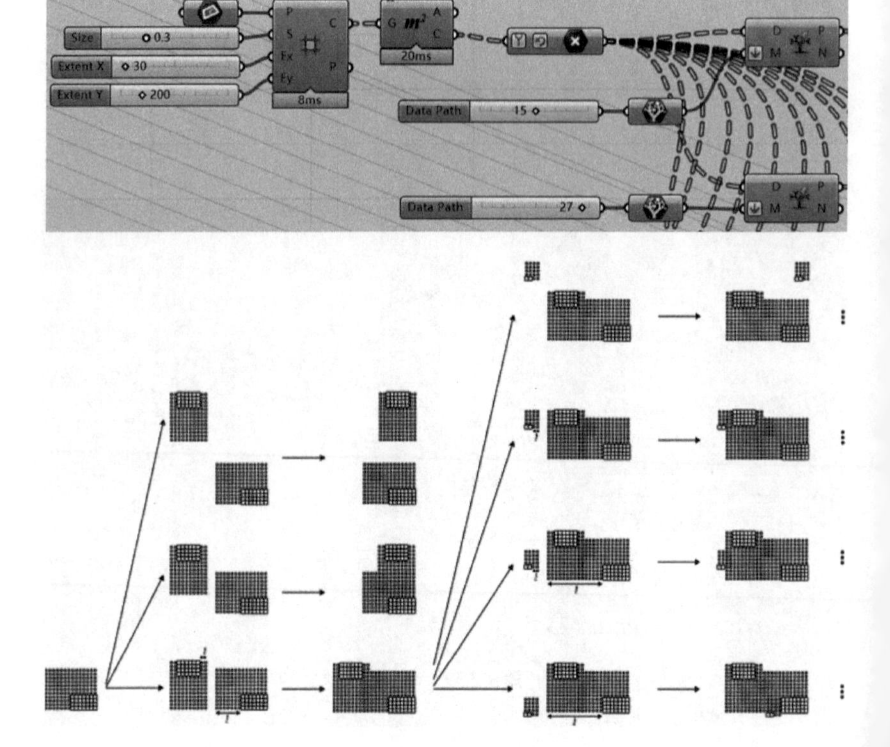

图 E3 住宅套内空间模块放置顺序逻辑

图 E4 住宅套内空间模块空间复合拓扑关系展示

默认为0.5（范围值0～1）、突变概率（Mutation Probability）默认为0.2（范围值0～1）、突变率（Mutation Rate）默认为0.9（范围值0～1）、交叉率（Crossover Rate）默认为0.8（范围值0～1）、每代数量（Population Size）默认为100（范围0～∞）、代数（Max. Generations）默认为0（范围0～∞）。以U2套型为例，遗传算法运算优化及结果如图E6所示。

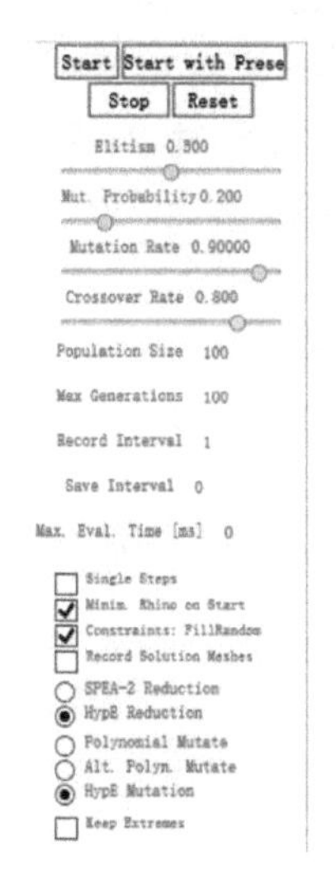

图E5 遗传算法主要输入参数

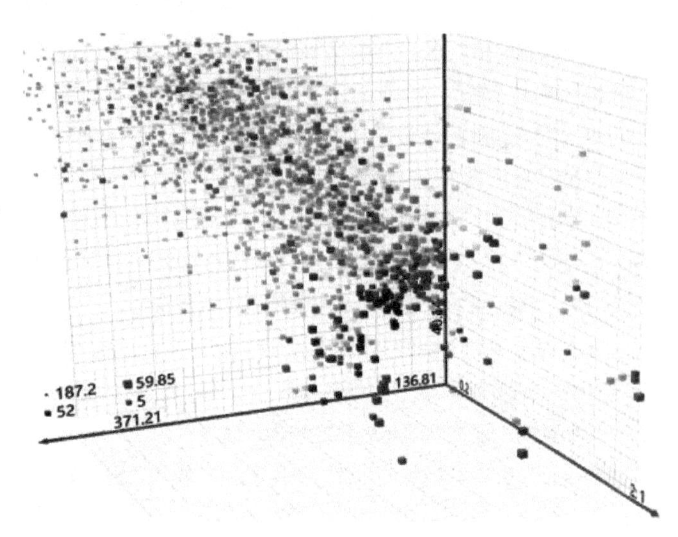

序号	紧凑度（m^2）	平滑度（个）	涵盖面积（m^2）	关联度（m）	采光度（%）
1	43.83	27	68.4	128.22	100
2	42.93	28	59.4	158.18	100
3	45.90	21	56.43	143.89	100
4	44.01	25	60.48	170	100
5	44.01	26	59.34	158.61	100
6	47.79	14	54	191.20	75
7	44.64	24	59.4	132.78	100
8	45.81	29	56.43	171.68	100
9	45.18	22	54.81	144.81	75
10	45.72	15	52.92	152.83	75
11	44.1	27	51.3	170.35	75
12	43.92	23	60.48	182.34	75
13	47.16	26	57.96	142.45	100
14	43.11	24	55.08	167.10	100
15	43.74	25	52.92	150.10	75
16	43.92	17	49.5	135.03	75
17	41.76	28	55.89	169.48	75
18	45.72	22	53.46	146.33	100
19	44.64	25	55.44	133.40	100

图E6 遗传算法运算优化及结果（U2套型为例）

致　谢

值此书付梓之际，回首研究之路，点点滴滴离不开师友们的支持与帮助，由衷地感谢你们！

感谢我的恩师孟建民院士。孟老师的严谨治学、渊博学识和勤勉作风令我终生受益。从研究选题起始，老师对于研究方向的有力把控和严格要求，让本书具备清晰的立意。每次讨论，老师总能高屋建瓴地指出研究存在的关键问题，为我指点迷津。此外，老师不断给予我与研究密切相关的学术研讨以及实践机会，丰富和强化了我对研究问题的思考角度与深度。他常说"法乎其上得其中"，对待研究与设计要精益求精、持之以恒、不断创新，我铭刻于心。我将不断努力，不负师恩。

感谢我的恩师饶小军教授。饶老师的治学严谨，对待工作与生活的从容与豁达对我影响至深。老师在本研究的理论建构与技术路线框架给予我关键点拨与建议，老师的明辨与博学总能在我研究遇到瓶颈时开辟新思路，每次讨论都让我受益匪浅，感恩饶老师对我的不断鞭策、支持与指导。

感谢深圳大学建筑与城市规划学院的范悦教授、付本臣教授、王浩锋教授、王晓东教授、彭小松副教授、齐奕副教授、夏珩副教授在研究阶段给予的指教与热心帮助。还有我读博期间的老师们，韩林飞教授、吴尧教授、周龙教授、邢亚龙教授、顾杰老师等对我的鼓励，谨表谢意。

感谢深圳大学本原设计研究中心提供的优质科研平台，在模块化建筑研究所的工作实践中，我收获了宝贵的专业经验与学术滋养。

感谢中国建筑工业出版社的张文超编辑为本书付出的努力。感谢本书责任编辑费海玲和张幼平。

我还要向以下诸多师友致以谢意：王惠、黄乔仑、唐大为、张文清、王帅斌、刘芳、李晓宇、唐海达、李春莹、杨怡楠、马源鸿、雷健华、王经纬、王俊杰、黄震霖、苏扬婷等，感谢诸君的经验分享与帮助。

最后，我衷心感谢父母的无私奉献，感谢我的妻子和全体家人一如既往的支持，是你们的默默关怀，让我勇往直前。

本书支撑项目：

1. 国家自然科学青年基金项目（5210080700）

2. 深圳市医养建筑重点实验室（筹建启动）（ZDSYS20210623101534001）